中国科普统计

2019 年版

中华人民共和国科学技术部

科学技术文献出版社
SCIENTIFIC AND TECHNICAL DOCUMENTATION PRESS
·北京·

图书在版编目（CIP）数据

中国科普统计：2019 年版 / 中华人民共和国科学技术部著. —北京：科学技术文献出版社，2019.12

ISBN 978-7-5189-6364-5

Ⅰ. ①中… Ⅱ. ①中… Ⅲ. ①科普工作—统计资料—中国—2019 Ⅳ. ① N4-66

中国版本图书馆 CIP 数据核字（2020）第 001299 号

中国科普统计 2019 年版

策划编辑：周国臻　　责任编辑：赵　斌　崔灵菲　　责任校对：王瑞瑞　　责任出版：张志平

出 版 者　科学技术文献出版社
地　　址　北京市复兴路 15 号　邮编　100038
编 务 部　（010）58882938，58882087（传真）
发 行 部　（010）58882868，58882870（传真）
邮 购 部　（010）58882873
官方网址　www.stdp.com.cn
发 行 者　科学技术文献出版社发行　全国各地新华书店经销
印 刷 者　北京地大彩印有限公司
版　　次　2019 年 12 月第 1 版　2019 年 12 月第 1 次印刷
开　　本　787×1092　1/16
字　　数　396 千
印　　张　23.5
书　　号　ISBN 978-7-5189-6364-5
定　　价　88.00 元

前　言

党的十九大报告指出："弘扬科学精神，普及科学知识。"

习近平总书记 2016 年在全国科技创新大会上指出："科技创新、科学普及是实现创新发展的两翼，要把科学普及放在与科技创新同等重要的位置。"

习近平总书记 2018 年在致世界公众科学素质促进大会的贺信中强调："中国高度重视科学普及，不断提高广大人民科学文化素质。"

科普是指"以浅显的、让公众易于理解、接受和参与的方式向普通大众介绍自然科学和社会科学知识、推广科学技术的应用、倡导科学方法、传播科学思想、弘扬科学精神的活动"。《"十三五"国家科技创新规划》对"十三五"期间我国科普工作做出了全面部署，规划明确提出，未来五年，我国科技创新工作将"围绕夯实创新的群众和社会基础，加强科普和创新文化建设。深入实施全民科学素质行动，全面推进全民科学素质整体水平的提升；加强科普基础设施建设，大力推动科普信息化，培育发展科普产业；推动高等学校、科研院所和企业的各类科研设施向社会公众开放；弘扬科学精神，加强科研诚信建设，增强与公众的互动交流，培育尊重知识、崇尚创造、追求卓越的企业家精神和创新文化"。《"十三五"国家科普和创新文化建设规划》提出了"十三五"期间的重点任务：提升重点人群科学素质、加强科普基础设施建设、提高科普创作研发传播能力、加强重点领域科普工作、推动科普产业发展、营造鼓励创新的文化环境、积极开展国际交流与合作，以及加强国防科普能力建设。

科普统计是贯彻落实《中华人民共和国科学技术普及法》的重要举措，是了解和掌握全国科普工作状况的重要数据基础。通过科普统计和统计数据分析，可以为政府部门制定科普政策、法律法规及有针对性地开展科普工作提供支持，也可以让广大公众及时了解我国科普事业发展现状。自全国科普统计工作开展以来，发布的数据成为社会各界认识和评价我国科普事业发展状况的重要窗口，成为国内外政府部门和研究机构普遍引用的权威数据。

2019 年第 13 次全国科普统计涉及全国 31 个省、自治区、直辖市（不含香港特别行政区、澳门特别行政区和台湾地区），包括发改、教育、科技管理等 31 个部门的中央、省级、地市级和县级四级单位。统计时间为 2018 年 1 月 1 日至 2018 年 12 月 31 日。统计内容涉及科普人员、科普经费、科普场地、科普传媒、科普活动和创新创业中的科普六大类指标。

全国科普统计由科技部引进国外智力管理司负责牵头组织，中国科学技术信息研究所具体实施并承担数据汇总和分析工作，中央、国务院相关部门负责本系统及直属机构的科普统计，各级科技管理部门组织协调开展本地区的科普统计。

科技部引进国外智力管理司邱成利同志负责全书的策划和综述部分的撰写。中国科学技术信息研究所刘娅、赵璇、于洁、曹燕、徐峰、汪新华、张长柱、常越、邢天华、赵婧等同志负责具体的统计工作及本书相关章节的撰写。《中国科普统计 2019 年版》一书是对第 13 次全国科普统计数据的全面解析。全书共分为 7 个部分：综述、科普人员、科普场地、科普经费、科普传媒、科普活动和创新创业中的科普。书中收录了“2018 年度全国科普统计调查方案”及 2010—2018 年的分类统计数据。

科普统计数据是反映我国科普工作状况的重要指标数据。从 2004 年的试统计开始，全国科普统计处于不断完善的过程中。为了更加真实、有效地反映全国科普事业的发展状况，科普统计方案、统计范围和统计指标处于适度调整、变动的过程之中。统计范围的变化会造成数据分析中有关变化率的计算并不是基于相同的统计口径。一些指标数据的变化就受到此方面因素的影响，因此在解读、引用此类数据时须注意相关信息。

科普统计是科技统计中的一个专项统计。同时，由于水平和时间所限，错误和疏漏在所难免，欢迎广大读者批评指正。衷心感谢各地、各部门及相关单位和个人对科普统计提供的支持和帮助。

目　　录

CONTENTS

综　　述

一、科普工作和主要成效

2018 年是贯彻党的十九大精神的开局之年，是改革开放 40 周年，是实施国家“十三五”发展规划的承上启下之年。在各部门、各地区的共同努力下，《“十三五”国家科技创新规划》《“十三五”国家科普与创新文化建设规划》实施顺利。全国科普工作作为我国创新发展的重要一翼，以科普能力和创新文化建设为重点，对扎实推进国家创新驱动发展战略起到了有力的支撑作用。

统计数据表明，2018 年以政府投入为主的科普经费投入继续增长，全国科普经费筹集额达到 161.14 亿元[1]。科普人员队伍总体稳定，科普专职人员队伍结构继续优化。2018 年全国共有科普人员 178.49 万人，中级职称及以上或大学本科及以上学历的科普专职人员占科普专职人员总数的 61.00%，专职从事科普创作人员比 2017 年增长 4.13%，专职科普讲解人员比 2017 年增长 5.47%。科普场馆数量稳定增长，工作开展场地面积不断扩大。全国共有科技馆和科学技术类博物馆 1461 个，比 2017 年增长 1.53%。科技活动周、科普讲座、科普展览、科普竞赛、科普培训等内容丰富、形式多样的科普活动，使得《中国公民科学素质基准》得到更深入推广。“科技创新　强国富民”全国科技活动周、中国科学院“科学节”和“公众科学日”、中国气象局“全国气象科技活动周”、公安部“公安科技活动周”、国家林业和草原局“全国林业和草原科技活动周”、国家卫生健康委员会“健康中国行”及中国科协“全国科普日”等系列活动，通过点多面广的布局对全社会形成广泛影响，促进了科学精神、科学思想、科学知识、科学方法的传播和实用技术的推广，为新时代我国全面深入实施创新驱动

1　本书中增长（减少）比例、占比等数值以四舍五入前的统计数据计算得出，结果可能与四舍五入后的数值计算有差异。

发展战略营造了良好氛围。2018 年全国参与各类科普活动人数达 8.92 亿人次，比 2017 年增长 15.80%。此外，2018 年 6 月，中国科学技术馆与缅甸教育部联合举办的“体验科学，启迪创新展览——中国流动科技馆国际巡展”活动，开启了我国科普资源走出国门，扩大国际影响的积极尝试，为国家“一带一路”发展倡议的实施提供了有效支撑。

1. 以政府财政拨款为主的科普经费稳定增长

2018 年全国科普经费筹集额 161.14 亿元，比 2017 年增加 1.08 亿元，增幅为 0.68%。从科普经费筹集渠道来看，来自公共财政的经费支持是全国科普经费筹集的最主要来源，政府部门在支持我国科普事业发展中充当着引领角色。2018 年度各级政府部门的财政拨款共计 126.02 亿元，比 2017 年增长 2.49%，占全部经费筹集额的 78.20%，比 2017 年提高了 1.38 个百分点。在政府拨款的科普经费中，科普专项经费 62.09 亿元，比 2017 年减少 0.96%。全国人均科普专项经费 4.45 元[1]，比 2017 年减少 0.06 元。捐赠额共计 0.73 亿元，比 2017 年减少 1.14 亿元，降幅为 61.17%。自筹资金 26.17 亿元，比 2017 年减少 9.17%。其他筹集额 8.30 亿元，比 2017 年增长 30.08%（表 1）。统计数据显示，尽管 2018 年度来自捐赠和自筹经费出现一定幅度下降，但由于财政拨款自 2015 年以来连续三年保持增长，同时来自其他渠道的经费在 2018 年度也出现了较大跃升，因此本年度我国科普工作整体上仍然拥有坚实的经费保障基础。

表 1　2014—2018 年全国科普经费筹集额及构成　　单位：亿元

年份	2014	2015	2016	2017	2018
筹集额	150.03	141.2	151.98	160.05	161.14
政府拨款	114.04	106.66	115.75	122.96	126.02
捐赠	1.60	1.12	1.57	1.87	0.73
自筹资金	27.27	25.74	27.60	28.81	26.17
其他收入	7.10	7.72	7.13	6.38	8.30

2018 年全国科普经费使用额共计 159.29 亿元，比 2017 年减少 1.29%。每万人口使用的经费额度为 11.42 万元，比 2017 年减少 0.19 万元。其中，行政支出 29.22 亿元，比 2017 年增长 19.62%，占使用总额的 18.35%；科普活动支出 84.79 亿元，比 2017 年减少 3.20%，占使用总额的 53.23%；科普场馆基建支出 32.12

1　根据国家统计局网站 2019 年 10 月发布数据，截至 2018 年年底我国总人口 13.95 亿人。

亿元，比 2017 年减少 14.15%，占使用总额的 20.16%；其他支出 13.16 亿元，比 2017 年增长 11.03%，占使用总额的 8.26%。从科普经费的使用情况可以看出，开展各类科普活动和科普场馆基建支出是最主要的两项支出内容。在科普场馆基建支出中，场馆、展品及设施建设均是经费的主要流向，但与 2017 年相比建设力度都有一定程度减弱。其中，用于场馆建设支出共计 13.12 亿元，占科普场馆基建支出的 40.86%；用于展品、设施建设支出共计 12.57 亿元，占科普场馆基建支出的 39.14%。科普场馆基建支出中来自各级政府的拨款共计 14.40 亿元，占科普场馆基建支出总额的 44.84%。

2. 科普场馆总体规模持续增加

2018 年全国共有科技馆和科学技术类博物馆 1461 个，比 2017 年增长 1.53%，建筑面积增长 7.70%，展厅面积增长 5.14%，参观人数增长 6.70%。4 个指标数据均连续三年保持增长。1461 个场馆中，科技馆 518 个，比 2017 年增加 30 个，科学技术类博物馆 943 个，比 2017 年减少 8 个（表 2）。

表 2　2014—2018 年全国科普场馆数量　　单位：个

年份	2014	2015	2016	2017	2018
科技馆	409	444	473	488	518
科学技术类博物馆	724	814	920	951	943
合计	1133	1258	1393	1439	1461

518 个科技馆建筑面积合计 399.71 万平方米，比 2017 年增长 7.72%；展厅面积合计 201.94 万平方米，比 2017 年增长 12.17%；参观人数共计 7636.51 万人次，比 2017 年增长 21.18%；年累计免费开放天数 11.16 万天，比 2017 年增长 8.50%。上述 4 个指标均连续三年保持了较快的增长势头。

943 个科学技术类博物馆建筑面积合计 709.20 万平方米，比 2017 年增长 7.69%；展厅面积合计 323.76 万平方米，比 2017 年增长 1.18%；参观人数共计 1.42 亿人次，比 2017 年增长 0.27%。上述 3 个指标也连续三年实现增长。年累计免费开放天数 21.23 万天，比 2017 年减少 1.40%。

全国共有青少年科技馆站 559 个，比 2017 年增加 1.82%。

在公园、社区、图书馆、体育场所等公共场所设置科普宣传设施，可以扩大基层科学普及工作的范围。2018 年全国公共场所的科普宣传设施建设力度有所减弱，各项调查指标均出现不同程度下降。全国城市社区科普（技）专用活动室 5.86 万个，比 2017 年减少 17.91%；农村科普（技）活动场地 25.27 万个，比 2017 年减少 26.15%；科普宣传专用车 1365 辆，比 2017 年减少 19.42%；科普画廊 16.15 万个，比 2017 年减少 7.90%。

3. 科普专职人员队伍结构不断优化

2018 年全国共有科普人员 178.49 万人，比 2017 年减少 0.53%。每万人口拥有科普人员 12.79 人，比 2017 年减少 0.12 人。其中，科普专职人员 22.40 万人，比 2017 年减少 3050 人，占科普人员总数的 12.55%；科普兼职人员 156.09 万人，比 2017 年减少 6541 人，占科普人员总数的 87.45%。2017 年科普兼职人员共投入工作量 180.53 万人月，比 2017 年减少 4.87%；科普兼职人员人均投入工作量为 1.16 个月，比 2017 年减少 0.05 个月。

全国共有中级职称及以上或大学本科及以上学历的科普人员 95.96 万人，比 2017 年减少 3.72 万人，占科普人员总数的 53.76%。其中，中级职称及以上或大学本科及以上学历的科普专职人员 13.66 万人，占科普专职人员总数的 61.00%；中级职称及以上或大学本科及以上学历的科普兼职人员 82.30 万人，占科普兼职人员总数的 52.72%。

女性在我国科普事业中发挥着重要作用。全国共有 71.01 万名女性科普人员，比 2017 年减少 1.12 万人，占科普人员总数的 39.79%。其中，女性科普专职人员 8.85 万人，占科普专职人员总数的 39.53%；女性科普兼职人员 62.16 万人，占科普兼职人员总数的 39.82%。

全国共有农村科普人员 50.85 万人，占科普人员总数的 28.49%，比 2017 年减少了 3.39 个百分点。其中，农村科普专职人员 6.47 万人，农村科普兼职人员 44.38 万人。与 2017 年相比，农村科普专职人员减少 0.81 万人，农村科普兼职人员减少 5.54 万人。全国每万农村人口拥有科普人员数达到 9.02 人，比 2017 年减少 0.9 人。

专职从事科普创作的人员力量持续增强。全国专职从事科普创作人员共计 1.55 万人，比 2017 年增加 616 人，占科普专职人员总数的 6.93%，数量上连续三年保持增长。同时，全国专职科普讲解人员队伍也连续三年保持增长，2018 年人数达到 3.29 万人，比 2017 年增加 0.17 万人，占科普专职人员总数的 14.69%。

全国共有专职科普管理人员 4.52 万人，比 2017 年减少 0.39 万人，降幅为 8.01%。全国共有注册科普志愿者 213.69 万人，比 2017 年减少 11.92 万人，降幅为 5.28%。

4. 形式多样、内容丰富的科普活动广泛开展

通过科普（技）讲座、科普（技）展览、科普（技）竞赛、科技夏（冬）令营、科普培训、科技活动周等方式，全国各类科普活动参与人数达 8.92 亿人次，比 2017 年增长 15.80%，每万人参加次数 6398 次。全国科普讲解大赛、全国科普微视频大赛、全国科学实验展演汇演活动在社会具有广泛影响和知名度。共举办科普（技）讲座 91.01 万次，吸引听众 2.06 亿人次，比 2017 年增长 40.62%；举办科普（技）展览 11.64 万次，参观人数超过 2.56 亿人次，比 2017 年减少 0.03%；举办科普（技）竞赛 4.00 万次，参加人数达 1.83 亿人次，比 2017 年增长 80.82%；举办科普国际交流活动 2579 次，共有 93.66 万人次参加，比 2017 年增长 33.39%。

科技活动周是当前全国公众参与度最高、覆盖面最广、社会影响力最大的群众性科技活动品牌。2018 年科技活动周期间，全国共举办科普专题活动 11.68 万次，1.61 亿人次参与了各类活动，比 2017 年减少 2.02%（表 3）。2018 年度全国科技活动周经费筹集额共计 4.56 亿元，比 2017 年减少 8.61%。其中，各级政府拨款 3.54 亿元，比 2017 年减少 6.08%，占总筹集额度的 77.58%。全国共举办重大科普活动 2.57 万次。

表 3　2014—2018 年全国科技活动周主要数据

年份	2014	2015	2016	2017	2018
科普专题活动次数/次	117238	117506	128545	115999	116828
参加人数/万人次	15726	15753	14740	16434	16102
每万人口参加人数/人次	1150	1144	1066	1182	1154

全国共有青少年科技兴趣小组 19.19 万个，参加人数达到 1710.60 万人次，比 2017 年减少 9.13%。青少年科技夏（冬）令营活动共举办 1.46 万次，参加人数 231.79 万人次，比 2017 年减少 23.53%。

科研机构和大学通过组织科普活动向社会开放，是鼓励公众参与科学事务、提升公民科学素养的有效手段。2018 年全国科研机构和大学向社会开放踊跃，科普与科技融合不断深入。开展科普活动的机构数量达到 1.06 万个，比 2017 年增加 0.21 万个，参观人次达到 996.69 万人次，比 2017 年增长 13.43%。平均每个开放单位年接待 943.56 人次。

5. 科普宣传媒介多元化特征显著

科普传播媒介的发展状况很大程度上决定了科普内容向社会传播的速度、范围和效率。2018 年科普传播手段应用更加广泛，以互联网为传播渠道的网络化科普传媒快速发展，微博、微信和微视频等新媒体在科学传播中的作用日益显著。全国共建成科普网站 2688 个，比 2017 年增加 4.59%。共有科普类微博 2809 个，比 2017 年增长 36.02%；发文量 90.42 万篇，比 2017 年增长 36.06%；阅读量达到 82.80 亿次，比 2017 年增长 87.80%。共有科普类微信公众号 7067 个，比 2017 年增长 28.77%；发文量 100.87 万篇，比 2017 年增加 15.29%；阅读量达到 10.20 亿次，比 2017 年增长 46.99%。

在互联网日益普及的情况下，纸质传媒和出版物普遍受到冲击和影响。2018 年全国共出版科普图书 11120 种，比 2017 年减少 20.90%；出版总册数 8606.60 万册，比 2017 年减少 23.07%。科普图书占 2018 年全国各类图书总册数的 0.86%。

全国共出版科普期刊 1339 种，比 2017 年增加 6.95%；出版总册数 6787.74 万册，比 2017 年减少 45.89%。科普期刊出版总册数占全国各类期刊出版总册数的 2.96%。在各类科普活动中，共发放科普读物和资料 6.98 亿份，比 2017 年减少 11.21%。

全国共发行科技类报纸 1.45 亿份，比 2017 年减少 70.35%。全国广播电台播出科普（技）节目总时长为 5.38 万小时，比 2017 年减少 27.11%；电视台播出科普（技）节目总时长为 7.80 万小时，比 2017 年减少 13.11%。全国发行科普（技）音像制品达到 3669 种，比 2017 年减少 13.77%；发行科普（技）类光盘 446.06 万张，比 2017 年减少 21.70%；发行录音带、录像带 17.55 万盒，比 2017 年减少 55.24%。

6. 科普工作对“创新创业”的助推作用不断增强

近年来，科普工作在推动科技资源开放共享、提升改进创新创业服务方面发挥了独特作用。2018 年创新创业科普活动载体持续增加，科普工作对创新创业的助推作用不断增强。全国举办科普活动的众创空间 9771 个，比 2017 年增长 18.64%。服务创业人员 213.35 万人次，比 2017 年增长 52.64%。孵化科技类项目数量 18.59 万个，比 2017 年增长 11.81%。组织创新创业培训类科普活动 8.04 万次，比 2017 年增长 1.22%，参加人数 479.70 万人次，比 2017 年增长 9.33%。举办科技类创新创业赛事 7546 次，比 2017 年增长 4.67%，参加人数 309.33 万人次，比 2017 年增长 12.53%。

二、地区科普工作发展特征

1. 大部分地区科普人员投入增长

各省、自治区、直辖市（以下简称“省”）对科普工作的重视体现在持续的科普投入上，包括人员投入和经费投入。从人员投入总体规模来看，2018 年全国 31 个省中，18 个省的科普人员投入在 2017 年基础上实现增长。从万人科普人员数来看，17 个省比 2017 年有所增加。在万人科普人员数和人均科普专项经费两方面同时实现增长的有 8 个省（表 4）。

表 4　2017—2018 年各省万人科普人员数和人均科普专项经费

地区	2017 年		2018 年	
	万人科普人员数/人	人均科普专项经费/元	万人科普人员数/人	人均科普专项经费/元
北京	23.51	52.18	28.47	54.32
天津	11.03	5.60	19.14	4.56
河北	11.94	1.57	12.32	1.19
山西	5.22	1.87	7.26	2.25
内蒙古	14.87	2.38	15.78	3.02
辽宁	13.14	2.78	11.69	2.11
吉林	6.03	0.74	7.22	2.90
黑龙江	7.79	1.74	7.45	1.35
上海	23.47	22.67	23.66	24.46
江苏	15.15	5.24	13.15	4.99
浙江	24.30	7.64	26.17	6.73
安徽	8.96	2.56	10.43	2.81
福建	16.13	5.14	17.04	4.74
江西	10.94	2.43	11.11	1.90
山东	9.12	1.93	10.31	1.44
河南	10.79	1.36	9.31	1.42
湖北	15.62	4.25	13.75	4.06
湖南	13.55	2.90	11.25	2.65
广东	6.33	3.46	6.52	3.49
广西	13.32	3.58	11.98	3.12

续表

地区	2017 年		2018 年	
	万人科普人员数/人	人均科普专项经费/元	万人科普人员数/人	人均科普专项经费/元
海南	10.97	4.62	8.38	4.15
重庆	14.01	5.89	14.02	4.81
四川	12.74	3.75	12.32	4.34
贵州	11.89	3.07	11.91	3.58
云南	18.89	5.00	16.98	4.54
西藏	5.66	13.20	12.63	11.42
陕西	18.67	4.13	17.02	4.83
甘肃	18.06	2.09	17.11	2.75
青海	13.39	12.42	18.24	10.24
宁夏	20.12	7.74	20.02	8.00
新疆	16.48	4.72	13.29	3.80

2. 东部地区继续发挥科普资源建设“领头羊”作用

从科普人员投入来看，东部地区、中部地区和西部地区的专兼职科普人员占全国专兼职科普人员总数的比例分别为44.89%、24.68%和30.43%，东部地区明显领先于中部地区和西部地区。排名前 5 位的省分别是浙江、江苏、山东、四川和河北，这 5 个省的科普人员总规模达到 55.55 万人，占全国科普人员总数的 31.12%。排名后 5 位的省是吉林、宁夏、青海、海南和西藏，这 5 个省的科普人员总数为 5.65 万人，占全国科普人员总数的 3.16%。

从科普经费投入来看，东部地区、中部地区和西部地区的科普经费筹集额占全国科普经费筹集总额的比例分别为58.19%、17.12%和 24.70%，东部地区大幅度超越了中部地区和西部地区，且占比也超过了 2017 年的表现。排名前 5 位的省是北京、上海、浙江、广东和江苏，这 5 个省的科普经费筹集额达到 73.23 亿元，占全国总额的 45.44%。排名后 5 位的省是黑龙江、宁夏、海南、青海和西藏，这 5 个省的科普经费筹集额为 5.21 亿元，仅占全国总额的 3.23%。

从科普场馆建设来看，东部地区、中部地区和西部地区的科技馆数量分别占全国科技馆数量的 50.58%、24.90%和 24.52%。排名前 3 位的省是湖北、广东和上海。东部地区科技馆的展厅面积是中部和西部地区科技馆展厅面积总和的 1.22 倍。东部地区、中部地区和西部地区的科学技术类博物馆数量分别占全国科学技术类博物馆数量的 52.92%、16.97%、30.12%。排名前 3 位的省是上海、北京和四川。东部地区科学技术类博物馆的展厅面积是中部和西部地区科学技术类博物馆展厅面积总和的 1.29 倍。特大型、大型科技馆和科学技术类博物馆大多集中在东部发达地区。

从各省主要科普资源指标的平均值来看，2018 年东部地区领先幅度较大，中部地区和西部地区各省均处于相对落后的状态。西部地区在平均每省拥有的科普人员数、科技馆个数及科普经费筹集额 3 个指标上的表现都处于最后，仅在平均每省拥有的科学技术类博物馆数量方面超过了中部地区（表 5）。

表 5　2018 年东部、中部和西部地区各省主要科普资源指标平均值

地区	科普人员数/人	科技馆数/个	科学技术类博物馆数/个	科普经费筹集额/万元
东部地区	72834	24	45	85240
中部地区	55073	16	20	34475
西部地区	45260	11	24	33162

3. 西部地区部分指标表现具有相对优势

考虑到各地区的人口数量和经济发展状况，西部地区部分科普统计指标的测算结果优于东部地区和中部地区。西部地区的万人科普人员数、科普经费占 GDP 比例 2 项科普指标均在 3 个区域中位列第一，而中部地区 5 项科普指标的表现在 3 个区域中均靠后[1]（表 6）。这说明西部地区虽然经济条件有限，但近年来对部分科普工作的相对投入力度并不算弱，通过在科普基础设施建设等方面不断发力，持续强化业务支撑能力建设。

表 6　2018 年东部、中部和西部地区部分科普指标相对值

地区	万人科普人员数/人	科普经费占 GDP 比例/10^{-4}	人均科普专项经费/元	万人拥有科技馆建筑面积/米^2	万人拥有科学技术类博物馆建筑面积/米^2
东部地区	13.79	1.85	6.15	38.83	68.32
中部地区	10.11	1.23	2.38	18.15	28.47
西部地区	14.31	2.16	4.21	25.01	49.55

如果将各省科普经费筹集额占本省地区生产总值的比例定义为科普经费强度，它的分布不同于 R&D 经费强度（R&D 经费/地区生产总值）的分布，一些地区生产总值相对较低的省在科普经费强度方面有着很好的表现（表 7）。西藏、

1　GDP 数据为国家统计局网站 2019 年 10 月发布数据。

青海、云南、甘肃、宁夏、贵州等地区虽然经济发展较为薄弱，但2018年其科普经费强度都进入了全国前10位。

表7　2017—2018年各省科普经费强度　　单位：10^{-4}

地区	2017年	2018年	地区	2017年	2018年
北京	9.62	8.63	湖北	2.15	1.89
天津	1.26	1.21	湖南	1.41	1.27
河北	0.82	1.41	广东	0.98	0.95
山西	1.25	1.05	广西	2.04	1.72
内蒙古	2.37	1.41	海南	2.32	2.22
辽宁	1.23	1.09	重庆	2.04	2.16
吉林	0.41	1.25	四川	2.11	1.87
黑龙江	1.08	0.80	贵州	2.73	2.62
上海	5.65	5.48	云南	3.91	3.40
江苏	1.08	0.97	西藏	5.07	4.26
浙江	1.91	1.93	陕西	1.92	1.66
安徽	1.47	1.33	甘肃	2.17	3.22
福建	1.85	1.55	青海	3.94	3.55
江西	1.48	1.44	宁夏	3.00	3.19
山东	0.61	0.50	新疆	2.41	1.94
河南	0.91	0.71			

注：科普经费强度=各省科普经费筹集额/本省地区生产总值。

4. 部分地区科普经费投入出现下降

从经费投入总体规模来看，有19个省在2017年基础上出现了一定幅度下降。18个省的科普专项经费投入规模与2017年相比也有所减少。二者均出现下降的有13个省。在人均科普专项经费和万人科普人员数方面同时出现下降的有9个省（表4）。

三、部门科普工作发展特征

科普工作是涉及各行各业、具有广泛社会性的一项工作，我国不同部门在其法定职责范围内各自开展科普工作。《科普法》指出：国务院行政部门按照各自的职责范围，负责有关的科普工作；科学技术协会是科普工作的主要社会力量。在国家科普工作联席会议制度的组织与协调下，各部门的科普工作都根据本部门工作特点进行了对应性安排，我国条块结合的科普工作网络目前已经比较完善。2018 年度全国科普统计数据结果表明：从主要统计指标的总量值和相对测算结果来看，科协组织、科技管理部门、教育部门等部门是在我国科普工作中发挥领军作用的中坚力量；同时，部分指标的相对测算结果也显示，文化和旅游部门、卫生健康部门等部门在一些特定领域具有独有优势，彰显了其工作特色。

从科普人员数量规模来看，科协组织、教育部门、卫生健康部门、农业农村部门、科技管理部门的专兼职人员总数均超过了 10 万人，人员总规模占到全国科普人员队伍人数的 75.22%，是我国科普人员的主力构成部门。从部门科普人员中中级职称及以上或本科及以上学历人员占比来看，我国科普人员的素质整体素质较高，31 个部门中 25 个部门的比例超过了 50%。其中，中国人民银行系统、中科院所属部门、气象部门、教育部门、工业和信息化部门的比例均超过了 70%。

从科普场馆建设规模来看，教育部门、科协组织、文化和旅游部门、科技管理部门、自然资源部门的科技馆、科学技术类博物馆和青少年科技馆站 3 类主要场馆建设规模均超过了 100 个，数量规模占到全国 3 类主要场馆数量的 76.78%，是我国科普场馆的主要建设部门。从单馆年接待人次来看，发展改革部门、文化和旅游部门、科技管理部门、中科院所属部门、科协组织、广播电视部门位居前列，各部门单馆均达到 10 万人次以上。从 3 类主要场馆单位展厅面积年接待观众人数来看，发展改革部门、文化和旅游部门、中科院所属部门、社科院所属部门的服务能力均超过了 50 人次/平方米。

从科普经费投入规模来看，科协组织、科技管理部门和教育部门的经费支持力度都超过了 10 亿元，远高于其他部门。而从万元科普活动支出参加人次来看，中国人民银行、应急管理部门、文化和旅游部门、妇联组织、教育部门、住房和城乡建设部门、公安部门、科技管理部门、社科院所属部门均超过了 1000 人次。

从科普活动举办情况来看，卫生健康部门、科协组织、教育部门、农业农村部门、科技管理部门举办的科普（技）讲座均超过 7 万次，远高于其他部门。教育部门、科协组织、卫生健康部门举办的科普（技）展览均超过 1 万次。教育部门、科协组织、科技管理部门、工会组织、卫生健康部门举办的科普（技）竞赛均超过 1500 次，尤其是教育部门，超过了 2 万次。教育部门、应急管理部门、科技管理部门、科协组织、卫生健康部门在科技活动周期间举办的科普专题活动均超过了 1.3 万次。

从图书、期刊、报纸几种主要科普传播媒介的发行规模来看，2018 年科协组织、新闻出版部门、广播电视部门、卫生健康部门、科技管理部门、农业农村部门是主要发行部门。尤其是科协组织、新闻出版部门和广播电视部门表现突出，3 个部门 2018 年科普图书发行量占科普图书发行总量的 64.45%，科普期刊发行量占科普期刊发行总量的 56.36%，科技类报纸发行量占科技类报纸发行总量的 55.76%。

附 录

为了真实地反映全国科普事业发展的实际情况，科普统计会适时调整统计指标和调查范围，具体的变化如表 8 所示。具体到各省、自治区和直辖市（以下简称“省”），也因为统计范围的变化，每次回收调查表的情况有所不同。

表 8 2006—2018 年全国科普统计变化情况①

年份	2006	2008	2009	2010	2011	2012
二级指标数/个	75	75	86	86	86	86
调查部门数/个	18②	19③	20④	20	24⑤	25⑥
有效调查表/份	36738	42565	43856	44346	49163	56461
年份	2013	2014	2015	2016	2017	2018
二级指标数/个	86	93	109	109	124	124
调查部门数/个	25⑦	30⑧	30	31⑨	31⑩	31
有效调查表/份	56399	61076	60186	60012	65032	64762

①全国范围的科普工作试统计始于 2004 年。试统计时包括：科技管理、科协、教育、国土资源、农业、文化、卫生、计生、环保、广电、林业、旅游、中科院、地震、气象、共青团组织和妇联组织 17 个部门。未涵盖在以上部门的调查表，则归类为其他部门（下同）。

②新增了工会部门数据。

③新增了国防科工部门和部分创新型企业数据。

④新增了公安和工信部门数据，并将国防科工部门与创新型企业数据纳入工信部门，但仍以国防科工来统计分析。

⑤新增了民委部门、安监部门和粮食部门数据，并包含了其他。

⑥新增了质检部门数据，并包含了其他。

⑦自 2013 年起，包含国防科工的工信部门，以工信部门来统计分析。

⑧新增了发展改革部门、人力资源社会保障部门、体育部门、食品药品监督管理部门和社科院所属部门。

⑨新增了国资部门。

⑩根据 2018 年国家机构改革方案，对部分部门归属进行了调整。本轮调查共包括 31 个部门：发展改革部门（含粮食和物资储备系统）、教育部门、科技管理部门、工业和信息化部门（含国防科工系统）、民族事务部门、公安部门、民政部门、人力资源和社会保障部门、自然资源部门（含林业和草原系统）、生态环境部门、住房和城乡建设部门、交通运输部门（含民用航空系统、铁路系统）、水利部门、农业农村部门、文化和旅游部门（旅游部门合并到文化部门）、卫生健康部门（计生部门已合并到卫生部门）、应急管理部门（含地震系统、煤矿安全监察系统）、中国人民银行、国有资产监督管理部门、市场监督管理部门（含药品监督管理系统、知识产权系统）、广电部门、体育部门、中科院所属部门、社科院所属部门、气象部门、新闻出版部门、共青团组织、工会组织、妇联组织、科协组织、其他部门。

1 科普人员

科普人员是指科普活动的组织者、科学技术的传播者，是我国科技工作者的重要组成部分。按从事科普工作时间占全部工作时间的比例及职业性质划分，科普人员可以分为科普专职人员和科普兼职人员。

科普专职人员是指从事科普工作时间占其全部工作时间60%及以上的人员，包括各级国家机关和社会团体的科普管理工作者，科研院所和大中专院校中从事专业科普研究和创作的人员，专职科普作家，中小学专职科技辅导员，各类科普场馆的相关工作人员，科普类图书、期刊、报纸科普（技）专栏版的编辑，电台、电视台科普频道、栏目的编导和科普网站信息加工人员等。

科普兼职人员是科普专职人员队伍的重要补充，他们在非职业范围内从事科普工作，工作时间不能满足科普专职人员的要求，主要包括进行科普（技）讲座等科普活动的科技人员、中小学兼职科技辅导员、参与科普活动的志愿者和科技馆（站）的志愿者等。

1.1 科普人员概况

2018 年全国共有科普人员 178.49 万人，比 2017 年减少 0.96 万人，减少 0.53%；全国每万人口拥有科普人员 12.79 人，与 2017 年的 12.91 人相比有所降低。其中，科普专职人员 22.40 万人，占科普人员总数的 12.55%，相比 2017 年科普专职人员总数及占比均有所下降。科普兼职人员 156.09 万人，比 2017 年减少 0.66 万人，连续三年持续下降。2018 年全国科普兼职人员共投入工作量 180.53 万人月，比 2017 年的 189.78 万人月有所下降；科普兼职人员人均年度投入工作量 1.16 个月，也比 2017 年的 1.21 个月略有下降。

1.1.1 科普人员类别

农村科普人员数量有所下降。农村科普人员主要包括农业管理部门的专职科普人员、农技咨询协会的工作人员和农业函授大学教员等。农村科普工作面广量大、任务繁重，因此科普人员也较多。2018 年全国共有农村科普人员 50.85 万人，比 2017 年的 57.21 万人减少 6.36 万人，占全国科普人员总数的 28.49%，也低于 2017 年的 31.88%。在全国农村科普人员中，科普专职人员 6.47 万人，科普兼职人员 44.38 万人。与 2017 年相比，农村科普专职人员和兼职人员均有所减少，使得 2018 年全国农村科普人员总量和占比均有所下降。2018 年全国每万农村人口拥有科普人员 9.02 人[1]，低于 2017 年的 9.92 人。

全国中级职称及以上或大学本科及以上学历的科普人员数量略有下降。2018 年，中级职称及以上或大学本科及以上学历的科普人员共计 95.96 万人，占科普人员总数的 53.76%，与 2017 年的 55.55%相比有所下降。中级职称及以上或大学本科及以上学历的科普专职人员 13.66 万人，占科普专职人员总数的 61.00%，与 2017 年的 61.45%相比有所下降，占比减少 0.45 个百分点；中级职称及以上或大学本科及以上学历的科普兼职人员 82.30 万人，占科普兼职人员总数的 52.72%，与 2017 年的 85.73 万人和 54.69%相比，减少 3.43 万人，占比减少 1.97 个百分点。总体来说，中级职称及以上或大学本科及以上学历人员在科普专职人员中所占比例继续高于同类人员在科普兼职人员中所占比例。

科普创作人员规模增加。科普创作人员包括科普文学作品创作人员、科普影视作品创作人员、科普展品创作人员和科普理论研究人员等。全国专职从事科普作品创作的人员 15523 人，比 2017 年增加 616 人，但总体规模仍然较小，占全国科普专职人员的 6.93%，与 2017 年的 6.57%相比略有增加。

女性科普人员的数量和比例略有降低。全国共有 71.01 万名女性科普人员，比 2017 年的 72.13 万名减少 1.12 万名，占科普人员总数的 39.79%，与 2017 年的 40.19%相比有所下降。其中，女性科普专职人员 8.85 万人，占科普专职人员总数的 39.53%，占比较 2017 年略有增长；女性科普兼职人员 62.16 万人，占科普兼职人员总数的 39.82%，占比较 2017 年略有下降。

科普管理人员数量及占比均略有下降。管理是科普工作必不可少的组成部分，科普工作需要管理者的组织协调。2018 年全国共有专职科普管理人员 4.52

---

1 根据国家统计局数据，截至 2018 年年底，我国城镇人口 83137 万人，农村人口 56401 万人。

万人，占科普人员总数的 2.53%，低于 2017 年的 4.91 万人和 2.74%。

科普讲解人员数量有所上升。全国共有专职科普讲解人员 32908 人，比 2017 年增加 1708 人，增长 5.47%，占科普专职人员总数的 14.69%。

全国共有注册科普志愿者 213.69 万人，与 2017 年的 225.60 万人相比减少 11.92 万人，我国科普志愿者的队伍建设有待进一步加强。

1.1.2 科普人员分级构成

我国科普人员主要分布在基层。按照中央部门级、省级、地市级和县级的科普人员分布来看，我国县级科普人员最多，而中央部门级科普人员最少（图 1-1）。2018 年，全国县级科普人员共有 113.52 万人，与 2017 年的 117.72 万人相比减少 4.20 万人，占全国科普人员总量的 63.60%。分布在中央部门级的科普人员有 3.68 万人，比 2017 年的 2.95 万人增长 0.73 万人，占全国科普人员总数的 2.06%。中央部门级的科普人员中，科普专职人员占 11.78%，科普兼职人员占 88.22%；其中，27.66%的科普专职人员是科普管理人员，这与 2017 年的 27.36%大致持平。

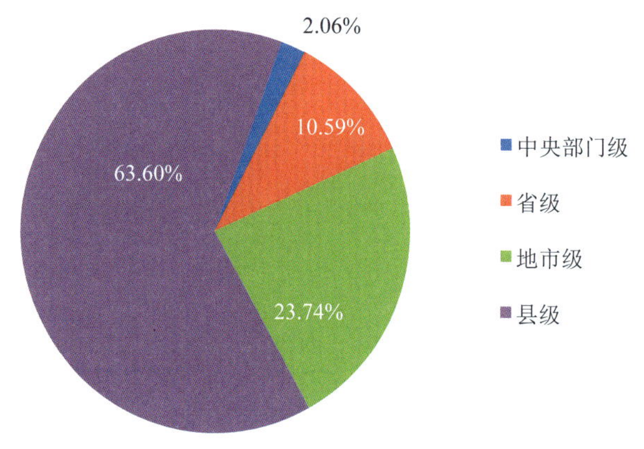

图 1-1　2018 年四级科普人员比例

从科普人员的构成来看，省级科普人员中科普专职人员比例最高，地市级科普专职人员占同级科普人员的比例最低，4 个级别的比例相差不大（表 1-1）。从科普人员的职称及学历看，中央部门级和省级的科普人员中具有中级职称及以上或大学本科及以上学历的人员所占比例较高；中央部门级中具有中级职称及以上或大学本科及以上学历的人员所占比例较 2017 年有所增长，省级、地市级和县级的科普人员中具有中级职称及以上或大学本科及以上学历的人员所占比例较 2017 年均有所下降；县级科普人员中具有中级职称及以上或大学本科及以上学历人员所占比例在 4 个级别中最低，因此县级科普人员的素质还有待进一步提高。从表 1-1 还可以看出，2018 年中央部门级和省级女性科普人员所占比例均超过 45%，但县级不到 40%。2018 年各级别农村科普人员占同级科普人员比例相比 2017 年均有下降，县级最高，超过 30%。

表 1-1　2018 年科普人员构成情况

层级	科普专职人员占同级科普人员比例	中级职称及以上或大学本科及以上学历人员占同级科普人员比例	女性科普人员占同级科普人员比例	农村科普人员占同级科普人员比例
中央部门级	11.78%	83.21%	47.24%	3.37%
省级	15.16%	69.71%	46.51%	11.87%
地市级	10.80%	58.67%	44.43%	14.49%
县级	12.79%	48.32%	36.69%	31.60%

1.1.3　科普人员区域分布

2018 年东部、中部和西部地区的科普人员分别为 80.12 万人、44.06 万人和 54.31 万人（图 1-2）。与 2017 年的统计结果（76.65 万人、46.02 万人和 56.78 万人）相比，东部地区科普人员增加 3.47 万人，增长 4.53%；中部地区科普人员减少 1.96 万人，下降 4.26%；西部地区科普人员减少 2.47 万人，下降 4.35%。

各地区科普人员占比与人口数量占比呈正相关。东部地区人口占全国总人口的 41.61%，各类科普人员占全国总量的 44.89%（图 1-3）。西部地区的科普人员、科普专职人员和科普兼职人员占全国的比例均超过中部地区。

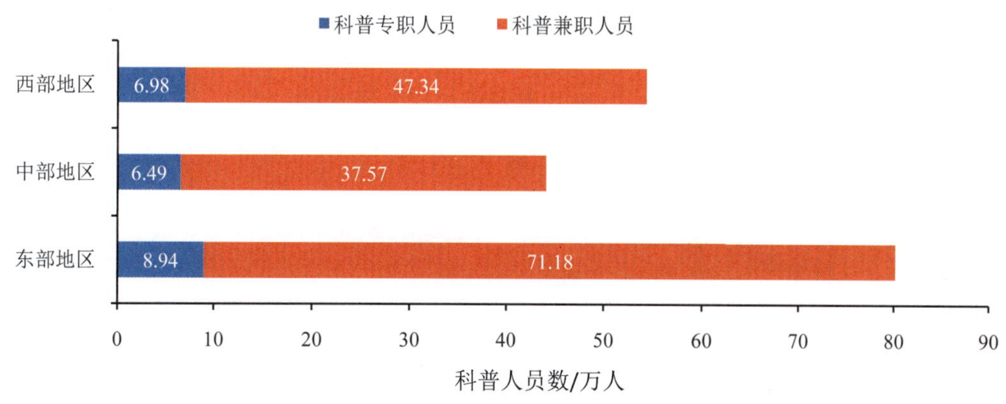

图 1-2　2018 年东部、中部和西部地区科普人员数

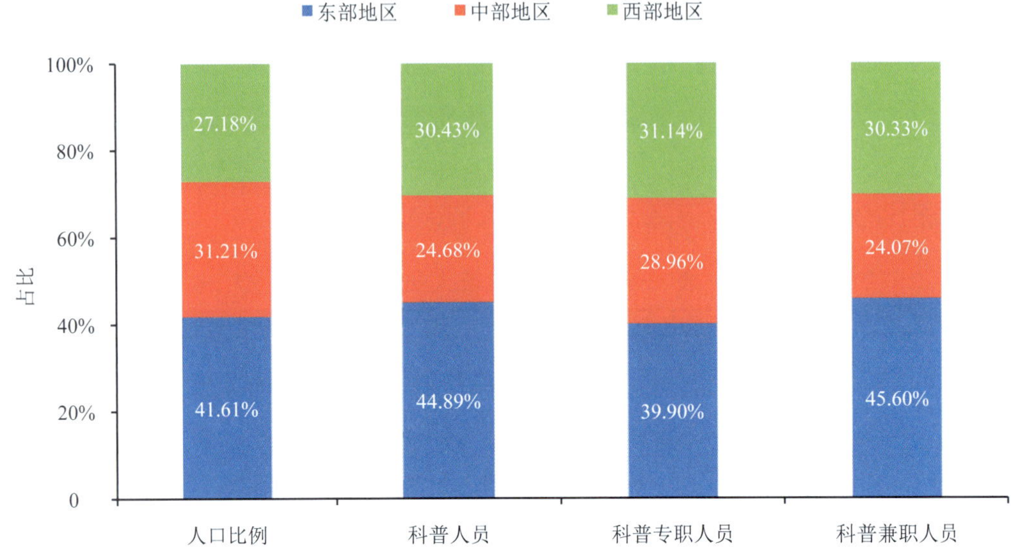

图 1-3　2018 年东部、中部和西部地区人口及科普人员占全国的比例

东部、中部和西部地区每万人口中的科普人员数分别为 13.79 人、10.11 人和 14.31 人，与 2017 年相比，中部和西部地区均有下降，东部地区有所增长，呈现出西部地区、东部地区较多，中部地区较少的特征。

东部地区专职科普人员比例较低。2018 年东部、中部和西部地区的科普专职人员比例分别为 11.15%、14.72%和 12.84%，中部地区科普专职人员比例相对较高（图 1-4）。东部和中部地区所占比例与 2017 年相比均有所上升，西部地区则有所下降。

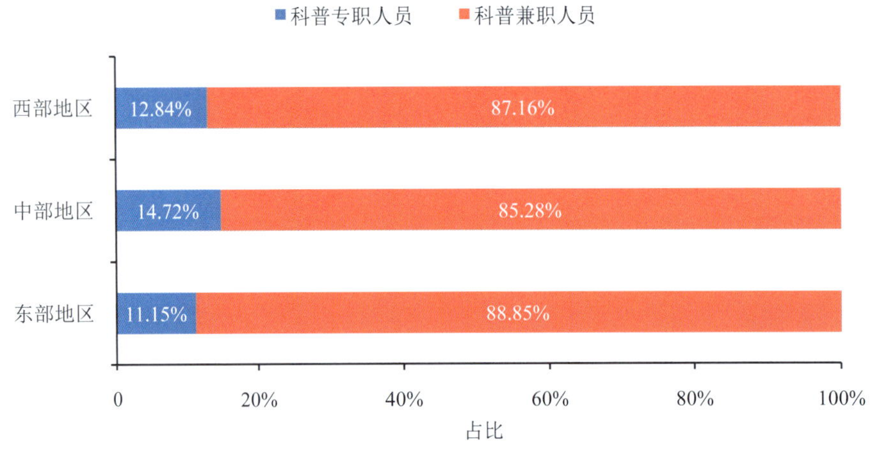

图 1-4　2018 年东部、中部和西部地区科普人员构成

东部、中部和西部地区科普人员中中级职称及以上或大学本科及以上学历人员的比例差别不大，均在 53%上下。东部地区科普专职人员中中级职称及以上或大学本科及以上学历人员的比例达到了 62.75%，在 3 个地区中最高，比西部地区的 59.07%高出 3.68 个百分点（图 1-5）。科普兼职人员中中级职称及以上或大学本科及以上学历人员的占比西部地区最高，达到 53.20%，东部和中部地区相对略低。此外，在 3 个地区中，科普专职人员的中级职称及以上或大学本科及以上学历人员占比均高于科普兼职人员的这一比例。

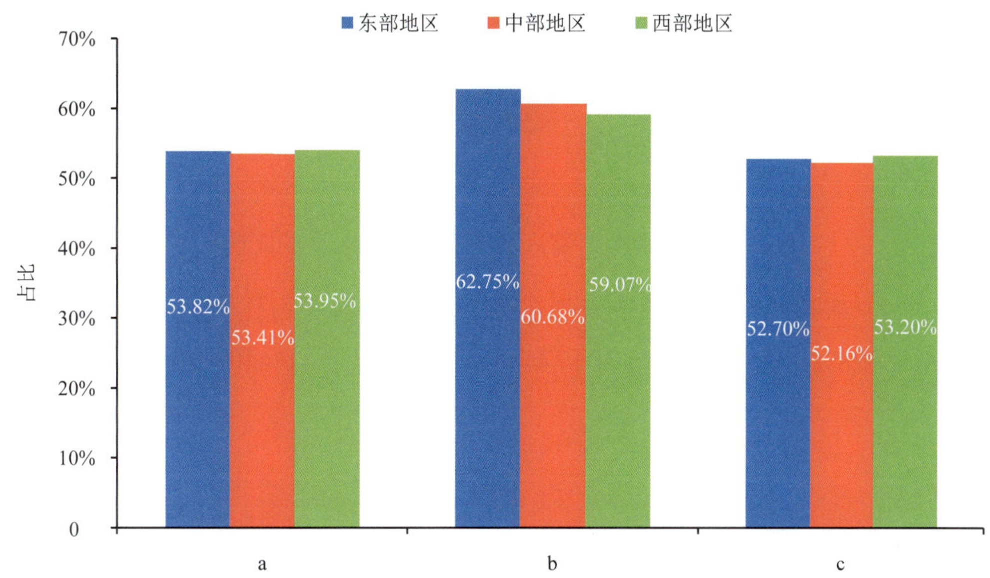

图 1-5　2018 年东部、中部和西部地区科普人员的职称或学历比例

a：科普人员中中级职称及以上或大学本科及以上学历人员的比例；b：科普专职人员中中级职称及以上或大学本科及以上学历人员的比例；c：科普兼职人员中中级职称及以上或大学本科及以上学历人员的比例

东部、中部和西部地区农村科普人员数量均有所下降。东部、中部和西部地区的农村科普人员总数分别为 19.56 万人、14.67 万人和 16.62 万人，与 2017 年的 21.51 万人、16.73 万人和 18.97 万人相比，下降明显。从科普人员中农村科普人员的占比来看（图 1-6），中部地区最高，达到 33.31%；其次是西部地区，为 30.59%；东部地区仅为 24.42%。与 2017 年东部、中部和西部地区的 28.06%、36.36%和 33.41%相比，占比均有下降。此外，在中部和西部地区，农村科普专职人员占科普专职人员的比例分别为 36.14%和 30.22%；在东部地区，这一比例仅为 22.59%。这与我国东部、中部和西部地区工农业分布现状相吻合。

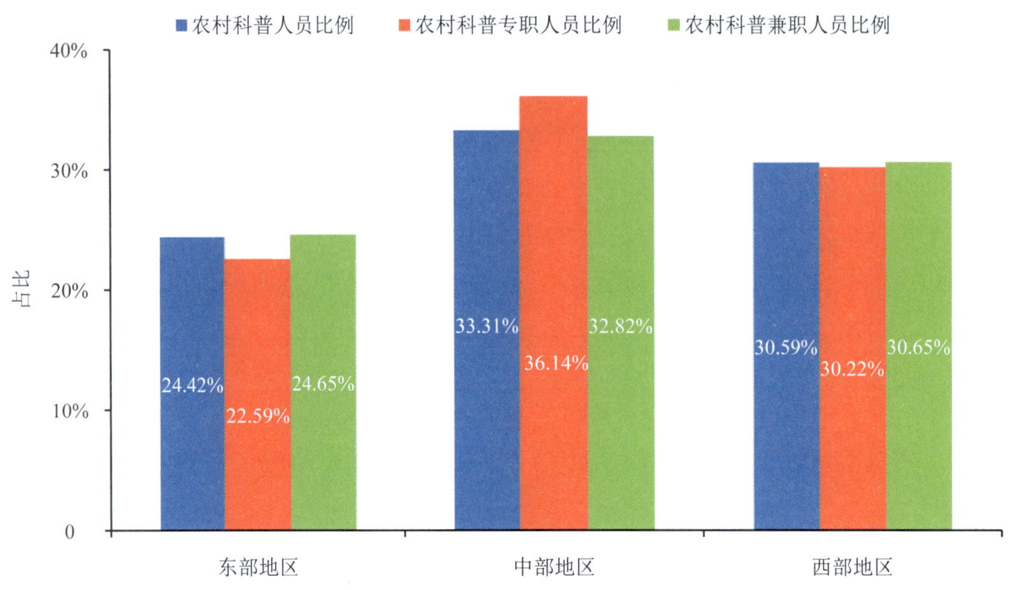

图 1-6　2018 年科普人员中农村科普人员的比例

东部、中部和西部地区科普人员中女性科普人员所占比例分别为 42.15%、36.11%和 39.28%（图 1 7），与 2017 年的 42.22%、37.11%和 39.95%相比，变化不大。

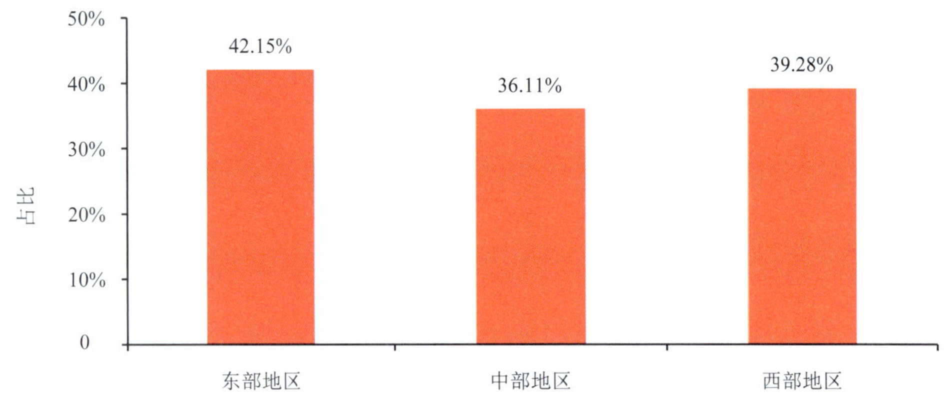

图 1-7　2018 年女性科普人员的比例

东部、中部和西部地区分别拥有专职科普创作人员 7450 人、3523 人和 4550 人，分别占全国专职科普创作人员总量的 47.99%、22.70%和 29.31%（图 1-8）；与 2017 年东部、中部和西部地区的 7099 人、3589 人和 4219 人相比，东部地区和西部地区均有一定的增长，而中部地区则有所减少。同时，西部地区专职科普创作人员占全国专职科普创作人员比例已经超过中部地区。

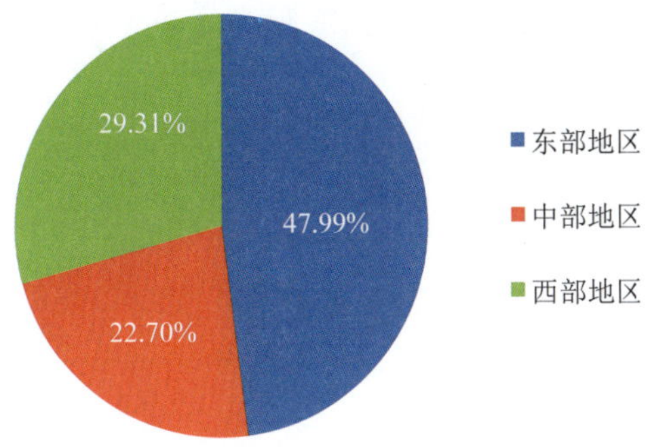

图 1-8　2018 年东部、中部和西部地区科普专职创作人员占全国专职科普创作人员比例

1.2　各省科普人员分布

1.2.1　各省科普人员总量

2018 年全国各省平均投入科普人员 5.76 万人，比 2017 年减少 0.03 万人。科普人员规模超过全国平均水平的地区依次是浙江、江苏、山东、四川、河北、河南、云南、湖北、湖南、广东、福建、安徽、陕西、北京和广西（图 1-9）。这 15 个省的科普人员总数占全国科普人员总数的 71.66%。科普人员数超过 10 万人的省有浙江、江苏、山东和四川。青海、海南和西藏的人口少，科普人员规模也小，西藏科普人员总数仅为 4345 人，但与 2017 年的 1909 人相比有明显增长。

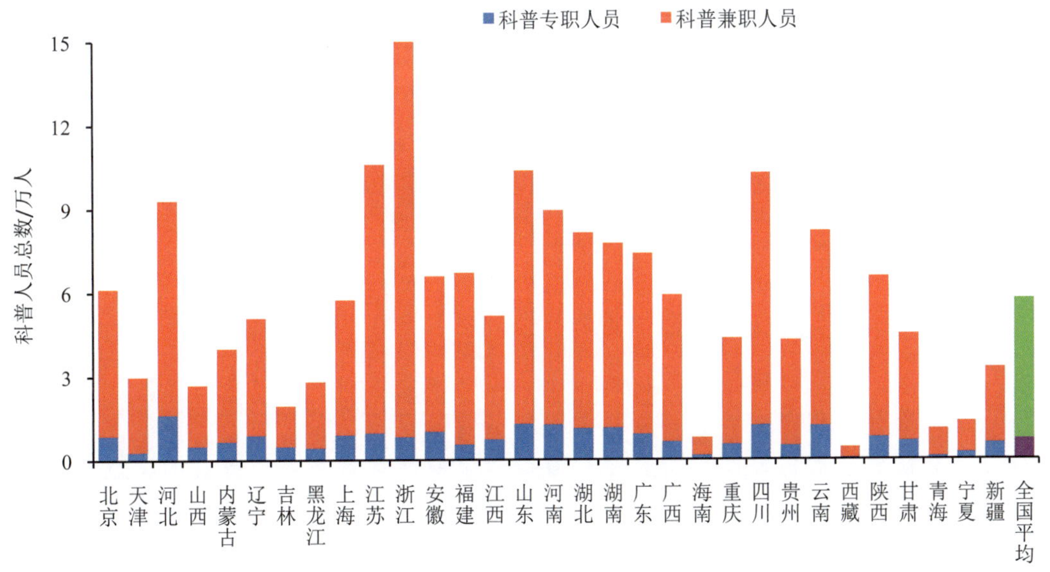

图 1-9　2018 年各省科普人员总数

各省平均科普专职人员数 7224 人，比 2017 年的 7323 人减少了 99 人。共有 15 个省超过了全国平均水平，分别为河北、山东、河南、四川、云南、湖南、湖北、安徽、江苏、广东、上海、辽宁、北京、浙江和陕西。河北有科普专职人员 1.60 万人，居全国之首，其后依次是山东 1.25 万人、河南 1.24 万人。

各省平均科普兼职人员数 5.04 万人，比 2017 年减少 0.02 万人，浙江、江苏、山东、四川、河北、河南、湖北、云南、湖南、广东、福建、陕西、安徽、广西和北京共 15 个省的科普兼职人员数量高于全国平均水平。其中，浙江的科普兼职人员规模最大，达到了 14.23 万人；浙江、江苏、山东和四川的科普兼职人员数量均超过了 9 万人。

各省科普专职人员占比差异较大。吉林、山西、海南、新疆、河北、辽宁、内蒙古、宁夏、上海、安徽、黑龙江、甘肃、云南、湖南、北京、河南、江西和湖北共 18 个省科普专职人员占比超过了全国 12.55%的平均水平。其中，吉林最高，达到了 23.59%；浙江、福建、青海、天津和江苏科普专职人员比例较低，其中，浙江仅有 5.20%的科普人员为专职（图 1-10）。

全国平均每万人口拥有科普人员 12.78 人，比 2017 年的 12.93 人减少了 0.15 人（图 1-11），北京、浙江、上海、宁夏、天津、青海、甘肃、福建、陕西、云南、内蒙古、重庆、湖北、新疆和江苏共 15 个省超过全国平均水平。北京位于第一，每万人口拥有科普人员数达到 28.47 人；浙江和上海每万人口拥有科普人员数也位居前列，分别达到了 26.17 人和 23.66 人。每万人口科普人员拥有量为 10 人以下的地区有河南、海南、黑龙江、山西、吉林和广东 6 个省。

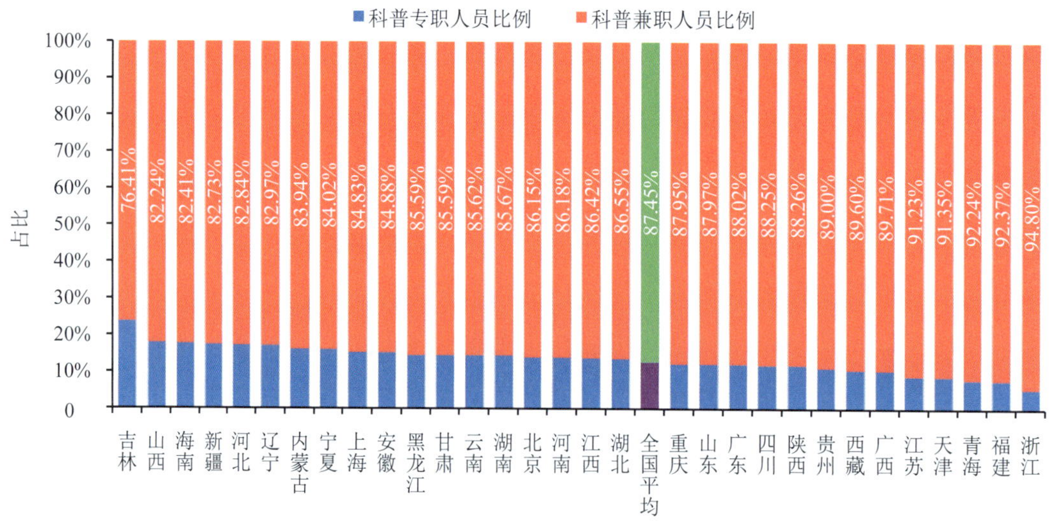

图 1-10　2018 年各省科普人员构成

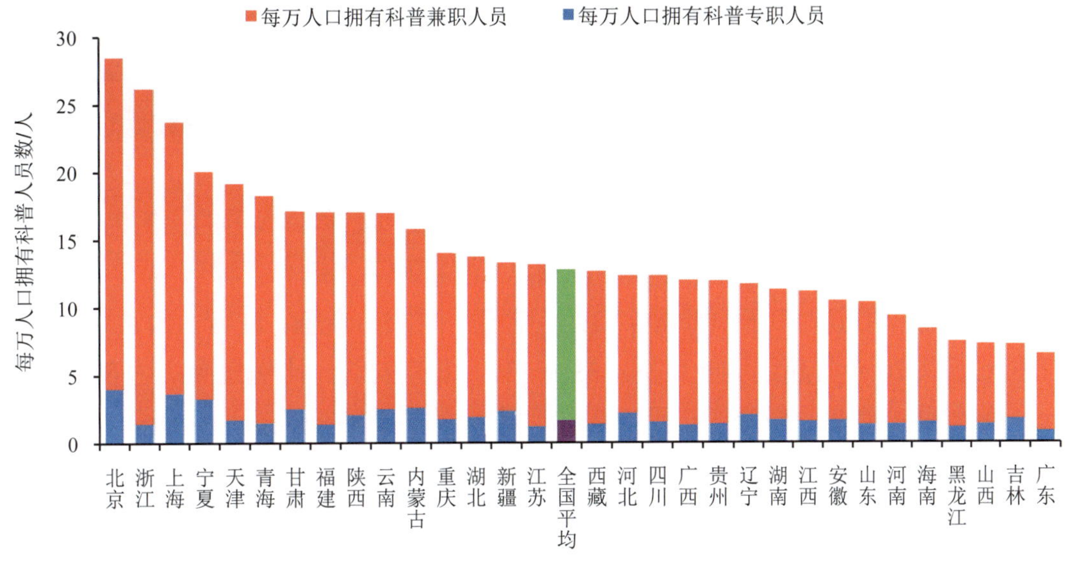

图 1-11　2018 年各省每万人口科普人员拥有量

1.2.2　各省科普人员分类构成

（1）科普人员职称及学历

全国共有中级职称及以上或大学本科及以上学历的科普人员 95.96 万人。中级职称及以上或大学本科及以上学历科普人员数量较多的地区依次是江苏、浙江、四川、湖北、云南、河北、河南、山东、广东、北京、福建、安徽、上海、陕西和湖南，这 15 个省超过全国平均水平（3.10 万人），其中多数为人口大省（图 1-12）。江苏共有中级职称及以上或大学本科及以上学历科普人员 6.35 万

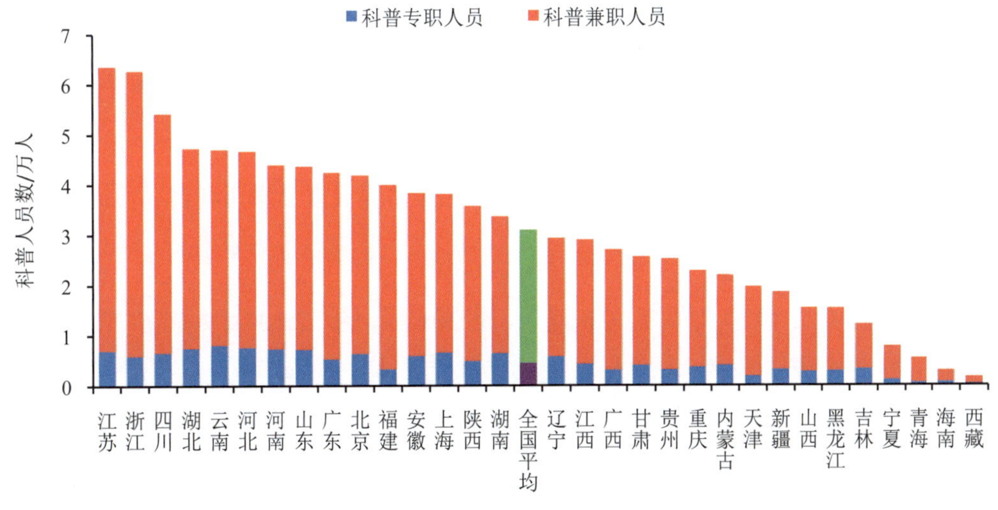

图 1-12　2018 年各省中级职称及以上或大学本科及以上学历科普人员数

人，位居全国第一。此外，浙江和四川的中级职称及以上或大学本科及以上学历科普人员也相对较多，均超过了 5 万人；西藏、海南、青海和宁夏 4 个省因人口总量较少，中级职称及以上或大学本科及以上学历科普人员数量也较少，均未超过 1 万人。

全国科普人员中中级职称及以上或大学本科及以上学历人员的比例为 53.76%，与 2017 年的 55.51%相比有所下降。北京、上海、天津、吉林、江苏、福建、贵州、安徽、湖北、辽宁、广东、云南、山西、宁夏、甘肃、新疆、江西、内蒙古、黑龙江和陕西共 20 个省超过这一比例（图 1-13）。北京的这一比例最高，达 68.38%。

除宁夏、河北、新疆、山西、安徽和青海的科普专职人员中中级职称及以上或大学本科及以上学历人员比例低于科普兼职人员的这一比例外，绝大多数省的科普专职人员中中级职称及以上或大学本科及以上学历人员比例要高于科普兼职人员的这一比例。上海、浙江、江苏、北京、黑龙江、吉林、云南、湖北、重庆、天津和辽宁共 11 个省的科普专职人员中中级职称及以上或大学本科及以上学历人员比例超过 65%。

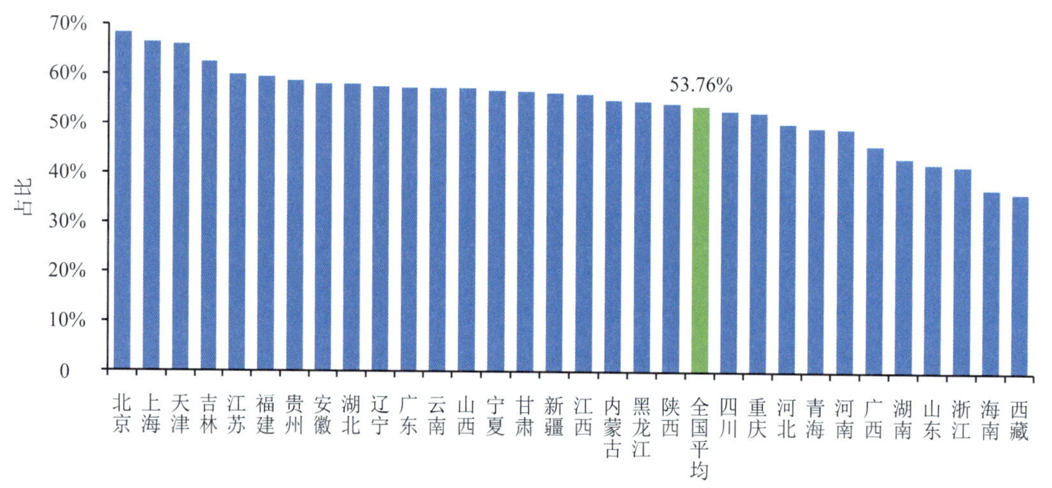

图 1-13　2018 年各省中级职称及以上或大学本科及以上学历科普人员比例

（2）女性科普人员

全国共有女性科普人员 71.01 万人，比 2017 年的 72.13 万人减少 1.12 万人。浙江和江苏 2 个省的女性科普人员规模较大，均超过了 4 万人。浙江女性科普人员规模达到了 5.65 万人（图 1-14），居全国之首。2018 年全国女性科普人员占科普人员的比例为 39.78%，与 2017 年的 41.10%相比有所下降。天津、上海和北京的女性科普人员比例较高，有一半以上的科普人员是女性（图 1-15）。此外，新疆和辽宁的女性科普人员比例也较高，均超过了45%。

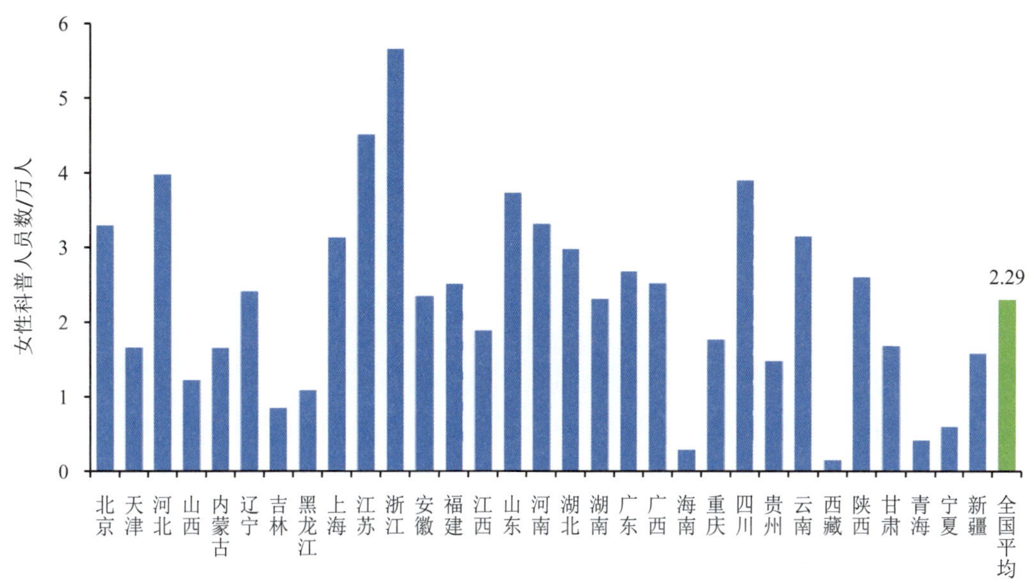

图 1-14　2018 年各省女性科普人员数

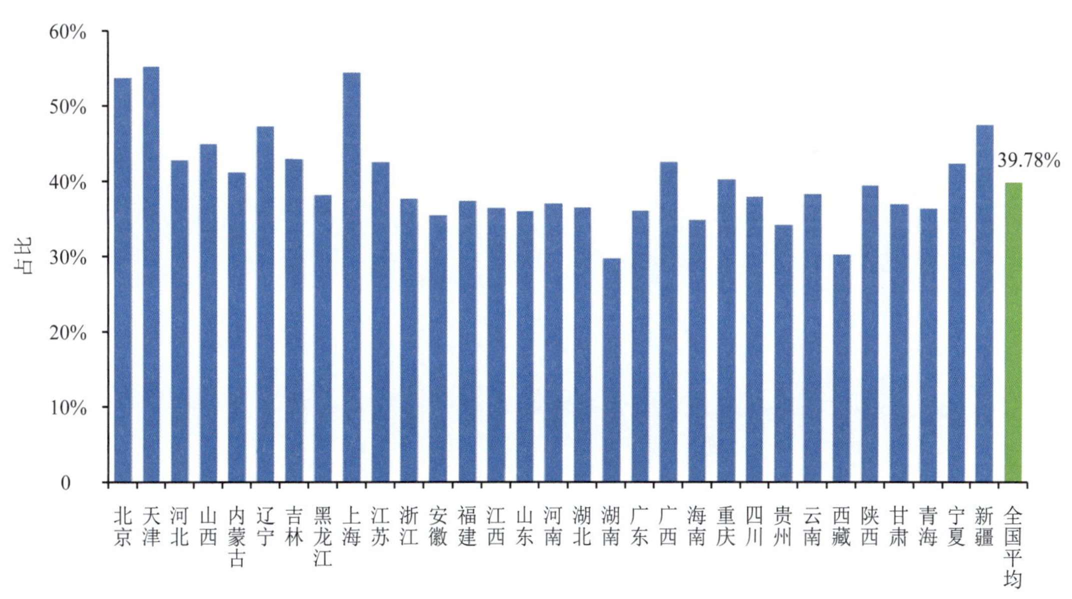

图 1-15　2018 年各省女性科普人员比例

女性科普专职人员数超过4000人的省依次是河北、河南、云南、北京、山东、上海和四川，河北女性科普专职人员达到6040人。科普专职人员中女性比例相对较高的则是北京，达到了55.89%，之后是新疆和青海。女性科普兼职人员较多的省依次是浙江、江苏、四川、河北和山东，均超过了3万人，其中，浙江最高，达到 5.31 万人。天津、上海和北京的科普兼职人员中女性比例相对较高，分别为 56.07%、55.07%和 53.36%。

（3）农村科普人员

全国共有农村科普人员 50.85 万人，各省农村科普人员数量差异较大。农村科普人员数超过全国平均水平 1.64 万人的省共有 13 个，分别是四川、山东、河北、河南、江苏、浙江、湖北、云南、安徽、湖南、福建、陕西和广西，这些省大都是农村人口规模较大的省。2018 年四川投入各类农村科普人员 3.89 万人，居全国之首（图 1-16）。农村科普人员规模不足万人的 12 个省包括天津、北京和上海 3 个直辖市，以及海南、西藏、青海和宁夏等人口较少的地区。

各省平均拥有农村科普专职人员 2087 人。安徽和湖北 2 个省的农村科普专职人员数均超过 4000 人。其中，安徽从事农村科普工作的专职人员数达到了 4734 人。有 3 个省 40%以上的科普专职人员是农村科普专职人员。安徽有 47.49%的科普专职人员为农村科普专职人员，在科普专职人员中占比最高。

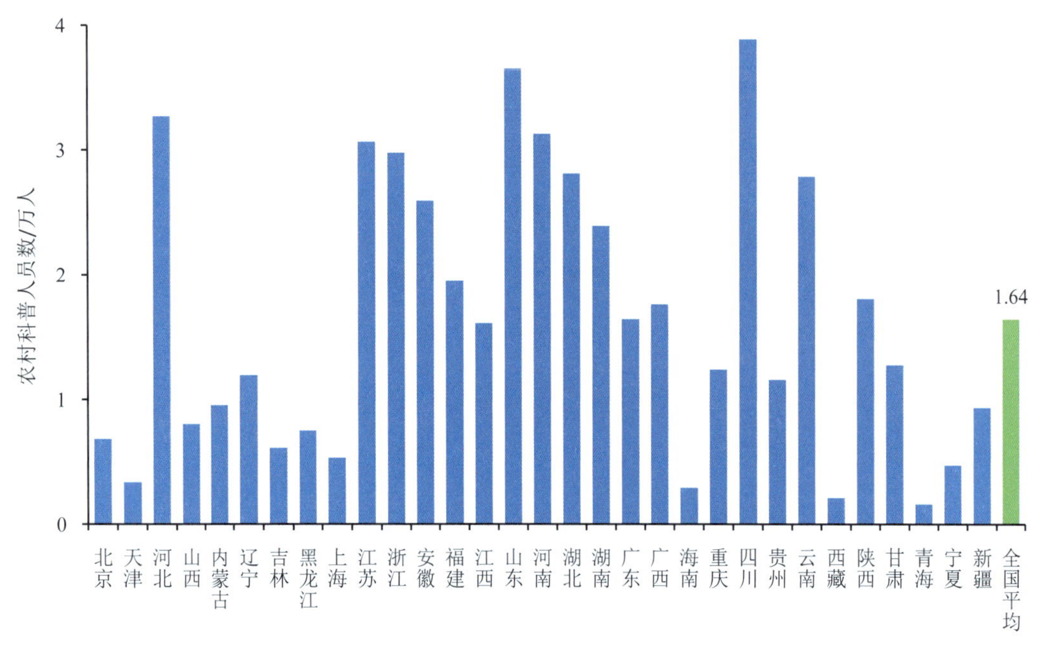

图 1-16　2018 年各省农村科普人员

大多数中部、西部地区省的农村科普人员所占比例相对较高。2018 年农村科普人员比例高于 35%的有西藏、安徽、四川、海南、山东和河北 6 个省（图 1-17）。其中，西藏最高，达到 47.87%，上海的农村科普人员比例不足 10%。由此可见，科普人员中农村科普人员所占比例和各地区的城市化程度密切相关。

图 1-17　2018 年各省农村科普人员比例

（4）科普管理人员

全国共有科普管理人员 4.52 万人。各省平均科普管理人员为 1457 人，比 2017 年的 1584 人减少了 127 人（图 1-18）。科普人员总数较多的省，科普管理人员数也相应较多。相对于其他省，四川和河南的科普管理人员规模较大，均超过 2500 人。从科普人员中管理人员的比例来看，多数省的科普管理人员与科普人员之比在 1∶50～1∶30。

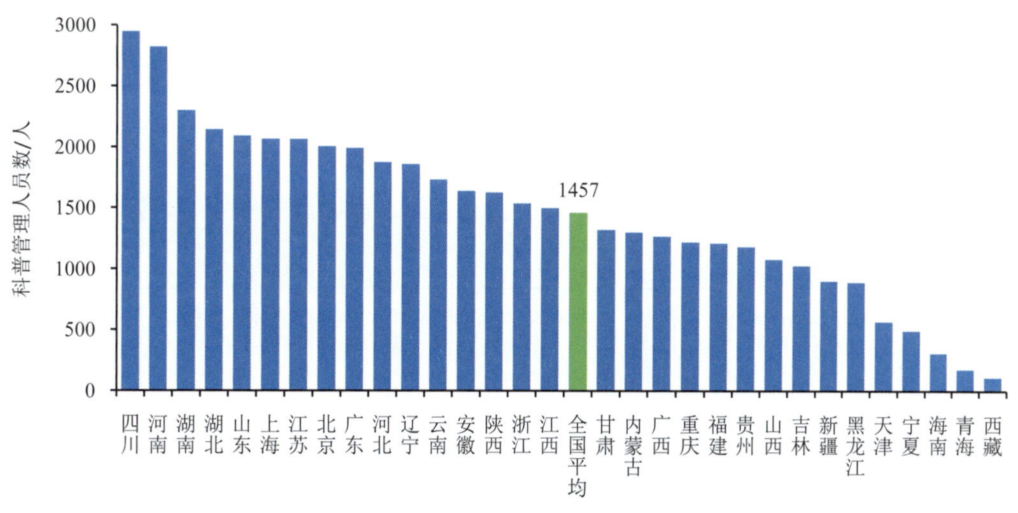

图 1-18　2018 年各省科普管理人员数

（5）科普创作人员

全国共有科普创作人员 15523 人，比 2017 年的 14907 人增加 616 人，增长了 4.13%。

科普创作人员主要集中于北京、上海、江苏、四川、湖南、湖北、重庆、山东和辽宁等省（图 1-19），占全国总数的 50.63%。

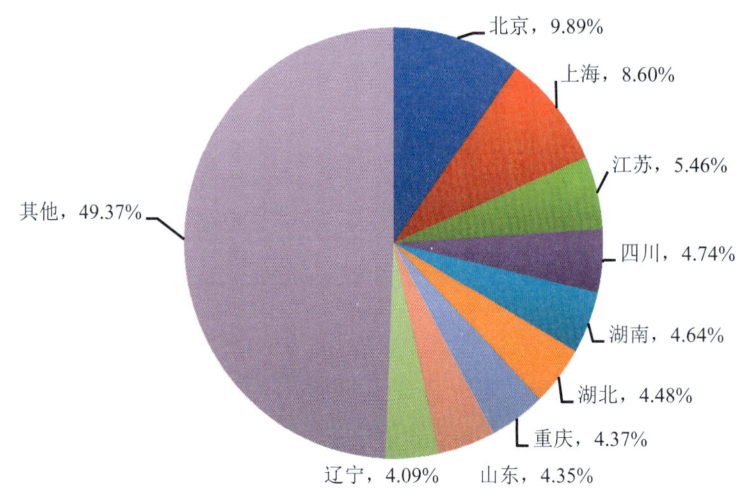

图 1-19　2018 年主要省科普创作人员数占全国比例

（6）注册科普志愿者

全国共有注册科普志愿者 213.69 万人，各省在注册科普志愿者规模上存在明显差异（图 1-20）。江苏注册科普志愿者最多，达到 41.37 万人，占全国注册科普志愿者总数的 19.36%；吉林以 38.43 万人位居次席；广东的注册科普志愿者规模也相对较大，人数是 20.41 万人。全国各省平均注册科普志愿者 6.89 万人。

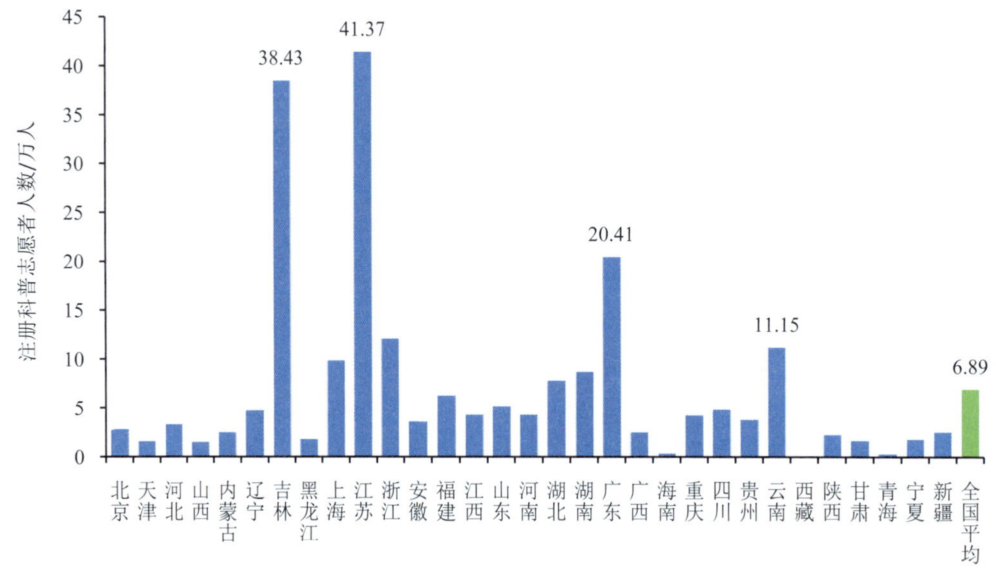

图 1-20　2018 年各省注册科普志愿者人数

1.3 部门科普人员分布

1.3.1 部门科普人员数量

从科普人员规模来看，2018 年科协、教育、卫生健康、农业农村和科技管理部门的科普人员相对较多，都超过了 10 万人（图 1-21）。由于工作性质关系，科协的科普人员总数居于首位，共计 46.56 万人，占全国总数的 26.08%，与 2017 年的 46.44 万人和 25.88%相比均有所增长。教育、卫生健康和农业农村的科普人员数分别为 30.76 万人、25.20 万人和 20.11 万人，与 2017 年的 30.74 万人、24.66 万人和 21.70 万人相比，除农业农村部门外均略有增长。科技管理部门的科普人员规模也相对较大，人数为 11.64 万人，比 2017 年的 12.92 万人减少 1.28 万人。自然资源、文化和旅游、民政及市场监督管理部门的科普人员数也均超过了 3 万人。相比之下，新闻出版、社科院和民族事务等部门的科普人员较少，均不足 3000 人。

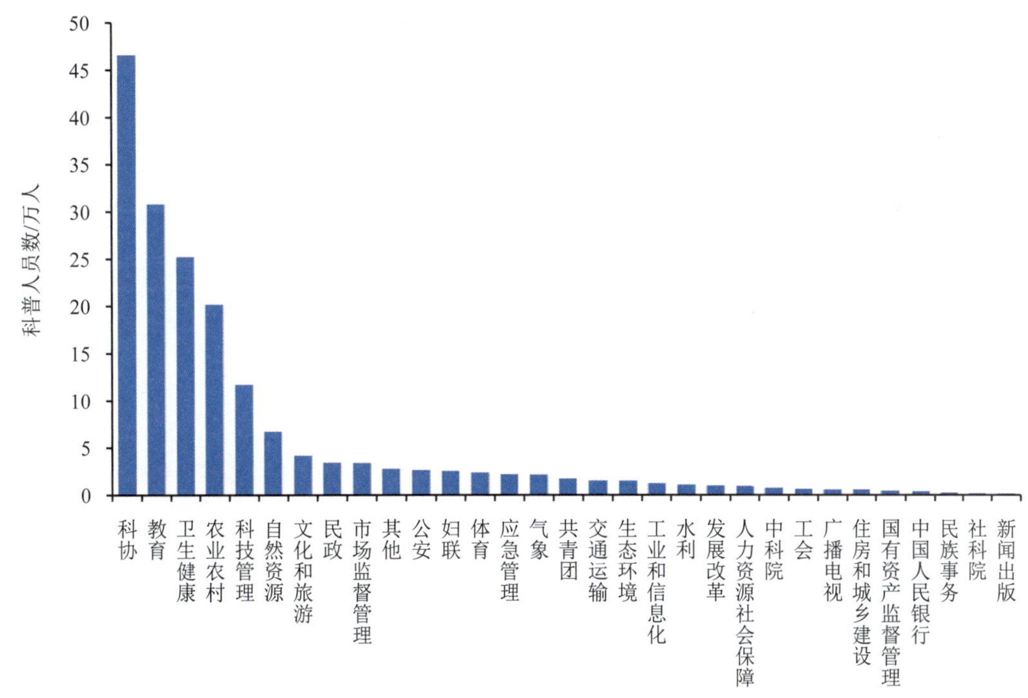

图 1-21 2018 年各部门科普人员数

（1）部门科普人员组成结构

2018 年农业农村部门拥有科普专职人员 5.39 万人，规模居各部门第 1 位，这与其工作定位吻合；科协部门拥有科普专职人员 4.67 万人，规模居第 2 位（图

1-22）。各部门在科普人员构成上存在较大差异。广播电视、新闻出版、农业农村、文化和旅游等部门的科普专职人员比例较高，2018 年分别达到了 31.40%、28.87%、26.83%和 23.14%。中国人民银行、体育和妇联等部门的科普专职人员比例较低，这些部门的科普专职人员比例仅分别为 0.72%、2.45%和 2.79%（图 1-23）。

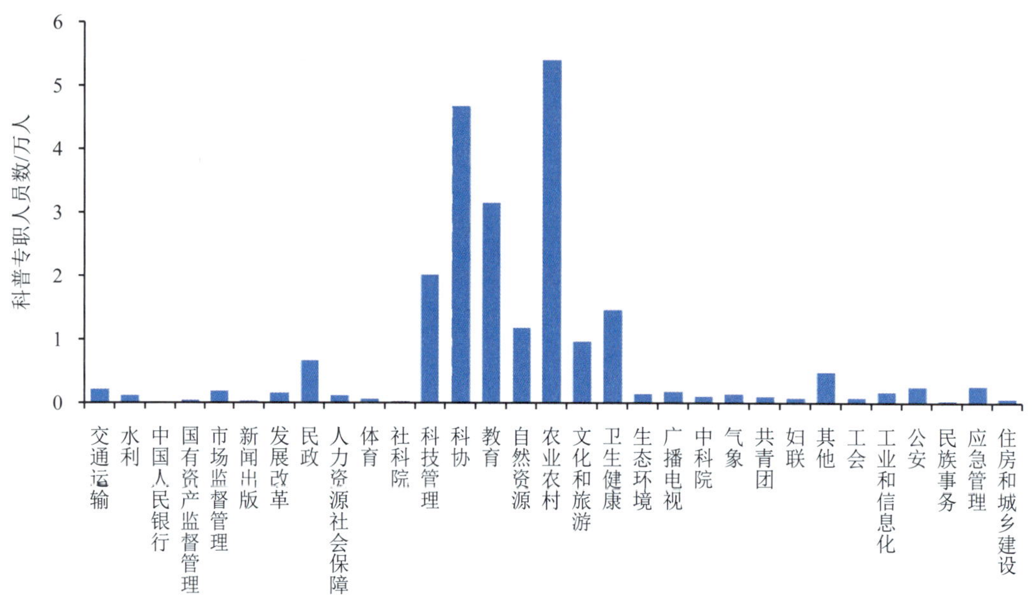

图 1-22　2018 年各部门科普专职人员数

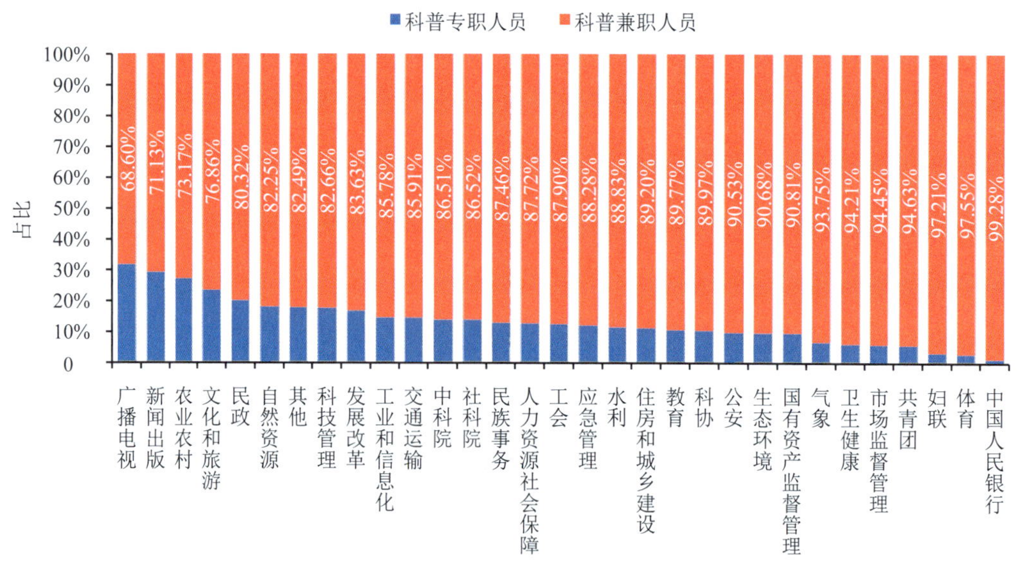

图 1-23　2018 年各部门科普人员构成

（2）科普兼职人员年度实际投入工作量

科协和教育部门的科普兼职人员年度实际投入工作量居前两位，分别为49.29万人月和35.37万人月（图1-24）。卫生健康部门的科普兼职人员年度投入工作量居第3位，共计22.02万人月。科技管理、农业农村及文化和旅游部门的人均年度投入工作量较高，分别为1.52个月、1.47个月和1.38个月。体育和中国人民银行等部门的科普兼职人员人均年度投入工作量相对较少。

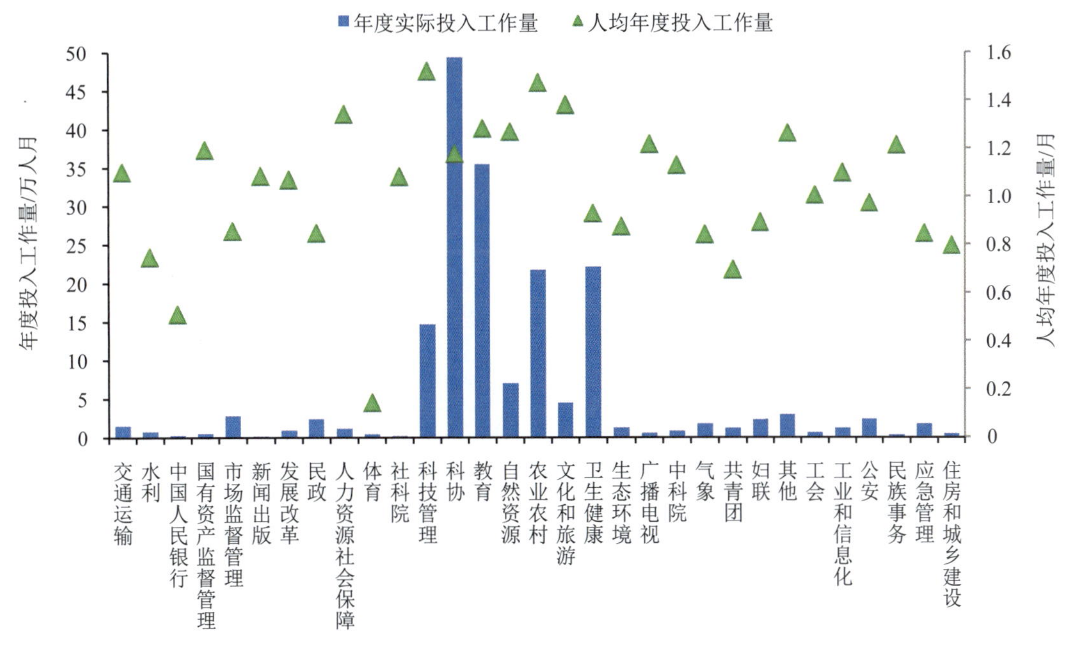

图1-24　2018年各部门科普兼职人员年度实际投入工作量

1.3.2　部门科普人员分类构成

（1）科普人员职称及学历

从科普人员中的中级职称及以上或大学本科及以上学历人员情况来看（图1-25），教育部门中级职称及以上或大学本科及以上学历科普人员总数超过科协部门跃居首位，达到21.95万人。在科普专职人员方面，农业农村部门中级职称及以上或大学本科及以上学历的科普专职人员数量居于首位，达到3.27万人。中国人民银行部门科普人员中中级职称及以上或大学本科及以上学历人员比例最高，达到89.02%，中科院、教育、工业和信息化、人力资源社会保障、社科院、公安、新闻出版、生态环境、民族事务、市场监督管理和水利部门的比例也较高，都在60%以上。

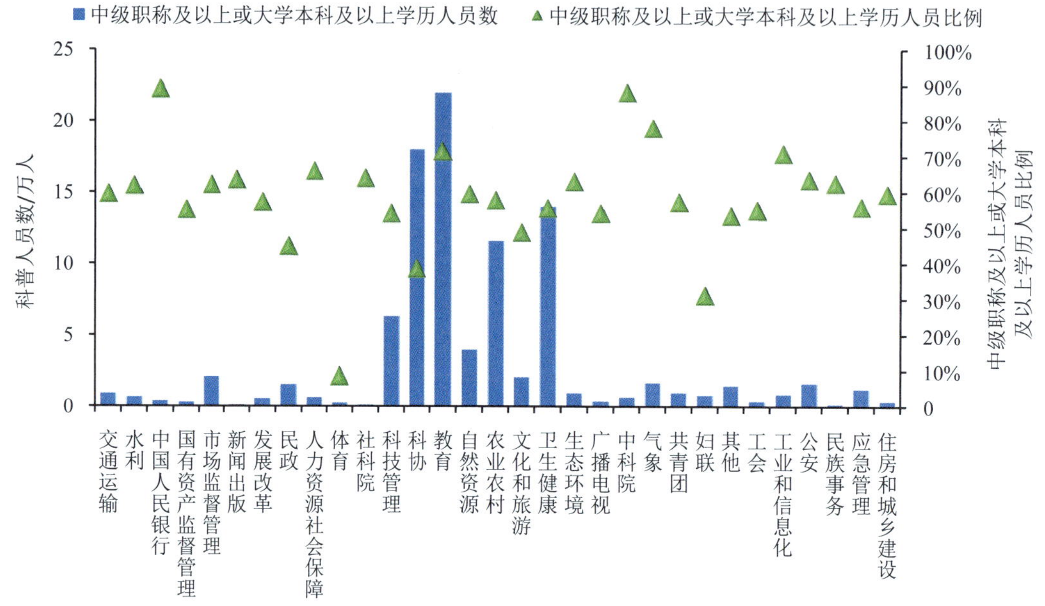

图 1-25　2018 年各部门中级职称及以上或大学本科及以上学历科普人员数及比例

（2）女性科普人员

科协、教育和卫生健康部门的女性科普人员数量居前 3 位，女性科普人员数分别达到了 15.06 万人、14.20 万人和 13.10 万人。农业农村和科技管理等部门的女性科普人员规模也较大（图 1-26）。由于工作对象和工作性质的原因，妇联的女性科普人员比例最高，达到 68.05%。

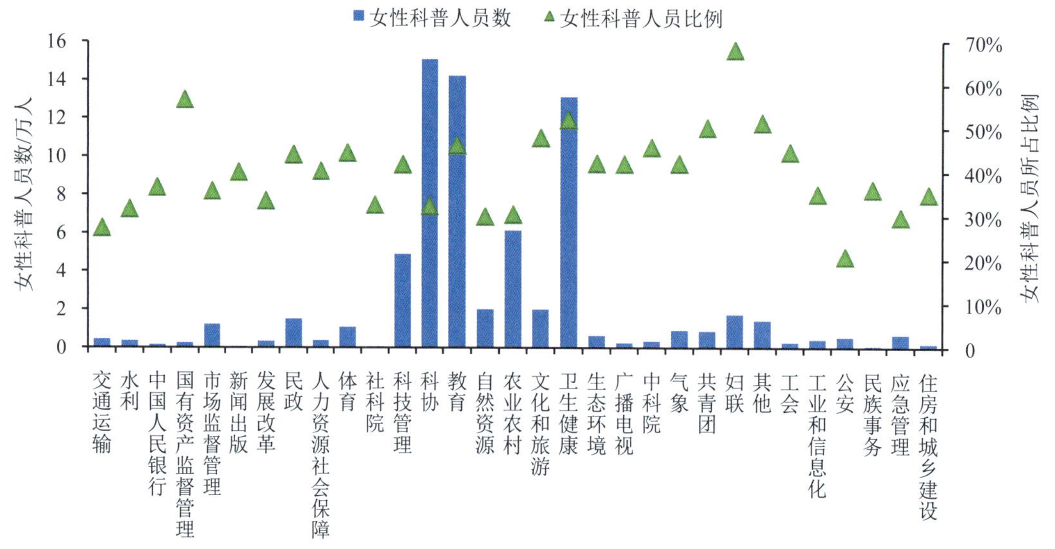

图 1-26　2018 年各部门女性科普人员数及所占比例

（3）农村科普人员

科协部门的农村科普人员数达到了 17.05 万人，占科协部门科普人员总数的 36.63%（图 1-27）。农业农村部门的农村科普人员规模仅次于科协部门，人数是 10.61 万人。因为工作性质原因，农业农村、民政和科协部门的农村科普人员比例较高，分别达到 52.79%、37.12%和 36.63%。而中科院、体育、国有资产监督管理、中国人民银行、工业和信息化部门的农村科普人员比例较低，均不足 10%。中科院仅 3.59%的科普人员为农村科普人员。

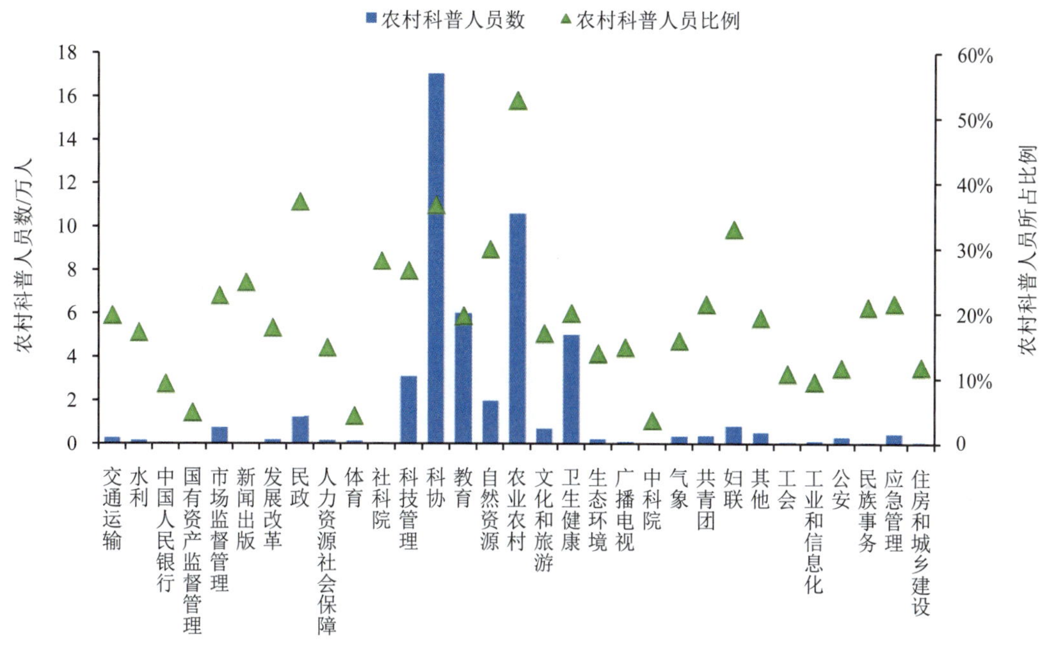

图 1-27　2018 年各部门农村科普人员数及所占比例

（4）科普管理人员

科协部门的科普管理人员最多，为 14418 人。科技管理和农业农村部门分别居第 2 位和第 3 位，分别有科普管理人员 6335 人和 5597 人（图 1-28）。

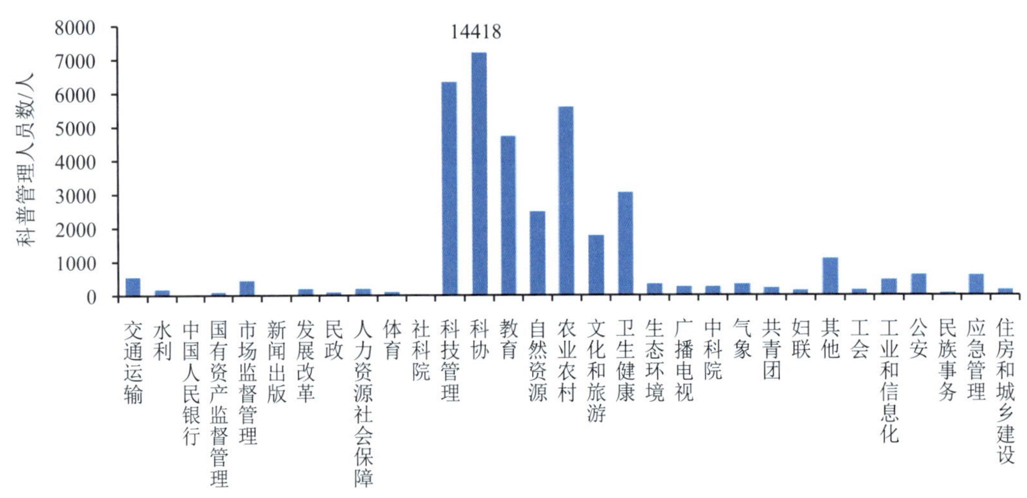

图 1-28 2018 年各部门科普管理人员数

注：科协系统管理人员数约为图示高度数值的 2 倍。

（5）科普创作人员

科普创作人员主要分布于教育、科协、卫生健康、科技管理和农业农村部门（图 1-29）。教育部门有科普创作人员 3169 人，占全国科普创作人员总数的 20.41%。科协、卫生健康、科技管理和农业农村部门的科普创作人员数也均超过了 1000 人。社科院、中科院和广播电视部门虽然科普专职人员总数不多，但科普创作人员却相对较多，科普创作人员占各自科普专职人员总数的比例分别高达 37.67%、25.46%和 24.70%，符合这些部门的工作性质。

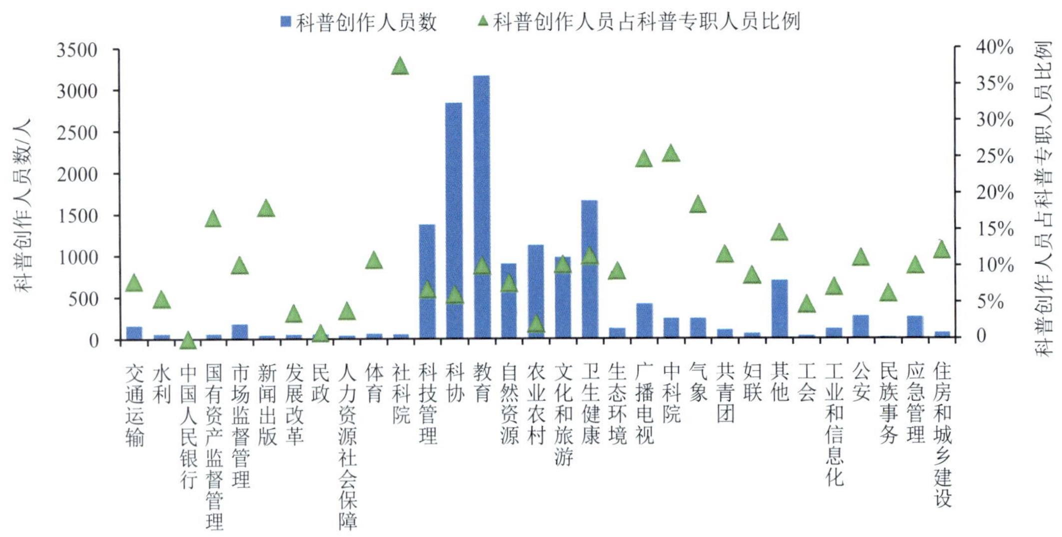

图 1-29 2018 年各部门科普创作人员数及占科普专职人员比例

2 科普场地

科普场地包括科普场馆和公共场所科普宣传设施两部分。科普场馆包括科技馆（以科技馆、科学中心、科学宫等命名的，以展示教育为主，传播、普及科学的科普场馆）、科学技术类博物馆（包括专业科技类博物馆、天文馆、水族馆、标本馆及设有自然科学部的综合博物馆等）和青少年科技馆站 3 类场馆；公共场所科普宣传设施包括科普画廊、城市社区科普（技）专用活动室、农村科普（技）活动场地和科普宣传专用车 4 类设施。

2018 年，全国共有 3 类科普场馆 2020 个，比 2017 年增加 32 个。科普场馆数量不断增加符合《“十三五”国家科普与创新文化建设规划》中不断推进科普基础设施系统布局的要求。其中，科技馆 518 个，比 2017 年增加 30 个，增长 6.15%。科技馆建筑面积合计 399.71 万平方米，比 2017 年增长 7.72%；展厅面积合计 201.94 万平方米，比 2017 年增长 12.17%；参观人数共计 7636.51 万人次，比 2017 年增长 21.18%。共有科学技术类博物馆 943 个，比 2017 年减少 8 个，减少 0.84%。科学技术类博物馆建筑面积合计 709.20 万平方米，比 2017 年增长 7.69%；展厅面积合计 323.76 万平方米，比 2017 年增长 1.18%；参观人数共计 1.42 亿人次，比 2017 年增长 0.27%。

全国共有科普画廊 16.15 万个，比 2017 年减少 7.90%；城市社区科普（技）专用活动室 5.86 万个，比 2017 年减少 17.91%；农村科普（技）活动场地 25.27 万个，比 2017 年减少 26.15%；科普宣传专用车 1365 辆，比 2017 年减少 329 辆。

2.1 科技馆

科技馆作为重要的科普基础设施，其主要功能是展览和教育。通过常设和短期展览，科技馆以激发科学兴趣、启迪科学观念为目的，用参与、体验、互动性的展品及辅助性展示手段，对公众进行科学技术的普及教育。科技馆通常是由政府投资兴建的公共事业单位，其服务和产品在消费上具有拥挤性，在供给上具有非排他性，属于准公共产品。随着社会发展，目前我国民营和企业建设的科技馆在逐渐增多。

2.1.1 科技馆总体情况

2018 年全国共有科技馆 518 个，比 2017 年增加 30 个（表 2-1）。全部科技馆建筑面积合计 399.71 万平方米，比 2017 年增长 7.72%；展厅面积合计 201.94 万平方米，比 2017 年增长 12.17%；展厅面积占建筑面积的 50.52%，比 2017 年略有增加；全国每万人平均拥有科技馆建筑面积 28.65 平方米，比 2017 年增加 1.95 平方米；参观人次合计 7636.51 万人次，比 2017 年增长 21.18%。

表 2-1　2015—2018 年科技馆相关数据的变化

指标	2015 年	2016 年	2017 年	2018 年	2017—2018 年增长率
科技馆/个	444	473	488	518	6.15%
建筑面积/万米^2	313.84	320.61	371.07	399.71	7.72%
展厅面积/万米^2	154.20	157.22	180.04	201.94	12.17%
参观人次/万人次	4695.09	5646.41	6301.75	7636.51	21.18%

《科学技术馆建设标准》将科技馆按照建设规模分成特大、大、中和小型 4 类：建筑面积 30000 平方米以上的为特大型馆，建筑面积 15000~30000 平方米的为大型馆，建筑面积 8000~15000 平方米的为中型馆，建筑面积 8000 平方米及以下的为小型馆。

2018 年全国特大型科技馆 26 个，比 2017 年增加 2 个，为建筑面积 3.1 万平方米的莆田市科技馆和 4.1 万平方米的唐山科技馆新馆；大型科技馆 50 个，比 2017 年增加 7 个；中型科技馆 43 个，比 2017 年增加 1 个；小型科技馆数量最多，共有 399 个，比 2017 年增加了 20 个（表 2-2）。由此可见，2018 年全国增加的科技馆大多是小型科技馆。

表 2-2　2018 年各类科技馆的数量、建筑面积及参观人数

场馆类别	特大型科技馆	大型科技馆	中型科技馆	小型科技馆
建筑面积	30000 米^{2}以上	15000~30000 米^2（含 30000 米^2）	8000~15000 米^2（含 15000 米^2）	8000 米^{2}及以下
场馆数量/个	26	50	43	399
合计建筑面积/万米^2	134.59	110.48	47.20	107.43
合计参观人次/万人次	2881.76	2401.50	806.90	1546.35

特大型科技馆的数量只占全部科技馆数量的 5.02%，但参观人次占比达 37.74%。每个特大型科技馆的年均参观人数为 110.84 万人次，比 2017 年增长超过 10 万人次。

大型科技馆占全部科技馆数量的 9.65%，年参观人次占总数的 31.45%。每个大型科技馆的年均参观人数为 48.03 万人次，比 2017 年增加超过 5 万人次。

中型科技馆占全部科技馆数量的 8.30%，年参观人次占总数的 10.57%。每个中型科技馆的年均参观人数为 18.77 万人次，比 2017 年略有增加。

小型科技馆年参观人次占比出现下降，为 20.25%。每个小型科技馆的年均参观人数为 3.88 万人次，比 2017 年略有增加。

各类型科技馆的单位面积使用效率较为接近。由表 2-2 可以看出，各类科技馆的建筑面积所占比例与其参观人次所占比例基本成正比。单位建筑面积内各类型科技馆的参观人次相差并不悬殊，大致为年均每平方米 14～22 人次。其中，特大型科技馆和大型科技馆基本接近，均高于中型科技馆，而中型科技馆又高于小型科技馆。

县级科技馆数量最多（表 2-3）。2018 年县级科技馆共计 220 个，比 2017 年增加 19 个，数量占全国总数的 42.47%。县级科技馆的平均建筑面积 3173 平方米，每个科技馆年均参观人数为 4.04 万人次，年参观人次占全国总数的 11.63%，比 2017 年有所下降。

表 2-3　2018 年各级别科技馆的相关数据

级别	科技馆/个	建筑面积/万米^2	展厅面积/万米^2	参观人次/万人次
中央部门级	27	19.91	11.74	494.17
省级	92	126.58	61.40	2885.40
地市级	179	183.42	91.40	3368.76
县级	220	69.80	37.39	888.17

地市级科技馆共计 179 个，比 2017 年减少 1 个，占科技馆总数的 34.56%。地市级科技馆的平均建筑面积为 1.02 万平方米，每个科技馆年均参观人数为 18.82 万人次，年参观人次占全国总数的 44.11%。

省级科技馆数量与 2017 年持平，共有 92 个，占科技馆总数的 17.76%。省级科技馆的平均建筑面积为 1.38 万平方米，每个科技馆年均参观人数为 31.36 万人次，年参观人次占全国总数的 37.78%。特大型科技馆大多数是省级科技馆和地市级科技馆。

中央部门级科技馆数量增加较多。隶属于中央部门的科技馆有 27 个，比 2017 年增加 12 个，占科技馆总数的 5.21%。增加的场馆主要隶属于中国核工业集团，包括中国核工业科技馆、桃花江核电科普馆等。中央部门级科技馆的平均建筑面积为 7375 平方米，每个科技馆年均参观人数为 18.30 万人次，年参观人次占全国总数的 6.47%。

全部科技馆共有科普专职人员 1.22 万人，比 2017 年有所增加。其中，专职科普创作人员 1340 人，专职科普讲解人员 3648 人，均比 2017 年有所增长；共有科普兼职人员 6.65 万人，注册科普志愿者 9.02 万人。

科技馆共筹集科普经费 37.37 亿元，平均每个科技馆筹集科普经费 721 万元，均比 2017 年有所增长。科普筹集额中来自政府拨款 31.82 亿元、自筹资金 4.25 亿元、捐赠 356 万元、其他收入 1.26 亿元。自筹资金比 2017 年增加较多，捐赠经费却大幅减少。科技馆的基建相关支出共计 8.83 亿元，其中场馆建设支出 2.48 亿元，展品设施支出 5.63 亿元，都比 2017 年有所减少。

科技馆举办科普（技）讲座 1.22 万次，共有 740 万人次参加；举办科普（技）展览 5752 次，观众达到 4851 万人次；举办科普（技）竞赛活动 1141 次，共有 250 万人次参加。这 3 类活动的参加人次均优于 2017 年的表现。由此可见，社会公众对于讲座、展览和竞赛的活动兴趣不断增加，参加活动的意愿和热情日益高涨。

2.1.2 科技馆的地区分布

东部地区 11 个省共有 262 个科技馆，占全国总数的 50.58%，比 2017 年略有增加；中部和西部地区 20 个省合计有 256 个科技馆，分别占全国总数的 24.90% 和 24.52%。中部和西部地区的科技馆数量分别增加 16 个和 11 个（图 2-1）。

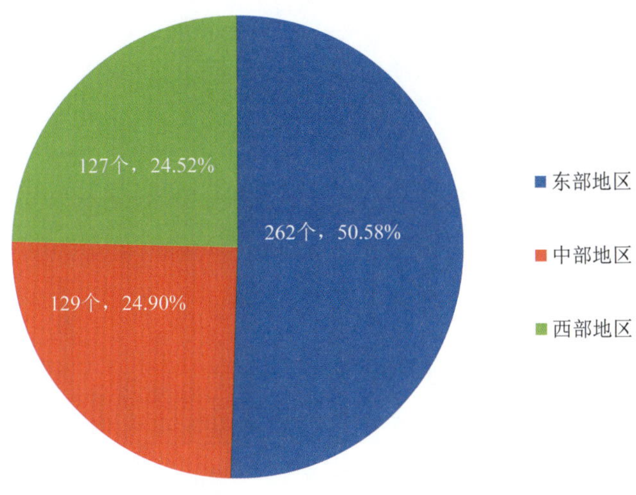

图 2-1　2018 年东部、中部和西部地区科技馆数量及所占比例

东部地区科技馆的建筑面积是中部和西部地区科技馆建筑面积总和的 1.30 倍，展厅面积是中部和西部地区之和的 1.22 倍。从科技馆展厅面积占建筑面积比例来看，东部、中部和西部地区差别不大（表 2-4）。

表 2-4　2018 年东部、中部和西部地区科技馆建筑面积和展厅面积比较

地区	建筑面积/万米 ^{2}	展厅面积/万米 ^{2}	展厅面积占建筑面积比例
东部地区	225.65	111.15	49.26%
中部地区	79.11	40.55	51.26%
西部地区	94.94	50.23	52.91%
全国	399.71	201.94	50.52%

特大型和大型科技馆大多分布在东部地区，因此东部地区的科技馆平均规模最大。东部地区平均每个科技馆的建筑面积为 8613 平方米，比 2017 年有所增加；中部地区平均每个科技馆的建筑面积为 6133 平方米，比 2017 年有所减少；西部地区平均每个科技馆的建筑面积为 7476 平方米，比 2017 年有所减少。

全国各省平均拥有 17 个科技馆，共有 12 个省的科技馆数量超过平均数。由图 2-2 可以看出，科技馆数量在 25 个及以上的有湖北（49 个）、广东（37 个）、上海（31 个）、福建（29 个）、山东（29 个）、北京（28 个）和浙江（26 个）。

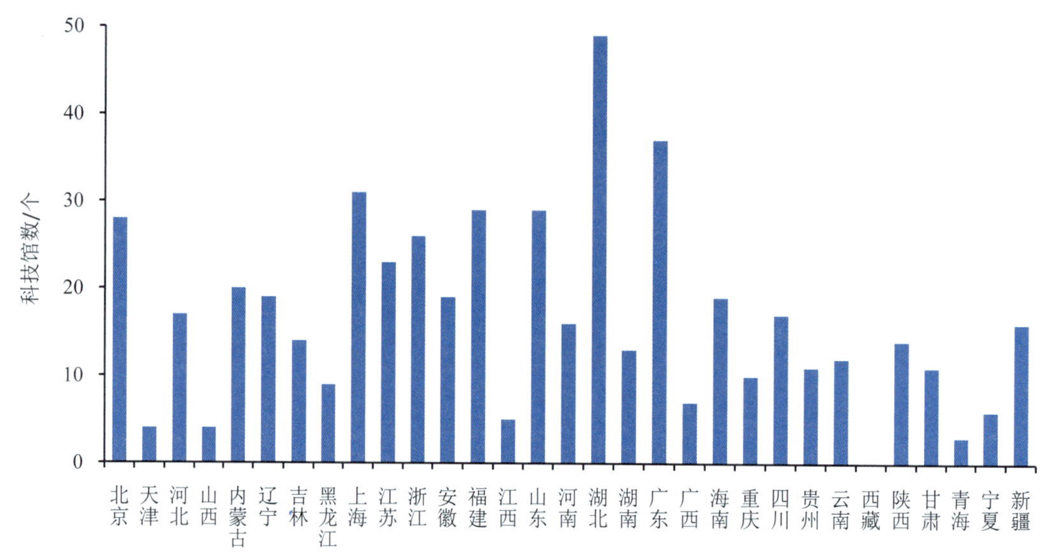

图 2-2　2018 年全国各省科技馆分布情况

广东的科技馆总建筑面积最大，其次是北京和浙江。在 4 个直辖市中，天津 2018 年新增 3 个科技馆，但建筑面积均较小（图 2-3）。

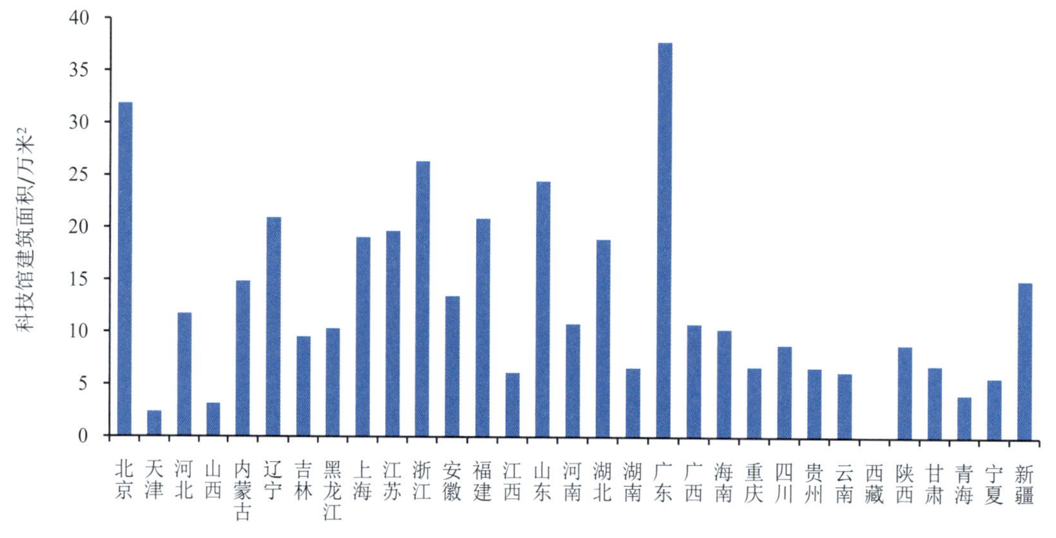

图 2-3　2018 年各省科技馆建筑面积

北京的科技馆参观人数合计 618.77 万人次，排在全国第 1 位，北京的科技馆参观人数占北京常住人口的 28.73%，排在全国第 1 位。科技馆参观人数占常住人口比例较低的省是西藏、江西和河北（图 2-4）。

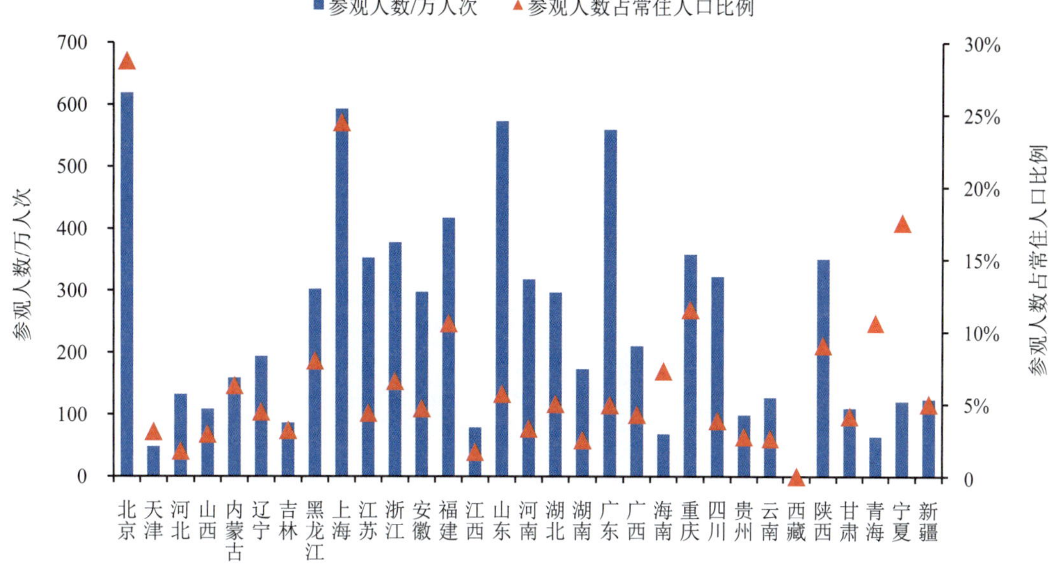

图 2-4　2018 年各省科技馆参观人数及其占地区常住人口比例

2.1.3　科技馆的部门分布

各部门下属的科技馆数量差异较大。科协、科技管理及工业和信息化的科技馆数量排在前 3 位（图 2-5）。科协部门共有 320 个科技馆，占科技馆总数的 61.78%。

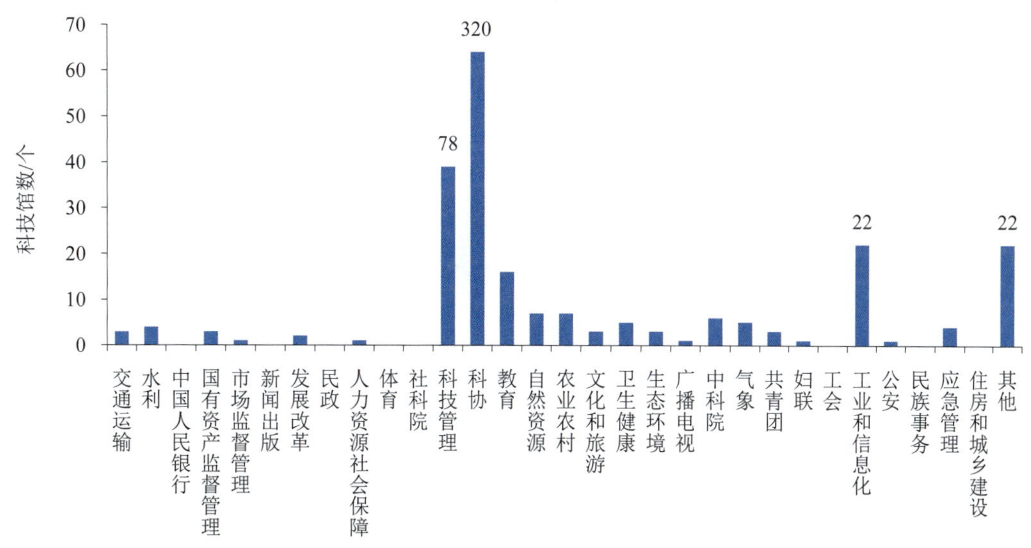

图 2-5　2018 年科技馆按部门分布情况

注：科协部门科技馆数量为图示高度数值的 5 倍，科技管理部门科技馆数量为图示高度数值的 2 倍。

科协部门的科技馆建筑面积和参观人数也显著高于其他部门。科协部门科技馆建筑面积合计 271.24 万平方米（图 2-6），占全部科技馆建筑面积的 67.86%，该部门每个科技馆的平均建筑面积为 8476 平方米。科协部门科技馆的参观人数共计 5534.71 万人次，科技管理部门科技馆为 1123.99 万人次。

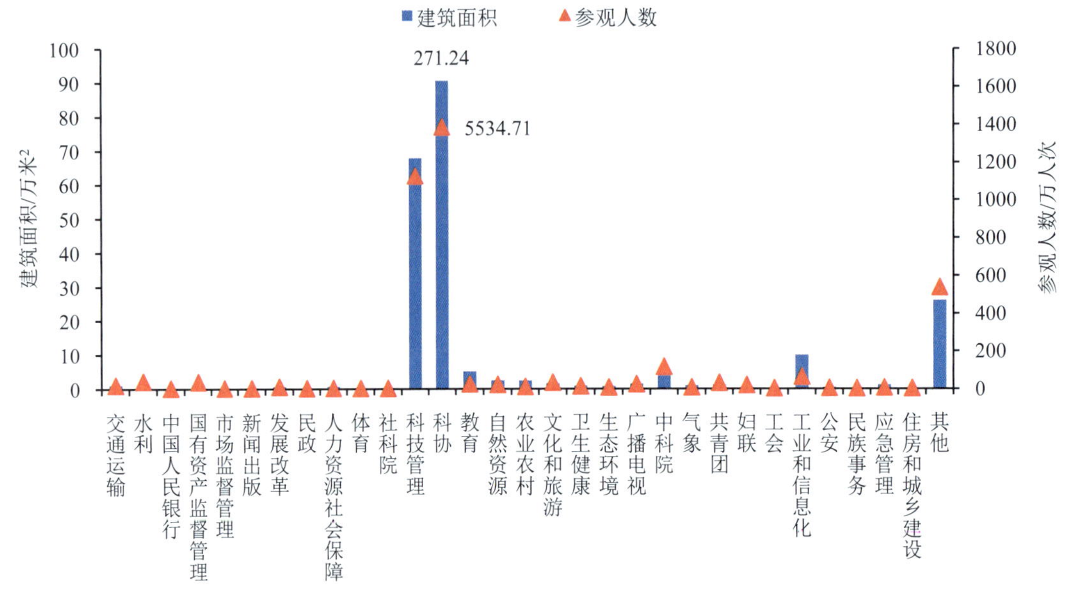

图 2-6　2018 年各部门科技馆建筑面积及参观人数

注：科协部门科技馆建筑面积为图示高度数值的 3 倍，参观人数为图示高度数值的 4 倍。

2.2　科学技术类博物馆

科学技术类博物馆包括专业科学技术类博物馆、天文馆、水族馆、标本馆及设有自然科学部的综合博物馆等。科学技术类博物馆的种类非常丰富，不同场馆可以从不同领域、不同侧面来提供更深入的科普服务。

2.2.1　科学技术类博物馆总体情况

2018 年全国共有科学技术类博物馆 943 个，比 2017 年减少 8 个（表 2-5）。科学技术类博物馆建筑面积合计 709.20 万平方米，比 2017 年增长 7.69%；展厅面积合计 323.76 万平方米，比 2017 年增长 1.18%；展厅面积占建筑面积的 45.65%，比 2017 年有所减少；全国平均每万人拥有科学技术类博物馆建筑面积 50.83 平方米，比 2017 年增加 3.45 平方米；参观人数共计 1.42 亿人次，比 2017 年增长 0.27%。

表 2-5　2015—2018 年科学技术类博物馆相关数据的变化

指标	2015 年	2016 年	2017 年	2018 年	2017—2018 年增长率
科学技术类博物馆/个	814	920	951	943	-0.84%
建筑面积/万米 ^{2}	574.63	609.08	658.58	709.20	7.69%
展厅面积/万米 ^{2}	269.73	282.49	319.99	323.76	1.18%
参观人数/万人次	10511.12	11015.87	14193.47	14231.63	0.27%

根据联合国教科文组织发表的《科学技术博物馆建设标准》文件，科学技术类博物馆的设施和建筑面积因馆而异，但能吸引相当数量观众参观的展览最低面积限度需要 3000 平方米。按此标准，2018 年全国建筑面积在 3000 平方米以下（不含 3000 平方米）的科学技术类博物馆有 409 个，占总数的 43.37%。

大部分科学技术类博物馆隶属于省级、地市级和县级单位（表 2-6）。地市级单位的科学技术类博物馆比 2017 年增加了 33 个，但省级和县级的科学技术类博物馆比 2017 年分别减少了 9 个和 22 个。

表 2-6　2018 年各级别科学技术类博物馆的相关指标

级别	数量/个	建筑面积/万米 ^{2}	展厅面积/万米 ^{2}	参观人数/万人次
中央部门级	69	31.96	17.11	396.49
省级	291	278.04	120.50	5445.68
地市级	307	247.33	110.92	4964.37
县级	276	151.87	75.23	3425.10

科学技术类博物馆共有科普专职人员 11161 人，平均每个科学技术类博物馆 11.84 人，共有科普创作人员 1619 人，均比 2017 年有所减少；专职科普讲解人员 3970 人，比 2017 年有所增长。共有科普兼职人员 44138 人，平均每个科学技术类博物馆有 46.81 人，均比 2017 年有所增长。

科学技术类博物馆共筹集科普经费 15.38 亿元，平均每个场馆筹集经费 163 万元，均低于 2017 年。其中，政府拨款 10.44 亿元、自筹资金 4.06 亿元、捐赠 136.7 万元、其他收入 0.86 亿元。4 类收入来源中，仅其他收入比 2017 年有所增长。科学技术类博物馆的基建相关支出共计 5.48 亿元，其中，场馆建设支出 1.81 亿元，展品设施支出 2.55 亿元，均比 2017 年有所减少。

科学技术类博物馆共举办科普（技）讲座 22283 次，吸引了 751.38 万人次参加；共举办科普（技）展览 8714 次，观众达到 6613.45 万人次；科技活动周期间，举办科普专题活动 3665 次，共有 5935.68 万人次参加。

2.2.2 科学技术类博物馆的地区分布

东部地区共有科学技术类博物馆 499 个，占全国科学技术类博物馆总数的 52.92%；中部和西部地区分别有 160 个和 284 个，分别占全国总数的 16.97%和 30.12%（图 2-7）。

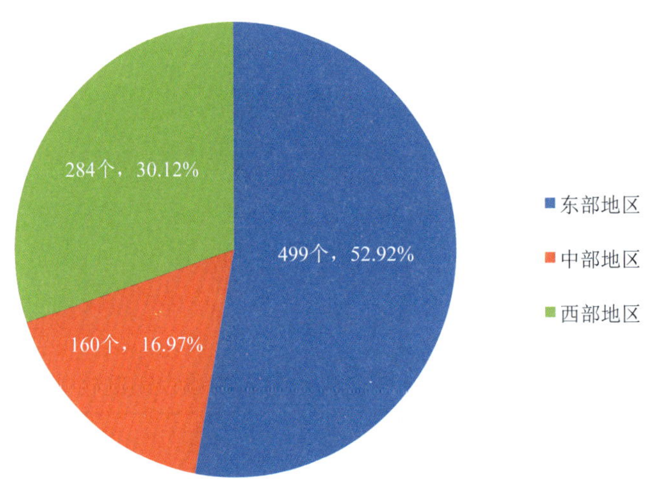

图 2-7　2018 年东部、中部和西部地区科学技术类博物馆数量及所占比例

东部地区科学技术类博物馆的建筑面积和展厅面积分别为中部和西部地区总和的 1.27 倍和 1.29 倍。西部地区科学技术类博物馆的数量虽然有所下降，但建筑面积和展厅面积却均有一定程度增长。

全国各省平均拥有 30 个科学技术类博物馆，达到和超过这一水平的共有 13 个省。由图 2-8 可以看出，科学技术类博物馆数在 45 个以上的有上海（138 个）、北京（81 个）、四川（51 个）、浙江（47 个）、广东（46 个）、辽宁（46 个），大多位于东部发达地区。

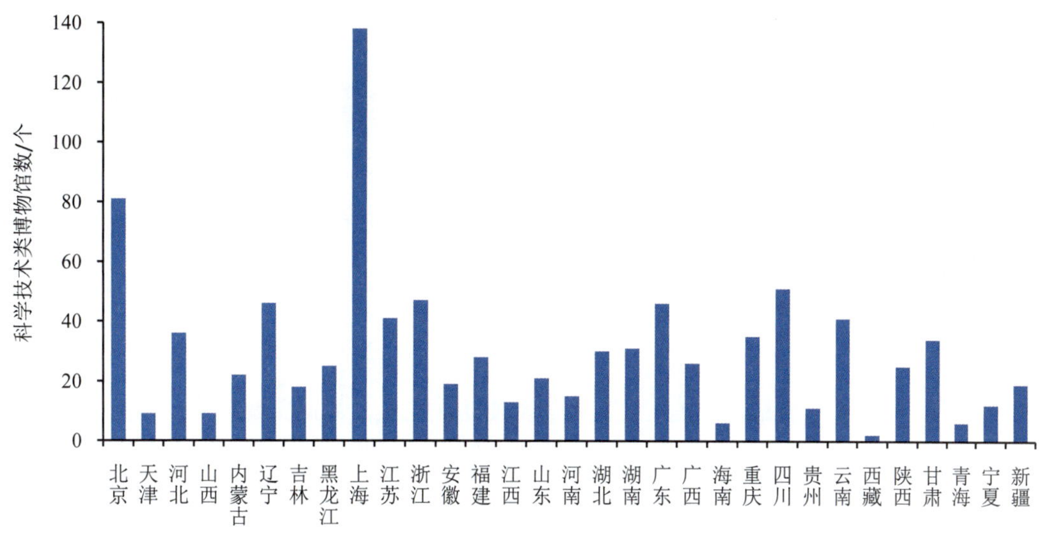

图 2-8　2018 年各省科学技术类博物馆数量

北京地区的科学技术类博物馆总建筑面积最大，共计98.88万平方米（图2-9）。科学技术类博物馆总建筑面积较大的省还有上海、江苏、浙江、云南、辽宁和广东等。

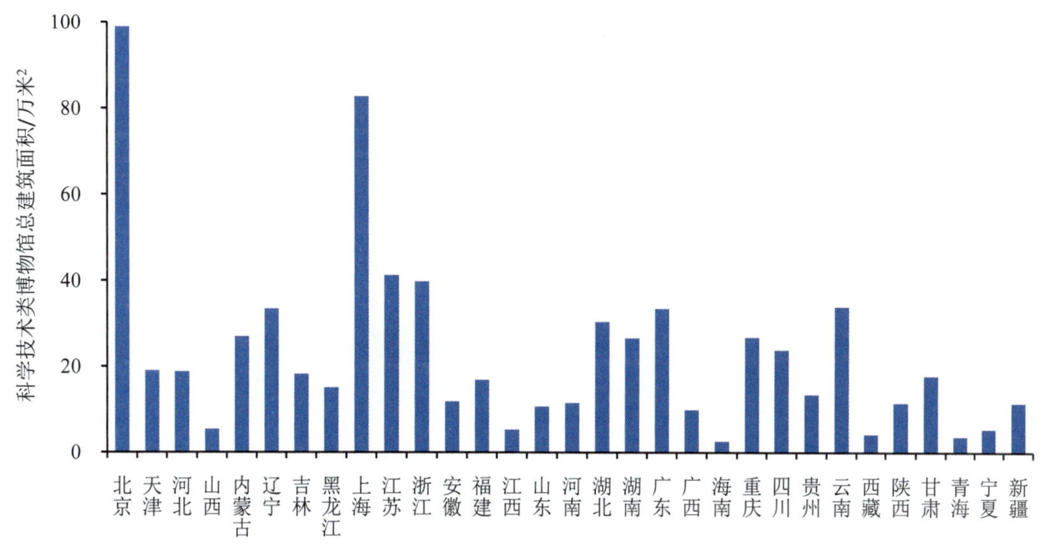

图 2-9　2018 年各省科学技术类博物馆建筑面积

北京的科学技术类博物馆参观人数 2044.23 万人次，已经接近北京的常住人口数量（图 2-10）。上海在这两个指标上也有不错的表现。科学技术类博物馆参观人数占常住人口比例较低的省是河南、安徽、江西、贵州和山东。

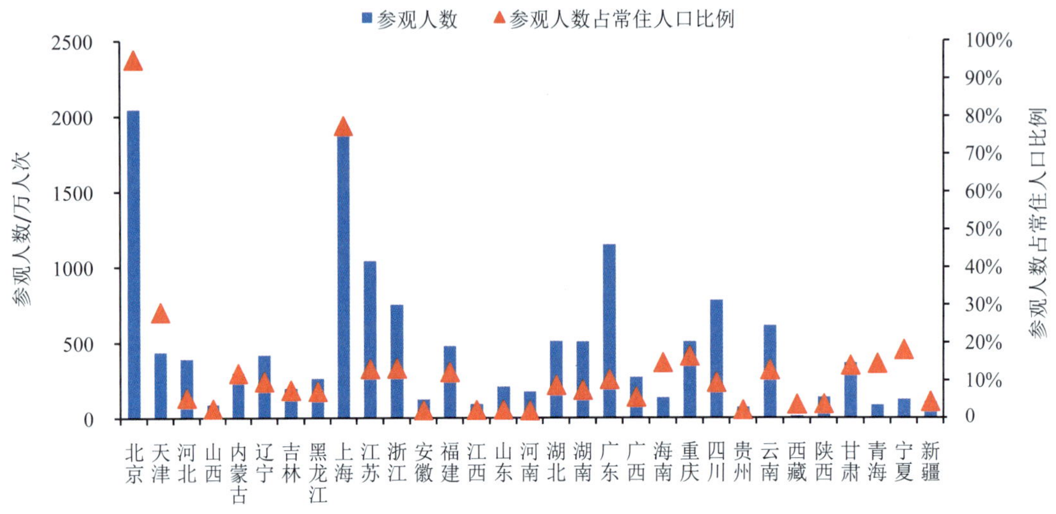

图 2-10　2018 年各省科学技术类博物馆参观人数及占常住人口比例

2.2.3　科学技术类博物馆的部门分布

2018 年文化和旅游部门的科学技术类博物馆数量最多，远超其他部门。此外，教育、自然资源、科技管理和科协 4 个部门所拥有的科学技术类博物馆数量也较多（图 2-11）。

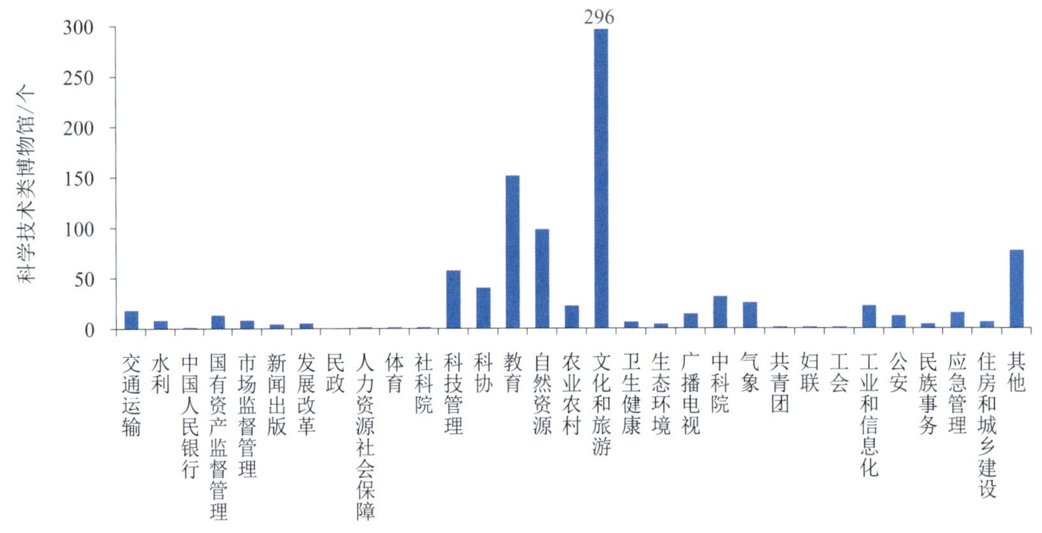

图 2-11　2018 年科学技术类博物馆按部门分布情况

文化和旅游部门的科学技术类博物馆建筑面积合计 304.44 万平方米（图 2-12），占全部科学技术类博物馆建筑总面积的 42.93%。全国每个科学技术类博物馆的平均建筑面积为 7521 平方米，连续两年保持增长。

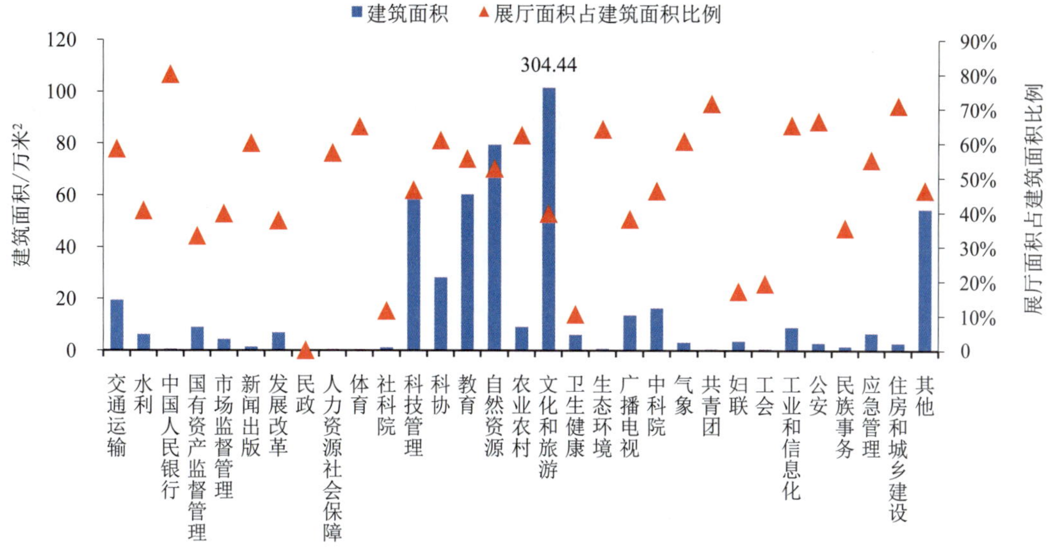

图 2-12　2018 年各部门科学技术类博物馆按建筑面积分布情况

注：文化和旅游部门科学技术类博物馆建筑面积为图示高度数值的 3 倍。

2.3　青少年科技馆站

青少年科技馆站是指专门用于开展面向青少年科普宣传教育的活动场所。2018 年全国共有青少年科技馆站 559 个，比 2017 年略有上升（图 2-13）。青少年科技馆站建筑面积共计 163.92 万平方米，展厅面积 50.59 万平方米，共有 0.13 亿人次参观，3 项指标均比 2017 年有所增长。

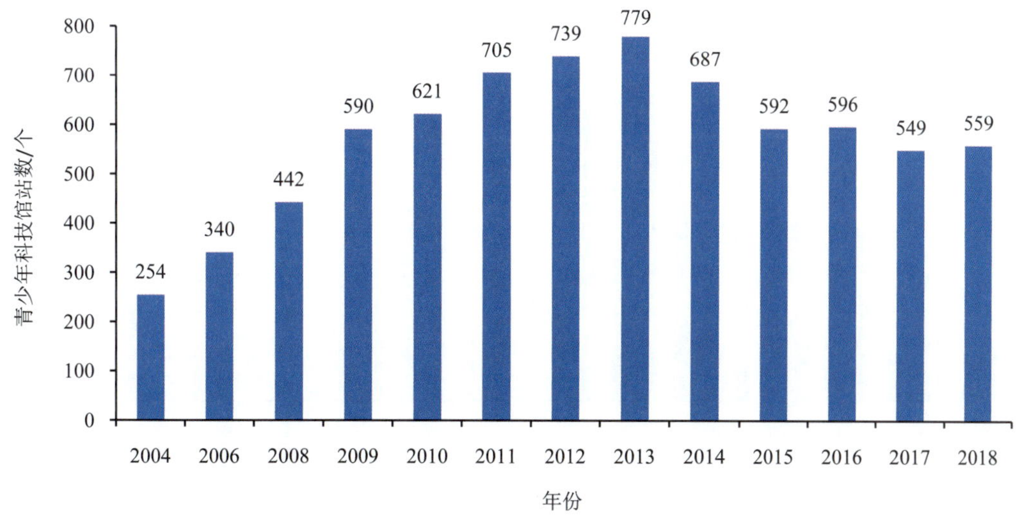

图 2-13　2004—2018 年青少年科技馆站数量的变化

从青少年科技馆站的地区分布来看，东部地区共有203个，占总数的36.31%；中部和西部地区分别有160个和196个，分别占全国总数的28.62%和35.06%。

从青少年科技馆站的级别分布来看，大部分青少年科技馆站都隶属于县级单位，共计419个，占全部的74.96%；地市级青少年科技馆站有119个。

青少年科技馆站共有科普专职人员7837人，平均每个青少年科技馆站14.02人，比2017年有所减少，其中，科普创作人员878人，科普讲解人员1641人，均比2017年有所减少。共有科普兼职人员5.16万人，平均每个青少年科技馆站92.31人，比2017年有所减少。

青少年科技馆站共筹集科普经费4.49亿元，平均每个青少年科技馆站80.36万元。科普筹集经费中政府拨款3.67亿元、自筹资金0.66亿元、捐赠266.50万元、其他收入0.14亿元。自筹资金和其他收入比2017年有所增长。青少年科技馆站的科普基建支出为1.42亿元，比2017年有所减少。

青少年科技馆站共举办科普（技）讲座1.75万次，共有411.51万人次参加；举办科普（技）展览4800次，吸引444.65万人次参观；组织科普（技）竞赛2926次，共有446.60万人次参加。除科普（技）竞赛外，青少年科技馆站举办科普（技）讲座、科普（技）展览的次数和参与人数均有小幅下降。

全国各省都建有青少年科技馆站。其中，四川的青少年科技馆站数量最多，之后是浙江和江苏（图2-14）。

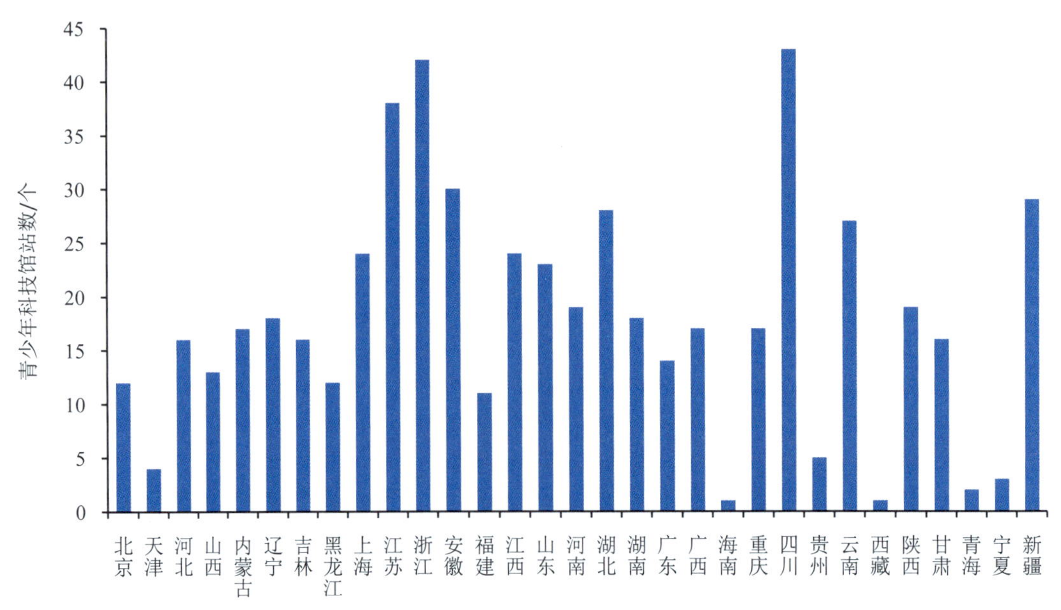

图2-14　2018年各省青少年科技馆站数量

教育部门的青少年科技馆站数量最多，有 313 个，占总数的 56.00%。其他数量较多的部门有科协、科技管理和共青团（图 2-15）。教育部门的青少年科技馆站建筑面积和参观人次分别占全国总数的 63.45%和 55.35%。

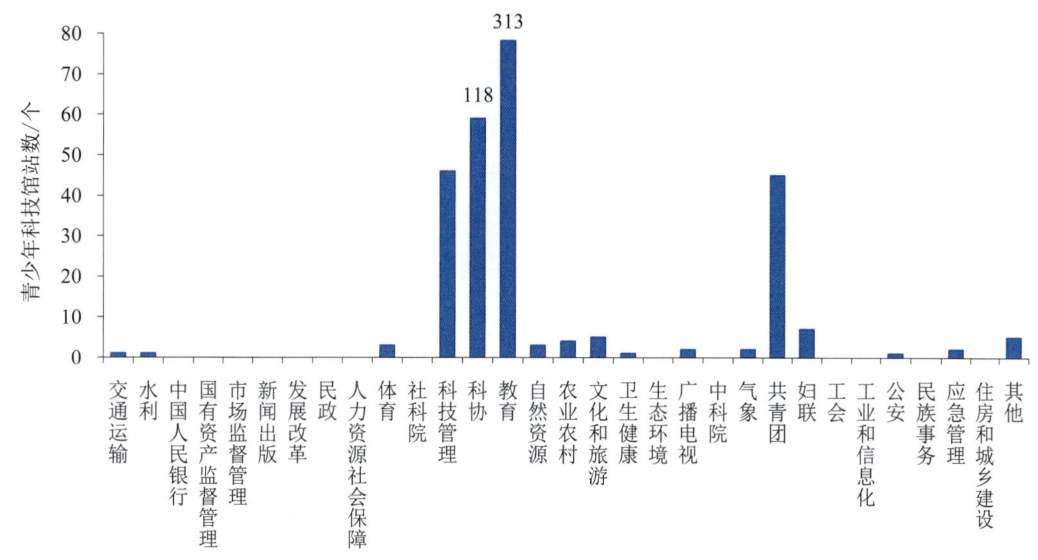

图 2-15　2018 年各部门青少年科技馆站数量

注：教育部门青少年科技馆站数为图示高度数值的 4 倍，科协部门青少年科技馆站数为图示高度数值的 2 倍。

2.4　公共场所科普宣传设施

科普画廊、城市社区科普（技）专用活动室、农村科普（技）活动场地和科普宣传专用车均属于公共场所科普宣传设施，近年来这些设施的数量大多处于下降态势。2018 年全国共有科普画廊 16.15 万个，比 2017 年减少 7.90%；城市社区科普（技）专用活动室 5.86 万个，比 2017 年减少 17.91%；农村科普（技）活动场地 25.27 万个，比 2017 年减少 26.15%；科普宣传专用车 1365 辆，比 2017 年减少 19.42%。

2.4.1　科普画廊

科普画廊主要是指在公共场所建立的用于向社会公众介绍科普知识的橱窗，这种宣传形式更新快、投入低，在我国城乡非常普及，但近年来有被电子屏取代的趋势。科普画廊的数量过去 5 年持续减少。2018 年全国共有科普画廊 16.15 万个，比 2017 年减少 7.90%（图 2-16）。

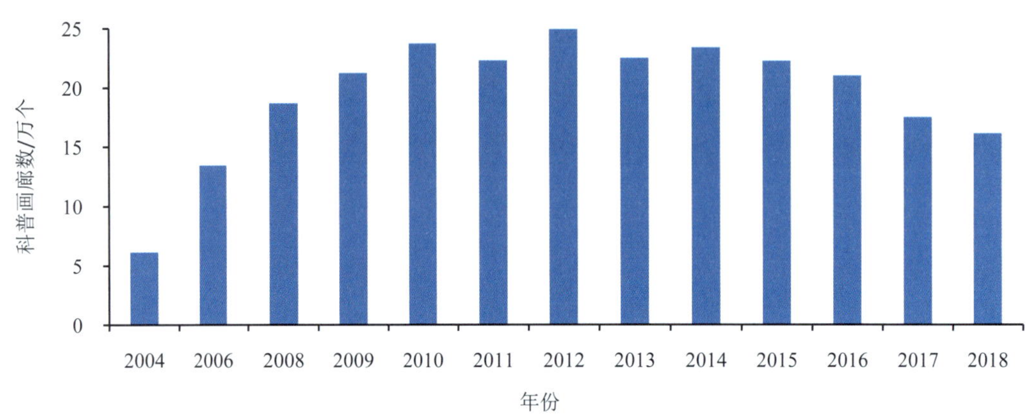

图 2-16　2004—2018 年科普画廊数量的变化

从科普画廊的区域分布看，东部地区占总数的 59.24%，中部地区占 21.98%，西部地区占 18.79%（表 2-7）。东部、西部地区的科普画廊数量过去 3 年均持续下降。

表 2-7　2015—2018 年东部、中部和西部地区科普画廊分布情况

地区	科普画廊数量/个				2017—2018 年的变化情况
	2015 年	2016 年	2017 年	2018 年	
东部地区	137254	117995	103346	95690	-7.41%
中部地区	40137	48802	35699	35502	-0.55%
西部地区	45280	43370	36352	30349	-16.51%
全国	222671	210167	175397	161541	-7.90%

各地区科普画廊数量分布不均。从各省科普画廊的分布情况看，浙江、山东和江苏是科普画廊数量较多的省，数量均在 1.5 万个以上（图 2-17）。

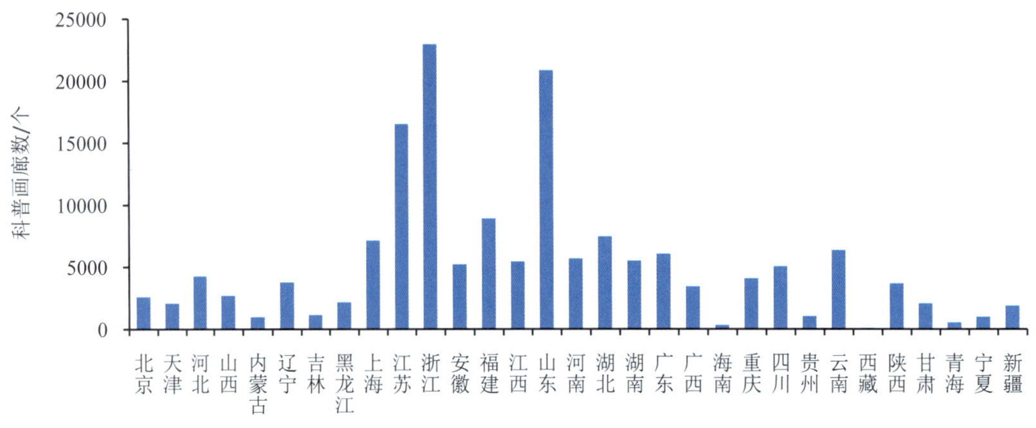

图 2-17　2018 年各省科普画廊数量

从部门分布来看，科协、卫生健康、科技管理和教育 4 个部门的科普画廊数量较多，数量均在 1 万个以上（图 2-18）。

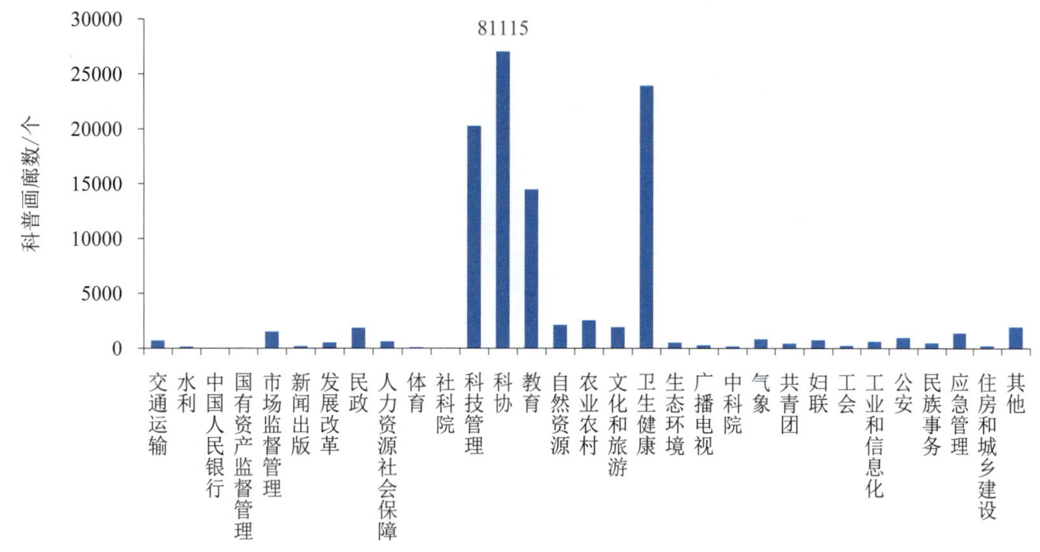

图 2-18　2018 年各部门科普画廊数量

注：科协部门科普画廊数为图示高度数值的 3 倍。

2.4.2　城市社区科普（技）专用活动室

城市社区科普（技）专用活动室共有 5.86 万个，比 2017 年减少 17.91%。中部地区的城市社区科普（技）专用活动室数量过去两年持续下降，东部和西部地区过去三年均持续下降（表 2-8）。

表 2-8　2015—2018 年东部、中部和西部地区城市社区科普（技）专用活动室数量

地区	城市社区科普（技）专用活动室/个				2017—2018 年的变化情况
	2015 年	2016 年	2017 年	2018 年	
东部地区	43279	42166	36336	27908	-23.19%
中部地区	19674	24679	18519	16381	-11.54%
西部地区	19022	17979	16590	14359	-13.45%
全国	81975	84824	71445	58648	-17.91%

中央部门级、省级、地市级和县级单位建设的城市社区科普（技）专用活动室数量差别很大，2018 年县级单位建设的活动室达到 4.13 万个，占全国城市社区科普（技）专用活动室总数的 70.40%（图 2-19）。

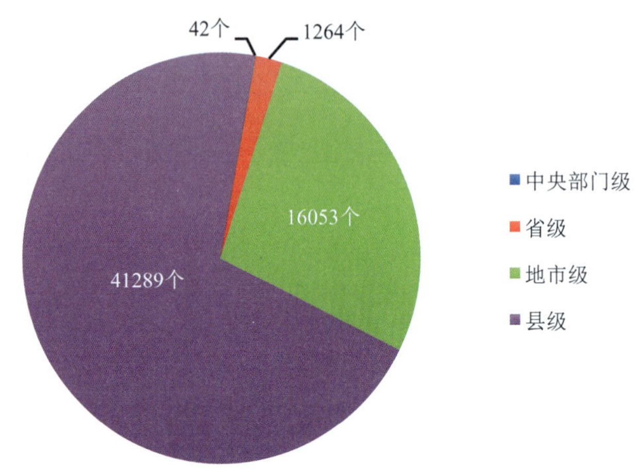

图 2-19 2018 年各级别城市社区科普（技）专用活动室数量

湖北、江苏、浙江、山东、上海和四川的城市社区科普（技）活动室数量在全国居前列（图 2-20）。河南、广东和吉林等增长较快，浙江、辽宁和江苏则下降较多。

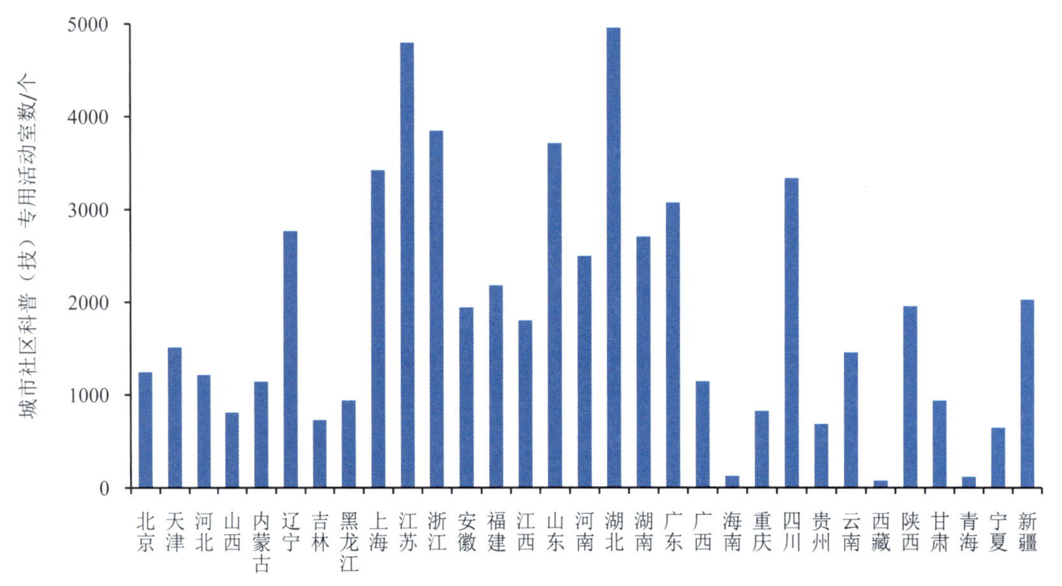

图 2-20 2018 年各省城市社区科普（技）专用活动室数量

从部门的城市社区科普（技）专用活动室数量看（图 2-21），科协部门建设的活动室数量最多，共计 2.62 万个，占全国总数的 44.71%。此外，科技管理和卫生健康部门建设的城市社区科普（技）专用活动室也比较多。

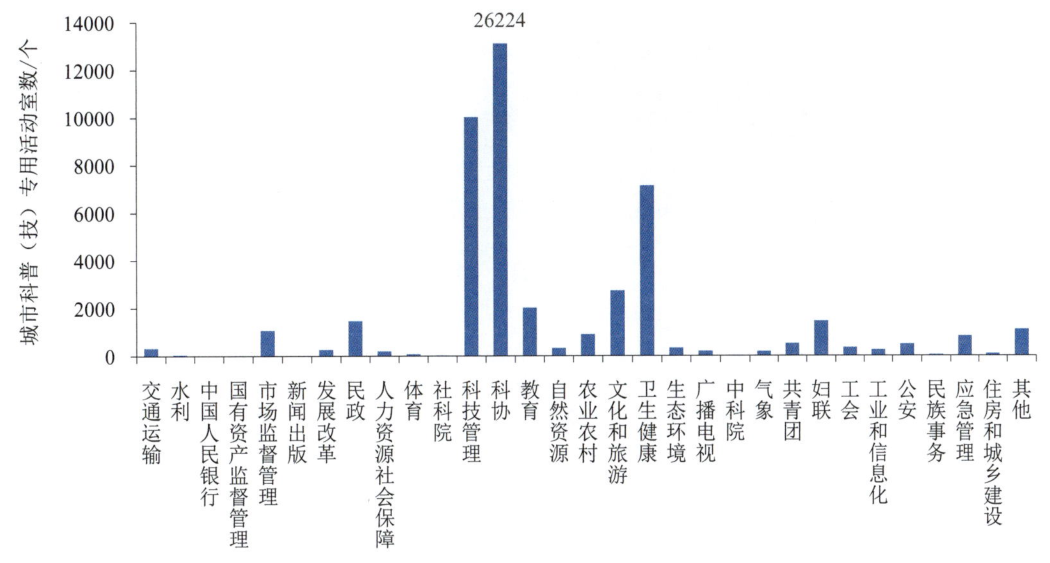

图 2-21　2018 年各部门城市社区科普（技）专用活动室数量

注：科协部门建设的城市社区科普（技）专用活动室数为图示高度数值的 2 倍。

2.4.3　农村科普（技）活动场地

农村科普（技）活动场地是面向农民开展科普活动的重要阵地，但过去三年来数量逐渐萎缩。2018 年全国共有农村科普（技）活动场地 25.27 万个，比 2017 年减少 26.15%。且从地域分布来看，东部、中部和西部 3 个地区的农村科普（技）活动场地数量均有所减少（表 2-9）。

表 2-9　2015—2018 年农村科普（技）活动场地分布情况

地区	农村科普（技）活动场地/个				2017—2018 年的变化情况
	2015 年	2016 年	2017 年	2018 年	
东部地区	187598	141381	123806	105679	-14.64%
中部地区	98284	108135	137470	76621	-44.26%
西部地区	100887	97054	80982	70447	-13.01%
全国	386769	346570	342258	252747	-26.15%

农村科普（技）活动场地主要由县级单位建设。县级单位建设管理的农村科普（技）活动场地占全部的 81.60%（图 2-22）。中央部门级单位拥有的农村科普（技）活动场地非常少且主要集中在农业农村部门。

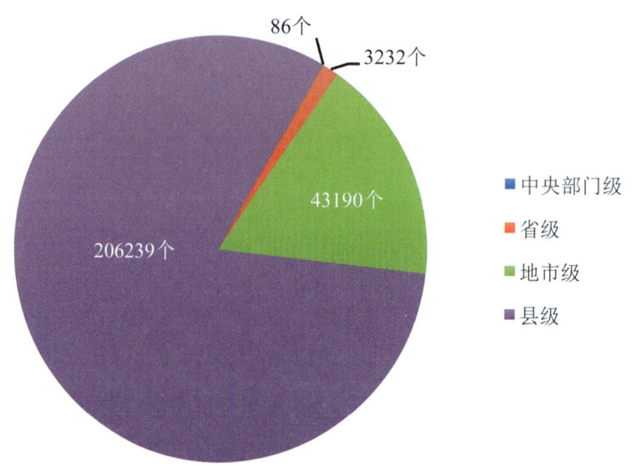

图 2-22　2018 年各级别农村科普（技）活动场地数量

拥有农村科普（技）活动场地数量较多的省包括山东、浙江、和四川等（图 2-23）。2018 年福建、安徽和宁夏的农村科普（技）活动场地增长较快。

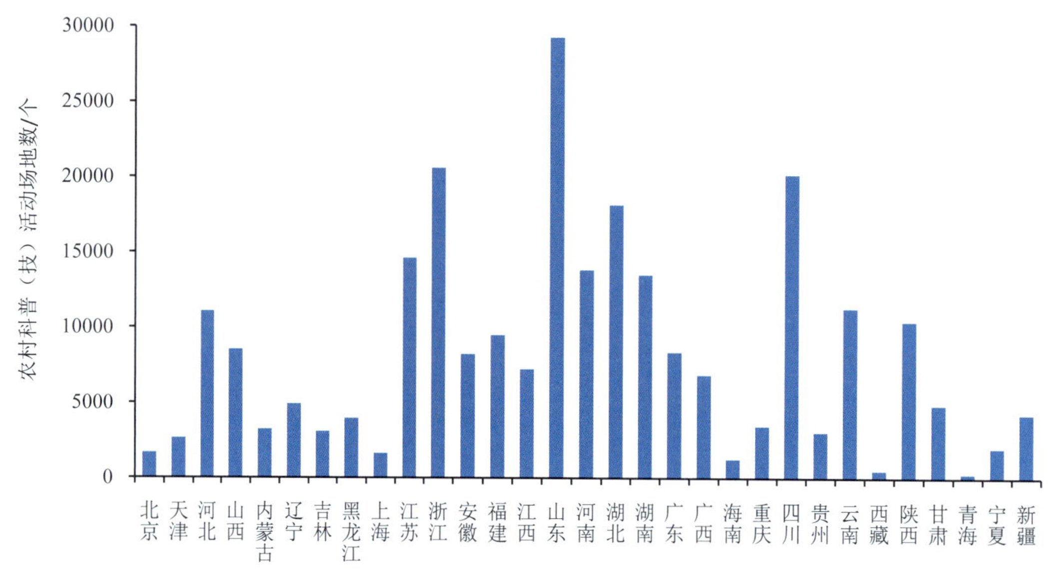

图 2-23　2018 年各省农村科普（技）活动场地数量

从部门的农村科普（技）活动场地数量看（图 2-24），科协部门建设的农村科普（技）活动场地最多，共计 10.64 万个，占全国总数的 42.11%。

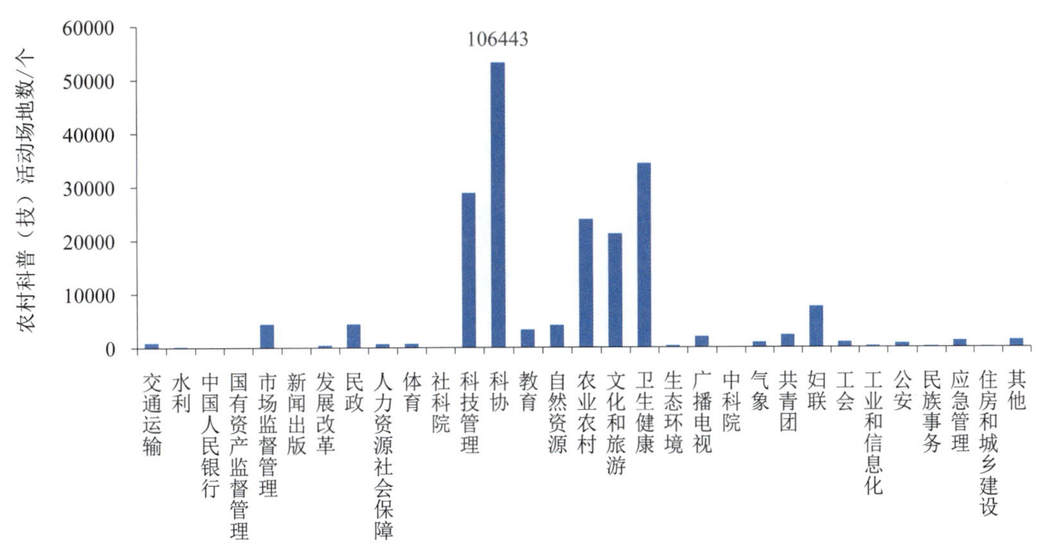

图 2-24 2018 年各部门农村科普（技）活动场地数量

注：科协部门建设的农村科普（技）活动场地数为图示高度数值的 2 倍。

2.4.4 科普宣传专用车

科普宣传专用车是指科普大篷车及其他专门用于科普活动的车辆，其机动灵活的特点，非常适合于开展偏远地区科普工作。2018 年全国科普宣传专用车共有 1365 辆，比 2017 年减少 329 辆。科普宣传专用车数量超过 100 辆的省有 2 个（图 2-25），分别是浙江和北京。北京、湖南和新疆的科普宣传专用车数量增长较多。

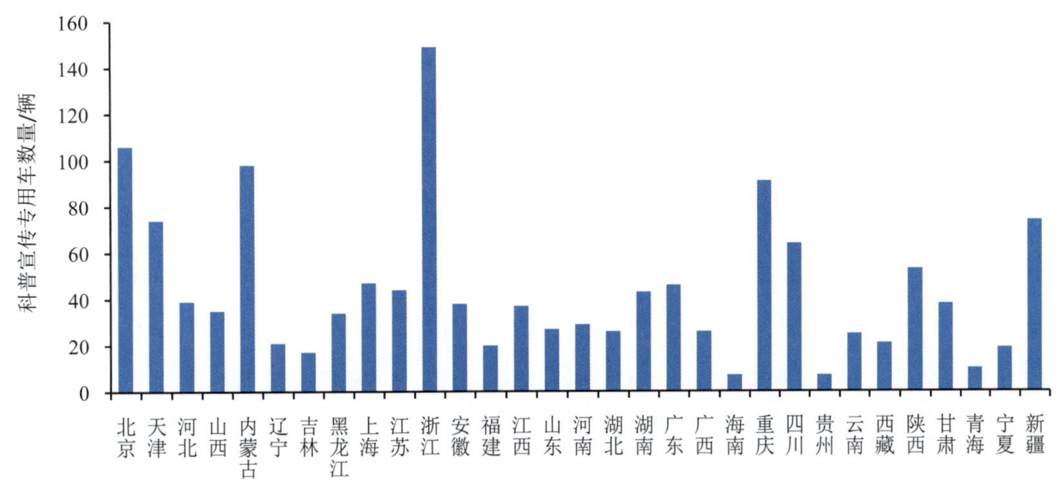

图 2-25 2018 年各省科普宣传专用车数量

3 科普经费

科普经费是科普事业发展的关键，科普事业的发展离不开有力的资金支持。科普经费是科普场馆等科普设施建设的有力保障，是开展各项科普活动的重要保证。目前，我国科普经费主要来源包括以下几个方面：各级人民政府的财政支持、国家有关部门和社会团体的资助、国内企事业单位的资助、境内外的社会组织和个人的捐赠等。科普支出主要指用于科普活动的支出、行政性的日常支出、科普场馆的基建支出及其他相关支出。

2018 年，全社会科普经费筹集额 161.14 亿元，比 2017 年增长 0.68%。各级政府财政拨款 126.02 亿元，占总筹集额的 78.20%，这一比例相比 2017 年略有增长。在政府拨款的科普经费中，科普专项经费 62.09 亿元，与 2017 年相比略有减少。全国人均科普专项经费 4.45 元，比 2017 年降低了 0.06 元。我国科普经费投入具有区域发展不平衡特征的现状仍在持续，东部地区的科普经费筹集额占全国总额的 59.19%，高于中部和西部地区之和。各层级科普筹集经费均有不同程度的增长，其中省级和县级构成了全国科普投入的主体层级。

2018 年，全国科普经费使用额共计 159.29 亿元，比 2017 年减少 1.29%，增长比例低于科普经费筹集额。其中，行政支出 29.22 亿元，科普活动支出 84.79 亿元，科普场馆基建支出 32.12 亿元，其他支出 13.16 亿元。从科普经费的使用情况可以看出，2018 年科普经费使用额中一半以上的支出用于举办各种科普活动。全国科普场馆基建支出费用较 2017 年减少 14.15%。在科普场馆基建支出中，政府拨款支出共计 14.40 亿元，占基建支出比例为 44.84%。基建支出主要用于场馆建设和展品、设施支出，两项支出总计 25.69 亿元，占基建支出总额的比例为 79.99%。

3.1 科普经费概况

3.1.1 科普经费筹集

（1）年度科普经费筹集额的构成

2018 年，我国科普经费筹集额有所增长，达到 161.14 亿元，其中，各级政府财政拨款 126.02 亿元，占总筹集额的 78.20%，这一比例与 2017 年相比略有增长，这表明我国科普经费投入构成中公共财政依然是最主要来源渠道。在政府拨款中，科普专项经费 62.09 亿元，比 2017 年有所降低。全国人均科普专项经费 4.45 元，比 2017 年的 4.51 元减少 0.06 元，人均科普投入大致稳定。

科普经费筹集额中，社会捐赠 0.73 亿元，比 2017 年减少 60.93%，社会捐赠资金在经历两年较快增长后，2018 年大幅减少。从占筹集总额比例来看，社会捐赠数额占总筹集额的比例仍较小（0.45%）；自筹资金仅次于政府拨款，达 26.17 亿元，占总筹集额的 16.24%，金额总量和占比均略低于 2017 年；其他收入 8.30 亿元，占 5.15%，高于 2017 年的 3.99%（图 3-1）。

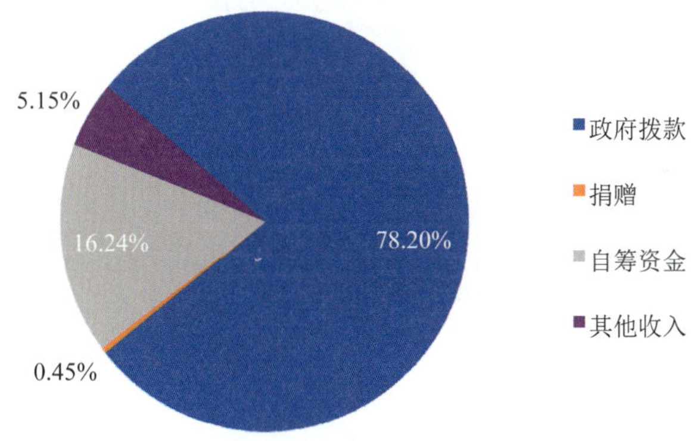

图 3-1　2018 年科普经费筹集额的构成

从科普经费筹集额构成的变化看，与 2017 年相比，经费来源中政府拨款、其他收入均有所增长。其中，其他收入增长幅度最大。捐赠和自筹资金都有所下降。其中，捐赠降幅最大（表 3-1）。

表 3-1　2014—2018 年科普经费筹集额构成的变化

经费筹集构成	科普经费筹集额/亿元					2017—2018 年筹集额变化情况
	2014 年	2015 年	2016 年	2017 年	2018 年	
政府拨款	114.04	106.66	115.75	122.96	126.02	2.49%
捐赠	1.60	1.11	1.57	1.87	0.73	-60.93%

续表

经费筹集构成	科普经费筹集额/亿元					2017—2018 年筹集额变化情况
	2014 年	2015 年	2016 年	2017 年	2018 年	
自筹资金	27.27	25.74	27.60	28.81	26.12	-9.33%
其他收入	7.10	7.72	7.13	6.38	8.30	30.01%

（2）年度科普经费筹集额的地区分布

从东部、中部和西部地区的科普经费筹集额的对比数据看，2018 年我国科普经费投入的区域不平衡性仍然非常明显（图 3-2）。东部地区的科普经费筹集额占全国总额的 58.19%，远高于中部和西部地区。将科普经费筹集额平均到区域中的每个省，东部地区各省的平均科普经费筹集额是 8.52 亿元，中部地区是 3.45 亿元，西部地区是 3.32 亿元，东部地区的这一数据相比 2017 年有所提高，而中部、西部地区的这一数据相比 2017 年均有所降低。

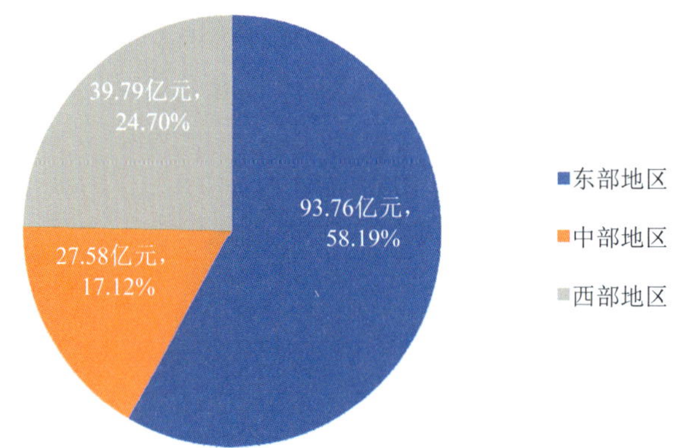

图 3-2　2018 年东部、中部和西部地区的科普经费筹集额及所占比例

从 2014—2018 年科普经费筹集额的发展态势来看（表 3-2），中部地区增长明显，西部地区有一定增长，东部地区略有降低。由此可以看出，中西部地区科普经费投入的持续快速增长使其与东部地区的差距逐步减小；而东部地区由于科普经费投入基数较大，增长相对缓慢甚至减少；但中部和西部地区整体的规模体量仍远小于东部地区。

表 3-2　2014—2018 年东部、中部和西部科普经费筹集额的变化情况

地区	科普经费筹集额 / 亿元					2014—2018 年年均增长率
	2014 年	2015 年	2016 年	2017 年	2018 年	
东部地区	96.31	83.24	90.97	91.75	93.76	-0.67%
中部地区	20.96	20.53	23.44	27.64	27.58	7.10%
西部地区	32.76	37.43	37.57	40.66	39.79	4.98%

（3）年度科普经费筹集额的层级构成

2018 年，中央部门级、省级、地市级和县级所占份额相对 2017 年变化不大，省级、地市级和县级的科普经费筹集额各占全国总量的三成左右（图 3-3）。从增速上看，地市级同比增长率高达 15.81%，但中央部门级和县级降幅较大（表 3-3）。

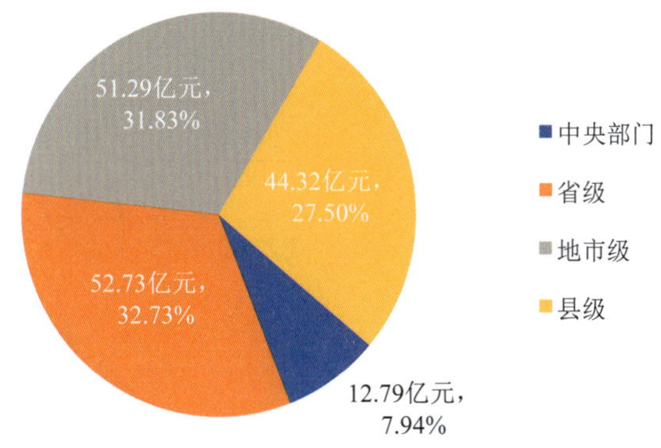

图 3-3　2018 年四级部门科普经费筹集额情况

表 3-3　2014—2018 年各级部门科普经费筹集额的变化情况

级别	科普经费筹集额 / 亿元					2017—2018 年筹集额变化情况
	2014 年	2015 年	2016 年	2017 年	2018 年	
中央部门级	12.83	10.54	15.26	15.49	12.79	-17.40%
省级	50.75	41.00	46.40	51.32	52.73	2.76%
地市级	24.94	27.73	27.85	44.29	51.29	15.81%
县级	61.50	61.93	62.47	48.96	44.32	-9.47%

3.1.2　科普经费使用

（1）科普经费使用额构成

2018 年，全国科普经费使用额共计 159.29 亿元，比 2017 年减少 1.29%。其中，行政支出 29.22 亿元，科普活动支出 84.79 亿元，科普场馆基建支出 32.12 亿元，其他支出 13.16 亿元。从 2018 年科普经费各项支出的变化情况看，除科普活动支出和科普场馆基建支出有下降外，其他各项支出较 2017 年均有所增长（表 3-4）。科普经费使用构成与 2017 年度大致接近，其中近六成支出（53.23%）用于举办各种科普活动，20.16%的支出用于科普场馆基建。在科普场馆基建支出中，来自政府的拨款支出共计 14.40 亿元，占基建支出的 44.84%。科普场馆基建支出中用于场馆建设支出共计 13.12 亿元，占基建支出的 40.85%（图 3-4）。

表 3-4　2014—2018 年科普经费使用额构成的变化情况

支出类别	科普经费使用额/亿元					2017—2018 年使用额变化情况
	2014 年	2015 年	2016 年	2017 年	2018 年	
行政支出	19.36	22.61	25.03	24.43	29.22	19.62%
科普活动	74.10	84.83	83.74	87.59	84.79	-3.20%
科普场馆基建支出	45.69	30.89	33.84	37.41	32.12	-14.15%
其他支出	9.84	9.15	9.60	11.85	13.16	11.05%

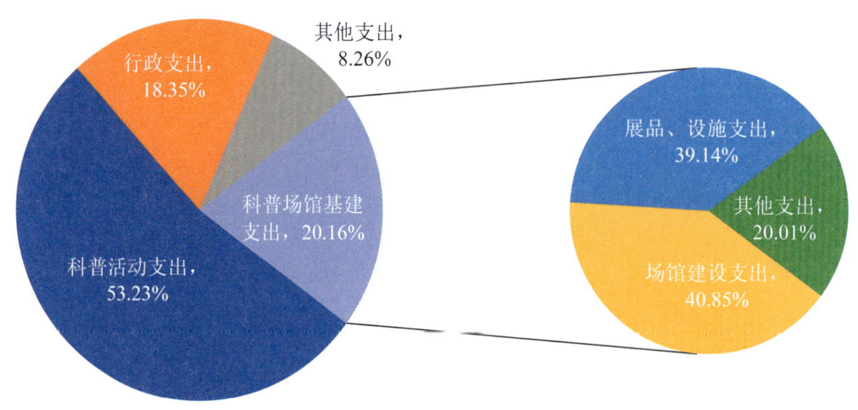

图 3-4　2018 年科普经费使用额的构成比例

（2）各层级科普经费使用额构成

从各个层级的科普经费支出看（图 3-5），2018 年地市级科普经费使用额最高，为 51.00 亿元，占总支出的 32.02%。其次是省级，为 49.96 亿元，占总支出的 31.36%。二者占科普经费总支出的比例超过 60%。再次是县级，总计 45.42 亿元，所占比例为 28.51%。中央部门级为 12.91 亿元，所占比例仅为 8.10%，在四个层级中最低。这表明地方财政支出是基层科普业务开展的主要保障力量。

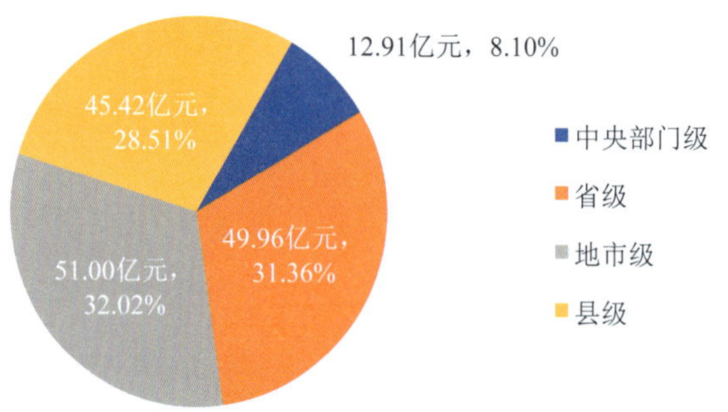

图 3-5　2018 年四级部门的科普经费使用额及其所占比例

从 2018 年各层级科普经费使用额的构成情况看（图 3-6），各个层级的支出构成类似，科普活动支出的比例都是最大的，几乎所有层级部门均将超过 50% 的科普经费用于科普活动，其中以中央部门级的比例最大，接近 70%。

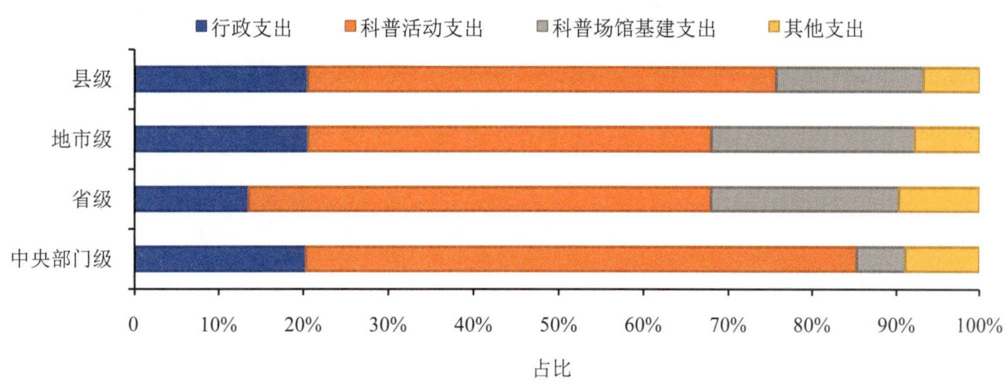

图 3-6　2018 年各层级科普经费使用额构成

值得一提的是，在各层级单位科普经费支出中，尽管各个层级的行政支出所占比例均远低于科普活动支出，但仍然是不容忽视的重要支出部分。此外，中央部门级的科普场馆基建支出比例最低，说明科普场馆建设主要集中在地方层级。

3.2　各省科普经费筹集及使用

各省科普经费筹集主要由政府主导、社会积极参与。2018 年，不少地方出台政策，加大对本地区科普经费使用的管理。湖北省为了规范省科学普及专项资金管理，提高资金使用绩效，确保资金使用安全，制定了《湖北省科学普及专项资金管理办法》；浙江省杭州市为加强和规范市科协项目管理，提高经费使用绩效，修订了《杭州市科协科普和学术项目管理实施细则》；福建省泉州市政府根据本地区科普事业发展实际情况，出台了《泉州市市级科普专项资金管理规定》，加强对基层科普场馆建设、基层科普服务能力建设的支持；湖南省常德市发布《常德市科学技术普及专项资金管理办法》，将科普专项资金使用限定在科普宣传、学会学术交流、基层科普奖补、基层科普建设补助、科技馆免费开放补助等 6 个方面。从全国范围来看，2018 年绝大多数省科普经费使用的最主要流向是科普活动支出。科普经费资源的地区不平衡性依然较为突出，多数省三级人均科普专项经费有所下降。

3.2.1 科普经费筹集

（1）年度科普经费筹集额

从年度科普经费筹集额看（图 3-7），2018 年地方科普经费投入仍不均衡。排名前 5 位的是北京、上海、浙江、广东和江苏。这 5 个省的科普经费筹集额之和高达 73.23 亿元，占全国总数的 45.44%，所占比例比 2017 年略有增长。北京依然全国领先，达到 26.18 亿元。科普经费筹集额较少的 5 个省为黑龙江、宁夏、海南、青海和西藏，科普经费筹集额合计 5.21 亿元，比 2017 年增长 19.03%，但仅占全国科普经费筹集总额的 3.23%，该比例略高于 2017 年。可见部分省特别是西部欠发达地区的科普经费投入仍需进一步加强。

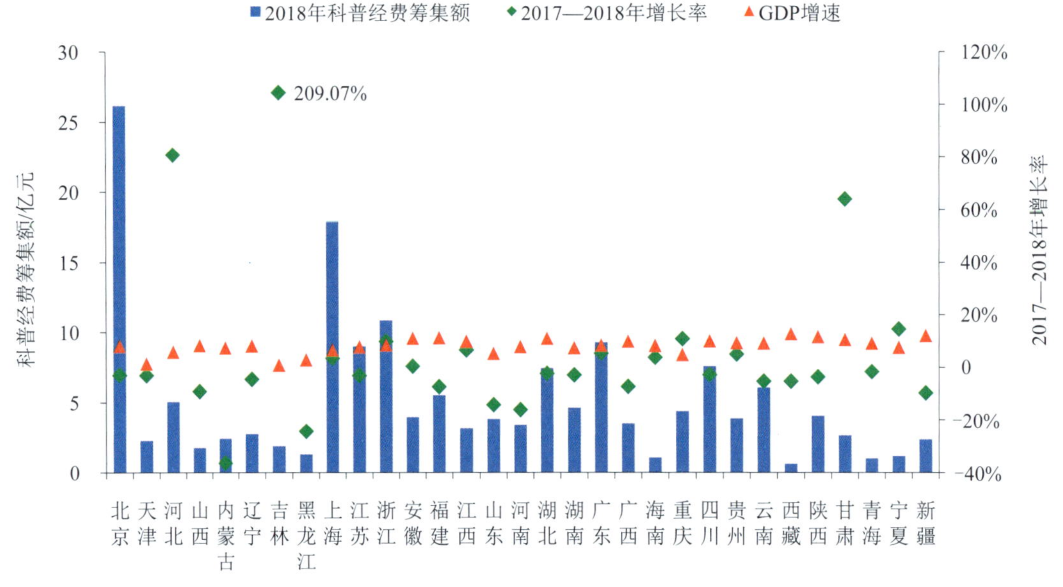

图 3-7 2018 年各省科普经费筹集额及增长率

注：吉林省2017—2018年科普经费增长率为图示高度数值的2倍。

从科普经费筹集额的变化看，各省的年度波动幅度较大。12 个省的科普经费筹集额出现正增长，如吉林省增幅超过 100%，与此前有过大幅下降有关。同时，19 个省出现负增长。鉴于一些科普经费投入项目如科普场馆的建设经费投入的非持续性，出现波动也属正常。6 个省的科普经费筹集额增长率高于其 GDP 的增长速度。

（2）年度科普经费筹集额构成

各地区科普经费主要依靠财政拨款，以科普专项经费的形式下拨经费，以保证本地区最重要科普活动的举办。由图 3-8 可以发现，2018 年各省的政府拨款是科普经费筹集额的主要来源，吉林的政府拨款比例最高，为 94.13%。自筹资金是科普经费筹集额的另一个重要来源，其中，自筹资金比例较高的是上海和天津，这一比例分别为 32.56%和 27.00%。

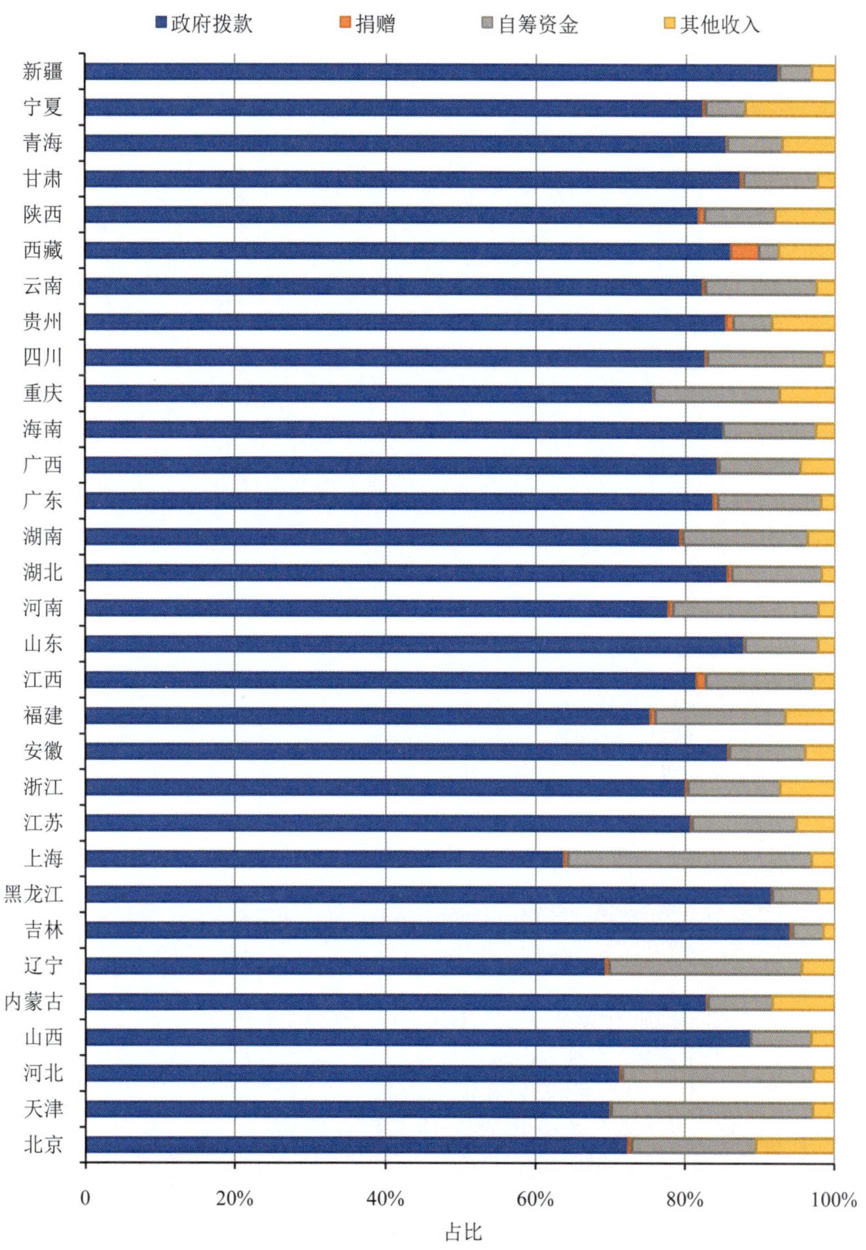

图 3-8　2018 年各省科普经费筹集额构成

各省的科普捐赠经费在科普经费筹集额中所占的比例相对都比较小，只有江西和西藏这一比例超过了 1%，其他省均在 1%以下（图 3-9）。

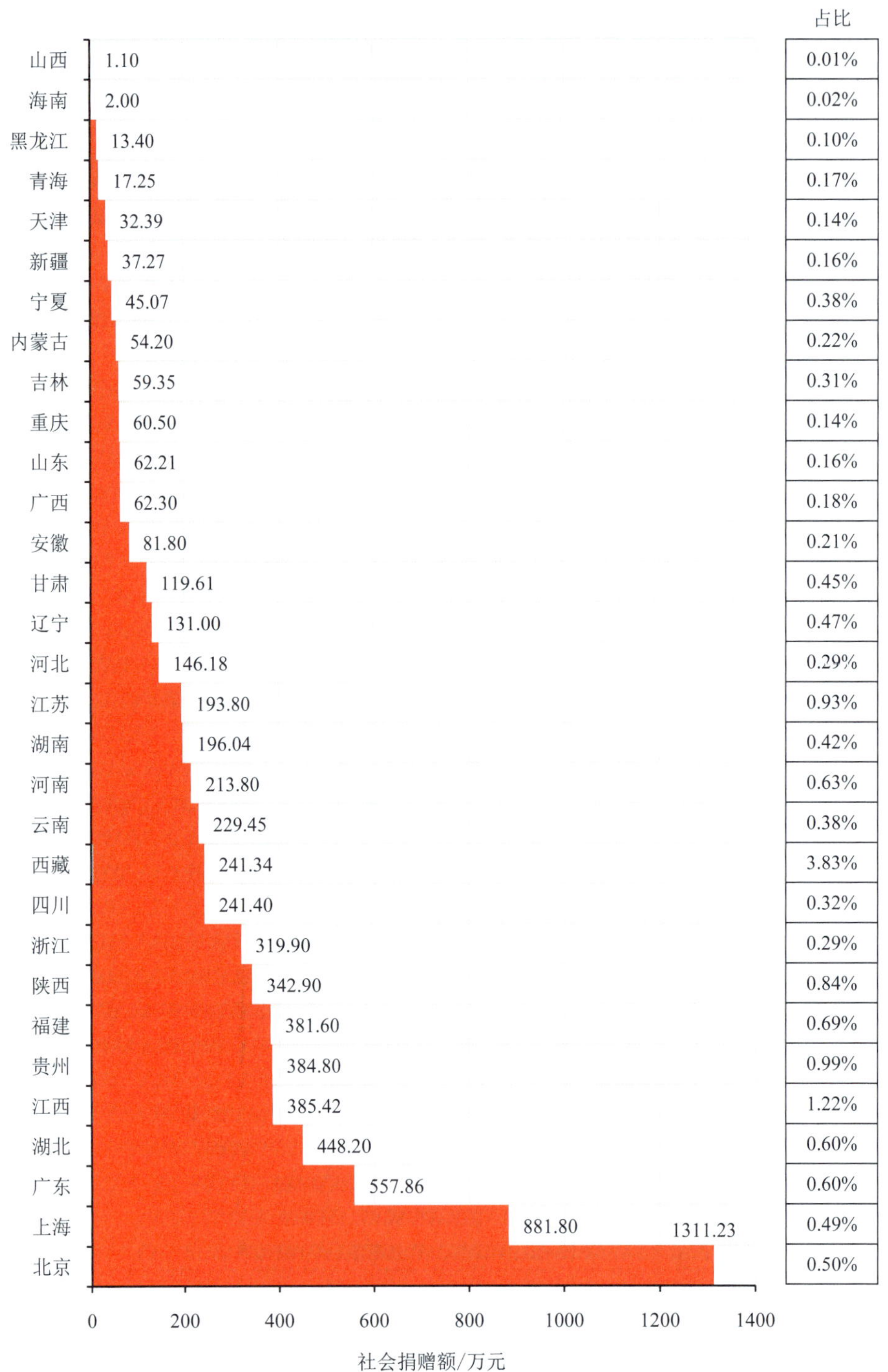

图 3-9　2018 年各省科普经费社会捐赠情况

（3）三级人均科普专项经费

科普专项经费是国家各级政府部门委托的、指定用于某项科普活动的经费。三级科普经费是指除中央部门级外，涵盖省级、地市级和县级的科普经费，这一指标能更准确地反映地方科普经费的投入状况。2018 年，全国三级科普专项经费共计 54.53 亿元。各省的三级人均科普专项经费差异较大（图 3-10），10 元以上的省有 4 个，与 2017 年持平，上海和北京的三级人均科普专项经费分别以 24.04 元和 20.88 元继续领先。三级人均科普专项经费处于 5~10 元的省有 2 个，比 2017 年少 4 个。3~5 元的省有 14 个，比 2017 年多 5 个。11 个省处于 1~3 元，没有三级人均科普专项经费不足 1 元的省。尽管直辖市人均三级科普投入较高，但全国大多数省（超过 80.65%）仍然位于 1~5 元。总体来看，随着我国各省科普投入的不断提高，大多数省的人均科普专项经费投入总体水平在持续提升。

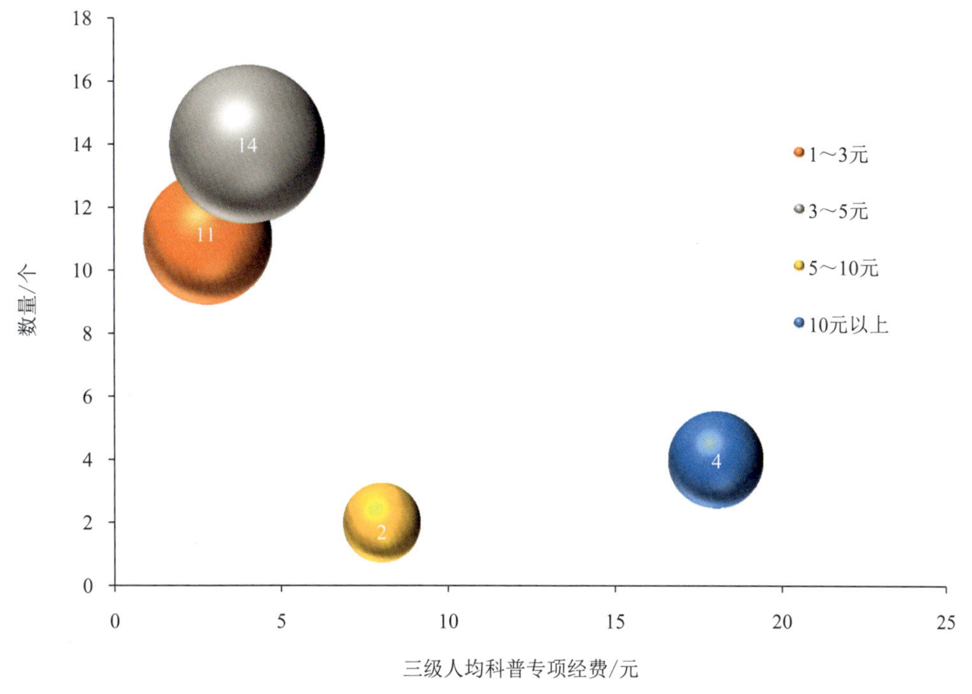

图 3-10　2018 年三级人均科普专项经费不同区间分布

从东部、中部和西部地区来看（表 3-5），有 3 个东部省的三级人均科普专项经费位于 1~3 元，而中部和西部地区分别有 7 个省和 1 个省位于这一区间；3~5 元主要集中在西部地区（8 个），东部和中部地区分别有 5 个省和 1 个省进入这一区间；介于 5~10 元的省共 2 个，东部和西部地区各有 1 个。东部和西部均有

2 个省进入 10 元以上区间，除上海和北京 2 个直辖市外，西部地区的西藏和青海也在这一区间。尽管东部与西部地区科普经费筹集总额有巨大差异，但三级人均科普专项经费的分布却较为接近，均密集分布在 1~5 元的区间内。这表明这一指标不仅与经济社会发展水平相关，而且与各地区的人口密度密切相关，不同区域的人口数量差距也会在很大程度上影响统计结果。总体来看，中部地区密集于 1~3 元的区间，进入其他区间的省较少。

表 3-5　2018 年三级人均科普专项经费地区分布情况　　单位：个

人均科普经费区段范围	1 元以下	1~3 元	3~5 元	5~10 元	10 元以上
东部地区	0	3	5	1	2
中部地区	0	7	1	0	0
西部地区	0	1	8	1	2
全国	0	11	14	2	4

从三级人均科普专项经费的增长情况看（表 3-6 和图 3-11），与 2017 年相比，19 个省出现下降，但整体而言变化幅度不大。

表 3-6　2017—2018 年各省三级人均科普专项经费　　单位：元

地区	2017 年	2018 年	地区	2017 年	2018 年
北京	23.78	20.88	湖北	4.22	3.87
天津	5.57	4.50	湖南	2.90	2.65
河北	1.56	1.19	广东	3.42	3.45
山西	1.87	2.25	广西	3.58	3.12
内蒙古	2.38	3.02	海南	4.10	4.05
辽宁	2.71	2.10	重庆	5.86	4.78
吉林	0.69	2.89	四川	3.74	4.33
黑龙江	1.74	1.35	贵州	3.07	3.58
上海	22.14	24.04	云南	5.00	4.53
江苏	5.22	4.97	西藏	13.20	11.42
浙江	7.64	6.71	陕西	4.10	4.82
安徽	2.56	2.81	甘肃	2.09	2.75
福建	5.14	4.74	青海	12.40	10.24
江西	2.43	1.90	宁夏	7.74	8.00
山东	1.92	1.44	新疆	4.71	3.77
河南	1.36	1.42			

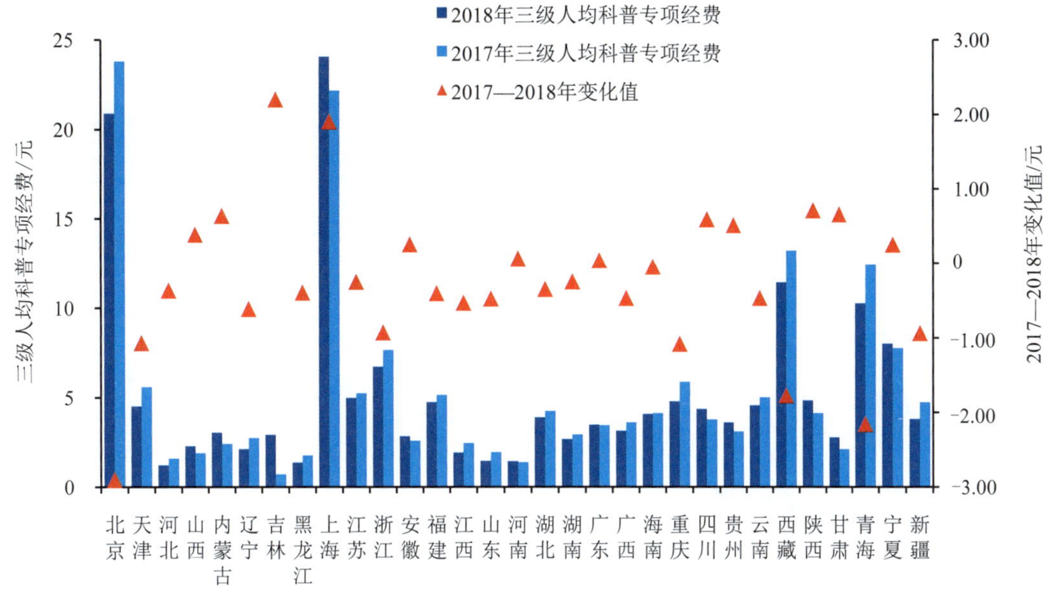

图 3-11　2017—2018 年三级人均科普专项经费地区分布及变化情况

（4）年度科普经费筹集额占 GDP 的比例

2018 年，全社会科普经费筹集额 161.14 亿元，占全国 GDP 的比例是 0.0176%，低于 2017 年的 0.0194%。就各省科普经费筹集额占该省 GDP 的比例来看，有 14 个省高于全国水平，与 2017 年相比减少 3 个。北京的比例达到 0.0863%，领先于其他省。西藏、青海、云南、宁夏等虽然属于西部经济相对欠发达地区，但从科普经费筹集额占 GDP 的比例看，却高于一些经济发达地区（图 3-12）。

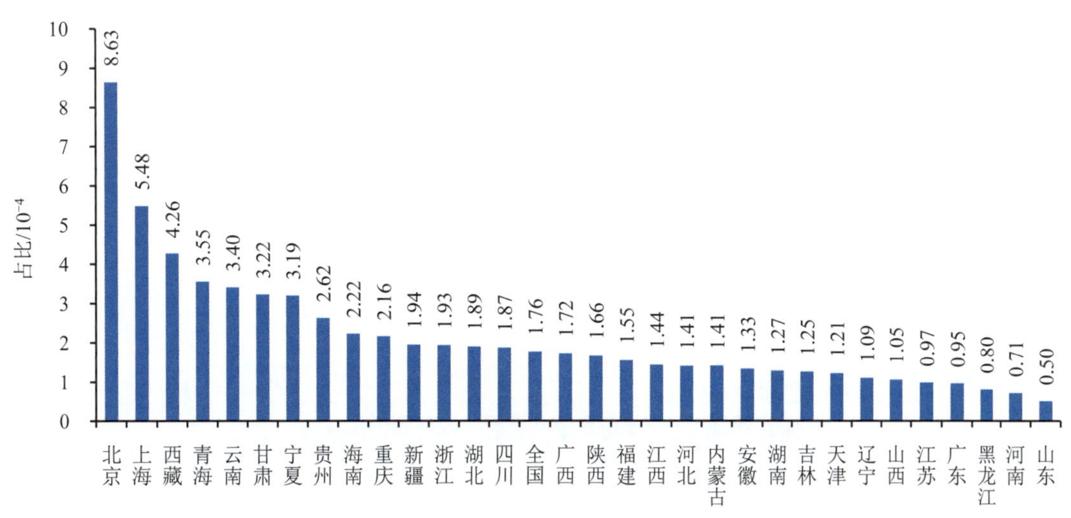

图 3-12　2018 年各省科普经费筹集额占 GDP 的比例

3.2.2 科普经费使用

（1）年度科普经费使用额

统计数据显示，各省年度科普经费使用额和年度科普经费筹集额是密切相关的，尽管各省年度科普经费使用额差异很大，但绝大多数省科普经费的使用额和筹集额基本持平。由图 3-13 可以看出，2018 年的科普经费筹集额与使用额同

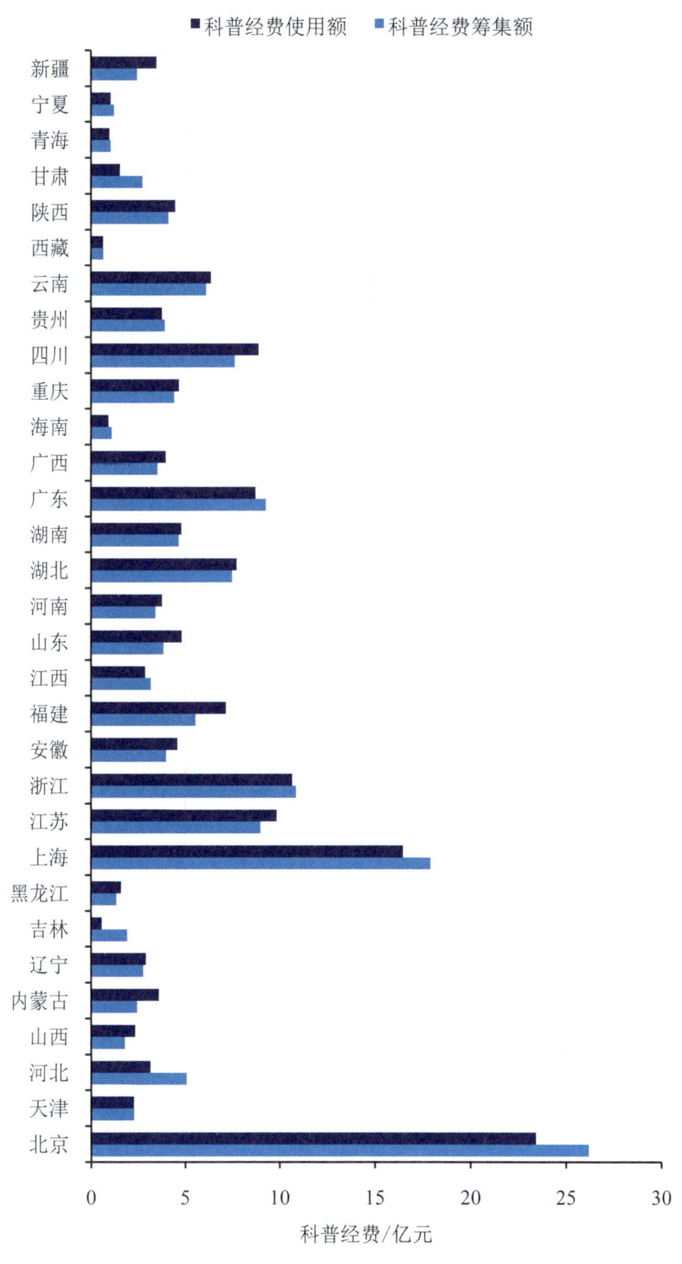

图 3-13　2018 年各省科普经费使用额与筹集额情况

样呈现这一特点。北京的科普经费筹集额与使用额继续大幅超过其他省，其中科普经费筹集额超过 26 亿元。

（2）年度科普经费使用额构成

从科普经费使用额的具体构成看（图 3-14），科普活动支出是各省科普经费最主要的使用方向。2018 年，全国科普活动支出 84.79 亿元，略低于 2017 年，占使用总额的 53.23%。同时可以看到，在经费的具体使用途径上各省存在较明显的差异。新疆、甘肃、湖北和安徽等省的科普场馆基建支出占比相对较大，而青海、贵州等省的行政支出占比则相对较高。

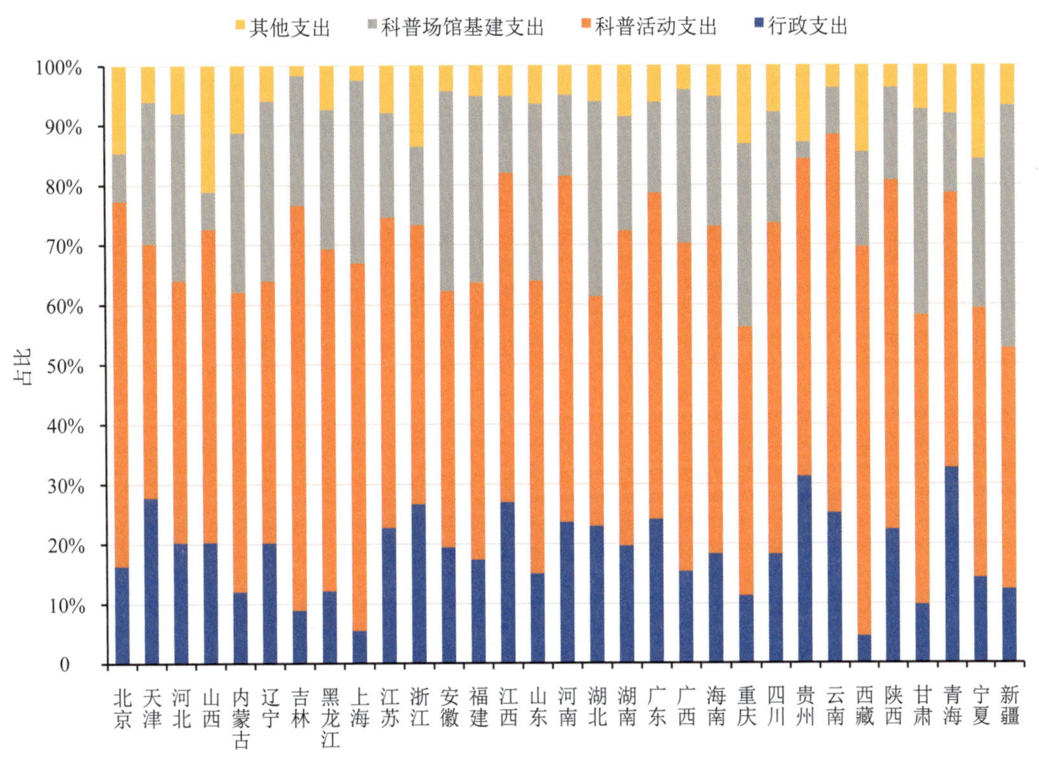

图 3-14　2018 年各省科普经费使用额构成

从各省科普活动支出的情况看，北京、上海、江苏、广东和浙江等发达地区是科普活动经费使用额较高的省。全国各省科普活动支出占科普经费使用额比例普遍较高，平均比例为 53.23%。比例最高的是吉林（67.71%），比例最低的是湖北（38.47%），这与其本年度科普场馆基建支出较高有关（图 3-15）。

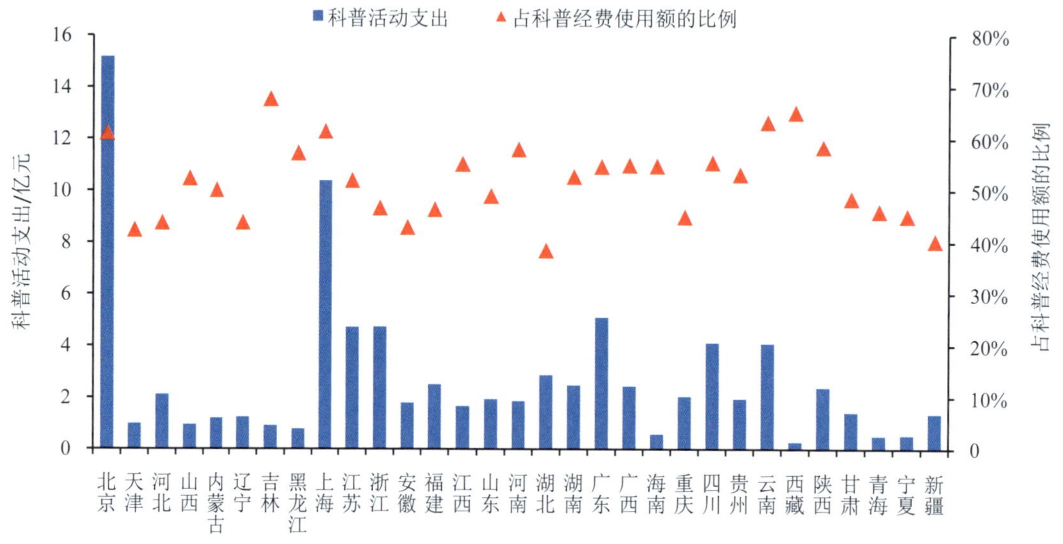

图 3-15 2018 年各省科普活动支出情况

（3）科普场馆基建支出

2018 年，全国用于科普场馆基建支出的经费总额达 32.12 亿元，比 2017 年降低 14.15%。科普场馆资源分布较不平衡，甘肃、吉林、河北和新疆的科普场馆基建支出比例较高，高于其他省；从绝对数量来看，上海、湖北高于其他省。全国科普场馆基建支出额占科普经费使用额的平均比例为 22.99%，略低于 2017 年水平（图 3-16）。

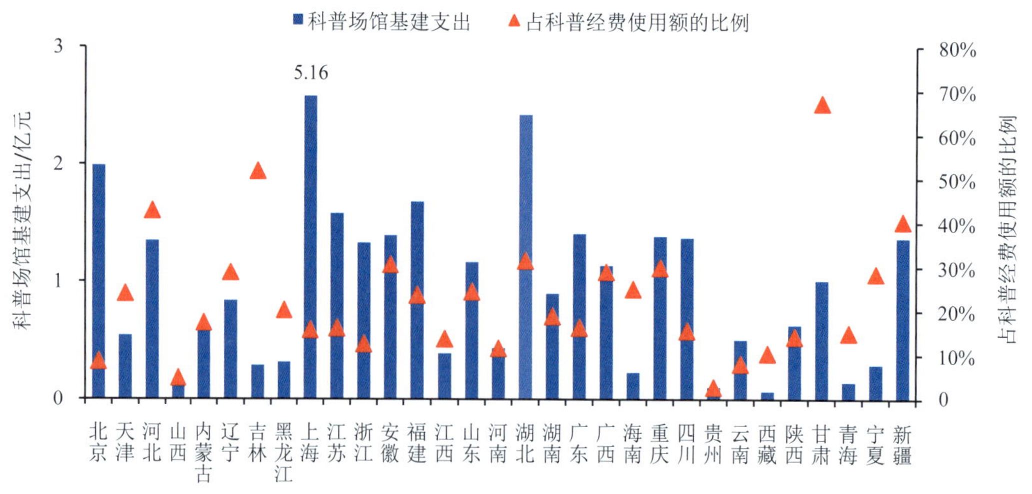

图 3-16 2018 年各省科普场馆基建支出情况

注：上海市科普场馆基建支出为图示高度数值的2倍。

3.3 部门科普经费筹集及使用

3.3.1 科普经费筹集

从各部门科普经费筹集额看（图 3-17），科协部门仍是各部门中最高的，2018 年科普经费筹集额达 63.24 亿元，比 2017 年增长 3.62%。此外，科技管理、教育、农业农村和卫生健康等部门的经费筹集额也较高。

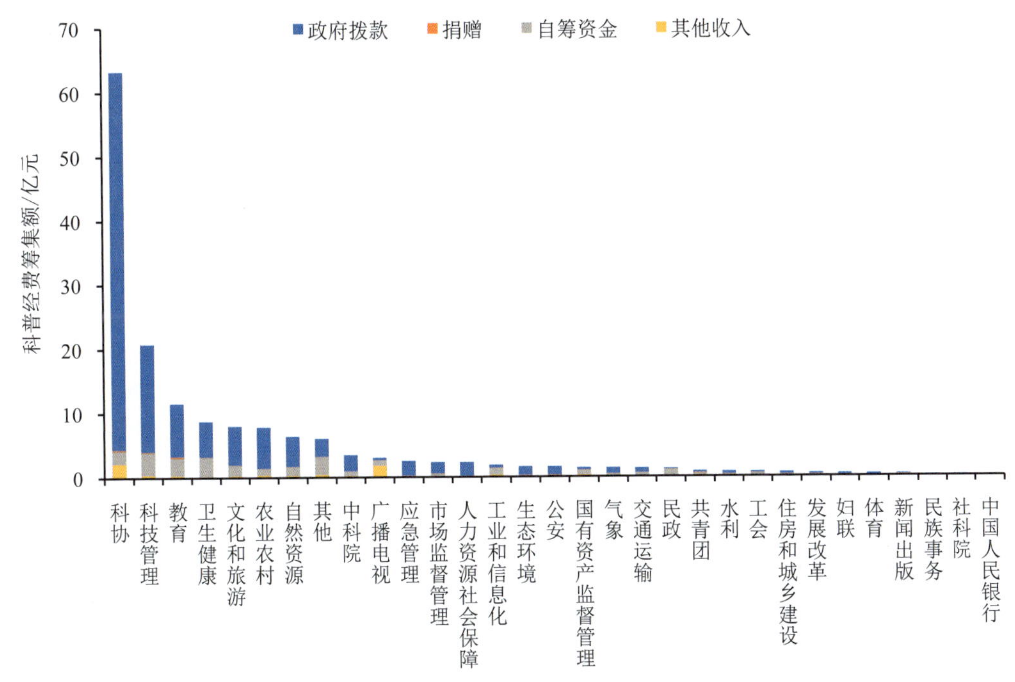

图 3-17　2018 年各部门科普经费筹集额

从构成来看（图 3-18），绝大多数部门的科普经费最主要来源是政府拨款。其中，科协部门的政府拨款额高达 58.89 亿元，占科普经费筹集额的比例为 93.12%。社科院、人力资源社会保障、体育和应急管理部门的科普经费筹集额中，来自政府拨款的比例均高于 90%，这表明政府在这些部门的科普经费筹集中起着主导作用。各部门科普经费筹集额平均有 61.48%来自政府拨款。低于 40%的部门包括国有资产监督管理、新闻出版、发展改革、工业和信息化、民政、广播电视、共青团和工会。其中，民政部门最低，为 12.03%（图 3-19）。

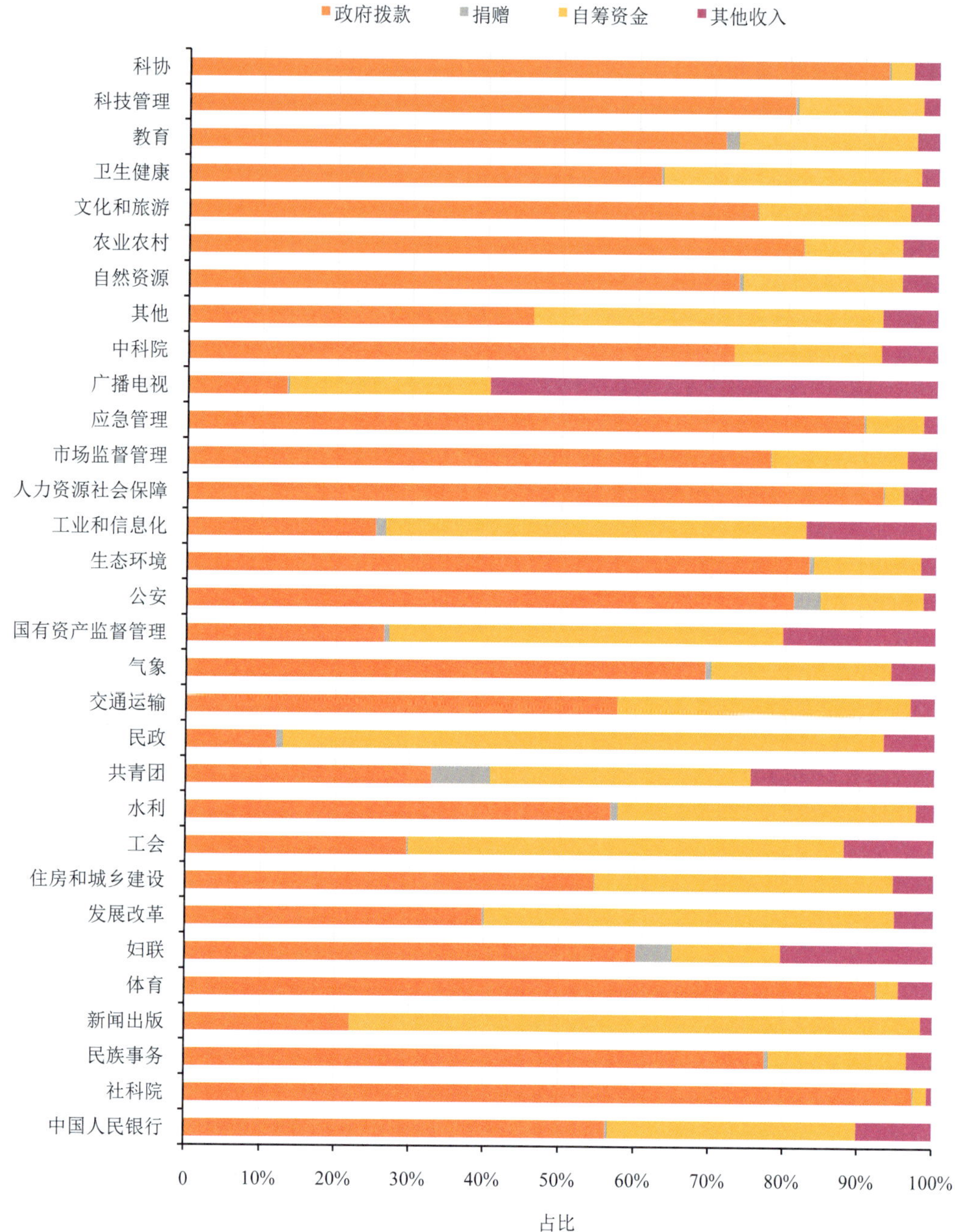

图 3-18　2018 年各部门科普经费筹集额构成情况

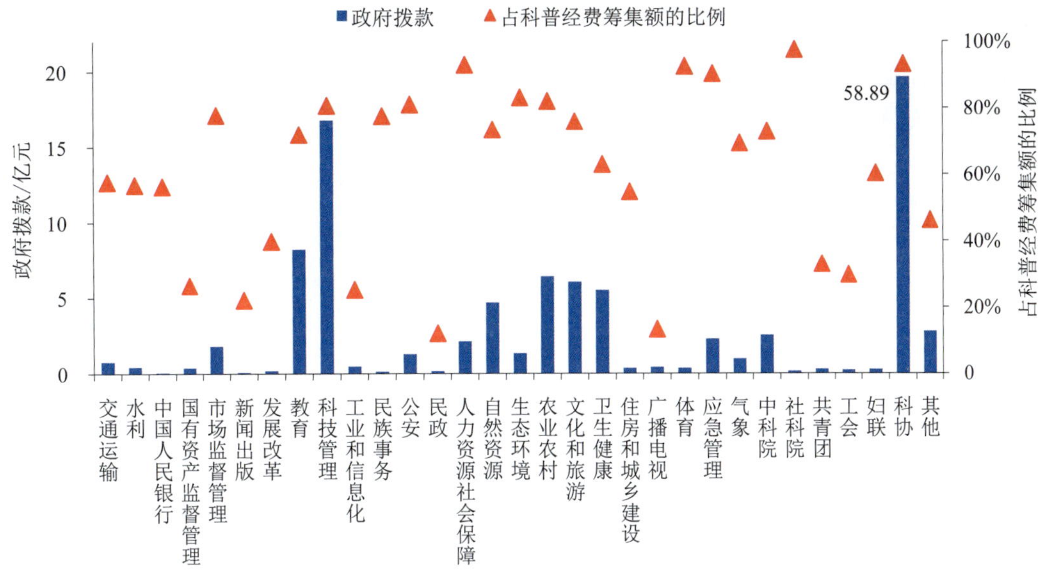

图 3-19　2018 年各部门政府拨款额及占科普经费筹集额的比例

注：科协部门政府拨款额为图示高度数值的3倍。

各部门的科普经费中自筹资金所占比例平均值为 29.37%。从图 3-20 可以看出，民政和新闻出版部门的自筹资金比例较高，均超过 60%。其中，民政超过了 80%；人力资源社会保障、体育、应急管理、社科院和科协部门的自筹资金比例较低，不足 10%。

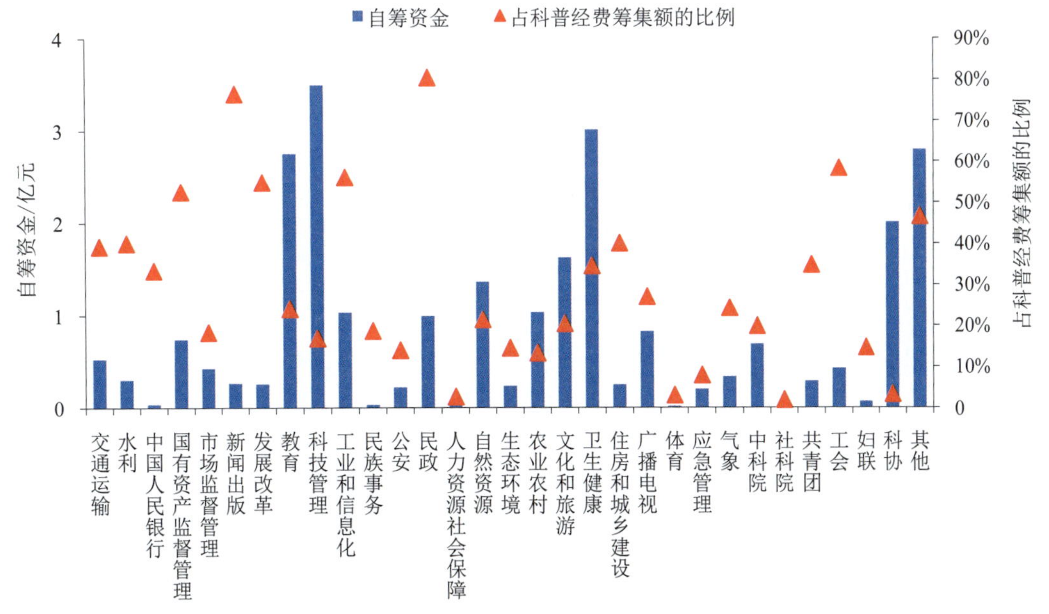

图 3-20　2018 年各部门自筹资金额及占科普经费筹集额的比例

从社会捐赠额来看，各部门科普经费中社会参与程度较低（图 3-21）。所有部门的社会捐赠额均未超过 2000 万元。教育、科协部门接受的社会捐赠额较多，分别为 1987.52 万元和 1388.77 万元。在所统计的 30 个部门的经费筹集额中社会捐赠比例均较小，平均只有 0.88%。其中，共青团部门的社会捐赠占科普经费筹集额比例最高，达到 7.90%；其次是妇联部门，为 4.85%；公安部门为 3.57%；教育、工业和信息化两个部门分别为 1.74%和 1.37%；其余大多数部门均低于 1%。

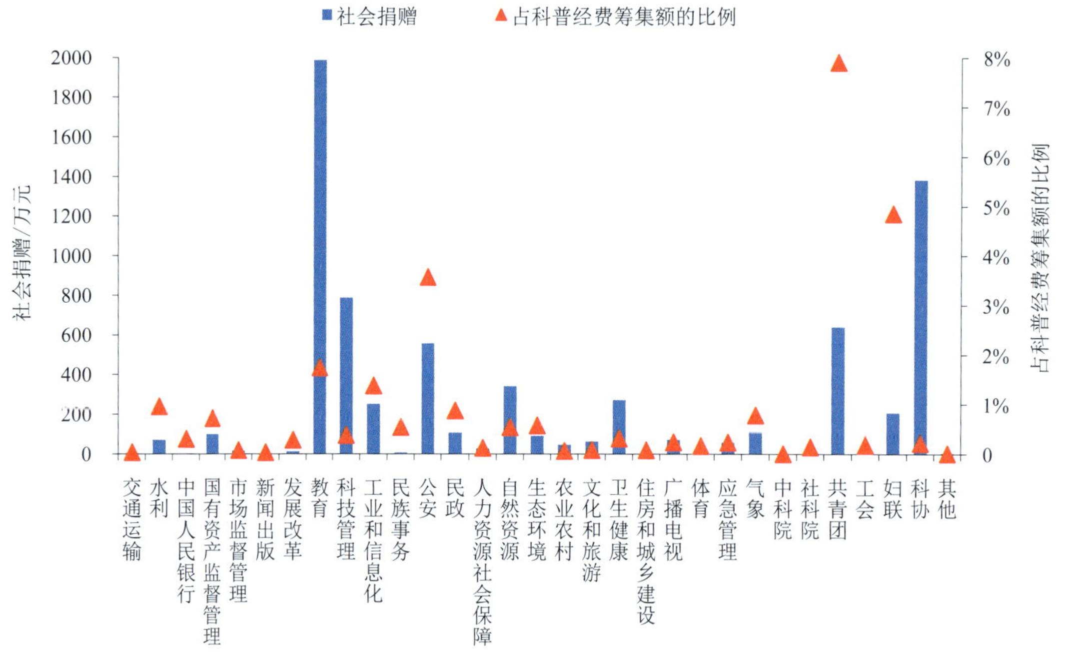

图 3-21　2018 年各部门社会捐赠额及占科普经费筹集额的比例

3.3.2　科普经费使用

2018 年，科普活动支出比较多的部门主要是科协、科技管理、教育、卫生健康和农业农村部门（图 3-22），其中科协部门的科普活动支出为 32.23 亿元。科普活动支出占科普经费使用额比例较高的部门有中国人民银行、工会和人力资源社会保障部门，都在 80%以上。其中，中国人民银行所占比例最高，达到 88.42%。各部门科普活动支出占科普经费使用额的平均比例为 54.49%。由此可见，科普活动支出是各部门科普经费最主要的支出项目。

各部门在科普经费的具体支出项目上各有侧重（图3-23）。例如，气象、住房和城乡建设、工业和信息化、发展改革、教育和水利等部门的科普场馆基建支出占科普经费使用额的比例较高，妇联和国有资产监督管理等部门用于行政支出的科普经费比例明显高于其他部门，共青团和新闻出版部门的其他支出比例较高。

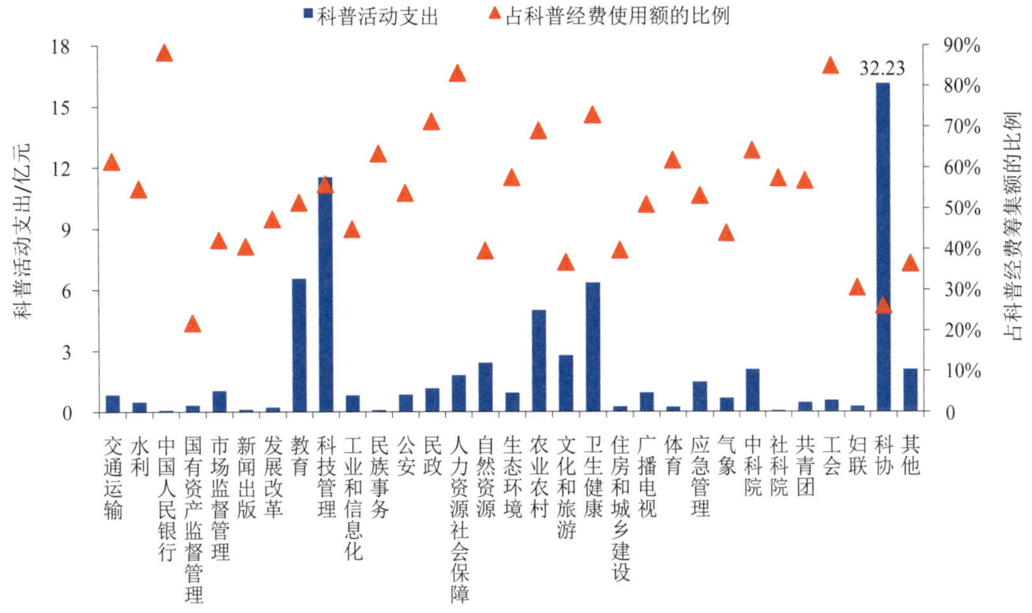

图 3-22　2018 年各部门科普活动支出额及占科普经费使用额的比例

注：科协部门科普活动支出额为图示高度数值的2倍。

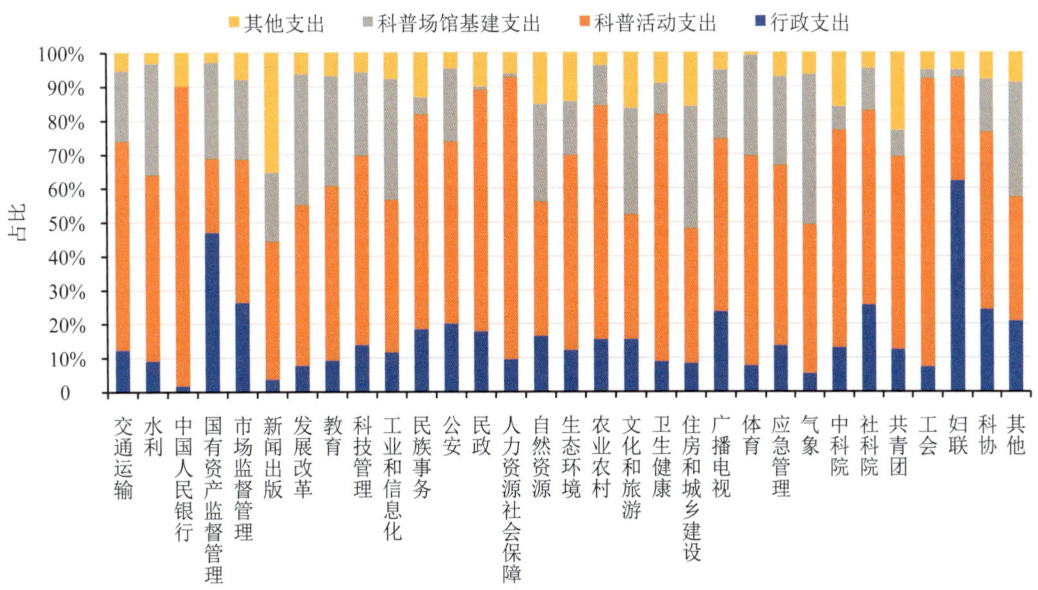

图 3-23　2018 年各部门科普经费支出构成情况

2018 年，科普场馆基建支出额较多的部门包括科协、科技管理、教育、文化和旅游与自然资源 5 个部门。5 个部门的场馆基建支出均超过 1 亿元，且其场馆基建支出总和占全国科普场馆基建支出总额的比例超过了七成（71.46%）。从科普场馆基建支出所占比例来看，气象、发展改革、住房和城乡建设、工业和信息化、水利、教育及文化和旅游 7 个部门均高于 30%（图 3-24）。

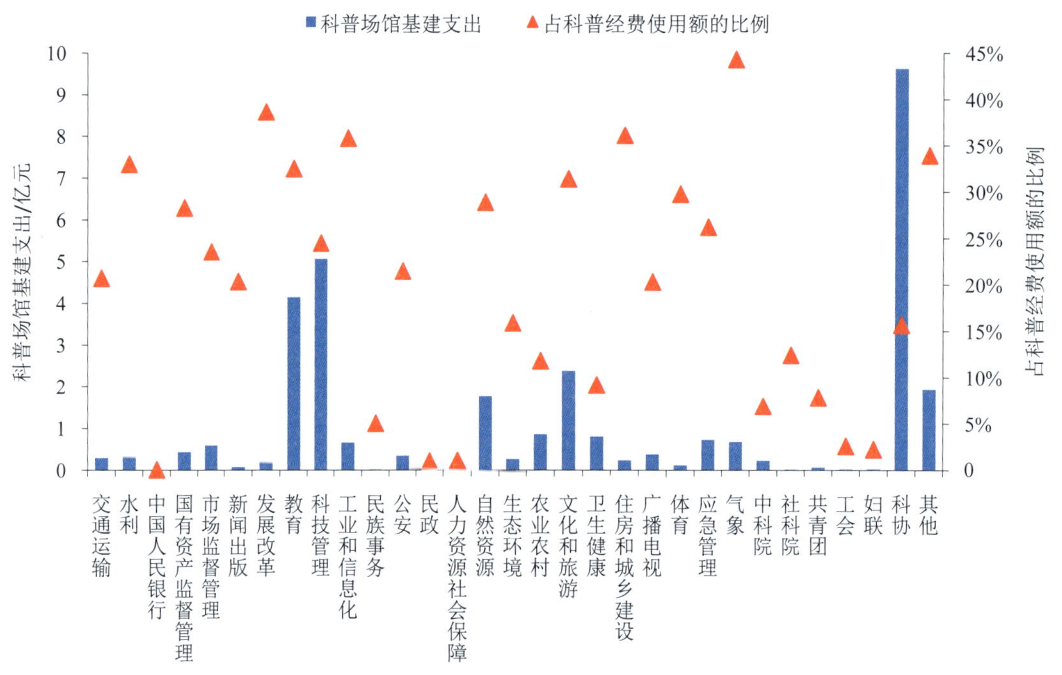

图 3-24　2018 年部门科普场馆基建支出额及占科普经费使用额的比例

4 科普传媒

自国务院颁布实施《全民科学素质行动计划纲要实施方案(2016—2020年)》以来，各地各部门深入开展科技教育、传播与普及工作，科普资源不断丰富，科普传播形式不断创新，图书、报刊、音像电子、电视等传统媒体与新兴媒体在科普内容、渠道、平台、经营和管理上深度融合，实现包括纸质出版、网络传播、社区传播在内的多渠道全媒体传播。2018 年，科学传播与普及工作聚焦基层一线、深入基层重点地区和重点人群，通过网络、户外 LED 科普大屏、电视等载体，整合科普视频、挂图、期刊、图书等资源进行广泛传播，构建了立体化、全方位的科普传播工作格局。

2018 年，全国共出版科普图书 11120 种，发行量达到 8606.6 万册，平均每万人拥有科普图书 617 册；出版各类科普期刊 1339 种，发行约 6787.7 万册，平均每万人拥有科普期刊 486 册；发行科技类报纸 1.45 亿份，平均每万人拥有科普报纸 1042 份。2018 年，全国发行科普（技）音像制品达到 3669 种，全国播放科普（技）电视节目 77979 小时，电台播出科普（技）节目 53749 小时，科普网站共有 2688 个。

4.1 科普图书、期刊和科技类报纸

4.1.1 科普图书

在科普统计中，科普图书[1]的“种数”以年度为界线，即一种图书在同一年度内无论印刷多少次，只在第一次印制时计算种数。近年来，伴随互联网进一步发展及智能手机、平板电脑等介质的普及，数字阅读成为公众重要的阅读形

1　科普图书是普及科学技术的通俗读物，是科普传媒的重要组成部分。科普图书是以非专业人员为阅读对象，以普及科学知识、倡导科学方法、传播科学思想、弘扬科学精神为目的，并在新闻出版机构登记、有正式书号的科技类图书。

式，由此对科普图书出版造成一定冲击。

2018 年，全国共出版科普图书 11120 种，比 2017 年减少 2939 种；共出版科普图书 8606.6 万册，比 2017 年减少 2581 万册，占 2018 年全国出版图书总印册数的 0.86%[1]。科普图书出版中，单品种图书平均出版量为 7740 册，比 2017 年减少 2.74%。

东部地区各类科普传媒的出版情况好于中部和西部地区。从图 4-1 和图 4-2 可以看出，2013—2018 年东部地区的科普图书出版种类及册数，整体超过中部地区和西部地区。

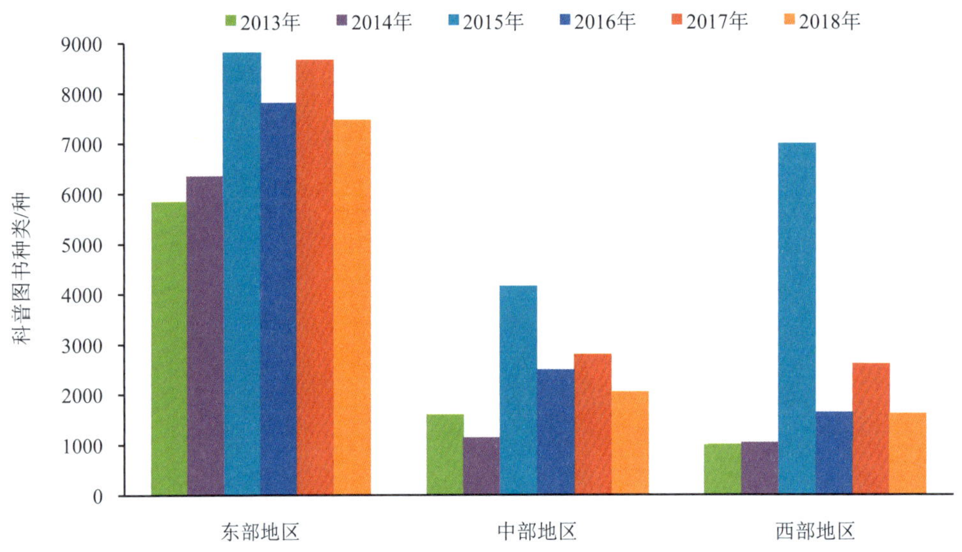

图 4-1　2013—2018 年东部、中部和西部地区科普图书出版种数

2013—2015 年，东部、中部和西部地区科普图书出版种数呈整体上升趋势，但从 2016 年开始，东中西部均出现不同程度的下降，2017 年东中西部均有所回升，2018 年东中西部地区又出现下降（图 4-1）。其中，东部地区科普图书出版种数波动幅度最小，西部地区科普图书出版种数波动幅度最大。2018 年，东部地区出版科普图书 7464 种，比 2017 年减少 1191 种，降低 13.76%；中部地区出版科普图书 2047 种，比 2017 年减少 750 种，降低 26.81%；西部地区出版科普图书 1609 种，比 2017 年减少 998 种，降低 38.28%。

1　根据国家新闻出版署 2019 年 8 月 27 日发布的《2018 年全国新闻出版业基本情况》，截至 2018 年年底，全国共有出版社 585 家（包括副牌社 24 家），其中，中央级出版社 219 家（包括副牌社 13 家），地方出版社 366 家（包括副牌社 11 家）；全国图书总印数 100.09 亿册。

2018 年，科普图书出版数量东中西部地区均有所下降（图 4-2）。其中，东部地区出版科普图书 6651.24 万册，比 2017 年减少 8.5%；中部地区出版科普图书 1292.12 万册，比 2017 年减少 53.09%；西部地区出版科普图书 663.23 万册，比 2017 年减少 42.94%。

整体而言，东部地区依然保持相对优势，图书出版种数和出版总册数仍然占全部科普图书的主要份额。与往年相比，2018 年中部地区科普图书出版册数下降程度最大。

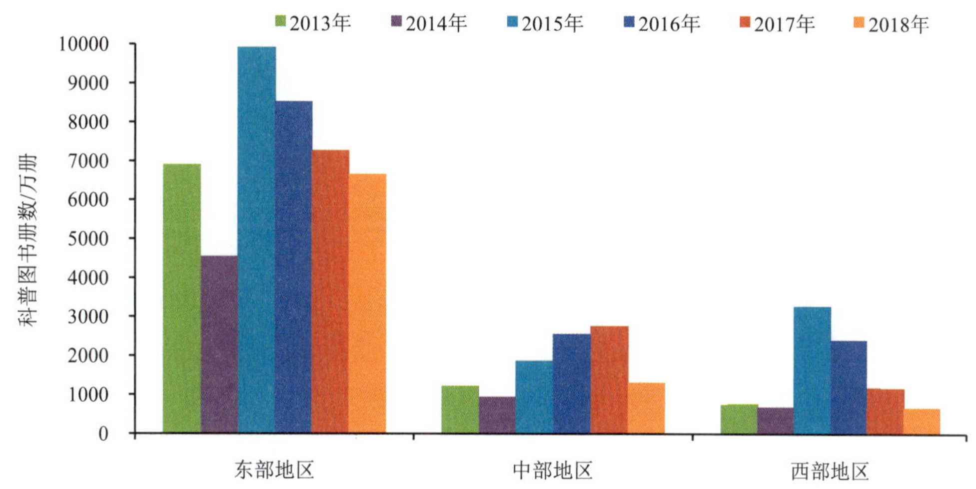

图 4-2　2013—2018 年东部、中部和西部地区科普图书出版册数

单品种科普图书出版册数反映科普图书受欢迎程度。随着 2018 年科普图书出版册数的持续减少，东部地区科普图书单品种出版册数略有上升，中西部地区科普图书单品种出版册数均出现下降（图 4-3）。

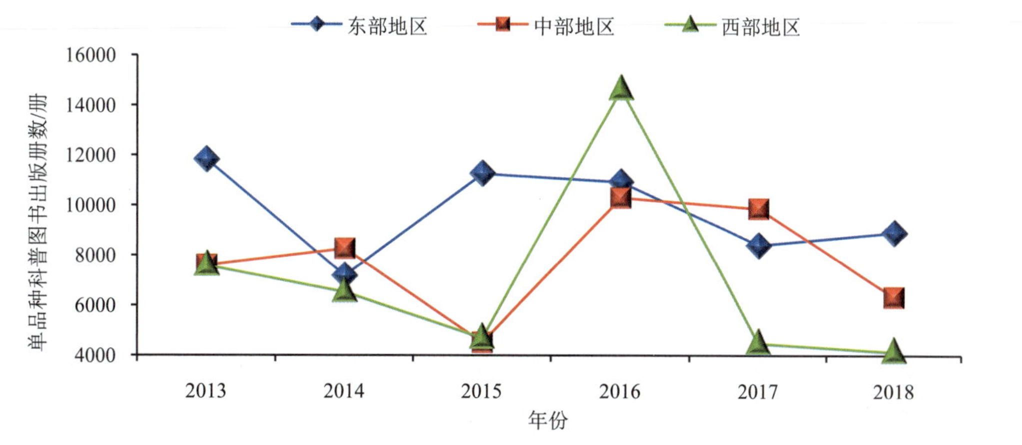

图 4-3　2013—2018 年东部、中部和西部地区单品种科普图书出版册数

北京市出版科普图书种数依然排在全国首位（图 4-4），数量比 2017 年增加 160 种；出版种数排名前 5 位的省分别是北京（4400 种）、上海（1131 种）、江西（544 种）、吉林（460 种）和辽宁（418 种）。科普图书出版总册数排名前 5 位的省分别是北京（5137 万册）、江西（881 万册）、上海（555 万册）、江苏（379 万册）和重庆（171 万册）。

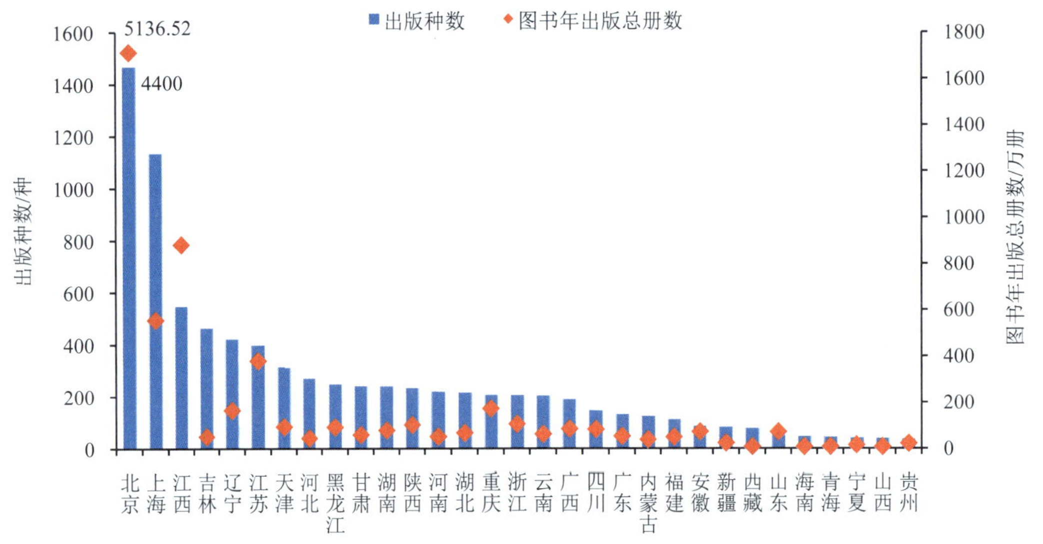

图 4-4　2018 年各省科普图书出版种数和总册数

注：北京科普图书出版种数与总册数为图示高度数值的 3 倍。

获得 2018 年度国家科技进步奖的科普作品

为推动科普事业的发展和科技创新的繁荣，2004 年科技部将科普项目纳入国家科技进步奖的奖励范围，2005 年国家科技进步奖首次开展了科普著作类项目的受理和评审工作。2018 年度共有 3 部科普作品获得国家科技进步奖二等奖。

1. 上海市东方医院院长刘中民等人完成的《图说灾难逃生自救丛书》，是中国国内第一部用漫画形式表现灾难避险逃生自救的科普丛书，全书包括地震、海啸、火灾、交通事故、煤气中毒、极端高温等 15 本分册，采用看图说话、以图为主、图文并茂的形式，通过对以往灾难救援经验的总结，宣介逃生、救助常识与技巧。注重在介绍正确的逃生原则与常识的同时纠正公众的一些错误的逃生观念与方法，正反结合，十分有效地从大众传媒的层面将灾难科普引入公众的视野。

2. 大连医科大学隋鸿锦教授等人完成的《生命奥秘丛书》，基于生物保存科技创新成果（生物塑化技术），将原本令大众“敬而畏之”的生物标本以更加亲近的样貌呈现出来，并按照海洋、陆地脊椎动物、高级哺乳动物——人类这一生物演化不同阶段，将各类生物标本的精美图片依次展现给读者。丛书通过系统地讲述脊椎动物进化的比较解剖学证据——动物和人的同源、同功和痕迹器官，让读者从生物器官标本这一独特而又令人震撼的视角出发，了解生物演化的历程，感知动物进化的神奇，感叹生物的多样性、变异性与统一性，感悟生命的奥秘；让原本只能在标本室内供教学科研使用的标本走上了展台，走向大众，以一种可为大众接受的形态来讲故事、说道理、谈感悟，并且为生物学知识和生物进化理论提供了一套全新的、直观的诠释方式，实现了该领域科普空间和科普方式的极大创新和突破。

3. 由上海科技馆馆长王小明等人完成的“中国珍稀物种”系列科普片，包括《中国大鲵》《扬子鳄》《震旦鸦雀》《岩羊》《文昌鱼》《川金丝猴》。6 个物种涵盖头索类、两栖类、爬行类、鸟类和哺乳类，展现了从水生到陆生、从简单到复杂的生物演化路径。系列科普片开创了以科学家为主导，科普、影视专业人员合作创作的模式。系列科普片还融入中国传统文化元素，讲述物种背后所蕴含的文化典故。

4.1.2 科普期刊

科普期刊是指在新闻出版机构登记、有正式刊号或有内部准印证并面向社会发行的具有科普性质的刊物。2018 年，全国科普期刊出版种数和出版总册数分别为1339种和6787.74万册，分别占全国出版期刊种数和出版总册数的13.21%和 2.96%[1]。

如表 4-1 所示，2015—2018 年，东部地区科普期刊出版种数明显多于中部和西部地区，东部地区的科普期刊出版总册数多于中部和西部地区出版总册数之和，而经济相对较发达的中部地区在科普期刊出版种数和总册数方面表现较弱。

东部地区出版科普期刊 673 种，比 2017 年增加了 22 种，增长 3.38%；东部地区科普期刊出版总册数 4979.39 万册，比 2017 年减少 5108.77 万册。中部地区出版科普期刊 319 种，比 2017 年增加 115 种，增长 56.37%；中部地区科普期

1　根据国家新闻出版署 2019 年 8 月 27 日发布的《2018 年全国新闻出版业基本情况》，截至 2018 年年底，全国共出版期刊 10139 种，总印数 22.92 亿册。

刊出版总册数 703.65 万册，比 2017 年减少 11.00%。西部地区出版科普期刊 347 种，比 2017 年减少 50 种，减少 12.59%；西部地区科普期刊出版总册数 1104.70 万册，比 2017 年减少 33.65%。

表 4-1　2015—2018 年东部、中部和西部地区科普期刊出版情况

地区	出版种数/种			
	2015 年	2016 年	2017 年	2018 年
东部地区	653	634	651	673
中部地区	183	271	204	319
西部地区	413	360	397	347
全国	1249	1265	1252	1339
地区	出版总册数/万册			
	2015 年	2016 年	2017 年	2018 年
东部地区	13547.58	13494.82	10088.16	4979.39
中部地区	1147.35	1534.15	790.61	703.65
西部地区	3155.25	940.70	1665.03	1104.70
全国	17850.17	15969.66	12543.79	6787.74

科普期刊出版种数排名前 5 位的省分别是北京（211 种）、上海（121 种）、江苏（98 种）、重庆（85 种）和吉林（63 种）。科普期刊出版总册数排首位的是上海（1578.18 万册），随后是北京（1036.15 万册）和辽宁（734.56 万册）（图 4-5）。

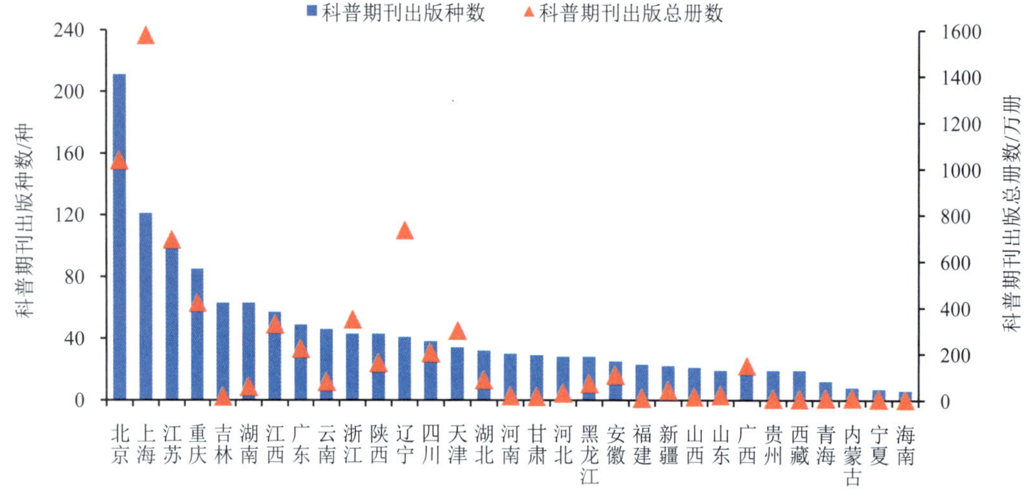

图 4-5　2018 年各省科普期刊出版种数和总册数

4.1.3 科技类报纸

2018 年，全国共出版报纸 1871 种，平均期印数 17584.84 万份，总印数 337.26 亿份。其中，科技类报纸发行 1.46 亿份，占所有报纸总发行份数的 0.43%。东部、中部和西部地区的发行量分别占科技类报纸发行总量的 54.55%、24.85%和 20.59%。

4.2 电台、电视台科普（技）节目

科普（技）节目是指电台、电视台播出的面向社会大众的以普及科学知识、倡导科学方法、传播科学思想、弘扬科学精神为主要目的的节目。科普（技）电视节目和科普（技）广播节目具有传播范围广、传播信息及时和生动等特点，是开展科普宣传重要且不可替代的传播渠道。

2018 年，科普（技）节目异彩纷呈，不仅主题突出，而且内容丰富。中央电视台的科学实验节目《加油！向未来》成为热播电视节目，该节目的核心是“把科学实验搬上综艺化的舞台，向全民普及科学知识”，摘得“星光奖”电视文艺栏目大奖、中国电视媒体综合实力调研年度上星频道最具创新影响力节目等奖项。上海新闻广播的趣味科普知识解读节目《十万个为什么》进入上海新闻广播收听率 TOP 10，同期上海首个人工智能 AI 电台科普节目正式上线，新增辟谣板块，成为传统媒体拥抱科技创新的代表。全国首个以无线电为主题的系列科普节目《揭秘无线电》是 2018 年河北省创新能力提升计划项目（科普专项），生动地展现无线电的众多应用场景，从科技、经济、军事等多维度阐述了频谱资源的重大价值。

4.2.1 电台科普（技）节目

2018 年，全国广播电台共播出科普（技）节目 53749 小时，比 2017 年减少 27.11%，并且过去 3 年全国的科普（技）节目播出总时长在持续减少。电台科普（技）节目播出时长最多的是东部地区，其次是中部地区，最后是西部地区（表 4-2）。与 2017 年相比，东部、中部和西部地区电台科普（技）节目播出时长分别减少 33.59%、5.72%和 35.72%。

表 4-2　2015—2018 年东部、中部和西部地区电台播出科普（技）节目时长

地区	电台播出科普（技）节目时长/小时			
	2015 年	2016 年	2017 年	2018 年
东部地区	83191	88717	36819	24451
中部地区	31050	21195	18554	17493
西部地区	30812	16887	18364	11805
全国	145053	126799	73737	53749

其中，广东的电台科普（技）节目播出时间最长（5709 小时），居全国首位，随后为安徽（4605 小时）和辽宁（4390 小时）。电台播出科普（技）节目时长低于 500 小时的省有贵州、吉林、西藏、青海、海南、广西、重庆和宁夏（图 4-6）。

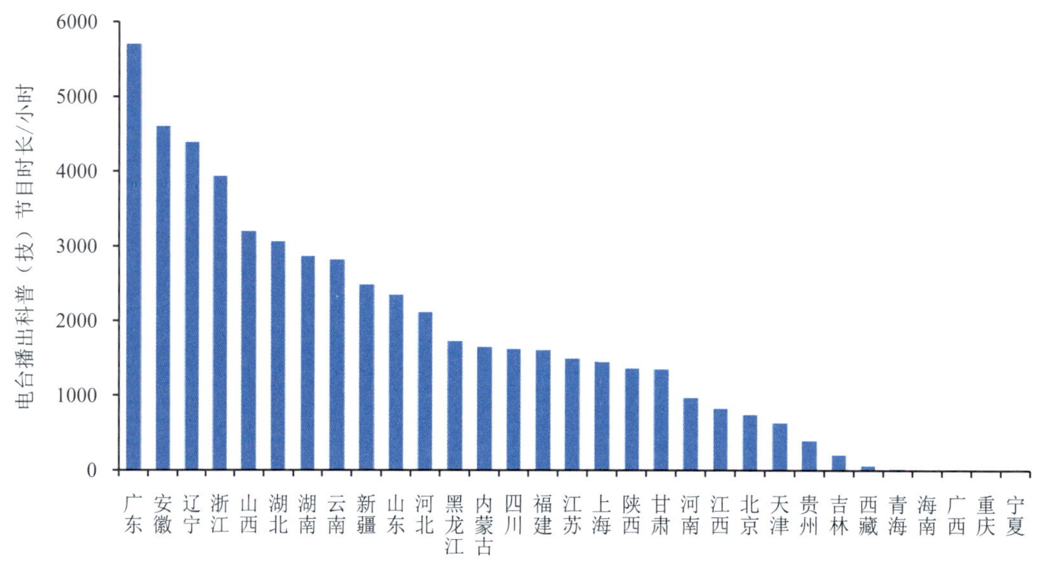

图 4-6　2018 年各省电台播出科普（技）节目时长

4.2.2　电视台科普（技）节目

电视是公众获取科技信息的重要渠道。在广播电视部门的组织下，各地有条件的电视台开辟了专门的科普（技）栏目。2018 年，全国电视台共播出科普（技）节目时间 77979 小时，比 2017 年减少 13.11%。其中，东部地区电视台播放 37280 小时，比 2017 年减少 15.85%；中部地区电视台播放 19660 小时，比 2017 年减少 8.13%；西部地区电视台播放 21039 小时，比 2017 年减少 12.49%。过去 3 年全国电视台的科普(技)节目播出总时长呈现持续减少的态势(表 4-3)。

表 4-3　2015—2018 年东部、中部和西部地区电视台播出科普（技）节目时长

地区	电视台播出科普（技）节目时长/小时			
	2015 年	2016 年	2017 年	2018 年
东部地区	104053	91390	44301	37280
中部地区	36382	21401	21399	19660
西部地区	56845	22601	24041	21039
全国	197280	135392	89741	77979

上海的电视台科普（技）节目播出时长（10928 小时）居全国首位，其次是云南（7041 小时）、广东（5225 小时）、山西（4345 小时）和湖南（4197 小时）（图 4-7）。

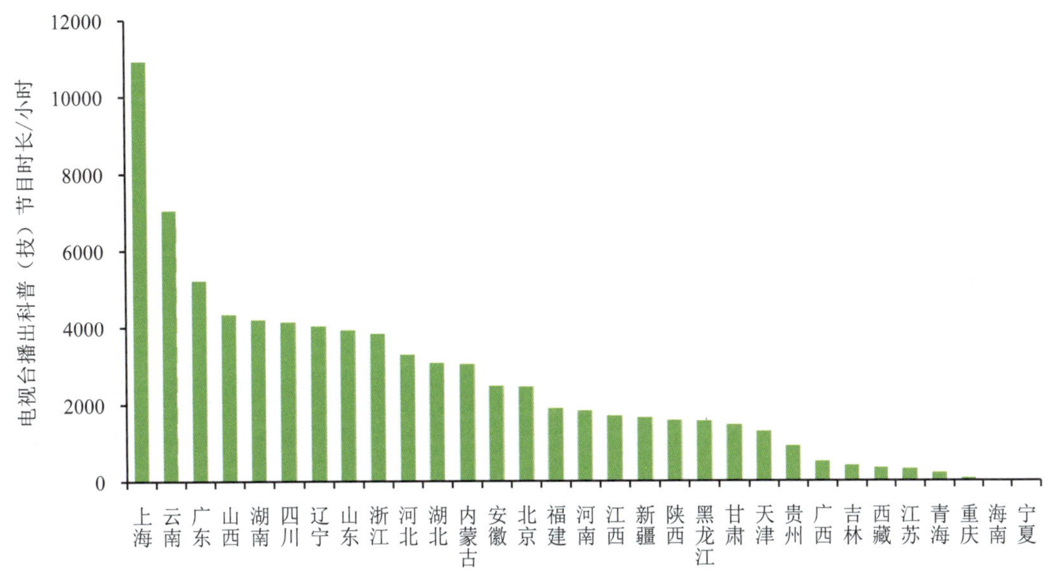

图 4-7　2018 年各省电视台播出科普（技）节目时长

4.3　科普（技）音像制品及网站

4.3.1　科普（技）音像制品

音像制品是数字视听内容和实物载体的良好组合体，移动互联网时代给传统的科普（技）音像制品带来了全新的挑战，音像制品虽然具有资源获取便捷，可反复观看，剪辑、携带方便，不受时间、地域影响等优点，但也存在着诸如高度依赖硬件配套设施、信息更换周期长等一些明显的不足。

科普统计中的科普（技）音像制品是指以普及科学技术知识、倡导科学方

法、传播科学思想、弘扬科学精神为目的而正式出版的音像制品，包括光盘、录音带、录像带等形式。

2018年，全国共出版各类科普（技）音像制品3669种，比2017年减少13.77%。其中，光盘发行总量为446.06万张，比2017年减少21.70%；录音带、录像带发行总量为17.54万份，比2017年减少55.24%。

中部地区科普（技）音像制品出版种数比2017年增长1.94%，东部和西部地区分别减少26.09%、13.93%（表4-4）。科普（技）音像制品光盘发行数量与2017年相比，东部地区减少8.39%，中部地区减少40.42%，西部地区减少41.80%。

表4-4　2015—2018年东部、中部和西部地区科普（技）音像制品发行情况

地区	科普（技）音像制品出版种数/种				科普（技）音像制品光盘发行张数/万张			
	2015年	2016年	2017年	2018年	2015年	2016年	2017年	2018年
东部地区	1926	1976	1690	1249	316.78	196.81	338.43	310.03
中部地区	1269	1282	1337	1363	136.36	125.06	103.69	61.78
西部地区	1853	2207	1228	1057	535.42	111.60	127.57	74.25
全国	5048	5465	4255	3669	988.56	433.47	569.70	446.06

从科普（技）音像制品出版种数来看，东部地区出版种数最多，西部地区出版种数最少（图4-8）。

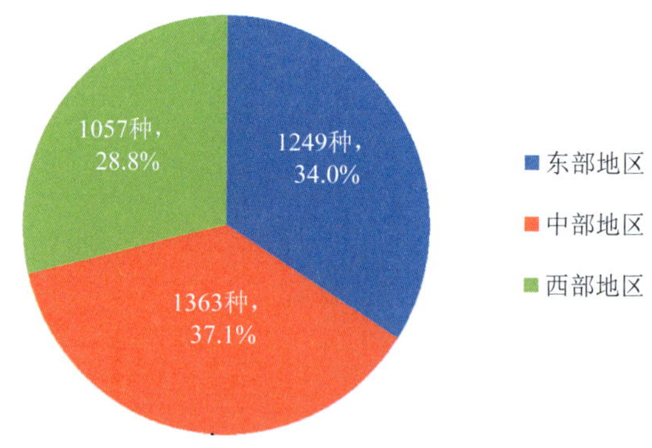

图4-8　2018年东部、中部和西部地区科普（技）音像制品出版种数及占比

河南科普（技）音像制品出版种数居全国首位，达到280种，占全国总量的7.63%（图4-9）；其他出版种数较多的省分别是湖北（267种）、江苏（264种）、江西（246种）和辽宁（241种）。

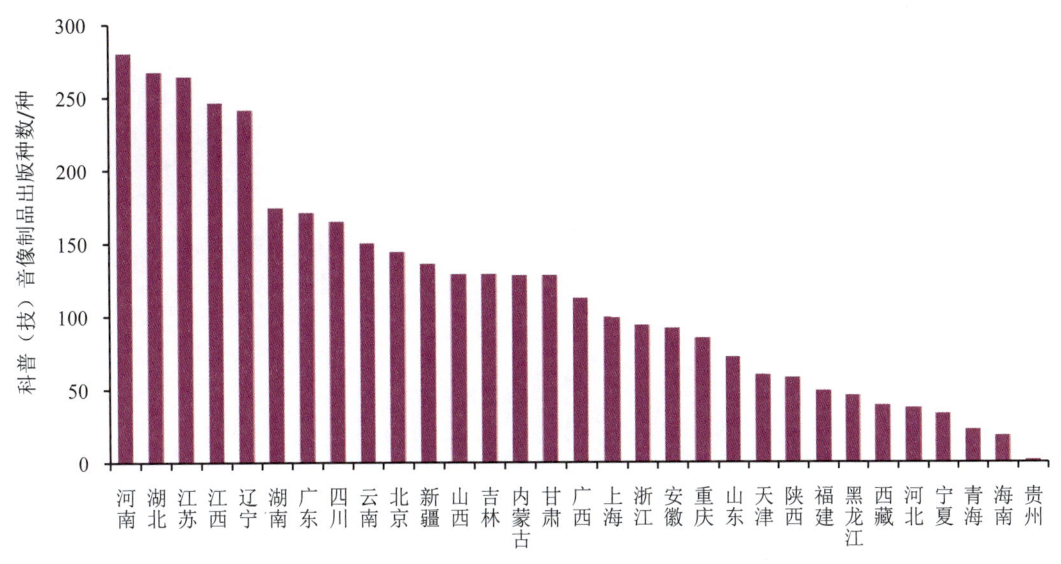

图 4-9　2018 年各省科普（技）音像制品出版种数

4.3.2　科普网站

科普网站是指提供科学、权威、准确的科普信息和相关资讯为主要内容的专业科普网站，政府机关的电子政务网站不在统计范围之内。

随着国民经济的快速发展，互联网逐渐成为公众获取信息的主要渠道。中国互联网络信息中心（CNNIC）发布的《第 43 次中国互联网络发展状况统计报告》显示，截至 2018 年 12 月，中国网民规模达 8.29 亿，互联网普及率为 59.6%，手机网民规模达 8.17 亿，全年新增手机网民 6433 万。截至 2018 年 12 月，网民使用手机上网的比例达 98.6%，使用台式电脑、笔记本电脑上网的比例分别为 48.0%和 35.9%，使用电视上网的比例为 31.1%。我国互联网在整体环境、互联网应用普及和热点行业发展方面取得长足进步，科普工作也正在充分利用网络传播的优势和特点，通过互联网大量进行科普信息发布和交流，不断扩大科普传播的广度和深度。

2018 年，我国共有科普网站 2688 个，比 2017 年增加 118 个。从图 4-10 可以看出，拥有科普网站数量超过 100 个的省依次是北京（286 个）、上海（213 个）、广东（172 个）、四川（136 个）、江苏（130 个）、河南（117 个）、湖北（113 个）、浙江（110 个）、重庆（109 个）。

从科普网站数量的东部、中部和西部对比可以发现，东部地区拥有接近全国一半的科普网站，西部地区科普网站拥有量超过了中部地区（图 4-11）。

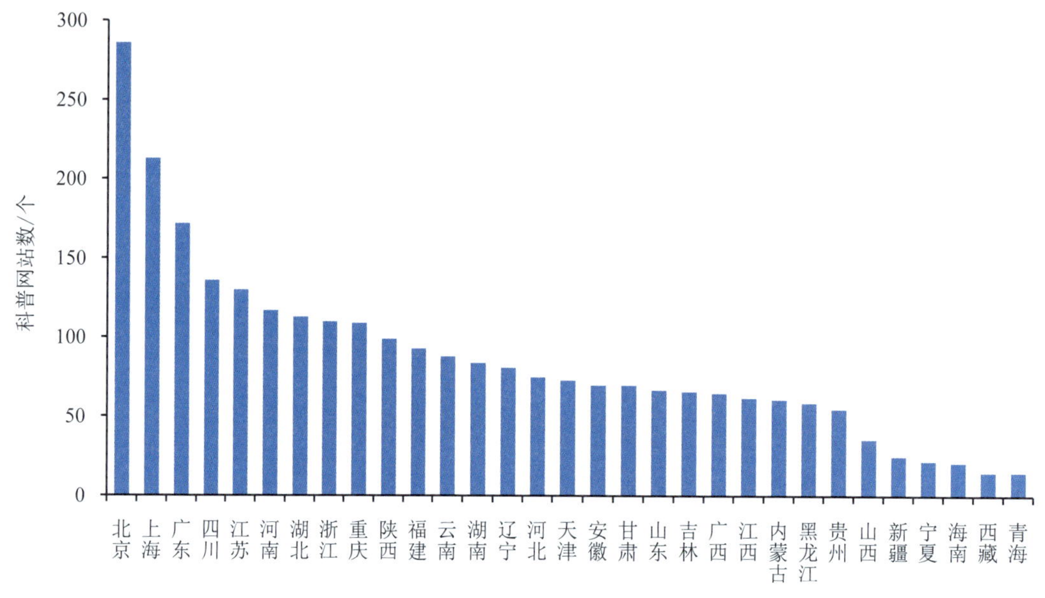

图 4-10　2018 年各省科普网站数

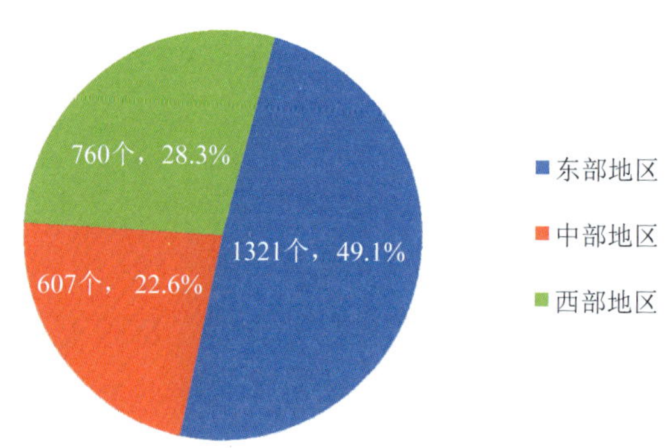

图 4-11　2018 年东部、中部和西部地区科普网站数量及其所占比例

4.4　科普读物和资料

科普读物和资料是指在科普活动中发放的科普性图书、手册、音像制品等正式和非正式出版物、资料。2018 年，全国在各类科普活动中共发放科普读物和资料 6.98 亿份，而本年度正式出版的科普图书、期刊、科普（技）音像制品共计 1.59 亿份，因此发放的科普读物和资料中，绝大部分为非正式出版物和资料，符合开展科普活动时针对性强、时效性强、方便快捷的特性。

与 2017 年相比，东部和中部地区发放科普读物和资料数量保持稳定，西部地区数量出现减少（图 4-12）。

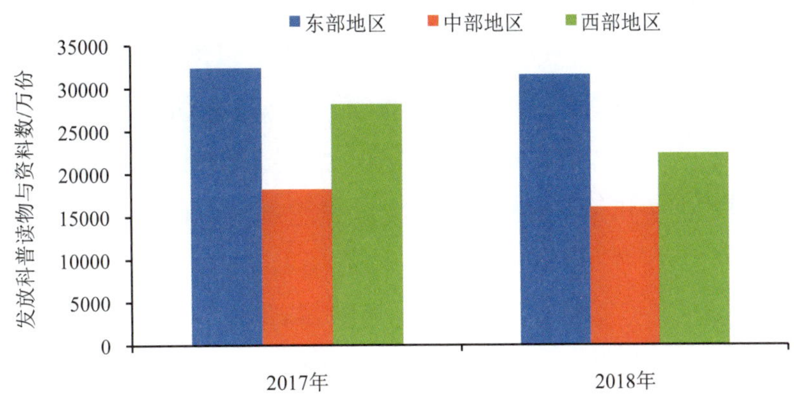

图 4-12　2017 年和 2018 年东部、中部和西部地区发放科普读物与资料数量

全国发放科普读物和资料数排名前 5 位的省分别为江苏（9504.24 万份）、云南（5285.47 万份）、北京（5074.84 万份）、湖北（4412.62 万份）和浙江（3837.75 万份），这 5 个省发放的科普读物和资料数占全国总量的 40.29%（图 4-13）。

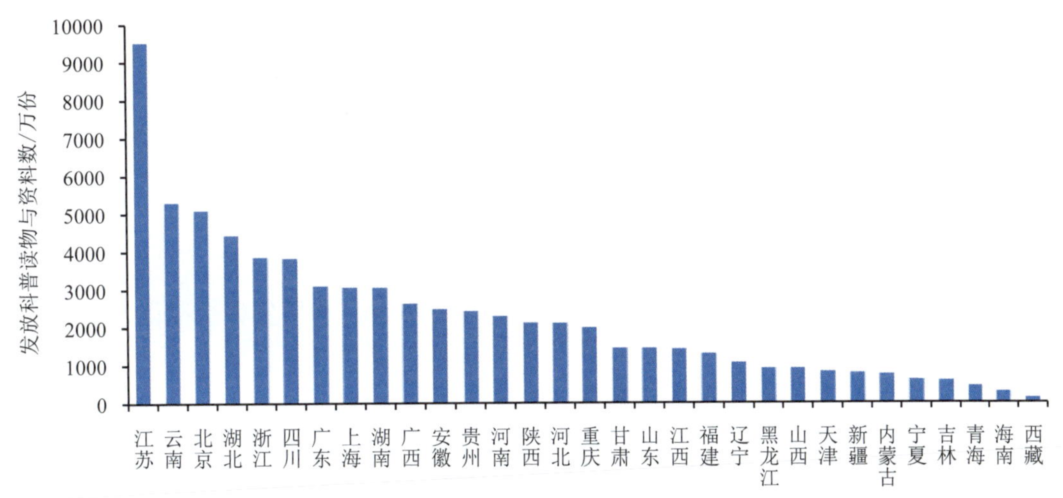

图 4-13　2018 年各省发放的科普读物和资料数

4.5　科普类微博、微信公众号

微信和微博具备便捷、信息及时、传播速度快等优点被普遍应用，成为使用人数最多的两种网络媒体形式。借助这些新媒体传播手段，当前科普工作的内容、渠道和效果也正在发生明显变化。

科普类微博、微信公众号以普及科学知识、倡导科学方法、传播科学思想、弘扬科学精神为主要目的。2018 年是全国科普统计调查工作将科普类微博、微信公众号纳入统计范围的第二年，本年度共有科普类微博 2809 个，比 2017 年增长 36.02%；科普类微信公众号 7067 个，比 2017 年增长 28.77%。

2018 年，科普类微博发布各类文章 90.42 万篇，比 2017 年增长 36.06%；阅读量达到 82.80 亿次，比 2017 年增长 87.80%。科普类微信公众号发布各类文章 100.87 万篇，比 2017 年增加 15.29%；阅读量达到 10.20 亿次，比 2017 年增长 46.99%。

东部地区的科普类微博、微信公众号数量超过中部和西部地区之和（图 4-14）。北京以 984 个的科普类微博数量排在全国第 1 位，其他数量较多的省包括天津（282 个）、广西（180 个）、上海（147 个）和湖北（130 个）（图 4-15）。

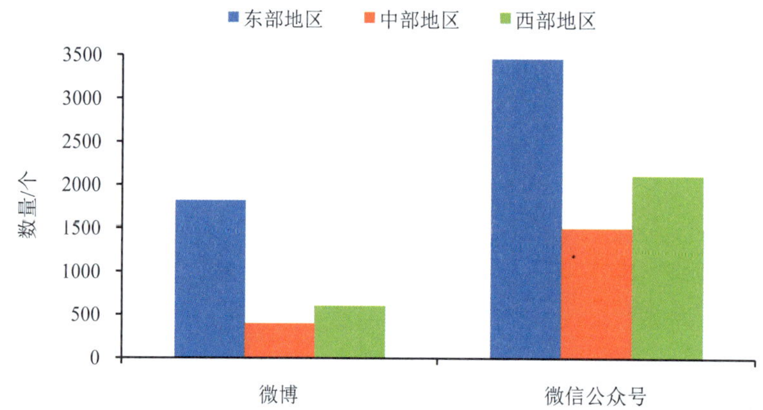

图 4-14　2018 年东部、中部和西部地区的微博、微信公众号数量

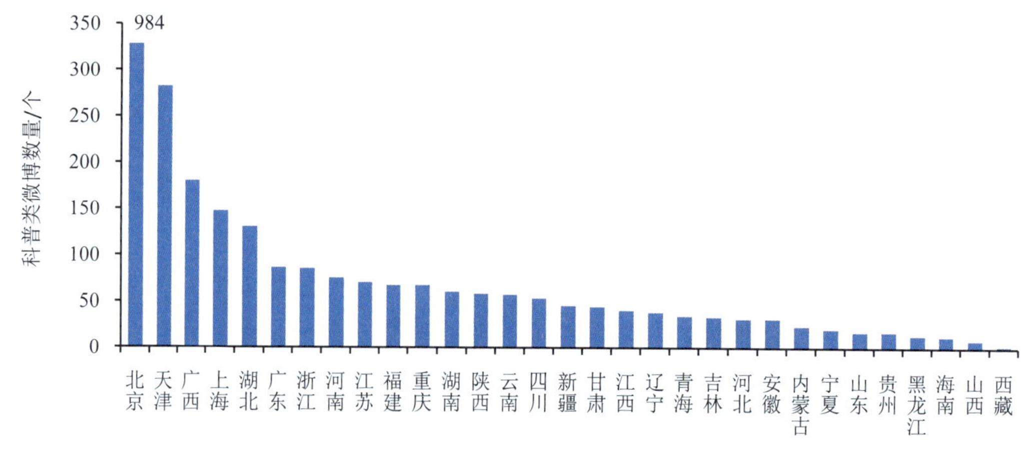

图 4-15　2018 年各省科普类微博数量

注：北京科普类微博数量为图示高度数值的 3 倍。

北京的科普类微信公众号数量排在全国第一（813 个），其他数量较多的省包括广西（697 个）、上海（632 个）、湖北（397 个）、云南（385 个）（图 4-16）。

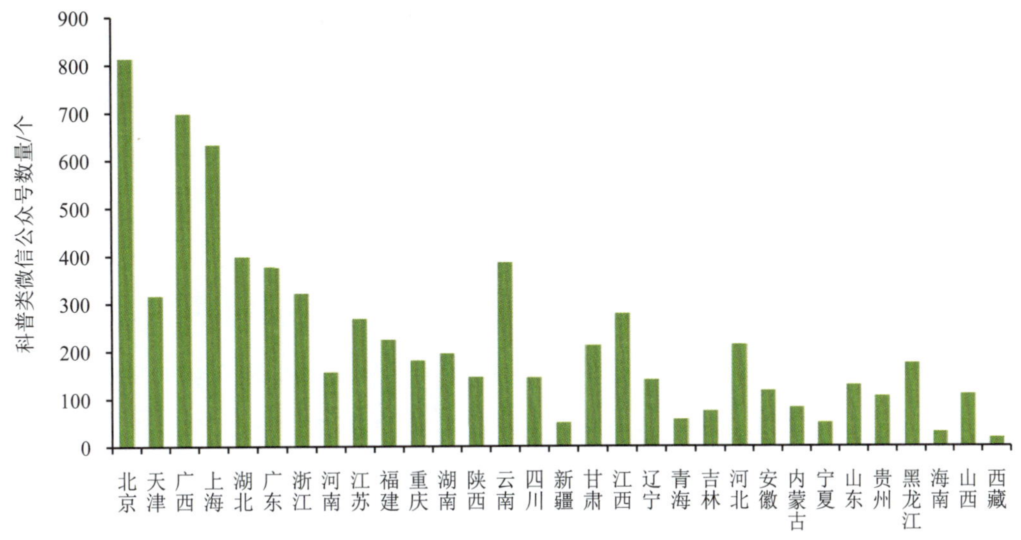

图 4-16　2018 年各省科普类微信公众号数量

5 科普活动

科普活动是指普及科学知识、倡导科学方法、传播科学思想、弘扬科学精神的活动。2018 年度科普活动统计的指标体系保持不变，设立了 9 类一级指标，分别是：科技活动周，科普（技）讲座，科普（技）展览，科普（技）竞赛，青少年科普活动，科研机构、大学向社会开放情况，科普国际交流，实用技术培训和重大科普活动次数等，设有 19 个二级指标。

科技活动周已经成为我国群众参与最广泛、影响面最大的科普活动。2018 年，科技活动周共举办科普专题活动 11.68 万次，比 2017 年增加 0.71%，但参与人数减少到 1.61 亿人次，比 2017 年减少 2.02%。

全国举办科普（技）讲座次数为 91.01 万次，比 2017 年增长 3.41%，听众人数为 2.06 亿人次，比 2017 年增长 40.62%；举办科普（技）展览 11.64 万次，比 2017 年减少 2.95%，吸引了 2.56 亿人次观众参观，与 2017 年相差无几；各类机构共举办科普（技）竞赛 4.00 万次，比 2017 年减少 18.13%，参赛人数为 1.83 亿人次，比 2017 年增长 80.82%。

全国的科研机构、大学进一步加大开放力度，开放单位数量增加到 10563 个，比 2017 年增长 24.84%，参与人次增长 13.43%，达到 996.69 万人次。

科普国际交流 2579 次，比 2017 年减少 4.94%；参与人数为 93.66 万人次，比 2017 年增长 33.39%。

各地举办科技夏（冬）令营活动 1.46 万次，比 2017 年减少 6.82%，参与人数减少 23.53%，为 231.79 万人次；青少年科技兴趣小组数量为 19.19 万个，比 2017 年减少 10.02%，参与人数比 2017 年减少 9.13%，为 1710.60 万人次。

全国共举办实用技术培训 53.51 万次，吸引了 5664.03 万人次参加，比 2017

年分别减少 10.57%和 21.05%。

全国开展 1000 人次以上参加的重大科普活动 2.57 万次，比 2017 年减少 7.70%。

5.1 科技活动周

科技活动周是我国政府于 2001 年批准设立的大规模群众性科学技术活动。根据国务院批复，每年 5 月第 3 周为“科技活动周”，由科技部会同党中央、国务院有关部门和单位组成科技活动周组委会，同期在全国范围内组织实施。科技活动周大力“普及科学知识，弘扬科学精神，提高全民科学素养”，已经成为全国公众参与度最高、范围覆盖面最广、社会影响力最大的品牌科普活动，成为推动全国科普工作的标志性活动和重要载体。

自 2001 年科技活动周首次举办以来，到 2018 年已经连续成功举办了 18 届。每届都紧扣国民经济、社会和科技发展的热点展开。2018 年科技活动周以充分宣传改革开放 40 年，特别是党的十八大以来我国科技创新发展取得的重大成果和突出成就，弘扬科学精神，普及科学知识，加快提升公民科学文化素质，为新时代全面深入实施创新驱动发展战略、加快建设世界科技强国营造良好的创新文化氛围为宗旨。主题设定为“科技创新　强国富民”。主要目标是全面贯彻落实党的十九大精神，以习近平新时代中国特色社会主义思想为指导，坚持和加强党对科技工作的全面领导，动员号召全国科技工作者、社会各界人士，积极投身实施创新驱动发展战略、加快建设世界科技强国的伟大实践，依靠科技创新支撑经济高质量发展和现代化经济体系建设，让科技发展成果更多更广泛地惠及全体人民，不断满足人民日益增长的美好生活需要，助力全面建成小康社会和社会主义现代化强国建设，助力实现中华民族伟大复兴的中国梦。活动内容突出科技创新支撑强国富民这条主线，充分展示军民科技融合、科技创新重大成就，充分展示科技成果转化催生的新产品和新产业。活动主要包括：①军民科技融合成就展示。通过展示航天、航空、深海科技创新成果，信息技术的广泛应用，军转民、民转军对科技经济和社会民生发展的促进作用，了解我国国防科技实力，强化国防意识，增强公众的民族自信心和自豪感。②科技创新成果展示。展示科技创新重大成就，呈现人工智能、信息通信、新材料、生物等方面的新技术、新装备、新产品，展示国家重大科技专项成果、重大科研装置，凸显科技创新在支撑经济高质量发展方面的重要作用，促进公众理解科技创新对国家经济社会发展的重大意义。③科技支撑美好生活体验。针对公众对科技多样化需求，展示科技自身高质量发展成就，举办互动、体验、参与性的科技活动。面向青少年、劳动者、领导干部和公务员、部队官兵开展针对性强、趣味性高的公益活动。针对科技热点问题，组织专家进行通俗化讲解、实验演示、互动体验。推出适合少数民族、边远贫困地区和革命老区特点的科普活动。④公共科技资源开放。推进国家重大科学工程、大科学装置、国家（重点）实验室、国家工程（技术）中心、重大科研试验场所等高端科技资源向社会开放，激发公众特别是青少年的科学兴趣。推进各类科研机构、大学、高新技术企业和科技园区向社会开放，各类科普场馆、科普基地向社会开放。⑤科普宣传活动。加强科普宣传，充分发挥电视、网络等媒体在科学传播中的重要作用，宣传创新创业人才，倡导科学文化，提升公众科学文化素养，鼓励求真务实、勇于探索的科学行为。

2018 年全国科技活动周主场启动式于 5 月 19 日在北京中国人民革命军事博物馆举行，中共中央政治局委员、中央宣传部部长黄坤明，中共中央政治局委员、北京市委书记蔡奇出席启动式。全国科普工作联席会议成员单位、中央国务院有关部门、中央军委科技委、北京市委市政府负责同志，首都科技人员，科普工作者，青少年，社会各界群众，香港、澳门特别行政区代表 400 余人出席启动式，参观了“强国富民科普博览”，参与了现场科普活动。其中，受邀参加主会场活动的香港及澳门青少年代表团和内地青少年同场竞技，深入交流创新作品心得。奇思妙想成为连接内地与港澳青少年交流的纽带。

除了主会场活动，全国各地方各单位围绕科技活动周主题举行了各具地方和行业特色的科技活动。例如，北京市举办了北京科学达人秀、全国数字媒体科技冬奥主题竞赛展开幕式、北京青少年科技创新大赛等精彩丰富的科普活动。安徽省集中开展了“网络科技活动周”、安徽省优秀科普作品评选、科普大篷车展示活动、科技人员服务企业行动、安徽省青少年科技创新大赛、科普惠民乡村行、智爱妈妈行动、全国科普微视频大赛、科研机构和大学向社会开放等一系列示范性科普活动和公益活动。广西壮族自治区同期举办了 2018 年全国科技活动周广西活动暨第 27 届广西科技活动周创新驱动发展成就展、第 8 届广西发明创造成果展览交易会，以“科技创新强国富民，发明创造赶超跨越”为主题，首次整合资源和力量，实现“广西创新驱动成就展”和“广西发明创造成果展览交易会”两展合一，集中展示了广西科技创新产品和发明创造成果。浙江省围绕数字经济“一号工程”、中国制造 2025、军民融合、芯片发展等时代热点，同步展出最前沿的科技成果；在农业科技、五水共治、健康生活、防震减灾、可持续发展等人民群众关心的领域，组织开展科技进企业、进农村、进社区、进校园等活动，全省科研院所实验室、科技馆、科普基地实行免费开放。江苏省举办了送科技创新政策服务、企业创新成果展示展览、科普示范基地开放、主题科普大赛宣传、文化科普系列等专题活动，科普惠民生、科技兴农进村入户、青少年科普宣传等地方活动，近 50 家高校院所国家（重点）实验室、工程技术研究中心开放参观，引导广大公众参与科技创新，积极投身创新名城建设。山东省开展了省科技教育基地授牌、军民科技融合成就展示、科技创新重大成果展示、助力乡村振兴、美好生活科技支撑体验、公共科技资源开放周、青少年科技教育实践等活动。其他省的科技活动周也同步举行，全国上下掀起了一股全民科技热潮。5 月 26 日，2018 年全国科技活动周暨上海科技节闭幕式在上海世博中心举行，全国科技活动周取得圆满成功，参与群众达到 1.61 亿人次。

科技活动周

根据《国务院关于同意设立“科技活动周”的批复》(国函〔2001〕30 号)，自 2001 年起，每年 5 月的第 3 周为“科技活动周”，在全国开展多系列、多层次的群众性科学技术活动。2001—2018 年，科技活动周已成功举办了 18 届，已经成为集中宣传党和国家科技方针政策的重要阵地，集中展示我国最新科技成果的重要平台，以及政府部门与社会各界共同推动科普工作的重要载体。

全国科技活动周主题

2001 年——“科技在我身边”

2002 年——“科技创造未来”

2003 年——“依靠科学，战胜非典”

2004 年——“科技以人为本，全面建设小康”

2005 年——“科技以人为本，全面建设小康”

2006 年——“携手建设创新型国家”

2007 年——“携手建设创新型国家”
2008 年——“携手建设创新型国家”
2009 年——“携手建设创新型国家”
2010 年——“携手建设创新型国家”
2011 年——“携手建设创新型国家”
2012 年——“携手建设创新型国家”
2013 年——“科技创新 · 美好生活”
2014 年——“科学生活　创新圆梦”
2015 年——“创新创业　科技惠民”
2016 年——“创新引领　共享发展”
2017 年——“科技强国　创新圆梦”
2018 年——“科技创新　强国富民”

5.1.1 科普专题活动

2018 年全国科技活动周期间，共举办科普专题活动 11.68 万次，比 2017 年增加 0.71%；参与科技活动周的公众达到 1.61 亿人次，比 2017 年减少 2.02%；全国每万人口参加科技活动周的人数为 1154 人次，比 2017 年减少 2.39%（表 5-1）。

表 5-1　2015—2018 年全国科技活动周主要指标

指标	2015 年	2016 年	2017 年	2018 年	2017—2018 年增长率
科普专题活动举办次数/次	117506	128545	115999	116828	0.71%
参与人数/万人次	15753.36	14740.85	16433.61	16102.43	-2.02%
每万人口参与人数/人次	1146	1066	1182	1154	-2.39%

从地区来看，东部地区仍然是 3 个地区中举办科技活动周科普专题活动次数和参与人数最多的地区。2018 年，东部地区举办科普专题活动的次数占全国总数的 44.22%，居 3 个地区之首；中部地区占比为 21.50%；西部地区占比为 34.28%（图 5-1）。与 2017 年相比，东部地区举办科普专题活动的次数增加 8.37%，中部地区和西部地区分别减少 6.53%和 3.39%。

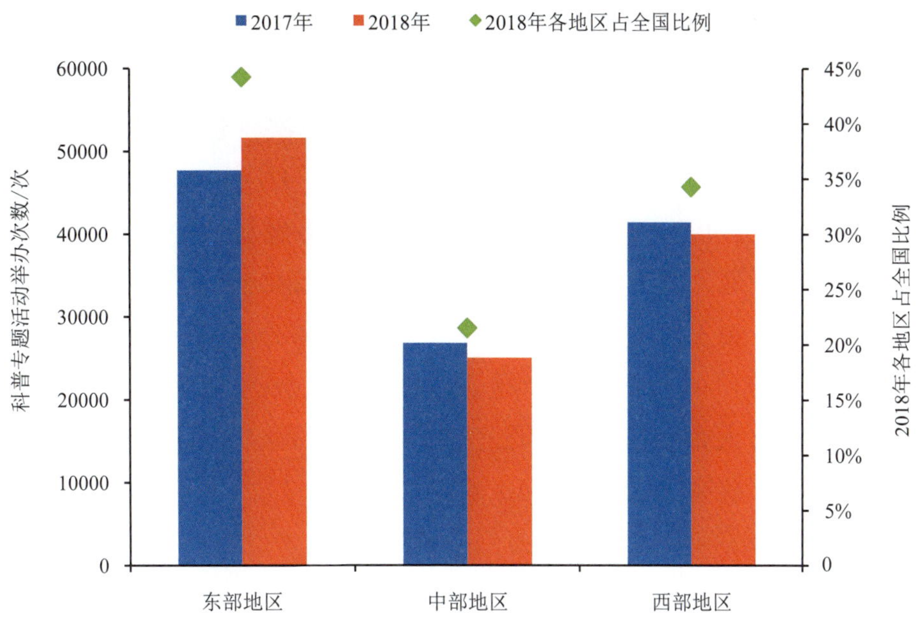

图 5-1　2018 年东部、中部和西部地区科技活动周科普专题活动举办次数及占比

东部、中部和西部地区科技活动周参与人数分别为 11404.32 万人次、1790.28 万人次和 2907.84 万人次，分别占全国科技活动周参与人数的 70.82%、11.12% 和 18.06%。东部地区群众参与科技活动周的积极性最高，2014—2018 年连续 5 年突破了 1 亿人次，占全国参与科技活动周人数的七成；其次是西部地区。与 2017 年相比，东部地区参与人数增加 13.40%，中部和西部地区分别减少 19.75% 和 29.86%（图 5-2）。

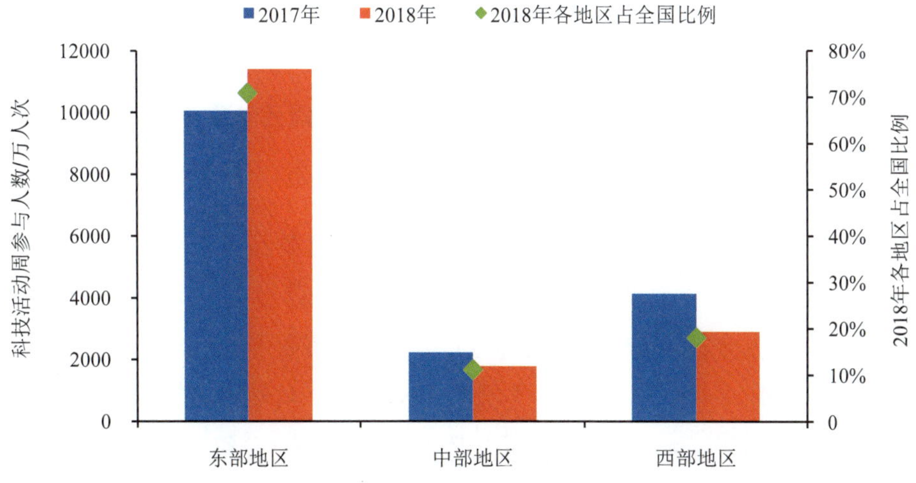

图 5-2　2018 年东部、中部和西部地区科技活动周参与人数及占比

从部门来看，组织开展科普专题活动居前 4 位的为教育、科技管理、科协、卫生健康部门，举办科普专题活动次数超过 1.3 万次以上，合计占全国科普专题活动总数的 63.93%。其中，教育部门举办了 2.59 万次科普专题活动，是举办次数最多的部门；其次为科技管理部门，举办了 1.96 万次科普专题活动；科协部门居第 3 位，举办了 1.61 万次科普专题活动。科普专题活动参与人数居前 3 位的部门分别是科技管理、教育和科协，参与人数均在 1400 万人次以上，合计占全国总参与人数的 80.32%。其中，科技管理部门举办科普专题活动共吸引了 9460.18 万人次参加，占全国科普专题活动总参与人数的 58.75%，将近六成，为各部门之首。参与人数较多的部门还有中国人民银行、卫生健康、应急管理、文化和旅游部门，规模在 250 万~550 万人次（图 5-3）。

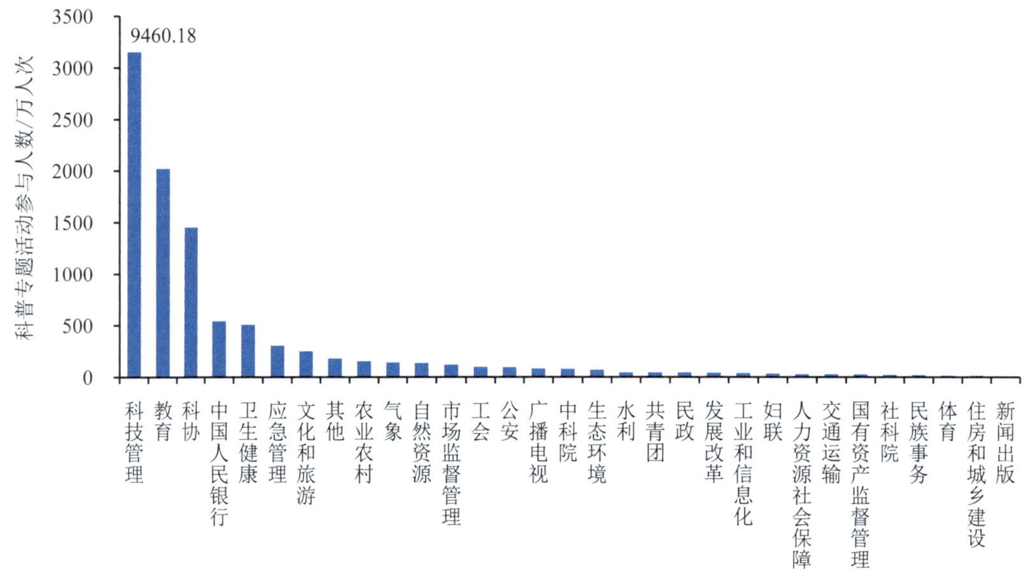

图 5-3　2018 年各部门科技活动周科普专题活动参与人数

注：科技活动周期间科技管理部门组织的科普专题活动参与人数为图示高度数值的 3 倍。

从行政级别来看，中央部门级科普专题活动的参与人数最多，地市级和县级部门次之，省级最少。2018 年，中央部门级科普专题活动的参与人数达到 5761.81 万人次，占全国总参与人数的 35.78%；地市级科普专题活动的参与人数为 4184.32 万人次，占全国总参与人数的 25.99%；县级科普专题活动的参与人数为 4080.50 万人次，占全国总参与人数的 25.34%；省级科普专题活动的参与人数为 2075.81 万人次，占全国总参与人数的 12.89%（图 5-4）。

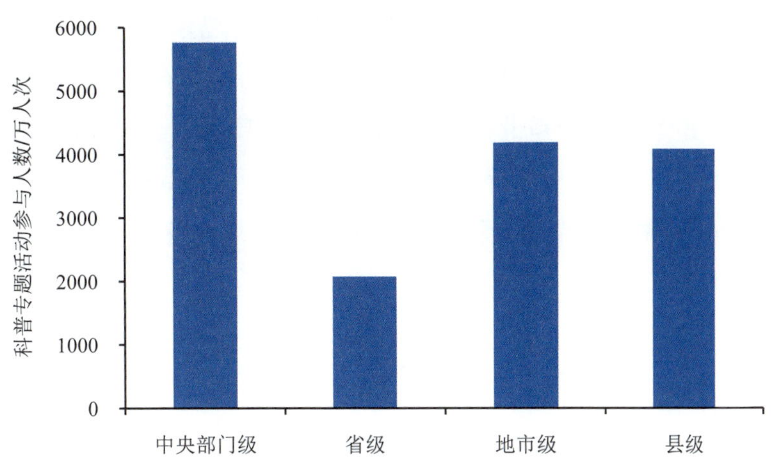

图 5-4　2018 年各级别科技活动周科普专题活动参与人数

从各省情况来看，江苏举办科普专题活动 9456 次，比 2017 年增长 8.95%，居第 1 位。浙江和上海分别举办科普专题活动 8207 次和 7687 次，分别居第 2 位和第 3 位；另外，陕西、云南、四川和湖北均超过 5500 次。北京、广东和江苏的科普专题活动参与人数居全国前 3 位。其中，北京的参与人数最多，达到 6223.01 万人次，广东达到 2043.34 万人次，江苏为 835.95 万人次（同比减少 330.15 万人次）（图 5-5）。

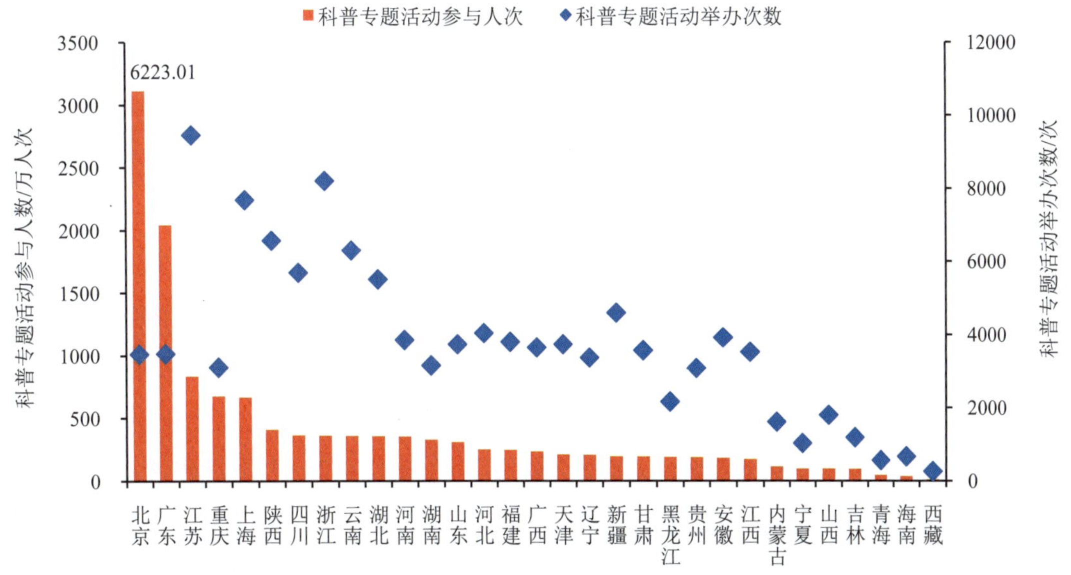

图 5-5　2018 年各省科技活动周科普专题活动举办次数和参与人数

注：北京在科技活动周期间科普专题活动参与人数为图示高度数值的 2 倍。

各省每万人口参与科技活动周人数的两极分化现象仍然比较明显。全国平均每万人口参与科技活动周的人数为1153.98人次，每万人口参与人数超过全国平均水平的省有6个，分别是北京、上海、重庆、广东、宁夏和天津（图5-6），其中，东部省有4个，西部省有2个；北京每万人口参与科技活动周的人数更是达到28890.46人次。其余25个省均低于全国平均水平，数值波动较大。

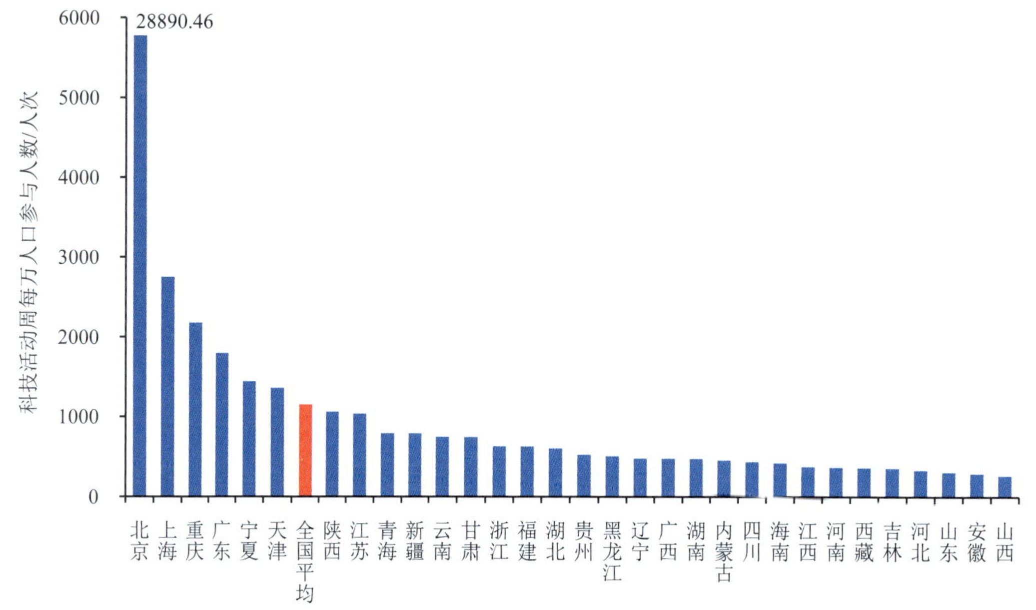

图5-6　2018年各省科技活动周每万人口参与人数

注：北京科技活动周每万人口参与人数为图示高度数值的5倍。

5.1.2　科技活动周经费

2018年科技活动周的经费筹集总额达4.56亿元，比2017年减少8.61%，占年度科普经费筹集总额161.14亿元的2.83%。从来源构成来看，2018年科技活动周的经费筹集额中，政府拨款3.54亿元，比2017年略有减少，占科技活动周经费筹集总额的77.58%；企业赞助0.29亿元，比2017年减少21.03%，占科技活动周经费筹集总额的6.38%；单位自筹等其他来源0.73亿元，比2017年减少14.39%，占科技活动周经费筹集总额的16.04%。

从部门来看，2016—2018年科技活动周经费筹集最多的3个部门保持不变，分别是科技管理、教育和科协三大部门，共筹集2.64亿元，比2017年略有减少，占全国科技活动周经费筹集总额的58.02%。其中，科技管理部门筹集经费达到

1.48 亿元，在各部门中遥遥领先，占全国科技活动周筹集经费总额的 32.55%，教育和科协部门筹集经费分别为 6771.29 万元和 4835.7 万元。其他筹集经费比较多的部门还有卫生健康部门，超过了 2000 万元（图 5-7）。大多数部门的科技活动周经费一半以上来自政府拨款，社科院、体育、科技管理、科协、民族事务、国有资产监督管理、应急管理、生态环境、妇联、水利、人力资源社会保障及发展改革部门，80%以上的经费来自政府拨款。也有部分部门的经费主要来自自筹等其他渠道，工会、新闻出版部门的科技活动周经费中来自其他渠道的经费均占一半以上（图 5-8）。

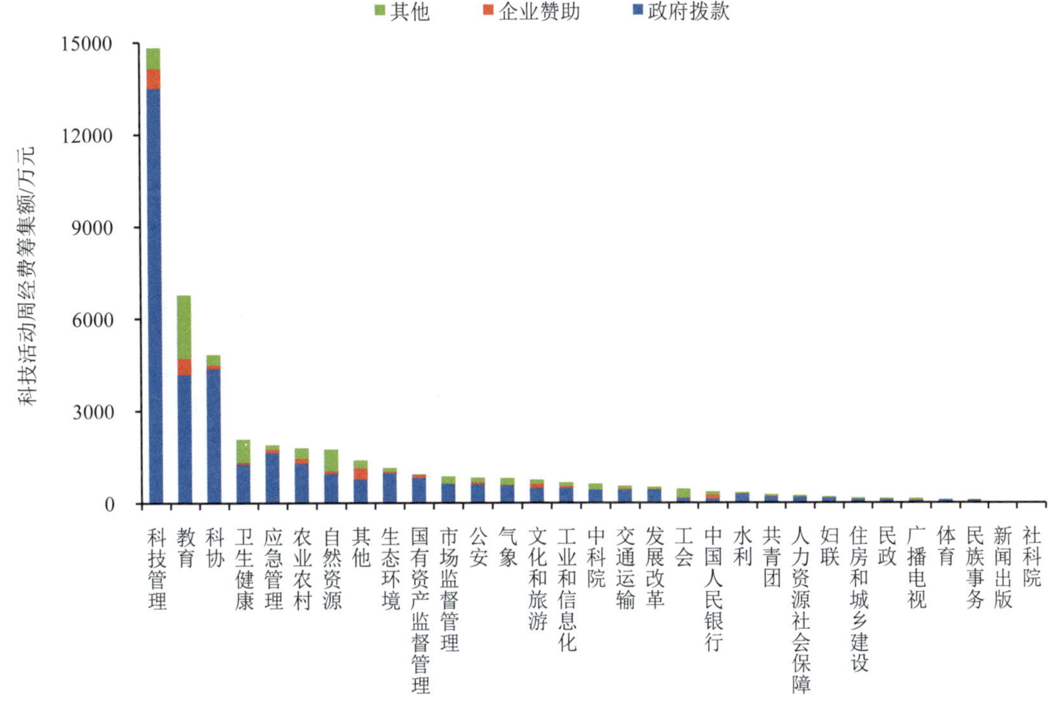

图 5-7　2018 年各部门科技活动周经费筹集额及构成

从各地区来看，东部地区作为经济和科技最发达的地区，筹集的科技活动周经费稳定增长，继续居三大地区首位，达到 2.22 亿元，占全国科技活动周经费筹集总额的 48.83%，其中，政府拨款占 80.16%。西部地区的筹集额高于中部地区，经费达到 1.36 亿元，同比略有增加，其中，政府拨款占 77.24%。中部地区的筹集总额持续减少，仍然是 3 个地区中最少的，为 0.97 亿元，其中，政府拨款占 72.16%（图 5-9）。

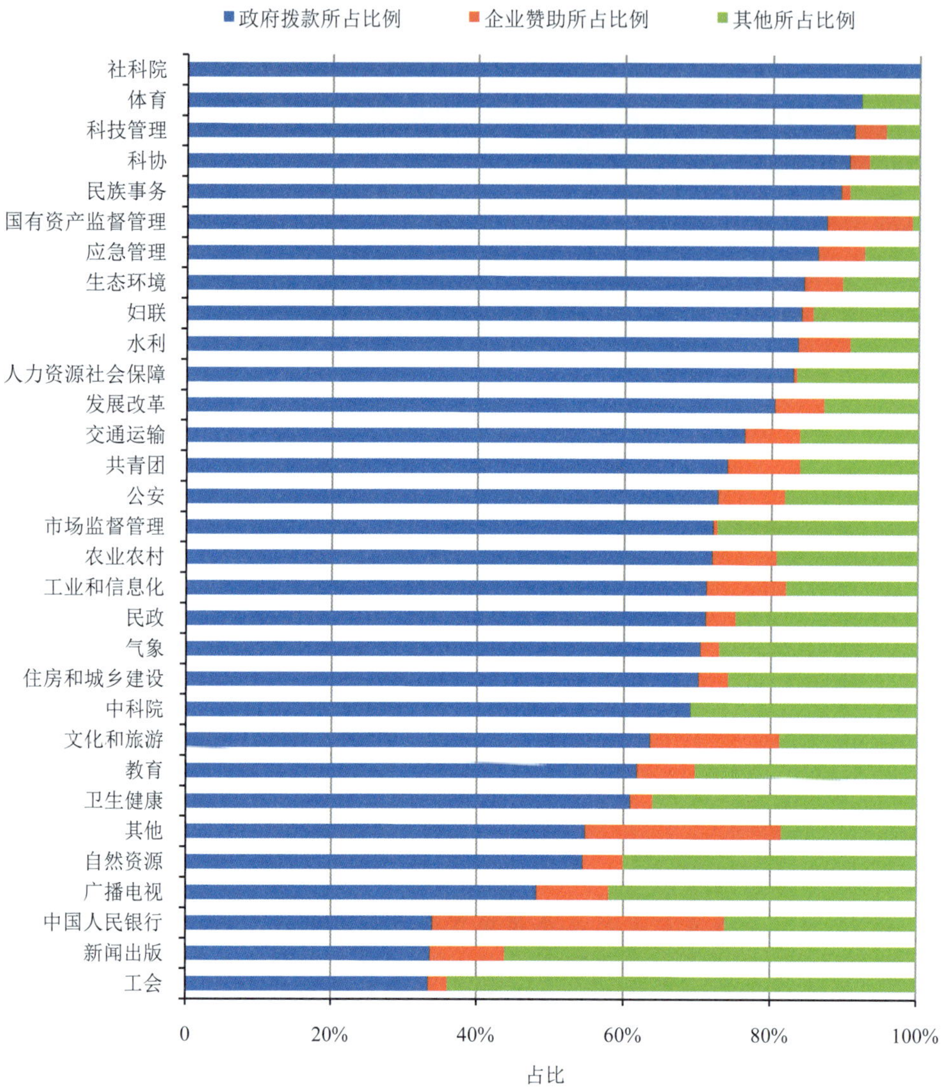

政府拨款所占比例
企业赞助所占比例
其他所占比例
社科院
体育
科技管理
科协
民族事务
国有资产监督管理
应急管理
生态环境
妇联
水利
人力资源社会保障
发展改革
交通运输
共青团
公安
市场监督管理
农业农村
工业和信息化
民政
气象
住房和城乡建设
中科院
文化和旅游
教育
卫生健康
其他
自然资源
广播电视
中国人民银行
新闻出版
工会
0
20%
40%
60%
80%
100%
占比

图 5-8　2018 年各部门科技活动周经费筹集额构成比例

1.36亿元，
29.94%
2.22亿元，
48.83%
0.97亿元，
21.23%
东部地区
中部地区
西部地区

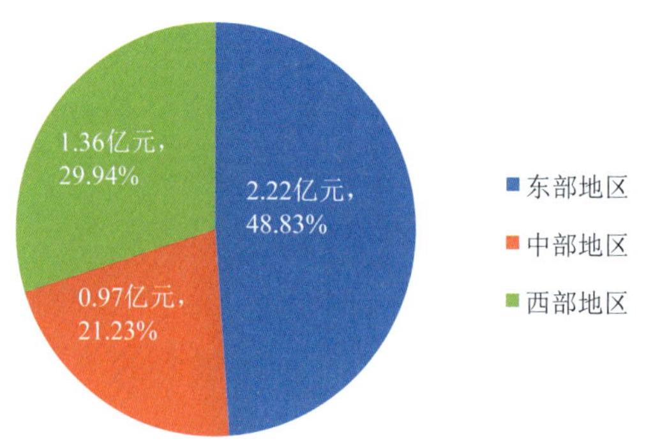

图 5-9　2018 年东部、中部和西部地区科技活动周经费筹集及全国占比情况

从行政级别来看，总体上仍表现出：越基层的统计调查单位，其筹集的科技活动周经费额越高。2018 年，县级单位科技活动周经费筹集额为 1.93 亿元，占全国科技活动周经费筹集总额的 42.26%；地市级和省级筹集额分别占全国科技活动周经费筹集总额的 28.85%和 23.57%；中央部门级仅占 5.33%，比例同比有所提高（图 5-10）。

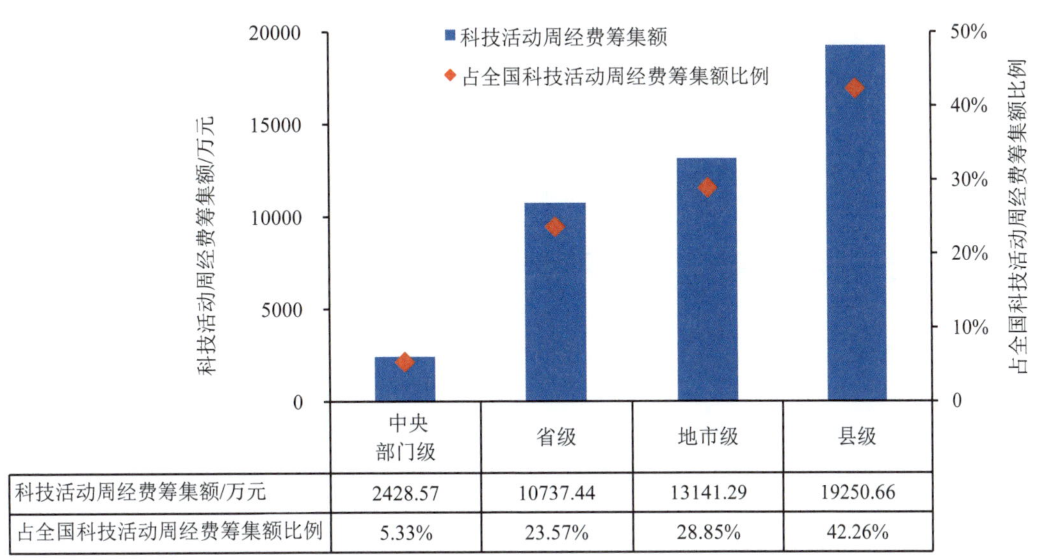

	中央部门级	省级	地市级	县级
科技活动周经费筹集额/万元	2428.57	10737.44	13141.29	19250.66
占全国科技活动周经费筹集额比例	5.33%	23.57%	28.85%	42.26%

图 5-10　2018 年各层级科技活动周经费筹集额

全国人均科技活动周经费为 0.33 元，比 2017 减少 0.03 元。在统计的 31 个省中，有 15 个省的人均科技活动周经费高于全国平均值。其中，上海、北京、西藏高居第一方阵，人均科技活动周经费超过 1 元，分别达到 2.58 元、1.74 元和 1.19；与 2017 年相比，上海人均科技活动周经费保持不变，北京下降了 0.15 元，西藏提高了 0.62 元。青海、新疆、广西、贵州、湖南、重庆、海南、陕西、浙江、天津、江苏、湖北等 12 个省顺次进入第二方阵，人均科技活动周经费高于全国平均水平。其他省进入第三方阵，低于全国平均水平（图 5-11）。

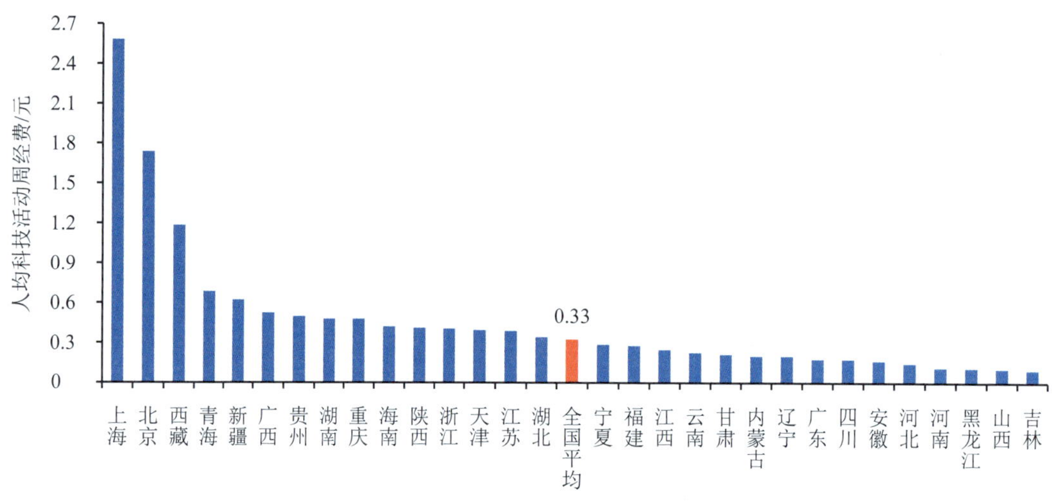

图 5-11　2018 年各省科技活动周人均经费

5.2　科普（技）讲座、展览和竞赛

5.2.1　整体概况

2018 年，全国共开展科普（技）讲座、展览和竞赛三类科普活动 106.65 万次，比 2017 年增加 1.67%，参与人数达到 6.45 亿人次，比 2017 年增长 28.05%。其中，科普（技）讲座和展览举办得最多，合计 102.65 万次，占三类科普活动的 96.25%，吸引了 4.61 亿人次参加，占三类科普活动参与人数的 71.56%；全国举办科普（技）竞赛 4.00 万次，比 2017 年减少 18.13%，占三类科普活动举办总数的 3.75%，参与人数达 1.83 亿人次，占三类科普活动参与人数的 28.44%（表 5-2）。

表 5-2　2015—2018 年科普（技）讲座、展览和竞赛开展情况

活动类型	举办次数/万次				参与人数/亿人次			
	2015 年	2016 年	2017 年	2018 年	2015 年	2016 年	2017 年	2018 年
科普（技）讲座	88.85	85.69	88.01	91.01	1.50	1.46	1.46	2.06
科普（技）展览	16.11	16.58	11.99	11.64	2.49	2.13	2.56	2.56
科普（技）竞赛	5.54	6.45	4.89	4.00	1.57	1.13	1.01	1.83

每场科普（技）讲座平均参与人数为 226 次，比 2017 大幅提高 60 人；科普（技）展览平均参与人数为 2199 人次，比 2017 年增加 64 人次；科普（技）

竞赛活动的平均参与人数为 4581 人次，比 2017 年增加 2507 人次，增长率为 120.89%。

5.2.2 科普（技）讲座

科普（技）讲座参与人数为 2.06 亿人次，比 2017 年增长 40.62%。从地区来看，东部和中部地区的参与人数上升，西部地区参与人数同比降低，但仍高于中部地区参与人数。

东部地区的科普（技）讲座参与人数比 2017 年增长 87.28%，高居三地区之首，达到 1.24 亿人次，占全国科普（技）讲座参与人数的 60.50%；中部地区的参与人数比 2017 年增长 8.36%，为 3319.23 万人次，占全国科普（技）讲座参与人数的 16.15%；西部地区的参与人数比 2017 年减少 2.32%，为 4798.51 万人次，占全国科普（技）讲座参与人数的 23.35%（图 5-12）。

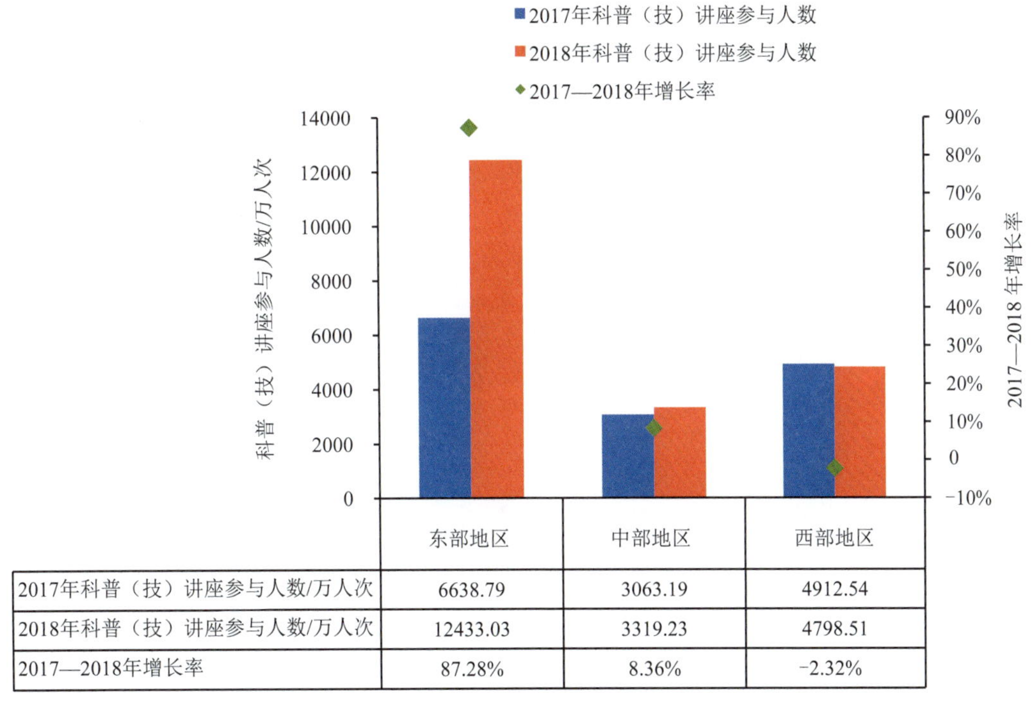

	东部地区	中部地区	西部地区
2017年科普（技）讲座参与人数/万人次	6638.79	3063.19	4912.54
2018年科普（技）讲座参与人数/万人次	12433.03	3319.23	4798.51
2017—2018年增长率	87.28%	8.36%	-2.32%

图 5-12　2017—2018 年东部、中部和西部地区科普（技）讲座参与人数及变化

全国共举办科普(技)讲座 91.01 万次，比 2017 年增加 3.00 万次，增长 3.41%。从部门来看，卫生健康部门举办的科普（技）讲座次数最多，达到 37.35 万次，占全国科普（技）讲座次数的 41.04%，参与人数 3537.47 万人次，仅次于科协

部门，占全国科普（技）讲座参与人次的 17.21%。科协部门举办科普（技）讲座 9.72 万次，仅次于卫生健康部门，占全国科普（技）讲座次数的 10.68%，吸引 8534.38 万人次参加，在人数上高居榜首，主要是 2018 年中国科学技术协会举办的“全国科普日”采用了新的信息化手段，线上线下同时进行讲座，受众广泛。教育部门举办科普（技）讲座 8.23 万次，在各部门中居第 3 位，参与人数达到 2663.58 万人次，在各部门中居第 3 位。农业农村部门举办科普（技）讲座 7.58 万次，参与人数 916.44 万人次，举办次数居第 4 位，参与人数居第 5 位。科技管理部门举办科普（技）讲座 7.33 万次，吸引 1265.50 万人次参加，举办次数居第 5 位，参与人数居第 4 位（图 5-13）。

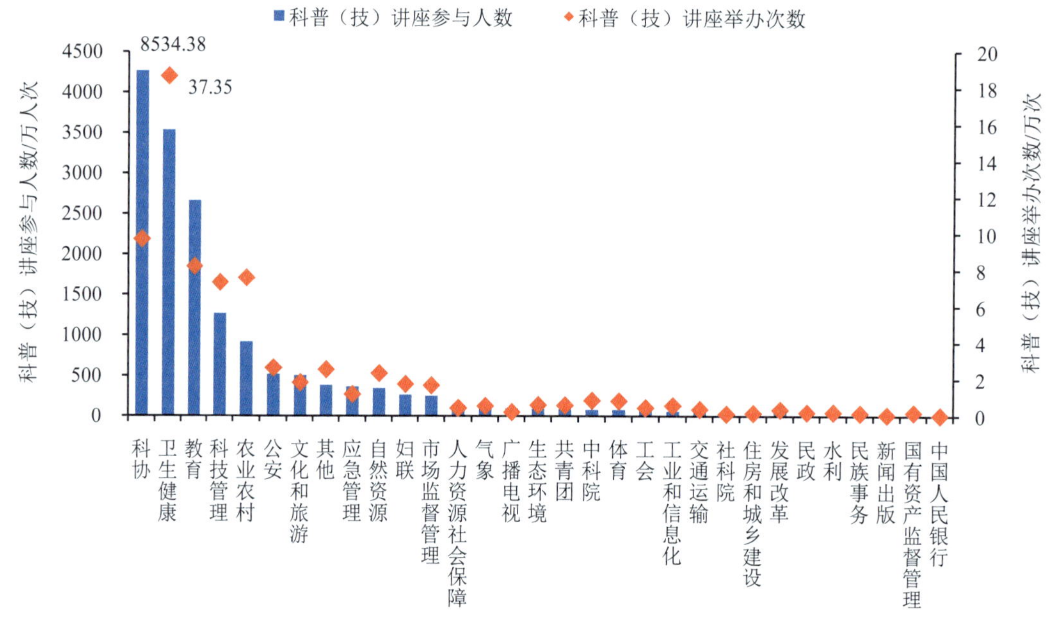

图 5-13　2018 年各部门科普（技）讲座举办次数及参与人数

注：科协部门科普（技）讲座参与人数为图示高度数值的 2 倍；卫生健康部门举办科普（技）讲座次数为图示高度数值的 2 倍。

从各省来看，举办科普（技）讲座次数居前 10 位的省分别是上海、浙江、江苏、北京、湖北、云南、四川、广东、安徽和山东。其中，上海以 7.15 万次居第 1 位，浙江、江苏、北京都超过了 6 万次，分别以 6.64 万次、6.44 万次和 6.41 万次居第 2 至第 4 位（图 5-14）。

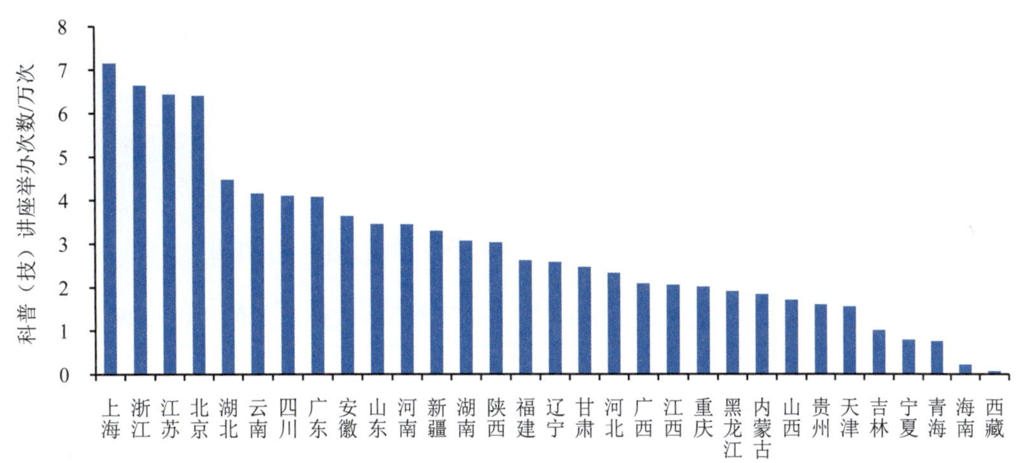

图 5-14　2018 年各省科普（技）讲座举办次数

从各省来看，北京科普（技）讲座参与人数遥遥领先，达到 7355.04 万人次，这与中国科学技术协会举办的“全国科普日”线上线下讲座活动有关。上海居第 2 位，达到 1001.21 万人次。另有 6 个省超过 600 万人次，从高到低顺次是重庆、江苏、四川、湖北、广东和浙江。全国有 13 个省的科普（技）讲座参与人数同比增加，其中，北京增长最多，参与人数为 2017 年的 6.98 倍。其余 18 个省的科普（技）讲座参与人数同比减少，其中，海南、辽宁的降幅超过了 40%（图 5-15）。

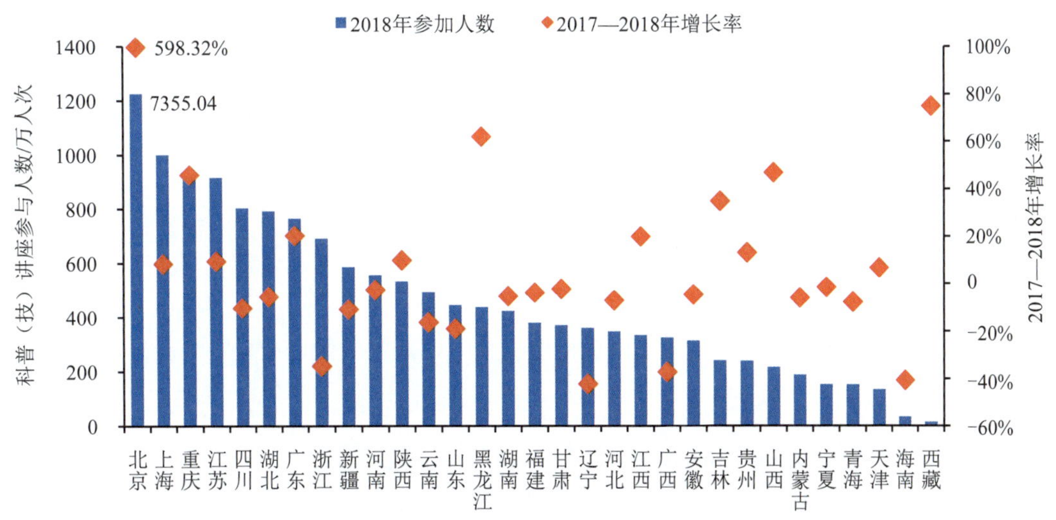

图 5-15　2018 年各省科普（技）讲座参与人数及增长率

注：北京科普（技）讲座参与人数与 2017—2018 年增长率均为图示高度数值的 6 倍。

科普(技)讲座全国每万人口参与人数为1473人次,比2017年增长40.13%。有6个省超过了全国平均水平。每万人口参与人数居前10位的省是北京、上海、重庆、青海、新疆、宁夏、甘肃、陕西、云南和湖北。其中,东部省占 2 个,西部省占 7 个,中部省有 1 个。北京和上海每万人口参与人数分别达到 34146 人次和4130人次,分居第1位和第2位(表5-3)。

表5-3　2018年科普(技)讲座每万人口参与人数排名居前10位的省

地区	2018年每万人口参与人数/人次	2017年每万人口参与人数/人次	地区	2018年每万人口参与人数/人次	2017年每万人口参与人数/人次
全国平均	1473	1051	宁夏	2238	2292
北京	34146	4852	甘肃	1408	1447
上海	4130	3821	陕西	1380	1266
重庆	3003	2077	云南	1373	1231
青海	2547	2782	湖北	1339	1419
新疆	2359	2691			

5.2.3　科普(技)展览

举办科普(技)展览次数最多的部门为教育部门,共举办科普(技)展览2.22万次,吸引1768.27 万人次参与,居第4位。科协部门举办了2.10 万次科普(技)展览,居第2位,其参观人数为7012.38万人次,居第1位。卫生健康部门举办了1.36万次科普(技)展览,居第3位,其参观人数为750.12万人次,居第 7 位。科技管理部门举办了 0.98 万次科普(技)展览,居第 4 位,其参观人数为3262.60万人次,居第3位(图5-16)。教育、科协、卫生健康、科技管理、文化和旅游这 5 个部门举办的科普(技)展览数和参观人数总和分别占全国总数的64.16%和75.20%,是举办科普(技)展览的主力军。

全国科普(技)展览每万人口参观人数为1834 人次,比2017年减少8人次,每万人口参观人数排名前10位的省,也是超过全国平均值的省,分别是北京、上海、内蒙古、甘肃、重庆、天津、云南、青海、辽宁和宁夏。其中,西部省的群众参与度较高,前10位中占6席,北京以每万人口参观人数32411人次高居榜首;东部省占4席;中部省缺席(表5-4)。

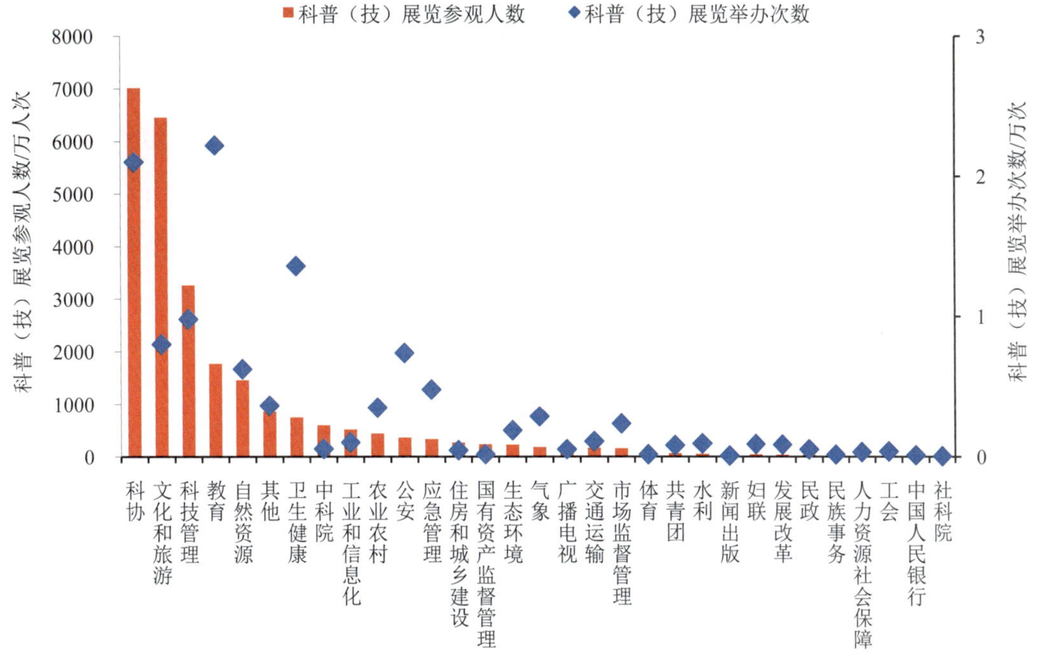

图 5-16　2018 年各部门科普（技）展览举办次数及参观人数

表 5-4　2018 年科普（技）展览每万人口参观人数排名居前 10 位的省

地区	2018 年每万人口参观人数/人次	2017 年每万人口参观人数/人次	地区	2018 年每万人口参观人数/人次	2017 年每万人口参观人数/人次
全国平均	1834	1842	天津	2419	2790
北京	32411	23676	云南	2350	2543
上海	9243	8926	青海	2157	2388
内蒙古	3176	1355	辽宁	1903	1687
甘肃	3053	2020	宁夏	1865	2855
重庆	2438	2746			

5.2.4　科普（技）竞赛

教育部门举办的科普（技）竞赛次数居首位，达到 2.16 万次，占全国科普（技）竞赛活动总数的 53.95%；吸引了 1553.65 万人次参加，在参与人数上居第 3 位。科协部门在举办科普（技）竞赛次数和参与人次上均居第 2 位，分别为 0.53 万次和 3269.15 万人次。科技管理部门在举办科普（技）竞赛次数和参与人数上分列第 3 位和第 6 位，共举办了 0.32 万次科普(技)竞赛，吸引了 287.98

万人次参加。应急管理部门举办科普（技）竞赛次数居第 8 位，但参与人数达到 1.08 亿人次，居第 1 位，主要是该部门 2018 年采用线上线下结合方式举办了“全国安全生产月知识竞赛”活动，参与人数众多。教育、科协和科技管理三部门举办的科普（技）竞赛次数之和与合计参与人数分别占全国的 75.14%和 27.87%（图 5-17）。

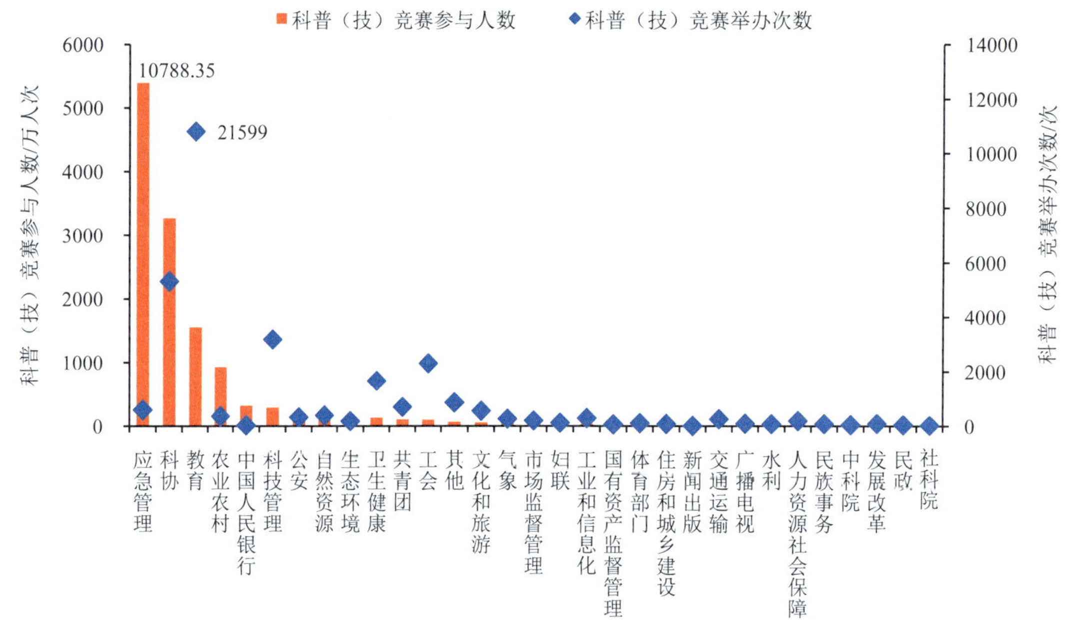

图 5-17　2018 年各部门科普（技）竞赛举办次数及参与人数

注：应急管理部门科普（技）竞赛参与人数为图示高度数值的 2 倍；教育部门科普（技）竞赛举办次数为图示高度数值的 2 倍。

从各省来看，科普（技）竞赛参与人数排名前 10 位的省分别是北京、江苏、湖北、河南、广东、湖南、上海、江西、四川、浙江。其中，东部省占 5 席，中部省占 4 席，西部有 1 省入选。北京的科普（技）竞赛参与人数居首位，达到 1.05 亿人次，同比增长 89.86%，这主要是因为应急管理部门举办了“全国安全生产月知识竞赛”引起人数激增。江苏和湖北分别以 1469.17 万人次和 1434.50 万人次居第 2 位和第 3 位（图 5-18）。

全国科普（技）竞赛每万人口参与人数为 1314 人次，比 2017 年增加 584 人次，有 4 个省超过全国平均水平。排名前 10 位的省分别为北京、湖北、江苏、上海、湖南、河南、重庆、江西、天津和广东（表 5-5）。

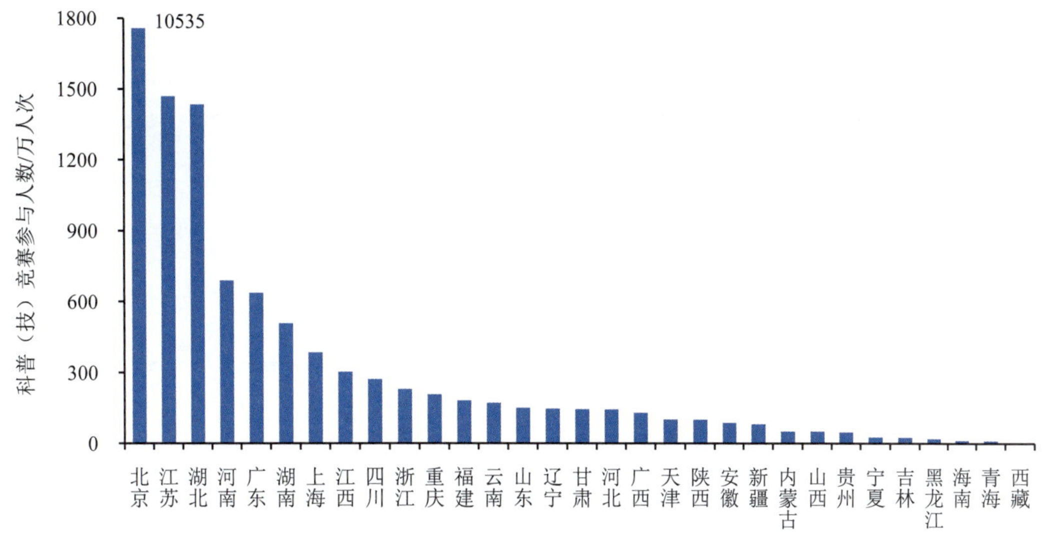

图 5-18　2018 年各省科普（技）竞赛参与人数

注：北京科普（技）竞赛参与人数为图示高度数值的 6 倍。

表 5-5　2018 年科普（技）竞赛每万人口参与人数排名前 10 位的省

地区	2018 年每万人口参与人数/人次	2017 年每万人口参与人数/人次	地区	2018 年每万人口参与人数/人次	2017 年每万人口参与人数/人次
全国平均	1314	730	河南	719	347
北京	48909	25562	重庆	671	959
湖北	2424	528	江西	651	202
江苏	1825	773	天津	644	939
上海	1588	1657	广东	560	223
湖南	736	233			

5.3　青少年科普活动

5.3.1　青少年科普活动概况

青少年科普活动的统计指标包括青少年科技兴趣小组和科技夏（冬）令营，2018 年，这两类活动均不同程度减少。举办青少年科技兴趣小组 19.19 万个，比 2017 年减少 10.02%；参与人数 1710.60 万人次，比 2017 年减少 9.13%。开展科技夏（冬）令营活动 1.46 万次，比 2017 年减少 6.82%；参与人数为 231.79 万人次，比 2017 年减少 23.53%（表 5-6）。

表 5-6　2017—2018 年青少年科普活动开展情况

活动类型	活动次（个）数			参与人数		
	2017 年	2018 年	2017—2018 年增长率	2017 年/万人次	2018 年/万人次	2017—2018 年增长率
青少年科技兴趣小组	21.33 万个	19.19 万个	-10.02%	1882.52	1710.60	-9.13%
科技夏（冬）令营	1.56 万次	1.46 万次	-6.82%	303.13	231.79	-23.53%

5.3.2　青少年科技兴趣小组

2018 年，东部、中部、西部 3 个区域的青少年科技兴趣小组个数和参与人次均不同程度减少。东部地区举办青少年科技兴趣小组 8.60 万个，571.33 万人次参与，这两个指标比 2017 年分别减少 5.69%和 16.95%；中部地区举办青少年科技兴趣小组 5.98 万个，483.39 万人次参与，比 2017 年分别减少 5.99%和 8.34%；西部地区举办青少年科技兴趣小组 4.61 万个，655.87 万人次参与，比 2017 年分别减少 21.15%和 1.70%（图 5-19）。

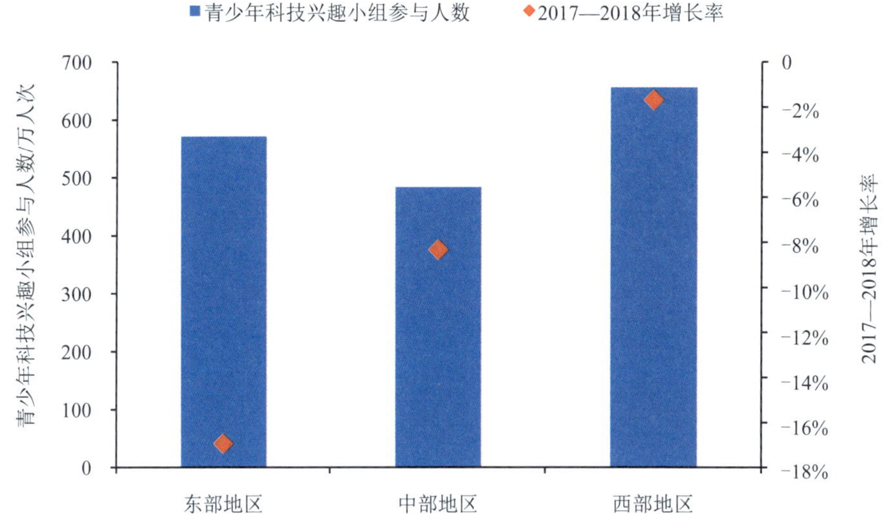

图 5-19　2018 年东部、中部和西部地区青少年科技兴趣小组参与人数及增长率

举办青少年科技兴趣小组数量排名前 6 位的省是江苏、河南、湖北、浙江、广东和山东，均在 1 万个以上。其中，江苏和河南举办青少年科技兴趣小组数量相差无几，约在 1.65 万个，分列第 1 位和第 2 位，均少于 2017 年。其中，江

苏参与人数 97.41 万人次，比 2017 年减少 3.70%，排名居第 4 位。河南参与人数 155.03 万人次，比 2017 年增加 4.48%，排名居第 2 位。重庆举办青少年科技兴趣小组 5158 个，排名居第 15 位，但参与人次 178.58 万人次，高居榜首。此外，青少年科技兴趣小组参与人数排名前 6 位的省还有四川、新疆和湖南，参与人数均在 90 万人次以上（图 5-20）。

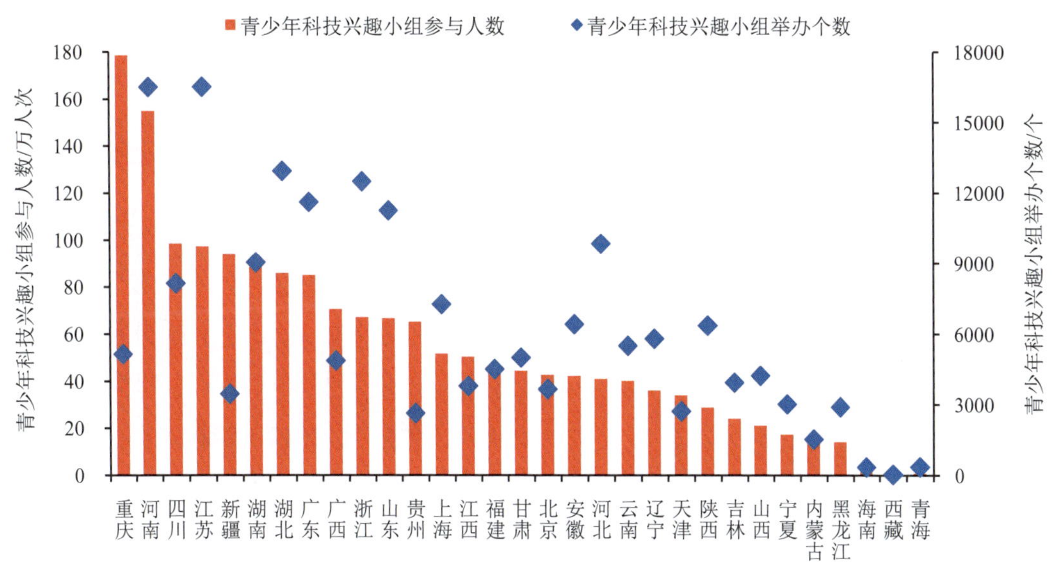

图 5-20　2018 年各省青少年科技兴趣小组举办数量及参与人数

5.3.3　科技夏（冬）令营

2018 年，东部、中部、西部 3 个区域科技夏（冬）令营参与人数均出现减少。东部地区科技夏（冬）令营参与人数为 127.08 万人次，比 2017 年减少 31.14%，占全国参与总人数的 54.82%，同比有所下降。中部地区的科技夏（冬）令营参与人数为 45.63 万人次，比 2017 年减少 5.97%。西部地区参与人数 59.08 万人次，比 2017 年减少 15.66%。中部地区和西部地区科技夏（冬）令营参与人数分别占全国参与总人数的 19.69%和 25.49%，同比均略有增加（图 5-21）。

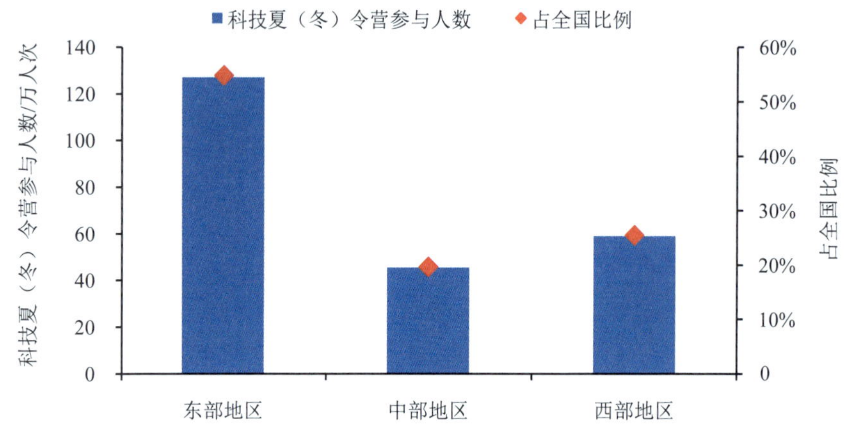

图 5-21　2018 年东部、中部和西部地区科技夏（冬）令营参与人数及所占比例

从部门来看，教育、科技管理和科协是开展科技夏（冬）令营活动次数和参与人数最多的三大部门。文化和旅游部门的参与人数居第 4 位。教育、科技管理和科协这三大部门开展科技夏（冬）令营活动次数之和占全国开展科技夏（冬）令营活动总数的 55.17%。其中，教育部门开展科技夏（冬）令营活动 3844 次，比 2017 年增加 6.54%，参与人数 73.89 万人次，比 2017 年减少 14.25%。科技管理和科协部门科技夏（冬）令营活动的参与人数分别为 44.72 万人次和 29.36 万人次。中国人民银行部门没有开展科技夏（冬）令营活动（图 5-22）。

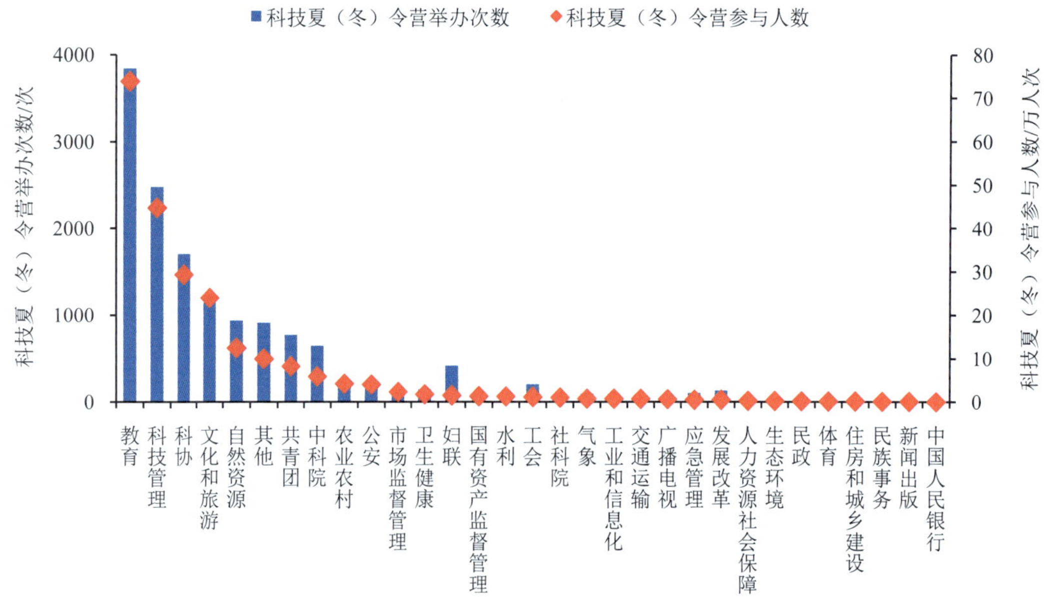

图 5-22　2018 年部门科技夏（冬）令营举办次数及参与人数

5.4 科研机构、大学向社会开放情况

自2006年科技部等部门联合发布《关于科研机构和大学向社会开放开展科普活动的若干意见》以来，经过12年的大力推动，越来越多的科研机构、大学已经将向社会开放作为一项工作制度，开放机构名单和联系方式通过网络和报刊向社会公布，开放工作人员队伍稳定、开放时间相对固定、开放场地满足需求。开放范围包括科研机构和大学中的实验室、工程中心、技术中心、野外站（台）等研究实验基地；各类仪器中心、分析测试中心、自然科技资源库（馆）、科学数据中心（网）、科技文献中心（网）、科技信息服务中心（网）等科研基础设施；非涉密的科研仪器设施、实验和观测场所；科技类博物馆、标本馆、陈列馆、天文台（馆、站）和植物园等。开放活动激发了公众特别是青少年的科学兴趣，让他们走进科学殿堂，近距离接触科研活动，感受科技创新魅力。

2018年，全国共有10563个科研机构、大学向社会开放，比2017年增长24.84%；吸引了996.69万人次参观，比2017年增长13.43%，平均每个开放单位接待参观人数为944人次，比2017年减少93人次。

从部门来看，教育、科技管理和市场监督管理在开放单位数量上名列前3位。三大部门开放单位合计数占全国总数的57.95%。其中，教育部门的开放单位最多，达到4217个，比2017年增加1182个，增长38.95%，共吸引了306.57万人次参观，在参观人数上居第1位。科技管理部门开放了1282个单位，有139.05万人次参观，在开放单位数和参观人数上均居第2位。市场监督管理部门开放了622个单位，排名居第3位，比2017年增加119个，增长23.66%，参与人数6.28万人次。科协部门开放的单位数和参观人数均居第4位，共开放了603个单位，排名比2017年减少74个，降幅10.93%，参与人数109.38万人次。自然资源部门开放单位595个，比2017年增加296个，增幅近1倍，吸引75.11万人次参加，其开放单位数和参观人数均居第5位（图5-23）。

从各省来看，开放活动参观人数排名前5位的省是广东、北京、江苏、湖北、四川，人数均在50万人次以上。其中，排名第1位的广东达到133.20万人次，开放单位数为480个。浙江的开放单位数居首位，达到897个，参观人数46.68万人次。除了浙江，向社会开放单位数排名前5位的省还有江苏、河南、北京、陕西，开放单位数均在650个以上（图5-24）。

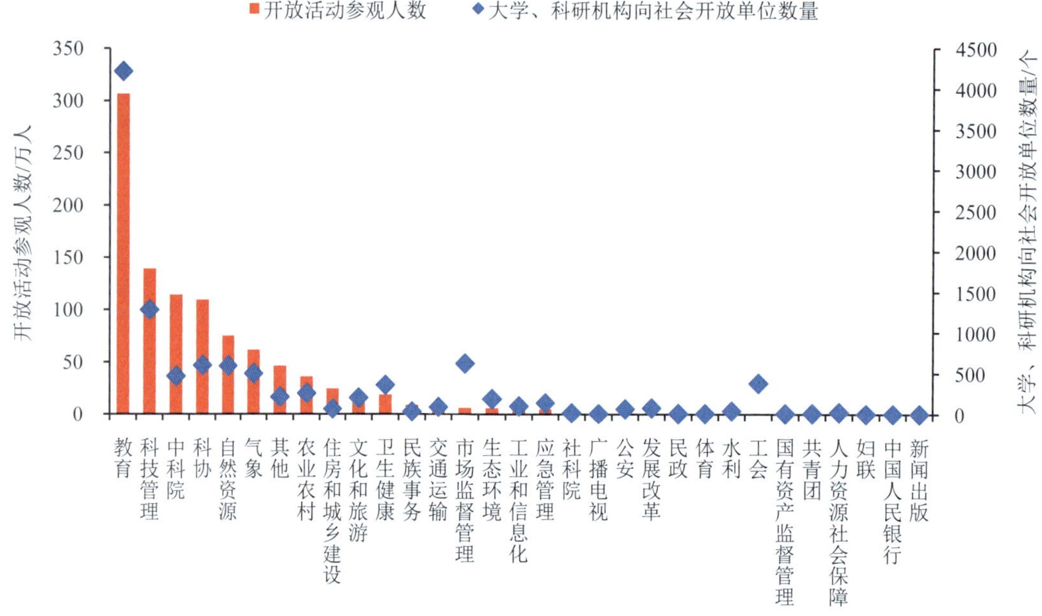

图 5-23　2018 年各部门开放单位数量及开放活动参观人数

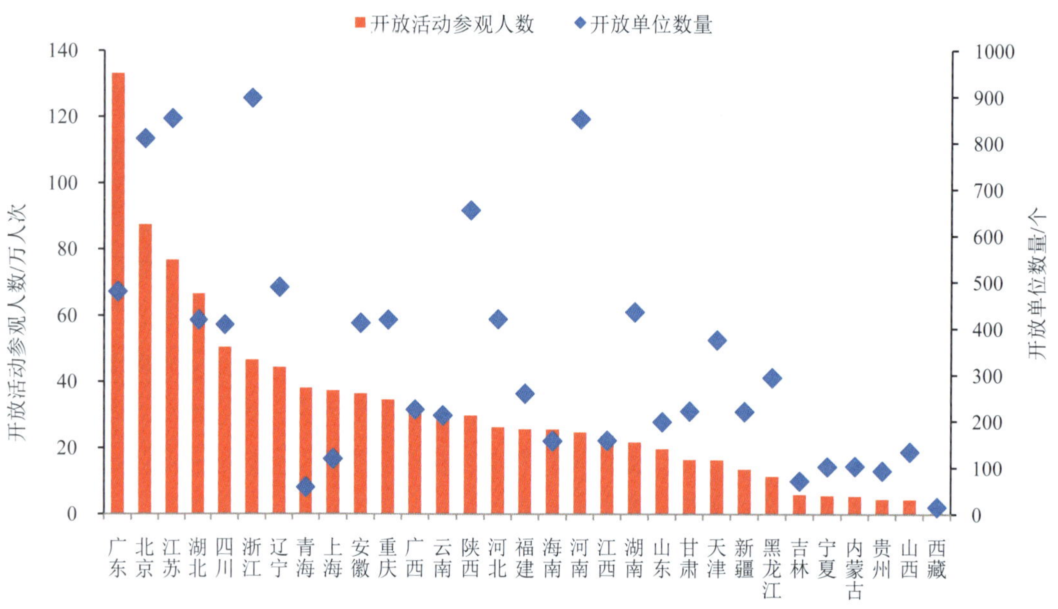

图 5-24　2018 年各省科研机构、大学开放单位数量与参观人数

5.5 科普国际交流

科普国际交流有利于推动科学传播领域理论研究和实践的国际合作，开阔视野，增进了解，提升我国的软实力水平。

2018 年，全国共开展科普国际交流 2579 次，比 2017 年减少 4.94%；参与人数为 93.66 万人次，比 2017 年增长 33.39%。从地区来看，东部地区开展科普国际交流活动次数和参与人数最多，共举办 1476 次，比 2017 年减少 8.38%，有 69.11 万人次参加，比 2017 年增长 54.36%；西部地区科普国际交流活动参与人数居第 2 位，达到 13.63 万人次，比 2017 年减少 20.12%，共开展了 636 次活动；中部地区开展科普国际交流活动 467 次，吸引 10.92 万人次参加，开展活动次数和参与人数均为 3 个地区中最少的（图 5-25）。

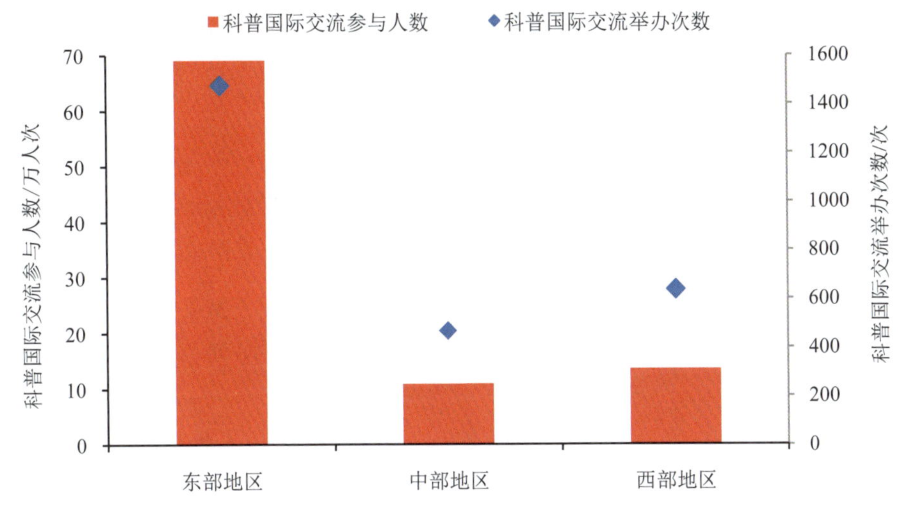

图 5-25　2018 年东部、中部和西部地区开展科普国际交流活动次数与参与人数

5.6 实用技术培训

2018 年，全国共举办实用技术培训 53.51 万次，共有 5664.03 万人次参加，分别比 2017 年减少 10.57%和 21.05%。实用技术培训活动主要集中在农业农村、科技管理、科协、人力资源社会保障、自然资源和卫生健康部门，这六大部门的举办次数之和占全国总数的 82.58%，参加培训的人数均超过了 340 万人次（图 5-26）。其中，农业部门举办实用技术培训 22.67 万次，参与人数 2171.44 万人次，举办次数和参与人数均居第 1 位。

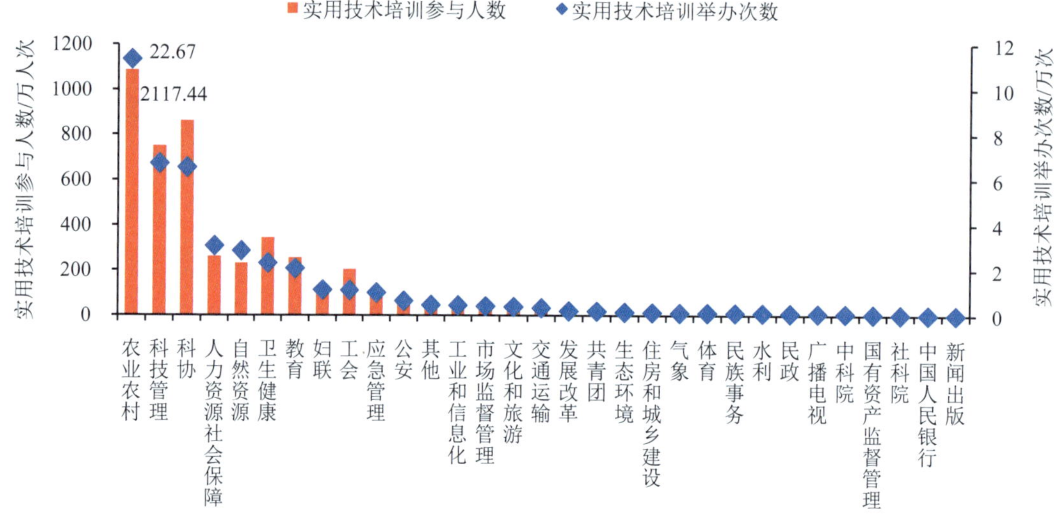

图 5-26　2018 年各部门实用技术培训举办次数与参与人数

注：农业农村部门实用技术培训举办次数与参与人数均为图示高度数值的 2 倍。

5.7　重大科普活动

全国共举办参与人次在 1000 人次以上的重大科普活动 25661 次，比 2017 年减少 7.70%。从各省来看，举办重大科普活动次数较多的前 5 个省为江苏、四川、河南、广东、陕西（图 5-27）。这 5 个省一共举办了 7362 次重大科普活动，占全国总数的 28.69%。其中，江苏举办了 1928 次重大科普活动，在全国各省中领先。

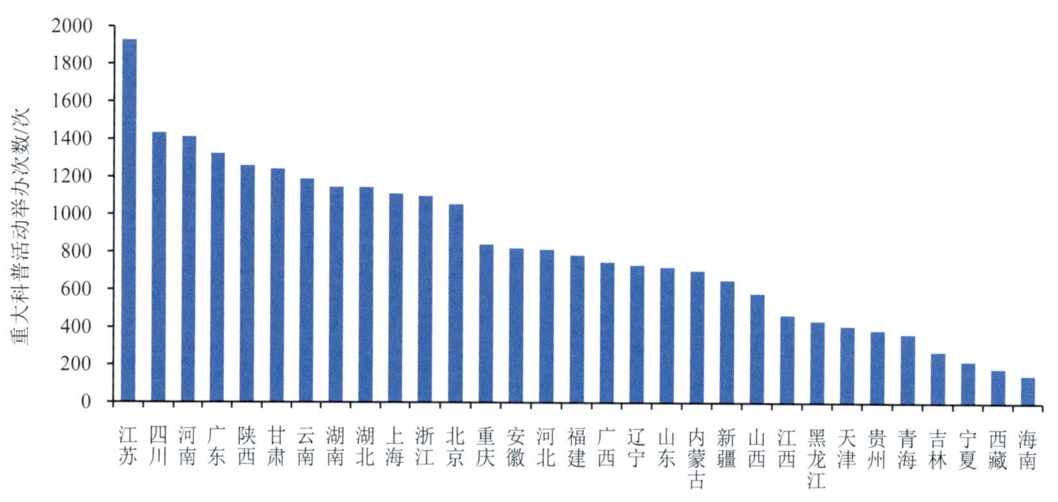

图 5-27　2018 年各省重大科普活动举办次数

6 创新创业中的科普

创新是引领发展的第一动力，是建设现代化经济体系的战略支撑。《2018年政府工作报告》中提出，要深入开展大众创业、万众创新，实施普惠性支持政策，完善孵化体系；支持北京、上海建设科技创新中心，新设14个国家自主创新示范区，带动形成一批区域创新高地。近年来，大众创业、万众创新持续向更大范围、更高层次和更深程度推进，在创新创业生态、科技成果转化机制、大中小企业融通发展、创新创业国际合作等方面提出了新的更高要求。

“大众创业、万众创新”过程中，科普工作主要通过两种类型的科普活动，助力创新创业的发展：一类是创新创业培训活动。随着各省、各地区创新创业政策的落地，创新创业类培训活动数量增加。另一类是创新创业赛事。通过组织创新创业比赛，挖掘有价值的创新创业项目，引导资本投资。

6.1 创新创业科普活动的载体

众创空间是顺应网络时代创新创业特点和需求，通过市场化机制、专业化服务和资本化途径构建的低成本、便利化、全要素、开放式的各类新型创业服务平台，是创新与创业相结合、线上与线下相结合、基础服务与增值服务相结合、满足不同创业者需求的工作空间、网络空间、社交空间和资源共享空间。2018年9月，国务院在《关于推动创新创业高质量发展打造“双创”升级版的意见》中提出，要建立众创空间质量管理、优胜劣汰的健康发展机制，引导众创空间向专业化、精细化方向升级，鼓励具备一定科研基础的市场主体建立专业化众创空间。

2018年，全国共有众创空间9771个，比2017年增加1535个，增长18.64%。服务创业人员数量213.35万人，比2017年增加73.58万人，增长52.64%。由图

6-1 可以看出，全国众创空间数量居前 5 位的省是陕西（1332 个）、上海（1279 个）、北京（609 个）、江苏（504 个）、云南（503 个）。

全国各地众创空间数量差异较大，东部沿海等发达地区调结构、转型升级步伐迈得更早、更快，京津冀、长三角和珠三角等经济圈的众创空间数量和服务能力都具有相对优势，同时西部地区创新创业活跃度也在提升。2018 年，东部地区拥有众创空间 4505 个，西部地区拥有众创空间 3489 个，中部地区拥有众创空间 1777 个，与 2017 年相比，西部地区增长速度最大。

各地众创空间孵化效率普遍呈增长趋势，众创空间孵化科技类项目 18.59 万个，比 2017 年增加 1.96 万个，增长 11.81%。其中，孵化科技项目数量居前 5 位的省分别是北京（106321 个）、上海（22400 个）、广东（5418 个）、湖南（5401 个）和陕西（5129 个）（图 6-1）。东部地区众创空间拥有服务创业人员 128.68 万人，孵化科技类项目 15.58 万个。中部地区众创空间拥有服务创业人员 23.83 万人，孵化科技类项目 1.42 万个。西部地区众创空间拥有服务创业人员 60.83 万人，孵化科技类项目 1.59 万个。

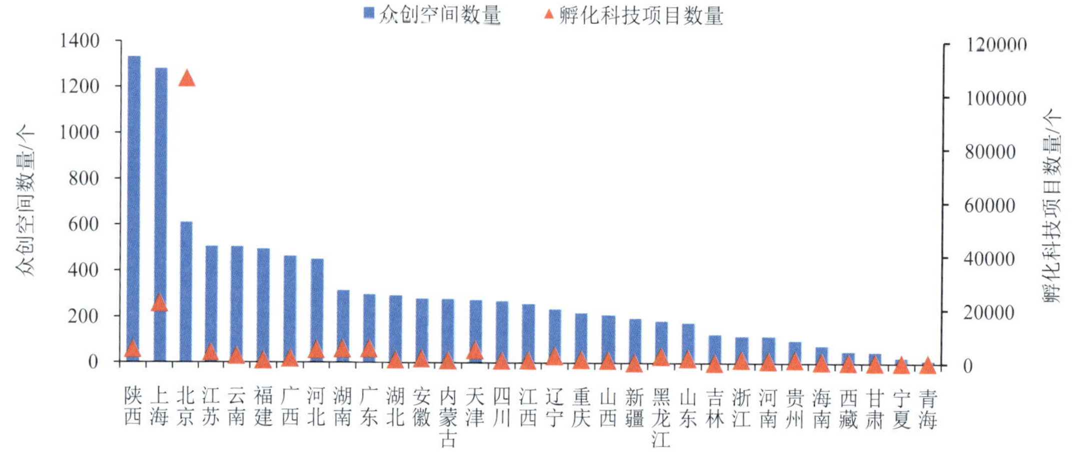

图 6-1　2018 年全国各地区众创空间数量和孵化科技项目数量

6.2　科普活动助推创新创业

为贯彻落实创新驱动发展战略，响应国务院的号召打造“双创”升级版，2018 年各省纷纷出台双创专项政策，增强带动就业能力、科技创新能力和产业发展活力。北京市为服务全国科技创新中心建设目标制定了《北京市科技创新基地培育与发展工程专项管理办法（试行）》；上海市加快建设科技创新中心，致力形成吸引全球创新者的影响力；江西省出台了 12 条措施促科技创新平台发展；湖北省出台了《湖北省“十三五”产业创新能力发展和建设规划》，加快布局十大产业创新中心；黑龙江省初步建立大学生创新创业生态体系等。

创新创业培训是指各类单位举办的创业训练营、创业培训等创新创业的培训活动。2018 年，全国共组织创新创业类培训 8.04 万次，比 2017 年增加 968 次，增长 1.22%，共有 479.70 万人次参加创新创业培训活动，比 2017 年增加 40.92 万人次，增长 9.33%。

培训次数排名前 10 位的省依次为上海（11089 次）、湖南（5178 次）、江苏（4536 次）、河北（4224 次）、陕西（3871 次）、湖北（3330 次）、山西（3136 次）、云南（2936 次）、河南（2891 次）、四川（2889 次）（图 6-2）。参加创新创业培训人次排名前 5 位的省分别是江西（57.36 万人次）、上海（47.51 万人次）、湖南（28.04 万人次）、北京（27.80 万人次）、湖北（22.38 万人次）。

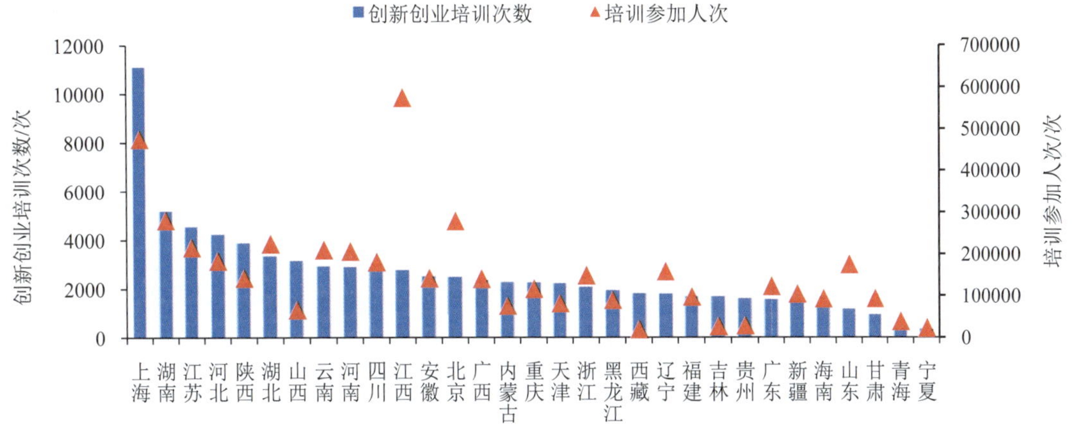

图 6-2　2018 年创新创业培训组织次数和参加人数

创新创业大赛是挖掘项目、培育创新文化的高效方式。2018 年，全国共举办创新创业类赛事 7546 次，比 2017 年增加 337 次，增长 4.67%，共有 309.33 万人次参加创新创业大赛，比 2017 年增加 34.44 万人次，增长 12.53%。举办创新创业大赛次数居前 10 位的省分别是上海（870 次）、辽宁（753 次）、安徽（637 次）、江苏（583 次）、陕西（559 次）、浙江（482 次）、湖北（351 次）、北京（331 次）、河南（264 次）、广西（230 次）。参加创新创业大赛人数较多的省分别是湖南（59.32 万人次）、福建（39.97 万人次）、上海（33.76 万人次）和山东（20.89 万人次）（图 6-3）。

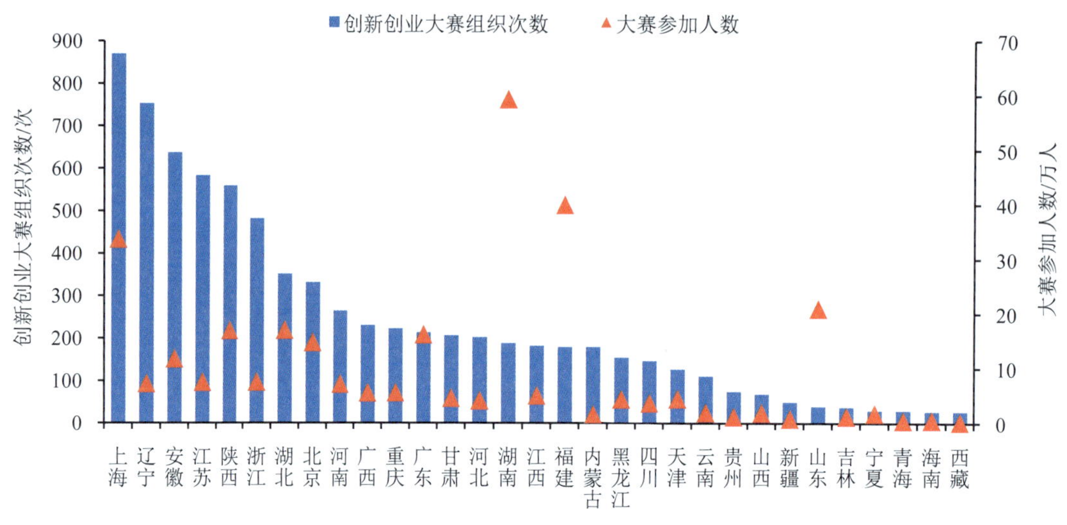

图 6-3　2018 年创新创业大赛组织次数和参加人数

投资路演和宣传推介是科技项目获得融资孵化的重要途径，同时是创新项目获得市场认可的有效方式和高效形式之一。2018 年，全国共组织投资路演和宣传推介活动 2.60 万次，比 2017 年减少 2.39 万次，减少 47.97%。全国共有 139.83 万人次参加投资路演和宣传推介活动，比 2017 年减少 26.19 万人次，减少 15.77%。2018 年，全国组织投资路演和宣传推介活动超过 1000 次的省分别是上海（7137 次）、北京（2663 次）、湖南（1509 次）、河北（1273 次）、重庆（1027 次）。活动参加人数排名靠前的省分别是上海（29.87 万人次）、北京（22.18 万人次）、浙江（9 万人次）、湖南（7.49 万人次）和湖北（7.40 万人次）（图 6-4）。

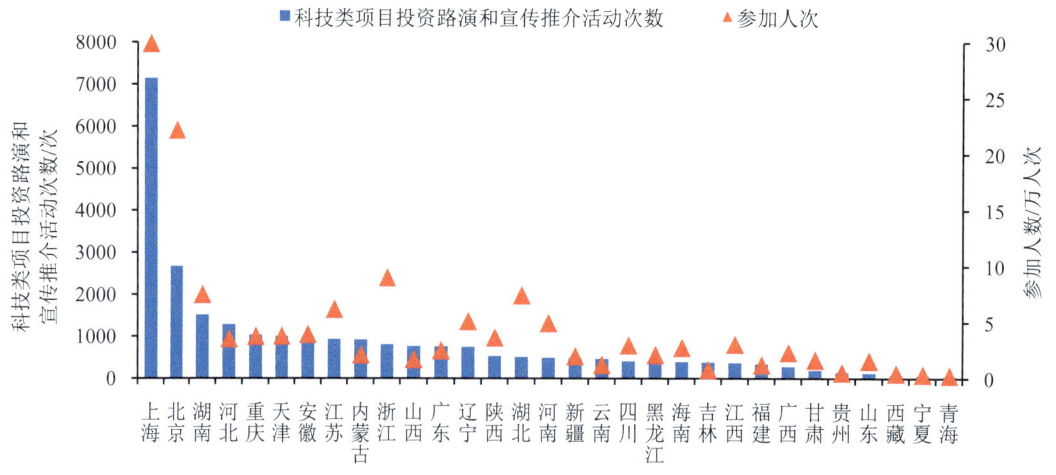

图 6-4　2018 年科技类项目投资路演与宣传推介活动次数和参加人数

附录 1　2018 年度全国科普统计调查方案

一、科普统计的内容和任务

科普统计是国家科技统计的重要组成部分。通过开展全国科普统计调查，可以使政府管理部门及时掌握国家科普资源概况，更好地监测国家科普工作质量，为政府制定科普政策提供依据。因此，全国科普统计的内容包括科普人员、科普场地、科普经费、科普传媒、科普活动及创新创业中的科普等 6 个方面，监测国家科普工作运行状况。

二、科普统计的范围

本次统计的范围包括中央和国家机关各有关单位，省（自治区、直辖市，以下简称省）、市（地区、州、盟，以下简称市）、县（市、区、旗，以下简称县）人民政府有关部门及其直属单位、社会团体等机构和组织。

统计填报单位主要包括：

1. 中央和国家机关各有关单位：发展改革委、教育部、科技部、工业和信息化部、国家民委、公安部、民政部、人力资源社会保障部、自然资源部（含林草局）、生态环境部、住房城乡建设部、交通运输部（含民航局、铁路局）、水利部、农业农村部、文化和旅游部、卫生健康委、应急部（含地震局、煤矿安监局）、人民银行、国资委、市场监管总局（含药监局、知识产权局）、广电总局、体育总局、中科院、社科院、气象局、粮食和储备局、国防科工局、共青团中央、全国总工会、全国妇联、中国科协等。

2. 省级单位：发展改革委、教育厅、科技厅、工业和信息化厅（委）、民委、公安厅、民政厅、人力资源社会保障厅、自然资源厅（含林草局）、生态环境厅、住房城乡建设厅、交通运输厅、水利厅、农业农村厅、文化和旅游厅、卫生健康委、应急厅（含地震局、煤矿安监局）、国资委、市场监管局（含药监局、知识产权局）、广电局、体育局、科学院、社科院、气象局、粮食和储备局、科工局（办）、共青团、工会、妇联、科协等。

3. 市级单位（机构改革未完成的市按照原部门填报）：发展改革委、教育局、科技局、工业和信息化局（委）、民委、公安局、民政局、人力资源社会保障局、自然资源局（含林草局）、生态环境局、住房城乡建设局、交通运输局、水利局、农业农村局、文化和旅游局、卫生健康委、应急局（含地震局、煤矿安监局）、国资委、市场监管局（含药监局、知识产权局）、广电局、体育局、科学院、社科院、气象局、粮食和储备局、共青团、工会、妇联、科协等。

4. 县级单位（机构改革未完成的县按照原部门填报）：发展改革委、教育局、科技局、工业和信息化局（委）、民委、公安局、民政局、人力资源社会保障局、自然资源局（含林草局）、生态环境局、住房城乡建设局、交通运输局、水利局、农业农村局、文化和旅游局、卫生健康委、应急局（含地震局、煤矿安监局）、国资委、市场监管局（含药监局、知识产权局）、广电局、体育局、气象局、粮食和储备局、共青团、工会、妇联、科协等。

三、科普统计的组织

科普统计由科技部牵头，会同有关部门共同组织实施。科技部负责制定统计方案，提出工作要求，指导和协调中央和国家机关各有关单位科技主管部门和各省科技厅（委、局）的统计工作。中国科学技术信息研究所负责具体统计实施工作。

各省、市、县科技行政管理部门牵头组织本行政区域内各单位的科普统计。

四、科普统计的操作步骤

全国科普统计按中央和国家机关各有关单位及省、市、县分级实施，采取条块结合的方式。

1. 科技部负责全国科普统计。包括：向中央和国家机关各有关单位科技主管部门及省科技行政管理部门布置科普统计任务，开展统计人员在线填报培训，审核数据，汇总全国科普统计数据，形成国家科普统计年度报告。

2. 中央和国家机关各有关单位科技主管部门负责自身及其直属机构的科普统计。包括：向直属机构布置科普统计任务，对统计人员进行培训，审核数据；将本部门数据汇总后盖章的纸质调查表报送科技部。

3. 各省科技厅（委、局）负责本省科普统计。包括：向本省同级有关部门、所属各市科技局布置科普统计任务，对统计人员在线填报培训，审核数据；把本省所有调查表录入全国科普统计数据库，建立本省科普统计数据库；将本省数据汇总后盖章的纸质调查表报送科技部。

4. 市科技局负责本市科普统计。包括：向本市同级有关部门、所属县科技局布置科普统计任务，对统计人员进行培训，审核数据；将本市数据汇总后盖章的纸质调查表报送科技厅（委）。

5. 县科技局负责本县科普统计。包括：向本县同级有关部门布置科普统计任务，对统计人员进行培训，审核数据；将本县数据汇总后盖章的纸质调查表报送市科技局。

五、在线填报系统

2018 年度全国科普统计工作实行数据在线填报，各填报单位可以在中国科技情报网（http://kptj.chinainfo.org.cn）登录填报、审核、提交数据。

科普统计培训 PPT 及培训教材由中国科学技术信息研究所编写，可在以上网址下载。

六、填报时间

2019 年 6 月 10 日前，中央和国家机关各有关单位科技主管部门及各省科技行政管理部门确保本部门、本地区完成在线填报及数据的审核与汇总。

七、数据的修正和反馈

科技部在全国科普统计数据填报完成后，将组织专家对填报数据进行联合会审，就上报数据质量进行评估。对数据质量存在问题的，将要求核实和修正。

调查数据的质量是统计工作的灵魂。没有严格的数据质量控制，难以保障数据填报的真实。因此，各级科技行政管理部门和填报单位要有高度的责任心，对填报的数据进行层层把关。

八、注意事项

对于“科普场馆”部分的填报要求。凡在“科普场地”报表中填写“科普场馆”数据的单位，均需确保此“科普场馆”的数据单独在线填报，不能与其他单位汇总填报。

附件

2018年度科普统计调查表

中华人民共和国科学技术部制定

国家统计局批准

2019年3月

填报说明

（一）调查目的

为了掌握国家科普资源基本状况，了解国家科普工作运行质量；切实履行科技部门的职责，建立有序的工作制度，特制定本报表制度。

（二）调查对象和统计范围

国家机关、社会团体和企事业单位等机构和组织。

（三）调查内容

本报表制度主要调查上述对象的科普人员、科普场地、科普经费、科普传媒、科普活动、创新创业中的科普等 6 个方面。

（四）调查频率和时间

本报表制度为年报。报告期为 1 月 1 日—12 月 31 日。

（五）调查方法

本调查为全面调查，填报单位需严格按照报表所规定的指标含义、指标解释进行填报。

（六）凡在表“KP-002 科普场地”的第一部分“科普场馆”填报数据的单位，均需确保此“科普场馆”的数据单独在线填报，不能与其他单位汇总填报。

（七）机构主管部门类别代码

发展改革部门（25）、教育部门（03）、科技管理部门（01）、工业和信息化部门（19）、民族事务部门（21）、公安部门（20）、民政部门（26）、人力资源和社会保障部门（27）、自然资源部门[含林业和草原系统（11）]（04）、生态环境部门（09）、住房和城乡建设部门（34）、交通运输部门（含民用航空系统、铁路系统）(33)、水利部门（35）、农业农村部门（05）、文化和旅游部门（06）[旅游部门（12）合并到文化部门（06）]、卫生健康部门（07）[计生部门（08）已合并到卫生部门（07）]、应急管理部门[含地震系统（14）、煤矿安全监察系统]（22）、中国人民银行（36）、国有资产监督管理部门（32）、市场监督管理部门[含药品监督管理系统（29）、知识产权系统（37）]（24）、广电部门（10）、体育部门（28）、中科院所属部门（13）、社科院所属部门（31）、气象部门（15）、粮食和储备系统（23）、国防科技工业部门（39）、共青团组织（16）、工会组织（18）、妇联组织（17）、科协组织（02）、其他部门（30）。

本报表制度根据《中华人民共和国统计法》的有关规定制定

《中华人民共和国统计法》第七条规定：国家机关、企业事业单位和其他组织及个体工商户和个人等统计调查对象，必须依照本法和国家有关规定，真实、准确、完整、及时地提供统计调查所需的资料，不得提供不真实或不完整的统计资料，不得迟报、拒报统计资料。

《中华人民共和国统计法》第九条规定：统计机构和统计人员对在统计工作中知悉的国家秘密、商业秘密和个人信息，应当予以保密。

《中华人民共和国统计法》第二十五条规定：统计调查中获得的能够识别或推断单个统计调查对象身份的资料，任何单位和个人不得对外提供、泄露，不得用于统计以外的目的。

报表目录

序号	表名	指标个数
表 1	科普人员	14
表 2	科普场地	33
表 3	科普经费	17
表 4	科普传媒	22
表 5	科普活动	19
表 6	创新创业中的科普	19
合计		124

调查表式

（一）调查单位基本情况

表号：　KP-000
制定机关：　科学技术部
批准机关：　国家统计局
批准文号：　国统制〔2018〕196 号

20　年　　　有效期至：　2021 年 12 月

<table>
<tr><td>101</td><td colspan="3">统一社会信用代码□□□□□□□□□□□□□□□□□□
尚未领取统一社会信用代码的，填写原组织机构代码号：
□□□□□□□□－□</td><td>102</td><td colspan="2">单位详细名称</td></tr>
<tr><td>103</td><td colspan="2">机构主管部门类别代码（见说明）□□</td><td colspan="2">104</td><td colspan="2">所属国民经济行业分类门类代码（见说明）□</td></tr>
<tr><td rowspan="5">105</td><td colspan="6">机构属性</td></tr>
<tr><td>政府部门</td><td>事业单位</td><td colspan="2">人民团体</td><td>企业</td><td>其他</td></tr>
<tr><td>□国家机关</td><td>□科研院所</td><td colspan="2">□中央机构编制部门直接管理类</td><td>□全民所有制企业</td><td>□其他</td></tr>
<tr><td></td><td>□高等教育机构</td><td colspan="2">□民政部门登记类</td><td>□非全民所有制企业</td><td></td></tr>
<tr><td></td><td>□其他</td><td colspan="2"></td><td></td><td></td></tr>
<tr><td>106</td><td colspan="6">单位级别
中央级 □　　省级 □　　市级 □　　区县级□</td></tr>
<tr><td>107</td><td colspan="6">单位所在地及区划
省(自治区、直辖市)　　地(区、市、州、盟)　　县(市、区、旗)
区划代码　□□□□□□□□□□□□</td></tr>
<tr><td>108</td><td colspan="6">单位经费来源情况：　□ 财政全额拨款　□ 财政差额拨款　□ 自收自支</td></tr>
<tr><td>109</td><td colspan="6">年末从业人员合计　　人　本年收入总额　　万元　本年支出总额　　万元</td></tr>
<tr><td>110</td><td colspan="3">法定代表人(单位负责人)</td><td colspan="3">填表人</td></tr>
<tr><td>111</td><td colspan="3">联系方式
长途区号　□□□□□
固定电话　□□□□□□□□-□□□□□□
邮政编码　□□□□□□</td><td colspan="3">移动电话　□□□□□□□□□□□
传真号码　□□□□□□□□-□□□□□□</td></tr>
</table>

说明：机构主管部门类别代码：

发展改革部门（25）、教育部门（03）、科技管理部门（01）、工业和信息化部门（含国防科工系统）（19）、民族事务部门（21）、公安部门（20）、民政部门（26）、人力资源社会保障部门（27）、自然资源部门[含林业和草原系统（11）]（04）、生态环境部门（09）、住房和城乡建设部门（34）、交通运输部门（含民用航空系统、铁路系统）（33）、水利部门（35）、农业农村部门（05）、文化和旅游部门（06）[旅游部门（12）合并到文化部门（06）]、卫生健康部门（07）[计生部门（08）已合并到卫生部门（07）]、应急管理部门[含地震系统（14）、煤矿安全监察系统]（22）、中国人民银行（36）、国有资产监督管理部门（32）、市场监督管理部门[含药品监督管理系统（29）、知识产权系统（37）]（24）、广电部门（10）、体育部门（28）、中科院所属部门（13）、社科院所属部门（31）、气象部门（15）、粮食和储备系统（23）、国防科技工业部门（39）、共青团组织（16）、工会组织（18）、妇联组织（17）、科协组织（02）、其他部门（30）

国民经济行业分类门类代码（GB/T 4754—2017）：A 农、林、牧、渔业；B 采矿业；C 制造业；D 电力、热力、燃气及水生产和供应业；E 建筑业；F 批发和零售业；G 交通运输、仓储和邮政业；H 住宿和餐饮业；I 信息传输、软件和信息技术服务业；J 金融业；K 房地产业；L 租赁和商务服务业；M 科学研究和技术服务业；N 水利、环境和公共设施管理业；O 居民服务、修理和其他服务业；P 教育；Q 卫生和社会工作；R 文化、体育和娱乐业；S 公共管理、社会保障和社会组织；T 国际组织

（二）科普人员

表号：　KP-001

制定机关：科学技术部

统一社会信用代码□□□□□□□□□□□□□□□□□□□□□　批准机关：国家统计局

尚未领取统一社会信用代码的填写原组织机构代码号□□□□□□□□－□　批准文号：国统制〔2018〕196号

单位详细名称：　20　年　有效期至：2021年12月

指标名称	计量单位	代码	数量
一、科普专职人员	人	KR100	
其中：中级职称及以上或本科及以上学历人员	人	KR110	
女性	人	KR120	
农村科普人员	人	KR130	
管理人员	人	KR140	
科普创作人员	人	KR150	
科普讲解人员	人	KR160	
二、科普兼职人员	人	KR200	
其中：中级职称及以上或本科及以上学历人员	人	KR210	
女性	人	KR220	
农村科普人员	人	KR230	
科普讲解人员	人	KR240	
年度实际投入工作量	人月	KR250	
三、注册科普志愿者	人	KR300	

单位负责人：　统计负责人：　填表人：　联系电话：　报出日期：20　年　月　日

说明：主要平衡关系：

KR110≤KR100，KR120≤KR100，KR130≤KR100，KR140≤KR100，KR150≤KR100，KR160≤KR100。

KR110、KR120、KR130、KR140、KR150、KR160 均为KR100 的子项，只是KR100 的一部分，所以数量值均要小于或等于KR100。

KR210≤KR200，KR220≤KR200，KR230≤KR200，KR250≤KR200。

KR210、KR220、KR230、KR250 均为KR200 的子项，只是KR200 的一部分，所以数量值均要小于或等于KR200。

（三）科普场地

表号：　KP-002

制定机关：科学技术部

统一社会信用代码□□□□□□□□□□□□□□□□□□　批准机关：国家统计局

尚未领取统一社会信用代码的填写原组织机构代码号□□□□□□□□－□　批准文号：国统制〔2018〕196号

单位详细名称：　20　年　有效期至：2021年12月

指标名称	计量单位	代码	数量
一、科普场馆	—	—	—
1. 科技馆	个	KC110	
建筑面积	平方米	KC111	
展厅面积	平方米	KC112	
参观人次	人次	KC113	
常设展品	件	KC114	
年累计免费开放天数	天	KC115	
门票收入	万元	KC116	
2. 科学技术类博物馆	个	KC120	
建筑面积	平方米	KC121	
展厅面积	平方米	KC122	
参观人次	人次	KC123	
常设展品	件	KC124	
年累计免费开放天数	天	KC125	
门票收入	万元	KC126	
3. 青少年科技馆站	个	KC130	
建筑面积	平方米	KC131	
展厅面积	平方米	KC132	
参观人次	人次	KC133	
常设展品	件	KC134	
年累计免费开放天数	天	KC135	
二、非场馆类科普基地	—	—	—
1. 个数	个	KC210	
2. 科普展厅面积	平方米	KC220	
3. 当年参观人次	人次	KC230	
三、公共场所科普宣传设施	—	—	—
1. 城市社区科普（技）专用活动室	个	KC310	

续表

指标名称	计量单位	代码	数量
2. 农村科普（技）活动场地	个	KC320	
3. 科普宣传专用车	辆	KC330	
4. 科普画廊	个	KC340	
四、科普基地	—	—	—
1. 国家级科普基地	个	KC410	
其中：享受过税收优惠的基地	个	KC411	
参观人次	人次	KC412	
2. 省级科普基地	个	KC420	
其中：享受过税收优惠的基地	个	KC421	
参观人次	人次	KC422	

单位负责人：　　统计负责人：　　填表人：　　联系电话：　　报出日期：20　年　月　日

说明：

1. 必须是以上列举的各类科技馆，如果以上列举中没有包括，则不在统计范围。

2. 对于建筑面积的要求：建筑面积在500平方米以下的，出租用于他用（商业经营等）或已丧失科普功能的，都不在此项统计范围内。

3. 展厅面积（KC112、KC122、KC132）：指用于各类展览的实际使用面积，不含公共设施、办公室和用于其他用途的使用面积。

4. 参观人次（KC113、KC123、KC133）：如果有参观票据，以票根上的年度内数字为准。如果没有参观票据，则以馆内统计的人数为准。馆内没有过任何统计，则填报零。不可随意填报。

5. 青少年科技馆，需专馆专用。例如，某学校的青少年活动中心，如果不是用来专门搞科普活动，不在统计范围以内。必须是以青少年科技馆、科技中心命名，并且专门用于开展面对青少年的科普宣传教育，方可计算在内。

6. 高等院校、科研机构、高新技术企业向公众开放的实验室和生产场所等不在统计范围内。

7. 免费开放天数，是指该场馆当年累计的免费开放天数。

8. 在场馆数量上，不能出现大于1的情况，因为每个场馆都要单独填报。

9. 场馆常设展品的件数，以完整呈现一个展出物品为1件。

（四）科普经费

表号： KP-003

制定机关： 科学技术部

统一社会信用代码□□□□□□□□□□□□□□□□□□ 批准机关： 国家统计局

尚未领取统一社会信用代码的填写原组织机构代码号□□□□□□□□－□ 批准文号： 国统制〔2018〕196 号

单位详细名称： 20 年 有效期至： 2021 年 12 月

指标名称	计量单位	代码	金额
一、年度科普经费筹集额	万元	KJ100	
1. 政府拨款	万元	KJ110	
其中：科普专项经费	万元	KJ111	
2. 捐赠	万元	KJ120	
3. 自筹资金	万元	KJ130	
4. 其他收入	万元	KJ140	
二、年度科普经费使用额	万元	KJ200	
1. 行政支出	万元	KJ210	
2. 科普活动支出	万元	KJ220	
3. 科普场馆基建支出	万元	KJ230	
其中：政府拨款支出	万元	KJ231	
其中：场馆建设支出	万元	KJ232	
其中：展品、设施支出	万元	KJ233	
4. 其他支出	万元	KJ240	
三、科技活动周经费专项统计	—	—	—
科技活动周经费筹集额	万元	KJ300	
其中：政府拨款	万元	KJ310	
企业赞助	万元	KJ320	

单位负责人： 统计负责人： 填表人： 联系电话： 报出日期：20 年 月 日

说明：

1. 主要平衡关系： KJ100＝KJ110＋KJ120＋KJ130＋KJ140；KJ110≥KJ111；KJ200＝KJ210＋KJ220＋KJ230＋KJ240；KJ230≥KJ231；KJ230≥KJ232；KJ230≥KJ233。

2. 经费部分，所有单位均为万元，不要误填。

（五）科普传媒

表号：　KP-004

制定机关：科学技术部

统一社会信用代码□□□□□□□□□□□□□□□□□□　批准机关：国家统计局

尚未领取统一社会信用代码的填写原组织机构代码号□□□□□□□□-□　批准文号：国统制〔2018〕196 号

单位详细名称：　20　年　有效期至：　2021 年 12 月

指标名称	计量单位	代码	数量
一、科普图书	—	—	—
1. 出版种数	种	KM110	
2. 年出版总册数	册	KM120	
二、科普期刊	—	—	—
1. 出版种数	种	KM210	
2. 年出版总册数	册	KM220	
三、科普（技）音像制品	—	—	—
1. 出版种数	种	KM310	
2. 光盘发行总量	张	KM320	
3.录音、录像带发行总量	盒	KM330	
四、科技类报纸年发行总份数	份	KM400	
五、电视台播出科普（技）节目时间	小时	KM500	
六、电台播出科普（技）节目时间	小时	KM600	
七、科普网站			
建设数量	个	KM700	
网站访问量	次	KM710	
发文量	篇	KM720	
发布科普视频数量	个	KM730	
八、发放科普读物和资料	份	KM800	
九、电子科普屏数量	块	KM900	
十、科普类微博			
创办数量	个	KM010	
发文量	篇	KM011	
阅读量	次	KM012	
十一、科普类微信公众号			
创办数量	个	KM020	

续表

指标名称	计量单位	代码	数量
发文量	篇	KM021	
阅读量	次	KM022	

单位负责人： 统计负责人： 填表人： 联系电话： 报出日期：20 年 月 日

说明：

1. 科普传媒是指各填报单位产出的科普作品，而不是填报单位订阅的资料。
2. 科普图书、期刊等印刷媒体需要有ISBN编号，或者有内部准印证的图书或期刊，也在统计范围内。

（六）科普活动

表号：　　KP-005

制定机关：科学技术部

统一社会信用代码□□□□□□□□□□□□□□□□□□□□□ 　批准机关：国家统计局

尚未领取统一社会信用代码的填写原组织机构代码号□□□□□□□□－□ 批准文号：国统制〔2018〕196 号

单位详细名称：　　　　　　20　年　　　　　有效期至：　2021 年 12 月

指标名称	计量单位	代码	数量
一、科普（技）讲座	—	—	—
举办次数	次	KH110	
参加人次	人次	KH120	
二、科普（技）展览	—	—	—
专题展览次数	次	KH210	
参观人次	人次	KH220	
三、科普（技）竞赛	—	—	—
举办次数	次	KH310	
参加人次	人次	KH320	
四、科普国际交流	—	—	—
举办次数	次	KH410	
参加人次	人次	KH420	
五、青少年科普	—	—	—
1. 成立青少年科技兴趣小组	—	—	—
个数	个	KH511	
参加人次	人次	KH512	
2. 科技夏（冬）令营	—	—	—
举办次数	次	KH521	
参加人次	人次	KH522	
六、科技活动周	—	—	—
科普专题活动次数	次	KH610	
参加人次	人次	KH620	
七、大学、科研机构向社会开放	—	—	—
开放单位个数	个	KH710	
参观人次	人次	KH720	

续表

指标名称	计量单位	代码	数量
八、举办实用技术培训	次	KH810	
参加人次	人次	KH820	
九、重大科普活动次数	次	KH900	

单位负责人：　　统计负责人：　　填表人：　　联系电话：　　报出日期：20　年　月　日

说明：

1. 填报单位组织的科普活动，本单位参加的活动不在统计范围内。

2. 多主办单位的活动由第一主办单位填报，如果第一填报单位不在调查统计范围内的可以由第二主办单位填报，以此类推。

（七）创新创业中的科普

表号：　KP-006

制定机关：科学技术部

组织机构代码□□□□□□□□□－□　　　　　批准机关：国家统计局

统一社会信用代码□□□□□□□□□□□□□□□□□□　　　批准文号：国统制〔2018〕196 号

单位详细名称：　　　　　　　　　　20　年　　　　　有效期至：2021 年 12 月

指标名称	计量单位	代码	数量
一、众创空间	—	—	—
1. 数量	个	KY110	
2. 办公场所建筑面积	平方米	KY120	
3. 工作人员数量	人	KY130	
4. 创业导师数量	人	KY140	
5. 服务创业人员数量	人	KY150	
6. 政府扶持经费金额	万元	KY160	
7. 孵化科技类项目数量	个	KY170	
二、科普类活动	—	—	—
1. 创新创业培训次数	次	KY210	
2. 创新创业培训参加人数	人次	KY211	
3. 科技类项目投资路演和宣传推介活动次数	次	KY220	
4. 科技类项目投资路演和宣传推介活动参加人数	人次	KY221	
5. 举办科技类创新创业赛事次数	次	KY230	
6. 科技类创新创业赛事参加人数	人次	KY231	
三、科普产业	—	—	—
1. 科普产品收入	个	KY310	
2. 科普出版收入	万元	KY320	
3. 科普影视收入	万元	KY330	
4. 科普游戏收入	万元	KY340	
5. 科普旅游收入	万元	KY350	
6. 其他科普收入	万元	KY360	

单位负责人：　　　　统计负责人：　　　　填表人：　　　　联系电话：　　　　报出日期：20　年　月　日

说明：众创空间指顺应新科技革命和产业变革新趋势、有效满足网络时代大众创新创业需求的新型创业服务平台。

附录 2　2018 年全国科普统计分类数据统计表

各项统计数据均未包括香港特别行政区、澳门特别行政区和台湾地区的数据。

科普宣传专用车、科普图书、科普期刊、科普网站、科普国际交流情况和创新创业中的科普情况均由市级以上（含市级）填报单位的数据统计得出。

非场馆类科普基地，因为理解差异，此次暂未列入。

东部、中部和西部地区的划分：东部地区包括北京、天津、河北、辽宁、上海、江苏、浙江、福建、山东、广东和海南 11 个省和直辖市；中部地区包括山西、吉林、黑龙江、安徽、江西、河南、湖北和湖南 8 个省；西部地区包括内蒙古、广西、重庆、四川、贵州、云南、西藏、陕西、甘肃、青海、宁夏和新疆 12 个省、自治区和直辖市。

附表 2-1　2018 年各省科普人员　　单位：人

Appendix table 2-1: S&T popularization personnel by region in 2018　　Unit: person

地　区 Region	科普专职人员 Full time S&T popularization personnel		
	人员总数 Total	中级职称及以上或大学本科及以上学历人员 With title of medium-rank or above /with college graduate or above	女性 Female
全　国 Total	223958	136623	88533
东　部 Eastern	89354	56070	37357
中　部 Middle	64853	39354	23725
西　部 Western	69751	41199	27451
北　京 Beijing	8490	6255	4745
天　津 Tianjin	2582	1727	1188
河　北 Hebei	15973	7488	6040
山　西 Shanxi	4792	2644	2259
内蒙古 Inner Mongolia	6422	3934	2792
辽　宁 Liaoning	8675	5641	3580
吉　林 Jilin	4606	3161	1914
黑龙江 Heilongjiang	4053	2795	1854
上　海 Shanghai	8702	6423	4407
江　苏 Jiangsu	9292	6855	3919
浙　江 Zhejiang	7813	5765	3418
安　徽 Anhui	9969	5782	2778
福　建 Fujian	5120	3188	1781
江　西 Jiangxi	7014	4189	2415
山　东 Shandong	12463	7065	4432
河　南 Henan	12356	7137	4999
湖　北 Hubei	10943	7346	3827
湖　南 Hunan	11120	6300	3679
广　东 Guangdong	8867	5116	3258
广　西 Guangxi	6075	2956	2207
海　南 Hainan	1377	547	589
重　庆 Chongqing	5241	3509	2098
四　川 Sichuan	12066	6463	4106
贵　州 Guizhou	4718	3017	1689
云　南 Yunnan	11791	7926	4748
西　藏 Tibet	452	235	173
陕　西 Shaanxi	7722	4717	2800
甘　肃 Gansu	6502	3895	2501
青　海 Qinghai	854	421	444
宁　夏 Ningxia	2201	1052	853
新　疆 Xinjiang	5707	3074	3040

附表 2-1 续表 Continued

地区	Region	科普专职人员 Full time S&T popularization personnel		
		农村科普人员 Rural S&T popularization personnel	管理人员 S&T popularization administrators	科普创作人员 S&T popularization creators
全 国	Total	64697	45175	15523
东 部	Eastern	20181	17554	7450
中 部	Middle	23439	13377	3523
西 部	Western	21077	14244	4550
北 京	Beijing	337	2004	1535
天 津	Tianjin	167	563	352
河 北	Hebei	3911	1874	535
山 西	Shanxi	1134	1076	188
内蒙古	Inner Mongolia	1575	1298	405
辽 宁	Liaoning	2281	1859	635
吉 林	Jilin	1522	1025	345
黑龙江	Heilongjiang	1075	888	187
上 海	Shanghai	1000	2064	1335
江 苏	Jiangsu	2360	2063	848
浙 江	Zhejiang	2114	1533	548
安 徽	Anhui	4734	1635	501
福 建	Fujian	1711	1208	274
江 西	Jiangxi	2412	1495	302
山 东	Shandong	3639	2091	675
河 南	Henan	3956	2818	584
湖 北	Hubei	4663	2142	695
湖 南	Hunan	3943	2298	721
广 东	Guangdong	2323	1990	607
广 西	Guangxi	2446	1265	570
海 南	Hainan	338	305	106
重 庆	Chongqing	1248	1217	679
四 川	Sichuan	3786	2944	736
贵 州	Guizhou	1702	1180	212
云 南	Yunnan	2995	1728	441
西 藏	Tibet	150	108	58
陕 西	Shaanxi	2714	1624	586
甘 肃	Gansu	1439	1319	366
青 海	Qinghai	58	173	81
宁 夏	Ningxia	871	489	129
新 疆	Xinjiang	2093	899	287

附表 2-1　续表　　　　Continued

地　区 Region	科普兼职人员 Part time S&T popularization personnel		
	人员总数 Total	年度实际投入工作量/人月 Annual actual workload (person-month)	中级职称及以上或大学本科及以上学历人员 With title of medium-rank or above /with college graduate or above
全　国 Total	1560912	1805318	822953
东　部 Eastern	711819	751311	375143
中　部 Middle	375730	487604	195978
西　部 Western	473363	566403	251832
北　京 Beijing	52829	51755	35672
天　津 Tianjin	27281	24516	17998
河　北 Hebei	77114	90813	39255
山　西 Shanxi	22184	15554	12819
内蒙古 Inner Mongolia	33554	27364	18037
辽　宁 Liaoning	42260	34302	23700
吉　林 Jilin	14918	20600	9050
黑龙江 Heilongjiang	24069	31087	12612
上　海 Shanghai	48652	81704	31709
江　苏 Jiangsu	96611	138902	56680
浙　江 Zhejiang	142316	116945	56982
安　徽 Anhui	55971	72672	32540
福　建 Fujian	62015	64292	36787
江　西 Jiangxi	44634	64559	24819
山　东 Shandong	91159	88250	36674
河　南 Henan	77041	107002	36863
湖　北 Hubei	70427	76477	39925
湖　南 Hunan	66486	99653	27350
广　东 Guangdong	65131	51507	37324
广　西 Guangxi	52939	63527	24105
海　南 Hainan	6451	8325	2362
重　庆 Chongqing	38238	48951	19302
四　川 Sichuan	90661	115227	47763
贵　州 Guizhou	38160	50235	22173
云　南 Yunnan	70214	95836	39082
西　藏 Tibet	3893	2098	1343
陕　西 Shaanxi	58037	66475	31003
甘　肃 Gansu	38614	35975	21677
青　海 Qinghai	10147	23654	5014
宁　夏 Ningxia	11573	14406	6777
新　疆 Xinjiang	27333	22655	15556

附表 2-1 续表 Continued

地区 Region	科普兼职人员 Part time S&T popularization personnel		注册科普志愿者 Registered S&T popularization volunteers
	女性 Female	农村科普人员 Rural S&T popularization personnel	
全 国 Total	621557	443841	2136883
东 部 Eastern	300324	175458	1070998
中 部 Middle	135375	123303	698688
西 部 Western	185858	145080	367197
北 京 Beijing	28190	6451	27300
天 津 Tianjin	15296	3164	14859
河 北 Hebei	33763	28786	32256
山 西 Shanxi	9848	6843	13881
内蒙古 Inner Mongolia	13632	7942	24239
辽 宁 Liaoning	20473	9644	46637
吉 林 Jilin	6471	4552	384271
黑龙江 Heilongjiang	8870	6385	17011
上 海 Shanghai	26795	4278	97532
江 苏 Jiangsu	41113	28262	413658
浙 江 Zhejiang	53107	27617	119645
安 徽 Anhui	20598	21165	34882
福 建 Fujian	23246	17759	62113
江 西 Jiangxi	16380	13670	42459
山 东 Shandong	32797	32871	50760
河 南 Henan	28037	27324	42471
湖 北 Hubei	25832	23414	77410
湖 南 Hunan	19339	19950	86303
广 东 Guangdong	23408	14077	204104
广 西 Guangxi	22885	15147	24110
海 南 Hainan	2136	2549	2134
重 庆 Chongqing	15392	11130	41345
四 川 Sichuan	34832	35066	47179
贵 州 Guizhou	12951	9849	37038
云 南 Yunnan	26619	24839	111508
西 藏 Tibet	1138	1930	156
陕 西 Shaanxi	23100	15323	21532
甘 肃 Gansu	14146	11298	15574
青 海 Qinghai	3552	1513	2100
宁 夏 Ningxia	4980	3814	17444
新 疆 Xinjiang	12631	7229	24972

附表 2-2 2018 年各省科普场地

Appendix table 2-2: S&T popularization venues and facilities by region in 2018

地 区 Region	科技馆/个 S&T museums	建筑面积/米 ^{2} Construction area (m^2)	展厅面积/米 ^{2} Exhibition area (m^2)	当年参观人数/人次 Visitors
全 国 Total	518	3997066	2019388	76365107
东 部 Eastern	262	2256490	1111518	39327551
中 部 Middle	129	791148	405533	16597869
西 部 Western	127	949428	502337	20439687
北 京 Beijing	28	318800	167134	6187673
天 津 Tianjin	4	23942	13880	480963
河 北 Hebei	17	117962	55683	1320116
山 西 Shanxi	4	31600	14339	1084200
内蒙古 Inner Mongolia	20	148864	73406	1592373
辽 宁 Liaoning	19	209431	86870	1940400
吉 林 Jilin	14	95544	43700	862100
黑龙江 Heilongjiang	9	103454	61437	3019500
上 海 Shanghai	31	190854	119025	5930371
江 苏 Jiangsu	23	196821	103613	3523203
浙 江 Zhejiang	26	263844	119518	3774288
安 徽 Anhui	19	134904	68894	2972325
福 建 Fujian	29	209008	103481	4172000
江 西 Jiangxi	5	61623	32942	785993
山 东 Shandong	29	244668	139956	5727246
河 南 Henan	16	108223	65869	3175576
湖 北 Hubei	49	189369	83591	2964466
湖 南 Hunan	13	66431	34761	1733709
广 东 Guangdong	37	378091	154220	5589722
广 西 Guangxi	7	108218	48717	2103206
海 南 Hainan	19	103069	48138	681569
重 庆 Chongqing	10	67524	42505	3576100
四 川 Sichuan	17	88339	53496	3220989
贵 州 Guizhou	11	66834	35592	987690
云 南 Yunnan	12	62554	32120	1268629
西 藏 Tibet	0	0	0	0
陕 西 Shaanxi	14	88607	47361	3504762
甘 肃 Gansu	11	68955	40670	1095463
青 海 Qinghai	3	41213	17753	640619
宁 夏 Ningxia	6	57505	30843	1207856
新 疆 Xinjiang	16	150815	79874	1242000

附表 2-2　续表　　　　Continued

地　区 Region	科学技术类博物馆/个 S&T related museums	建筑面积/米² Construction area (m^2)	展厅面积/米² Exhibition area (m^2)	当年参观人数/人次 Visitors	青少年科技馆站/个 Teenage S&T museums
全　国 Total	943	7092019	3237635	142316316	559
东　部 Eastern	499	3970220	1820800	89176652	203
中　部 Middle	160	1240950	510006	19491482	160
西　部 Western	284	1880849	906829	33648182	196
北　京 Beijing	81	988767	392202	20442314	12
天　津 Tianjin	9	189798	83094	4351864	4
河　北 Hebei	36	187448	87225	3899649	16
山　西 Shanxi	9	54080	26654	865600	13
内蒙古 Inner Mongolia	22	268883	114911	2973043	17
辽　宁 Liaoning	46	333384	138957	4157585	18
吉　林 Jilin	18	182167	44067	1959238	16
黑龙江 Heilongjiang	25	150528	80280	2610105	12
上　海 Shanghai	138	827440	459485	18734167	24
江　苏 Jiangsu	41	412116	176094	10404346	38
浙　江 Zhejiang	47	397591	174145	7494118	42
安　徽 Anhui	19	118279	57052	1238853	30
福　建 Fujian	28	168403	88388	4764719	11
江　西 Jiangxi	13	52961	14425	934945	24
山　东 Shandong	21	106874	60757	2079581	23
河　南 Henan	15	114857	32421	1751544	19
湖　北 Hubei	30	303052	164063	5085389	28
湖　南 Hunan	31	265026	91044	5045808	18
广　东 Guangdong	46	333254	145493	11488879	14
广　西 Guangxi	26	98889	58317	2694512	17
海　南 Hainan	6	25145	14960	1359430	1
重　庆 Chongqing	35	266905	142780	5051537	17
四　川 Sichuan	51	237466	139910	7776397	43
贵　州 Guizhou	11	134342	39125	728264	5
云　南 Yunnan	41	337709	146066	6103471	27
西　藏 Tibet	2	41088	14796	120009	1
陕　西 Shaanxi	25	114851	70121	1391576	19
甘　肃 Gansu	34	177368	78266	3652173	16
青　海 Qinghai	6	35630	12626	864000	2
宁　夏 Ningxia	12	53054	31876	1235651	3
新　疆 Xinjiang	19	114664	58035	1057549	29

附表 2-2　续表　　Continued

地　区 Region	城市社区科普（技）专用活动室/个 Urban community S&T popularization rooms	农村科普（技）活动场地/个 Rural S&T popularization sites	科普宣传专用车/辆 S&T popularization vehicles	科普画廊/个 S&T popularization galleries
全　国 Total	58648	252747	1365	161541
东　部 Eastern	27908	105679	580	95690
中　部 Middle	16381	76621	259	35502
西　部 Western	14359	70447	526	30349
北　京 Beijing	1246	1682	106	2615
天　津 Tianjin	1516	2647	74	2095
河　北 Hebei	1214	11083	39	4278
山　西 Shanxi	810	8545	35	2718
内蒙古 Inner Mongolia	1143	3236	98	986
辽　宁 Liaoning	2769	4933	21	3777
吉　林 Jilin	729	3091	17	1155
黑龙江 Heilongjiang	939	3954	34	2181
上　海 Shanghai	3423	1643	47	7166
江　苏 Jiangsu	4799	14636	44	16530
浙　江 Zhejiang	3847	20610	149	22974
安　徽 Anhui	1943	8255	38	5213
福　建 Fujian	2180	9509	20	8936
江　西 Jiangxi	1804	7252	37	5477
山　东 Shandong	3713	29293	27	20876
河　南 Henan	2495	13850	29	5723
湖　北 Hubei	4958	18168	26	7490
湖　南 Hunan	2703	13506	43	5545
广　东 Guangdong	3074	8374	46	6095
广　西 Guangxi	1145	6870	26	3445
海　南 Hainan	127	1269	7	348
重　庆 Chongqing	826	3456	91	4100
四　川 Sichuan	3338	20186	64	5058
贵　州 Guizhou	686	3052	7	1056
云　南 Yunnan	1459	11291	25	6385
西　藏 Tibet	77	511	21	106
陕　西 Shaanxi	1956	10419	53	3692
甘　肃 Gansu	937	4871	38	2077
青　海 Qinghai	119	308	10	549
宁　夏 Ningxia	646	2007	19	1008
新　疆 Xinjiang	2027	4240	74	1887

附表 2-3　2018 年各省科普经费　　单位：万元

Appendix table 2-3: S&T popularization funds by region in 2018　　Unit: 10000 yuan

地　区 Region		年度科普经费筹集额 Annual funding for S&T popularization	政府拨款 Government funds	科普专项经费 Special funds	捐赠 Donates	自筹资金 Self-raised funds	其他收入 Others
全　国	Total	1611380	1260150	620922	7255	261654	83043
东　部	Eastern	937637	697213	357085	4020	181698	55427
中　部	Middle	275799	232161	103876	1399	34833	7407
西　部	Western	397944	330777	159961	1836	45124	20209
北　京	Beijing	261786	189376	117005	1311	43654	27445
天　津	Tianjin	22726	15906	7109	32	6135	652
河　北	Hebei	50663	36122	9025	146	12983	1412
山　西	Shanxi	17630	15658	8378	1	1424	546
内蒙古	Inner Mongolia	24296	20146	7658	54	2089	2008
辽　宁	Liaoning	27589	19137	9181	131	7114	1207
吉　林	Jilin	18866	17759	7829	59	758	289
黑龙江	Heilongjiang	13041	11949	5090	13	804	274
上　海	Shanghai	179019	114315	59288	882	58280	5542
江　苏	Jiangsu	90066	72721	40187	194	12522	4630
浙　江	Zhejiang	108532	87479	38636	320	13470	7984
安　徽	Anhui	39772	34073	17775	82	4032	1585
福　建	Fujian	55343	41680	18685	382	9630	3651
江　西	Jiangxi	31552	25713	8814	385	4555	899
山　东	Shandong	38314	33661	14509	62	3718	873
河　南	Henan	33976	26408	13649	214	6595	758
湖　北	Hubei	74590	63839	24026	448	8953	1349
湖　南	Hunan	46373	36760	18315	196	7711	1706
广　东	Guangdong	92855	77686	39582	558	12856	1754
广　西	Guangxi	35001	29486	15353	62	3837	1616
海　南	Hainan	10743	9129	3880	2	1335	277
重　庆	Chongqing	43937	33233	14913	61	7369	3274
四　川	Sichuan	75920	62722	36228	241	11791	1165
贵　州	Guizhou	38820	33129	12899	385	2032	3274
云　南	Yunnan	60778	49990	21935	229	9020	1539
西　藏	Tibet	6298	5416	3928	241	162	480
陕　西	Shaanxi	40610	33154	18664	343	3844	3269
甘　肃	Gansu	26570	23193	7249	120	2603	654
青　海	Qinghai	10164	8673	6177	17	748	726
宁　夏	Ningxia	11830	9729	5503	45	626	1431
新　疆	Xinjiang	23720	21907	9454	37	1004	773

附表 2-3　续表　　　　Continued

地　区 Region	科技活动周经费筹集额 Funding for S&T week	政府拨款 Government funds	企业赞助 Corporate donates	年度科普经费使用额 Annual expenditure	行政支出 Administrative expenditure	科普活动支出 Activities expenditure
全　国 Total	45558	35348	2903	1592868	292231	847868
东　部 Eastern	22245	17832	1656	904374	158389	493289
中　部 Middle	9673	6981	749	269774	56445	132393
西　部 Western	13639	10535	498	418720	77397	222186
北　京 Beijing	3742	3076	237	248166	40396	151585
天　津 Tianjin	614	381	86	22793	6328	9667
河　北 Hebei	1090	825	97	48199	9744	21116
山　西 Shanxi	389	342	7	17755	3595	9293
内蒙古 Inner Mongolia	507	380	30	23478	2822	11766
辽　宁 Liaoning	870	596	171	27830	5610	12197
吉　林 Jilin	258	114	108	13185	1176	8928
黑龙江 Heilongjiang	419	351	17	13431	1630	7681
上　海 Shanghai	6258	5178	586	168779	9315	103680
江　苏 Jiangsu	3130	2381	200	90607	20548	47035
浙　江 Zhejiang	2326	1892	18	101153	26900	47186
安　徽 Anhui	1035	846	58	41751	8090	17912
福　建 Fujian	1094	857	97	53936	9341	25001
江　西 Jiangxi	1153	819	88	30297	8154	16693
山　东 Shandong	722	585	32	39484	5928	19333
河　南 Henan	1086	657	37	32088	7568	18586
湖　北 Hubei	2030	1345	262	74410	17038	28624
湖　南 Hunan	3305	2507	173	46856	9194	24676
广　东 Guangdong	2006	1742	85	93067	22384	50819
广　西 Guangxi	2583	2367	15	44332	6803	24324
海　南 Hainan	393	319	47	10360	1895	5670
重　庆 Chongqing	1483	1043	173	45312	5117	20360
四　川 Sichuan	1466	1141	66	74135	13504	41044
贵　州 Guizhou	1793	1569	58	36599	11436	19429
云　南 Yunnan	1092	718	32	64418	16166	40746
西　藏 Tibet	408	328	0	4109	184	2676
陕　西 Shaanxi	1590	1298	84	40740	9107	23790
甘　肃 Gansu	561	425	5	29333	2876	14204
青　海 Qinghai	413	385	7	10835	3539	4983
宁　夏 Ningxia	197	168	0	11646	1664	5251
新　疆 Xinjiang	1545	713	29	33785	4179	13613

附表 2-3　续表　　　　Continued

地　区 Region	科普场馆基建支出 Infrastructure expenditures	政府拨款支出 Government expenditures	场馆建设支出 Venue construction expenditures	展品、设施支出 Exhibits & facilities expenditures	其他支出 Others
	年度科普经费使用额　Annual expenditure				
全　国　Total	321174	144021	131218	125697	131595
东　部　Eastern	172582	86117	75049	71122	80114
中　部　Middle	62377	29380	25324	23729	18559
西　部　Western	86216	28524	30845	30846	32922
北　京　Beijing	19880	8057	8680	7431	36305
天　津　Tianjin	5409	2469	1556	2644	1389
河　北　Hebei	13483	10850	10676	1895	3856
山　西　Shanxi	1113	418	170	734	3755
内蒙古　Inner Mongolia	6235	1579	1816	1130	2655
辽　宁　Liaoning	8362	2149	5192	2303	1661
吉　林　Jilin	2856	273	318	2266	225
黑龙江　Heilongjiang	3125	1644	1149	1469	995
上　海　Shanghai	51592	28857	13238	30214	4193
江　苏　Jiangsu	15797	4567	6298	6609	7227
浙　江　Zhejiang	13294	6523	6149	5196	13773
安　徽　Anhui	13922	7527	7101	3103	1827
福　建　Fujian	16789	8142	9784	3850	2805
江　西　Jiangxi	3876	2050	1374	1675	1575
山　东　Shandong	11662	7671	7004	3694	2561
河　南　Henan	4326	704	1002	2434	1608
湖　北　Hubei	24210	14768	11765	8003	4538
湖　南　Hunan	8950	1996	2446	4045	4036
广　东　Guangdong	14070	6222	5138	6686	5795
广　西　Guangxi	11368	5575	2845	4474	1837
海　南　Hainan	2245	610	1334	599	550
重　庆　Chongqing	13855	4284	6990	6111	5979
四　川　Sichuan	13721	4142	6243	3961	5866
贵　州　Guizhou	1001	488	99	896	4734
云　南　Yunnan	5028	1600	946	1203	2478
西　藏　Tibet	650	469	174	361	599
陕　西　Shaanxi	6277	2152	3156	2021	1566
甘　肃　Gansu	10067	4272	4265	4871	2185
青　海　Qinghai	1424	71	101	792	888
宁　夏　Ningxia	2899	463	1629	1758	1831
新　疆　Xinjiang	13690	3430	2582	3267	2303

附表 2-4　2018 年各省科普传媒

Appendix table 2-4: S&T popularization media by region in 2018

地　区 Region	科普图书 Popular science books		科普期刊 Popular science journals	
	出版种数/种 Types of publications	出版总册数/册 Total copies	出版种数/种 Types of publications	出版总册数/册 Total copies
全　国 Total	11120	86065954	1339	67877371
东　部 Eastern	7464	66512461	673	49793898
中　部 Middle	2047	12921152	319	7036455
西　部 Western	1609	6632341	347	11047018
北　京 Beijing	4400	51365240	211	10361521
天　津 Tianjin	312	927760	34	3007600
河　北 Hebei	270	435094	28	312600
山　西 Shanxi	36	63000	21	154665
内蒙古 Inner Mongolia	123	370310	8	84400
辽　宁 Liaoning	418	1637322	41	7345638
吉　林 Jilin	460	502340	63	163000
黑龙江 Heilongjiang	248	908711	28	713900
上　海 Shanghai	1131	5545062	121	15781813
江　苏 Jiangsu	396	3788122	98	6940864
浙　江 Zhejiang	205	1044154	43	3504660
安　徽 Anhui	84	709700	25	1082700
福　建 Fujian	110	481525	23	85951
江　西 Jiangxi	544	8810360	57	3284030
山　东 Shandong	47	704650	19	213296
河　南 Henan	219	499530	30	188820
湖　北 Hubei	217	657211	32	872040
湖　南 Hunan	239	770300	63	577300
广　东 Guangdong	131	519032	49	2209755
广　西 Guangxi	190	834890	19	1494520
海　南 Hainan	44	64500	6	30200
重　庆 Chongqing	207	1709270	85	4212550
四　川 Sichuan	145	815313	38	2033858
贵　州 Guizhou	34	203300	19	67130
云　南 Yunnan	204	609297	46	793582
西　藏 Tibet	75	67750	19	45500
陕　西 Shaanxi	233	1005991	43	1607300
甘　肃 Gansu	240	580870	29	160600
青　海 Qinghai	40	73000	12	90201
宁　夏 Ningxia	38	138000	7	44000
新　疆 Xinjiang	80	224350	22	413377

附表 2-4　续表　　　　Continued

地　区　Region	科普（技）音像制品 Popularization audio and video products			科技类报纸年发行总份数/份 S&T newspaper printed copies
	出版种数/种 Types of publications	光盘发行总量/张 Total CD copies released	录音、录像带发行总量/盒 Total copies of audio and video publications	
全　国　Total	3669	4460603	175448	145461553
东　部　Eastern	1249	3100325	28833	79354724
中　部　Middle	1363	617794	63381	36152792
西　部　Western	1057	742484	83234	29954037
北　京　Beijing	144	792488	4224	17084307
天　津　Tianjin	60	37500	101	2842923
河　北　Hebei	37	63194	1801	4648737
山　西　Shanxi	129	10710	129	5187436
内蒙古　Inner Mongolia	128	34651	556	126231
辽　宁　Liaoning	241	457930	605	8290513
吉　林　Jilin	129	64262	5021	350140
黑龙江　Heilongjiang	46	74021	273	839011
上　海　Shanghai	99	1363295	300	16576316
江　苏　Jiangsu	264	24571	7631	16465443
浙　江　Zhejiang	94	21920	801	2470423
安　徽　Anhui	92	9522	1254	1242564
福　建　Fujian	49	41807	9107	746214
江　西　Jiangxi	246	61632	561	2312288
山　东　Shandong	72	9603	2563	5810251
河　南　Henan	280	163637	33553	2792333
湖　北　Hubei	267	35728	6399	9195780
湖　南　Hunan	174	198282	16191	14233240
广　东　Guangdong	171	252627	1700	4419597
广　西　Guangxi	112	14923	8712	16613333
海　南　Hainan	18	35390	0	0
重　庆　Chongqing	85	69657	32405	275567
四　川　Sichuan	165	232953	8156	1859415
贵　州　Guizhou	1	800	0	91500
云　南　Yunnan	150	130928	4403	1075183
西　藏　Tibet	39	72785	1140	2031500
陕　西　Shaanxi	58	29609	11000	4199003
甘　肃　Gansu	128	54452	11309	1147799
青　海　Qinghai	22	49319	0	2257312
宁　夏　Ningxia	33	45015	1	217208
新　疆　Xinjiang	136	7392	5552	59986

附表 2-4 续表 Continued

地 区 Region	电视台播出科普（技）节目时间/小时 Broadcasting time of popular science programs on TV (h)	电台播出科普（技）节目时间/小时 Broadcasting time of popular science programs on radio (h)	科普网站数/个 S&T popularization websites (unit)	发放科普读物和资料/份 Number of S&T popularization books and materials
全 国 Total	77979	53749	2688	697862863
东 部 Eastern	37280	24451	1321	315238684
中 部 Middle	19660	17493	607	159792915
西 部 Western	21039	11805	760	222831264
北 京 Beijing	2468	746	286	50748350
天 津 Tianjin	1290	635	73	8062478
河 北 Hebei	3311	2115	75	20922947
山 西 Shanxi	4345	3201	36	8934588
内蒙古 Inner Mongolia	3060	1655	61	7364054
辽 宁 Liaoning	4050	4390	81	10520415
吉 林 Jilin	396	208	66	5747826
黑龙江 Heilongjiang	1583	1730	59	9001787
上 海 Shanghai	10928	1455	213	30516668
江 苏 Jiangsu	307	1497	130	95042375
浙 江 Zhejiang	3850	3936	110	38377463
安 徽 Anhui	2487	4605	70	24645495
福 建 Fujian	1907	1611	93	12898438
江 西 Jiangxi	1719	833	62	14094267
山 东 Shandong	3944	2349	67	14411727
河 南 Henan	1846	981	117	22815199
湖 北 Hubei	3087	3066	113	44126245
湖 南 Hunan	4197	2869	84	30427508
广 东 Guangdong	5225	5709	172	30926394
广 西 Guangxi	507	7	65	26191979
海 南 Hainan	0	8	21	2811429
重 庆 Chongqing	76	1	109	19752806
四 川 Sichuan	4136	1626	136	38132739
贵 州 Guizhou	913	399	55	24128258
云 南 Yunnan	7041	2818	88	52854672
西 藏 Tibet	335	68	15	1043820
陕 西 Shaanxi	1601	1372	99	21042143
甘 肃 Gansu	1485	1358	70	14421619
青 海 Qinghai	212	20	15	4315069
宁 夏 Ningxia	0	0	22	5888583
新 疆 Xinjiang	1673	2481	25	7695522

附表 2-5 2018 年各省科普活动

Appendix table 2-5: S&T popularization activities by region in 2018

地 区 Region	科普（技）讲座 S&T popularization lectures		科普（技）展览 S&T popularization exhibitions	
	举办次数/次 Number of lectures held	参加人数/人次 Number of participants	专题展览次数/次 Number of exhibitions held	参观人数/人次 Number of participants
全 国 Total	910069	205507672	116403	255946219
东 部 Eastern	434880	124330299	47281	158618072
中 部 Middle	213035	33192310	30941	36382771
西 部 Western	262154	47985063	38181	60945376
北 京 Beijing	64064	73550370	4829	69813746
天 津 Tianjin	15564	1353241	2613	3774197
河 北 Hebei	23326	3482134	3128	5285542
山 西 Shanxi	17065	2178302	1688	1384354
内蒙古 Inner Mongolia	18346	1895679	2308	8048049
辽 宁 Liaoning	25803	3612265	3575	8295481
吉 林 Jilin	10104	2422115	2284	3176388
黑龙江 Heilongjiang	19046	4375696	1699	3286757
上 海 Shanghai	71527	10012138	6548	22406011
江 苏 Jiangsu	64362	9159517	6829	9275655
浙 江 Zhejiang	66420	6918640	7046	9974460
安 徽 Anhui	36382	3149214	4360	2948029
福 建 Fujian	26211	3802096	3400	4988774
江 西 Jiangxi	20488	3345655	4387	3655592
山 东 Shandong	34565	4452754	3157	6923444
河 南 Henan	34478	5563551	4573	6653309
湖 北 Hubei	44756	7924253	7703	7870693
湖 南 Hunan	30716	4233524	4247	7407649
广 东 Guangdong	40794	7652510	4804	17625452
广 西 Guangxi	20897	3256258	3366	4642475
海 南 Hainan	2244	334634	1352	255310
重 庆 Chongqing	20066	9315072	2265	7562301
四 川 Sichuan	41040	8035132	4703	9203412
贵 州 Guizhou	15990	2407145	1842	1955765
云 南 Yunnan	41607	4941953	6747	11349628
西 藏 Tibet	726	145619	147	356125
陕 西 Shaanxi	30336	5333521	4129	4842306
甘 肃 Gansu	24667	3713592	5922	8051368
青 海 Qinghai	7590	1535742	1162	1300937
宁 夏 Ningxia	7917	1539483	1260	1283200
新 疆 Xinjiang	32972	5865867	4330	2349810

附表 2-5 续表 Continued

地区 Region	科普（技）竞赛 S&T popularization competitions		科普国际交流 International S&T popularization exchanges	
	举办次数/次 Number of competitions held	参加人数/人次 Number of participants	举办次数/次 Number of exchanges held	参加人数/人次 Number of participants
全 国 Total	40032	183398951	2579	936604
东 部 Eastern	24295	139895531	1476	691099
中 部 Middle	7310	31131029	467	109195
西 部 Western	8427	12372391	636	136310
北 京 Beijing	2356	105349989	470	442803
天 津 Tianjin	717	1003884	62	26793
河 北 Hebei	1278	1431813	51	4130
山 西 Shanxi	405	497378	16	1982
内蒙古 Inner Mongolia	587	498262	17	3311
辽 宁 Liaoning	1370	1472607	56	5226
吉 林 Jilin	320	242702	30	8041
黑龙江 Heilongjiang	757	182633	30	1511
上 海 Shanghai	3601	3849349	291	142508
江 苏 Jiangsu	3322	14691670	196	21132
浙 江 Zhejiang	3010	2299967	83	6326
安 徽 Anhui	1423	859271	13	2242
福 建 Fujian	6120	1818542	85	30383
江 西 Jiangxi	803	3026323	38	5482
山 东 Shandong	1102	1510178	58	6065
河 南 Henan	949	6902446	26	2169
湖 北 Hubei	1801	14345015	49	8774
湖 南 Hunan	852	5075261	265	78994
广 东 Guangdong	1320	6357195	90	3865
广 西 Guangxi	792	1284981	94	5461
海 南 Hainan	99	110337	34	1868
重 庆 Chongqing	686	2080497	129	67778
四 川 Sichuan	958	2717389	68	24432
贵 州 Guizhou	653	461259	17	462
云 南 Yunnan	1043	1722351	137	17570
西 藏 Tibet	22	7479	4	30
陕 西 Shaanxi	1345	995593	99	12268
甘 肃 Gansu	867	1448323	29	2440
青 海 Qinghai	148	97329	2	33
宁 夏 Ningxia	245	254703	5	90
新 疆 Xinjiang	1081	804225	35	2435

附表 2-5　续表　　Continued

地区 Region		成立青少年科技兴趣小组 Teenage S&T interest groups		科技夏（冬）令营 Summer /winter science camps	
		兴趣小组数/个 Number of groups	参加人数/人次 Number of participants	举办次数/次 Number of camps held	参加人数/人次 Number of participants
全　国	Total	191910	17105984	14552	2317938
东　部	Eastern	86035	5713348	8720	1270804
中　部	Middle	59763	4833892	2837	456337
西　部	Western	46112	6558744	2995	590797
北　京	Beijing	3654	428270	1431	193315
天　津	Tianjin	2719	339757	437	120106
河　北	Hebei	9835	409135	213	39941
山　西	Shanxi	4226	211229	71	9173
内蒙古	Inner Mongolia	1530	163465	224	35809
辽　宁	Liaoning	5804	359990	354	64949
吉　林	Jilin	3936	240278	373	17323
黑龙江	Heilongjiang	2894	141606	198	24494
上　海	Shanghai	7269	517620	1895	247913
江　苏	Jiangsu	16520	974115	1664	223050
浙　江	Zhejiang	12492	672112	915	145528
安　徽	Anhui	6424	423495	405	72991
福　建	Fujian	4518	452863	633	62018
江　西	Jiangxi	3791	504676	626	93680
山　东	Shandong	11257	667395	519	74893
河　南	Henan	16515	1550321	279	65352
湖　北	Hubei	12934	858785	423	104608
湖　南	Hunan	9043	903502	462	68716
广　东	Guangdong	11621	850378	561	65101
广　西	Guangxi	4880	706123	126	15618
海　南	Hainan	346	41713	98	33990
重　庆	Chongqing	5158	1785841	219	81729
四　川	Sichuan	8156	986119	401	111431
贵　州	Guizhou	2637	652801	69	11954
云　南	Yunnan	5508	400822	297	63973
西　藏	Tibet	35	8336	14	1146
陕　西	Shaanxi	6361	288000	518	65649
甘　肃	Gansu	5009	445106	99	9017
青　海	Qinghai	353	7791	25	2184
宁　夏	Ningxia	3020	173303	40	4419
新　疆	Xinjiang	3465	941037	963	187868

附表 2-5 续表 Continued

地区 Region	科技活动周 Science & technology week		科研机构、大学向社会开放 Scientific institutions and universities open to public	
	科普专题活动次数/次 Number of S&T week held	参加人数/人次 Number of participants	开放单位数/个 Number of open units	参观人数/人次 Number of participants
全 国 Total	116828	161024339	10563	9966859
东 部 Eastern	51663	114043211	5057	5393559
中 部 Middle	25115	17902753	2774	1949760
西 部 Western	40050	29078375	2732	2623540
北 京 Beijing	3468	62230053	810	875414
天 津 Tianjin	3738	2129276	375	163247
河 北 Hebei	4044	2523290	420	262091
山 西 Shanxi	1800	987996	134	45006
内蒙古 Inner Mongolia	1613	1157719	103	55137
辽 宁 Liaoning	3375	2096460	489	444796
吉 林 Jilin	1186	965580	71	59760
黑龙江 Heilongjiang	2159	1924284	294	114440
上 海 Shanghai	7687	6672967	119	373078
江 苏 Jiangsu	9456	8359463	853	767782
浙 江 Zhejiang	8207	3623986	897	466829
安 徽 Anhui	3921	1846771	412	363934
福 建 Fujian	3802	2479067	259	256211
江 西 Jiangxi	3528	1750029	158	236614
山 东 Shandong	3738	3100679	198	196515
河 南 Henan	3853	3547134	851	247021
湖 北 Hubei	5508	3581414	419	665854
湖 南 Hunan	3160	3299545	435	217131
广 东 Guangdong	3480	20433398	480	1331990
广 西 Guangxi	3651	2359287	225	325008
海 南 Hainan	668	394572	157	255606
重 庆 Chongqing	3106	6764416	419	345396
四 川 Sichuan	5694	3649837	409	504756
贵 州 Guizhou	3080	1901852	93	45753
云 南 Yunnan	6303	3607544	212	308644
西 藏 Tibet	262	124713	15	3965
陕 西 Shaanxi	6579	4106100	655	297380
甘 肃 Gansu	3569	1964765	221	164504
青 海 Qinghai	563	478349	58	380970
宁 夏 Ningxia	1032	995099	102	56348
新 疆 Xinjiang	4598	1968694	220	135679

附表 2-5　续表　　　　　　Continued

地区	Region	举办实用技术培训 Practical skill trainings		重大科普活动次数/次 Number of grand popularization activities
		举办次数/次 Number of trainings held	参加人数/人次 Number of participants	
全　国	Total	535142	56640327	25661
东　部	Eastern	135446	17449700	10133
中　部	Middle	109317	12802264	6290
西　部	Western	290379	26388363	9238
北　京	Beijing	10193	721822	1056
天　津	Tianjin	6006	437781	410
河　北	Hebei	16851	2513730	814
山　西	Shanxi	9911	990547	582
内蒙古	Inner Mongolia	14709	1549271	703
辽　宁	Liaoning	8088	915046	732
吉　林	Jilin	7682	978975	275
黑龙江	Heilongjiang	14205	1808572	437
上　海	Shanghai	14367	2544508	1112
江　苏	Jiangsu	19993	1996338	1928
浙　江	Zhejiang	24128	2619748	1099
安　徽	Anhui	13334	1260680	821
福　建	Fujian	9818	1788692	785
江　西	Jiangxi	10666	869777	468
山　东	Shandong	11196	2740765	721
河　南	Henan	17306	1983869	1414
湖　北	Hubei	21979	3024927	1146
湖　南	Hunan	14234	1884917	1147
广　东	Guangdong	12406	987000	1325
广　西	Guangxi	22597	1852237	748
海　南	Hainan	2400	184270	151
重　庆	Chongqing	8029	978877	841
四　川	Sichuan	44161	3932823	1434
贵　州	Guizhou	18718	1793932	388
云　南	Yunnan	72315	5782435	1190
西　藏	Tibet	445	42848	186
陕　西	Shaanxi	35076	2771323	1261
甘　肃	Gansu	31618	2657727	1243
青　海	Qinghai	2667	231399	368
宁　夏	Ningxia	3894	374439	224
新　疆	Xinjiang	36150	4421052	652

附表 2-6　2018 年创新创业中的科普

Appendix table 2-6: S&T popularization activities in innovation and entrepreneurship in 2018

地区 Region	众创空间 Maker space		
	数量/个 Number of maker spaces	服务各类人员数量/人 Number of serving for people	孵化科技项目数量/个 Number of incubating S&T projects
全　国 Total	9771	2133475	185947
东　部 Eastern	4505	1286836	155843
中　部 Middle	1777	238310	14192
西　部 Western	3489	608329	15912
北　京 Beijing	609	929745	106321
天　津 Tianjin	273	27464	4901
河　北 Hebei	450	26722	5082
山　西 Shanxi	208	21956	1128
内蒙古 Inner Mongolia	278	13876	924
辽　宁 Liaoning	233	36545	2773
吉　林 Jilin	125	5338	198
黑龙江 Heilongjiang	183	12893	2630
上　海 Shanghai	1279	95821	22400
江　苏 Jiangsu	504	24742	4059
浙　江 Zhejiang	117	11639	1386
安　徽 Anhui	280	20057	1618
福　建 Fujian	492	34726	1028
江　西 Jiangxi	257	69403	1090
山　东 Shandong	175	19329	1862
河　南 Henan	117	11169	921
湖　北 Hubei	293	17265	1206
湖　南 Hunan	314	80229	5401
广　东 Guangdong	297	58738	5418
广　西 Guangxi	462	27756	1751
海　南 Hainan	76	21365	613
重　庆 Chongqing	217	20211	1395
四　川 Sichuan	269	21165	934
贵　州 Guizhou	99	7062	1406
云　南 Yunnan	503	36472	2729
西　藏 Tibet	51	7119	435
陕　西 Shaanxi	1332	449005	5192
甘　肃 Gansu	48	4594	322
青　海 Qinghai	12	2117	292
宁　夏 Ningxia	23	1813	263
新　疆 Xinjiang	195	17139	269

附表 2-6　续表　　　　Continued

地区 Region	创新创业培训 Innovation and entrepreneurship trainings		创新创业赛事 Innovation and entrepreneurship competitions	
	培训次数/次 Number of trainings	参加人数/人次 Number of participants	赛事次数/次 Number of competitions	参加人数/人次 Number of participants
全国　Total	80438	4797036	7546	3093316
东　部　Eastern	34094	2024177	3805	1570284
中　部　Middle	23411	1607270	1881	1078738
西　部　Western	22933	1165589	1860	444294
北　京　Beijing	2482	278040	331	147787
天　津　Tianjin	2211	81174	126	44054
河　北　Hebei	4224	183317	202	41542
山　西　Shanxi	3136	66503	68	18598
内蒙古　Inner Mongolia	2265	75491	179	16494
辽　宁　Liaoning	1784	157669	753	72946
吉　林　Jilin	1680	26045	37	11878
黑龙江　Heilongjiang	1923	89096	154	44040
上　海　Shanghai	11089	475142	870	337618
江　苏　Jiangsu	4536	215450	583	75139
浙　江　Zhejiang	2064	148148	482	75579
安　徽　Anhui	2506	141809	637	117943
福　建　Fujian	1682	96573	179	399706
江　西　Jiangxi	2767	573569	182	51044
山　东　Shandong	1141	174144	39	208892
河　南　Henan	2891	206029	264	71629
湖　北　Hubei	3330	223807	351	170357
湖　南　Hunan	5178	280412	188	593249
广　东　Guangdong	1536	122341	213	162119
广　西　Guangxi	2342	140224	230	55798
海　南　Hainan	1345	92179	27	4902
重　庆　Chongqing	2258	116302	222	56312
四　川　Sichuan	2889	180274	146	36795
贵　州　Guizhou	1589	27718	74	11740
云　南　Yunnan	2936	209272	110	19376
西　藏　Tibet	1805	18703	27	2176
陕　西　Shaanxi	3871	142340	559	169638
甘　肃　Gansu	916	92379	206	46102
青　海　Qinghai	362	37699	29	4496
宁　夏　Ningxia	315	21729	29	17570
新　疆　Xinjiang	1385	103458	49	7797

附录 3　2017 年全国科普统计分类数据统计表

各项统计数据均未包括香港特别行政区、澳门特别行政区和台湾地区的数据。

科普宣传专用车、科普图书、科普期刊、科普网站、科普国际交流情况和创新创业中的科普情况均由市级以上（含市级）填报单位的数据统计得出。

非场馆类科普基地，因为理解差异，此次暂未列入。

东部、中部和西部地区的划分：东部地区包括北京、天津、河北、辽宁、上海、江苏、浙江、福建、山东、广东和海南 11 个省和直辖市；中部地区包括山西、吉林、黑龙江、安徽、江西、河南、湖北和湖南 8 个省；西部地区包括内蒙古、广西、重庆、四川、贵州、云南、西藏、陕西、甘肃、青海、宁夏和新疆 12 个省、自治区和直辖市。

附表 3-1 2017 年各省科普人员

单位：人

Appendix table 3-1: S&T popularization personnel by region in 2017

Unit: person

地 区 Region	科普专职人员 Full time S&T popularization personnel		
	人员总数 Total	中级职称及以上或大学本科及以上学历人员 With title of medium-rank or above /with college graduate or above	女性 Female
全 国 Total	227008	139497	87980
东 部 Eastern	83922	55652	35464
中 部 Middle	67192	40268	23984
西 部 Western	75894	43577	28532
北 京 Beijing	8077	6103	4377
天 津 Tianjin	1780	1475	946
河 北 Hebei	10896	6765	4364
山 西 Shanxi	3353	1908	1719
内蒙古 Inner Mongolia	5025	3066	1909
辽 宁 Liaoning	7414	4963	2922
吉 林 Jilin	3606	2552	1428
黑龙江 Heilongjiang	4289	2730	1741
上 海 Shanghai	8779	6294	4369
江 苏 Jiangsu	11058	7836	4521
浙 江 Zhejiang	7857	5838	3443
安 徽 Anhui	8975	5600	2556
福 建 Fujian	4567	2926	1588
江 西 Jiangxi	6661	4309	2339
山 东 Shandong	14036	8156	5274
河 南 Henan	12569	7070	4737
湖 北 Hubei	13284	8776	4566
湖 南 Hunan	14455	7323	4898
广 东 Guangdong	7910	4651	2988
广 西 Guangxi	9046	4552	2918
海 南 Hainan	1548	645	672
重 庆 Chongqing	5232	3230	1765
四 川 Sichuan	12083	7160	4651
贵 州 Guizhou	3673	2375	1398
云 南 Yunnan	13580	8387	5710
西 藏 Tibet	394	208	181
陕 西 Shaanxi	9790	5504	3557
甘 肃 Gansu	8945	4618	2738
青 海 Qinghai	876	499	382
宁 夏 Ningxia	1729	816	747
新 疆 Xinjiang	5521	3162	2576

附表 3-1　续表　　　　Continued

地区　Region	科普专职人员　Full time S&T popularization personnel		
	农村科普人员 Rural S&T popularization personnel	管理人员 S&T popularization administrators	科普创作人员 S&T popularization creators
全　国　Total	72839	49110	14907
东　部　Eastern	21504	18590	7099
中　部　Middle	26374	14819	3589
西　部　Western	24961	15701	4219
北　京　Beijing	817	1924	1269
天　津　Tianjin	166	466	308
河　北　Hebei	3952	1934	492
山　西　Shanxi	597	873	188
内蒙古　Inner Mongolia	1255	1288	310
辽　宁　Liaoning	1837	2112	553
吉　林　Jilin	1468	1188	170
黑龙江　Heilongjiang	1555	943	265
上　海　Shanghai	1016	2193	1341
江　苏　Jiangsu	2980	2569	815
浙　江　Zhejiang	2332	1599	586
安　徽　Anhui	4609	1896	405
福　建　Fujian	1442	1081	248
江　西　Jiangxi	2239	1719	337
山　东　Shandong	4664	2424	875
河　南　Henan	4516	2926	661
湖　北　Hubei	6022	2451	804
湖　南　Hunan	5368	2823	759
广　东　Guangdong	1793	1987	531
广　西　Guangxi	4143	1428	416
海　南　Hainan	505	301	81
重　庆　Chongqing	1782	1020	599
四　川　Sichuan	4783	3281	765
贵　州　Guizhou	1012	1069	128
云　南　Yunnan	3747	1848	431
西　藏　Tibet	106	102	36
陕　西　Shaanxi	3433	2070	684
甘　肃　Gansu	1805	1615	309
青　海　Qinghai	54	195	79
宁　夏　Ningxia	591	475	127
新　疆　Xinjiang	2250	1310	335

附表 3-1 续表 Continued

地 区 Region	科普兼职人员 Part time S&T popularization personnel		
	人员总数 Total	年度实际投入工作量/人月 Annual actual workload (person-month)	中级职称及以上或大学本科及以上学历人员 With title of medium-rank or above /with college graduate or above
全 国 Total	1567453	1897764	857287
东 部 Eastern	682640	774860	389339
中 部 Middle	392958	514093	210134
西 部 Western	491855	608811	257814
北 京 Beijing	42958	48756	27564
天 津 Tianjin	15393	17437	11049
河 北 Hebei	78909	97856	39362
山 西 Shanxi	15963	13070	9704
内蒙古 Inner Mongolia	32586	30765	17171
辽 宁 Liaoning	49974	28761	28340
吉 林 Jilin	12764	14908	6166
黑龙江 Heilongjiang	25214	32847	16344
上 海 Shanghai	47980	80209	29192
江 苏 Jiangsu	110622	150594	66584
浙 江 Zhejiang	129620	151798	75924
安 徽 Anhui	47084	66034	24782
福 建 Fujian	58510	65953	31966
江 西 Jiangxi	43891	67939	24093
山 东 Shandong	77236	111356	38929
河 南 Henan	90610	118331	47611
湖 北 Hubei	78924	87368	44560
湖 南 Hunan	78508	113596	36874
广 东 Guangdong	62827	12523	36724
广 西 Guangxi	56026	81354	26519
海 南 Hainan	8611	9617	3705
重 庆 Chongqing	37857	54588	19341
四 川 Sichuan	93704	112804	50302
贵 州 Guizhou	38895	58113	21751
云 南 Yunnan	77081	105823	41257
西 藏 Tibet	1515	1432	638
陕 西 Shaanxi	61810	77805	33228
甘 肃 Gansu	38486	35355	17462
青 海 Qinghai	7129	4487	4029
宁 夏 Ningxia	11993	10058	7215
新 疆 Xinjiang	34773	36227	18901

附表 3-1　续表　　　　Continued

地区 Region	科普兼职人员 Part time S&T popularization personnel		注册科普志愿者 Registered S&T popularization volunteers
	女性 Female	农村科普人员 Rural S&T popularization personnel	
全　国 Total	633280	499269	2256036
东　部 Eastern	288197	193630	1357608
中　部 Middle	146799	140923	527018
西　部 Western	198284	164716	371410
北　京 Beijing	24228	6233	23709
天　津 Tianjin	8110	2978	11736
河　北 Hebei	35034	31419	51037
山　西 Shanxi	6997	3903	12642
内蒙古 Inner Mongolia	13674	9752	28241
辽　宁 Liaoning	23830	12129	54350
吉　林 Jilin	5997	5134	19302
黑龙江 Heilongjiang	11399	6515	27478
上　海 Shanghai	26343	4493	101716
江　苏 Jiangsu	40659	32816	721130
浙　江 Zhejiang	52573	36102	123148
安　徽 Anhui	17234	18588	45547
福　建 Fujian	20289	17129	34876
江　西 Jiangxi	16036	13844	35934
山　东 Shandong	30778	32280	56673
河　南 Henan	35990	32280	188785
湖　北 Hubei	28128	26898	105229
湖　南 Hunan	25018	33761	92101
广　东 Guangdong	22797	14446	174905
广　西 Guangxi	25077	16364	25576
海　南 Hainan	3556	3605	4328
重　庆 Chongqing	15854	12650	46730
四　川 Sichuan	38792	38485	45217
贵　州 Guizhou	13113	11834	43392
云　南 Yunnan	31595	29456	99661
西　藏 Tibet	528	634	31
陕　西 Shaanxi	24878	17647	27734
甘　肃 Gansu	11191	9874	23602
青　海 Qinghai	2741	505	1842
宁　夏 Ningxia	5467	3584	18637
新　疆 Xinjiang	15374	13931	10747

附表 3-2　2017 年各省科普场地

Appendix table3-2: S&T popularization venues and facilities by region in 2017

地　区 Region	科技馆/个 S&T museums	建筑面积/米 ^{2} Construction area (m^2)	展厅面积/米 ^{2} Exhibition area (m^2)	当年参观人数/人次 Visitors
全　国 Total	488	3710704	1800353	63017452
东　部 Eastern	259	2023316	967877	34395395
中　部 Middle	113	747858	363891	14219882
西　部 Western	116	939530	468585	14402175
北　京 Beijing	29	248542	119358	4698814
天　津 Tianjin	1	18000	10000	487034
河　北 Hebei	11	66732	34316	1075780
山　西 Shanxi	4	35400	16059	1307000
内蒙古 Inner Mongolia	17	118806	45075	2089308
辽　宁 Liaoning	17	207117	82893	1991700
吉　林 Jilin	8	16903	8250	88600
黑龙江 Heilongjiang	8	102954	60606	2677000
上　海 Shanghai	31	196485	118564	5440382
江　苏 Jiangsu	18	173026	86693	3038965
浙　江 Zhejiang	24	280660	120762	4556878
安　徽 Anhui	13	131520	56571	3057304
福　建 Fujian	36	133415	72972	2829809
江　西 Jiangxi	5	61623	32942	702528
山　东 Shandong	30	201547	109205	3457635
河　南 Henan	14	103127	61334	2180200
湖　北 Hubei	50	220340	96148	3071825
湖　南 Hunan	11	75991	31981	1135425
广　东 Guangdong	43	393899	168161	5545032
广　西 Guangxi	6	107318	50637	1617610
海　南 Hainan	19	103893	44953	1273366
重　庆 Chongqing	10	81868	42770	2991300
四　川 Sichuan	17	92724	57376	1106470
贵　州 Guizhou	9	61344	31659	625800
云　南 Yunnan	13	53458	26800	1180642
西　藏 Tibet	1	33000	12000	100000
陕　西 Shaanxi	13	96361	48890	1154177
甘　肃 Gansu	8	68623	41230	247596
青　海 Qinghai	3	41213	17753	732672
宁　夏 Ningxia	6	52905	29963	1316108
新　疆 Xinjiang	13	131910	64432	1240492

附表 3-2 续表 Continued

地 区 Region	科学技术类博物馆/个 S&T related museums	建筑面积/米 2 Construction area (m^2)	展厅面积/米 2 Exhibition area (m^2)	当年参观人数/人次 Visitors	青少年科技馆站/个 Teenage S&T museums
全 国 Total	951	6585799	3199889	141934662	549
东 部 Eastern	521	3943086	1957681	87822474	183
中 部 Middle	132	956088	457606	15543418	152
西 部 Western	298	1686625	784602	38568770	214
北 京 Beijing	82	1039394	406354	24385834	12
天 津 Tianjin	8	155315	77913	2451806	5
河 北 Hebei	36	199050	90190	3482407	23
山 西 Shanxi	4	35929	19640	607000	3
内蒙古 Inner Mongolia	20	159807	86770	1305146	16
辽 宁 Liaoning	54	441892	168720	5617266	17
吉 林 Jilin	9	63872	33924	638272	16
黑龙江 Heilongjiang	24	151728	80490	2673354	19
上 海 Shanghai	137	827507	451902	19168083	24
江 苏 Jiangsu	46	342424	144203	11101145	27
浙 江 Zhejiang	49	361007	187278	8181739	37
安 徽 Anhui	21	124820	58350	1804822	26
福 建 Fujian	22	122234	206188	1713588	3
江 西 Jiangxi	10	17450	9900	1060187	23
山 东 Shandong	35	184038	101230	4507203	19
河 南 Henan	12	83217	21890	1061548	12
湖 北 Hubei	31	296943	158569	3556830	35
湖 南 Hunan	21	182129	74843	4141405	18
广 东 Guangdong	46	262061	117620	6977620	13
广 西 Guangxi	21	92185	55997	1675436	24
海 南 Hainan	6	8164	6083	235783	3
重 庆 Chongqing	39	325649	130303	7555347	16
四 川 Sichuan	56	273245	133602	6784172	49
贵 州 Guizhou	12	132007	34823	506242	9
云 南 Yunnan	49	234821	121453	5406005	27
西 藏 Tibet	0	0	0	0	1
陕 西 Shaanxi	31	160250	89411	9315362	26
甘 肃 Gansu	32	115666	50021	2210621	18
青 海 Qinghai	5	31430	11826	1152800	4
宁 夏 Ningxia	11	50450	27690	1825490	1
新 疆 Xinjiang	22	111115	42706	832149	23

附表 3-2　续表　　　　Continued

地　区 Region	城市社区科普（技）专用活动室/个 Urban community S&T popularization rooms	农村科普（技）活动场地/个 Rural S&T popularization sites	科普宣传专用车/辆 S&T popularization vehicles	科普画廊/个 S&T popularization galleries
全　国 Total	71445	342258	1694	175397
东　部 Eastern	36336	123806	634	103346
中　部 Middle	18519	137470	524	35699
西　部 Western	16590	80982	536	36352
北　京 Beijing	1582	1870	84	3414
天　津 Tianjin	1497	6420	66	1782
河　北 Hebei	1292	11993	40	4516
山　西 Shanxi	762	12897	147	2740
内蒙古 Inner Mongolia	1268	3636	99	2018
辽　宁 Liaoning	4687	8883	87	7349
吉　林 Jilin	617	4147	14	1254
黑龙江 Heilongjiang	1119	4813	40	2025
上　海 Shanghai	3531	1751	53	7599
江　苏 Jiangsu	6086	14753	45	19487
浙　江 Zhejiang	8153	22319	154	18976
安　徽 Anhui	2246	7894	29	5384
福　建 Fujian	2398	8933	14	8794
江　西 Jiangxi	1827	8152	48	5145
山　东 Shandong	3921	36120	28	23424
河　南 Henan	2102	17347	79	5189
湖　北 Hubei	6159	20043	136	7817
湖　南 Hunan	3687	62177	31	6145
广　东 Guangdong	2875	9143	49	7249
广　西 Guangxi	1109	7896	25	4162
海　南 Hainan	314	1621	14	756
重　庆 Chongqing	1527	4074	102	4078
四　川 Sichuan	3569	22246	68	5776
贵　州 Guizhou	585	3800	17	1375
云　南 Yunnan	1834	14217	34	8106
西　藏 Tibet	98	493	11	199
陕　西 Shaanxi	2527	10728	45	4500
甘　肃 Gansu	1025	5614	39	1916
青　海 Qinghai	105	501	19	453
宁　夏 Ningxia	552	1911	14	1114
新　疆 Xinjiang	2391	5866	63	2655

附表 3-3 2017 年各省科普经费

单位：万元

Appendix table 3-3: S&T popularization funds by region in 2017 Unit: 10000 yuan

地 区 Region	年度科普经费筹集额 Annual funding for S&T popularization	政府拨款 Government funds	科普专项经费 Special funds	捐赠 Donates	自筹资金 Self-raised funds	其他收入 Others
全 国 Total	1600541	1229580	626945	18684	288071	63842
东 部 Eastern	917512	679823	368398	14830	191092	31879
中 部 Middle	276413	220753	100717	884	40007	14794
西 部 Western	406616	329004	157830	2970	56972	17169
北 京 Beijing	269586	194379	113276	988	66363	7867
天 津 Tianjin	23422	18141	8722	13	4398	875
河 北 Hebei	28019	20850	11790	88	5037	2047
山 西 Shanxi	19387	14758	6916	41	1182	3408
内蒙古 Inner Mongolia	38227	35096	6024	28	2942	156
辽 宁 Liaoning	28877	21990	12144	146	5066	1677
吉 林 Jilin	6104	3985	2002	6	1966	149
黑龙江 Heilongjiang	17227	15227	6606	28	1508	466
上 海 Shanghai	173064	113300	54812	724	54211	4835
江 苏 Jiangsu	92924	70746	42047	866	17540	3773
浙 江 Zhejiang	98799	84485	43206	593	10853	2883
安 徽 Anhui	39583	30887	15985	124	3888	4685
福 建 Fujian	59696	38028	20100	11168	8143	2414
江 西 Jiangxi	29589	24304	11222	141	4417	731
山 东 Shandong	44630	34320	19330	37	7090	3184
河 南 Henan	40457	28994	12971	92	10345	1028
湖 北 Hubei	76339	65197	25106	247	9173	1725
湖 南 Hunan	47727	37401	19909	205	7528	2602
广 东 Guangdong	88147	75222	38694	207	10886	1843
广 西 Guangxi	37716	31036	17510	68	4509	2112
海 南 Hainan	10348	8362	4277	0	1505	481
重 庆 Chongqing	39622	32395	18110	285	5100	1846
四 川 Sichuan	78125	60710	31145	1236	14052	2133
贵 州 Guizhou	36961	30325	10996	203	3956	2474
云 南 Yunnan	64108	52466	24024	367	9003	1733
西 藏 Tibet	6645	6492	4447	0	92	61
陕 西 Shaanxi	42108	29897	15828	48	9860	2308
甘 肃 Gansu	16202	12700	5501	269	2283	969
青 海 Qinghai	10330	8697	7427	4	826	805
宁 夏 Ningxia	10323	8034	5282	93	520	1675
新 疆 Xinjiang	26249	21156	11536	369	3829	897

附表 3-3 续表 Continued

地区 Region	科技活动周经费筹集额 Funding for S&T week	政府拨款 Government funds	企业赞助 Corporate donates	年度科普经费使用额 Annual expenditure	行政支出 Administrative expenditure	科普活动支出 Activities expenditure
全 国 Total	49850	37638	3676	1613614	244299	875876
东 部 Eastern	26222	20234	2129	902599	129458	518263
中 部 Middle	10636	7609	858	280622	50378	145164
西 部 Western	12992	9795	689	430393	64463	212449
北 京 Beijing	4093	3112	367	234019	32527	152638
天 津 Tianjin	598	366	57	22583	6310	10756
河 北 Hebei	1155	876	89	31494	2276	15627
山 西 Shanxi	491	303	109	23193	3947	10714
内蒙古 Inner Mongolia	679	533	43	35990	2244	9472
辽 宁 Liaoning	1176	835	219	29111	4732	17519
吉 林 Jilin	143	104	0	5518	863	3691
黑龙江 Heilongjiang	294	239	28	15507	1803	8343
上 海 Shanghai	6241	4898	569	164773	9806	104822
江 苏 Jiangsu	3835	2848	191	98506	17173	53192
浙 江 Zhejiang	2412	2054	92	106569	19153	46883
安 徽 Anhui	1148	935	112	45700	5572	27471
福 建 Fujian	1270	935	127	71424	8589	36098
江 西 Jiangxi	1419	922	89	28358	7372	15026
山 东 Shandong	1160	641	77	47969	7642	24472
河 南 Henan	1200	852	40	37564	8007	21122
湖 北 Hubei	2480	1669	291	77023	14445	33430
湖 南 Hunan	3461	2585	189	47759	8369	25367
广 东 Guangdong	3612	3104	292	87149	19603	51026
广 西 Guangxi	1947	1566	119	39403	6472	19242
海 南 Hainan	670	565	49	9002	1647	5230
重 庆 Chongqing	1664	1068	190	46469	6004	21933
四 川 Sichuan	1978	1368	79	88721	11271	38815
贵 州 Guizhou	1593	1439	44	37244	8955	20335
云 南 Yunnan	1494	1020	77	63281	10074	40250
西 藏 Tibet	190	166	0	6268	366	4621
陕 西 Shaanxi	1353	988	72	44393	8291	24933
甘 肃 Gansu	638	495	8	14966	2048	8914
青 海 Qinghai	290	200	11	9528	2823	4371
宁 夏 Ningxia	172	126	1	10184	1664	6360
新 疆 Xinjiang	994	826	45	33946	4251	13203

附表 3-3 续表 Continued

地 区 Region	科普场馆基建支出 Infrastructure expenditures	年度科普经费使用额 Annual expenditure			其他支出 Others
		政府拨款支出 Government expenditures	场馆建设支出 Venue construction expenditures	展品、设施支出 Exhibits & facilities expenditures	
全 国 Total	374126	143062	161783	157925	118522
东 部 Eastern	184874	80569	78521	77787	68786
中 部 Middle	63936	25513	31130	23862	21329
西 部 Western	125316	36980	52132	56276	28407
北 京 Beijing	21709	10620	7026	8983	25754
天 津 Tianjin	4714	1996	2034	2627	815
河 北 Hebei	10986	8682	8149	2581	2608
山 西 Shanxi	4240	3833	201	4051	4312
内蒙古 Inner Mongolia	23754	5761	13971	5676	517
辽 宁 Liaoning	5632	2918	2164	2657	1236
吉 林 Jilin	688	257	238	327	277
黑龙江 Heilongjiang	4270	1689	1442	2123	1104
上 海 Shanghai	46027	22104	17513	25421	4150
江 苏 Jiangsu	21744	7803	7800	11058	6433
浙 江 Zhejiang	23528	6631	8709	5117	17033
安 徽 Anhui	12059	6095	7930	3562	628
福 建 Fujian	23708	7527	12898	7288	3047
江 西 Jiangxi	3032	1485	1148	1073	2950
山 东 Shandong	13416	6828	6453	5282	2446
河 南 Henan	5418	542	2406	2325	3044
湖 北 Hubei	24618	8804	13660	6652	4558
湖 南 Hunan	9611	2808	4105	3749	4456
广 东 Guangdong	11643	4789	4884	6058	4899
广 西 Guangxi	10681	7856	4190	4739	3031
海 南 Hainan	1767	671	891	715	365
重 庆 Chongqing	13872	4965	5230	4771	4675
四 川 Sichuan	33155	5094	14070	16968	5522
贵 州 Guizhou	4298	2330	1783	1315	3689
云 南 Yunnan	9307	5239	6003	9618	3677
西 藏 Tibet	1128	1048	676	89	156
陕 西 Shaanxi	9096	535	2802	5038	2101
甘 肃 Gansu	3360	1422	1370	1402	690
青 海 Qinghai	1456	92	148	1205	886
宁 夏 Ningxia	1182	351	446	790	985
新 疆 Xinjiang	14027	2287	1443	4665	2478

附表 3-4　2017 年各省科普传媒

Appendix table 3-4: S&T popularization media by region in 2017

地　区 Region	科普图书 Popular science books		科普期刊 Popular science journals	
	出版种数/种 Types of publications	出版总册数/册 Total copies	出版种数/种 Types of publications	出版总册数/册 Total copies
全　国 Total	14059	111875518	1252	125437946
东　部 Eastern	8655	72704552	651	100881597
中　部 Middle	2797	27547001	204	7906093
西　部 Western	2607	11623965	397	16650256
北　京 Beijing	4240	46316898	117	8121976
天　津 Tianjin	380	1908430	39	18391718
河　北 Hebei	474	2016031	29	1878860
山　西 Shanxi	155	982850	35	1154950
内蒙古 Inner Mongolia	308	1099014	14	226500
辽　宁 Liaoning	515	2110418	42	7795281
吉　林 Jilin	384	3060090	9	42750
黑龙江 Heilongjiang	246	1018910	13	821200
上　海 Shanghai	1023	5559696	119	19432700
江　苏 Jiangsu	666	5488648	86	4764111
浙　江 Zhejiang	357	3372279	65	1612820
安　徽 Anhui	96	1166700	22	106820
福　建 Fujian	111	662830	32	1867966
江　西 Jiangxi	672	9384610	36	3410460
山　东 Shandong	80	765800	37	787200
河　南 Henan	448	2318048	26	497300
湖　北 Hubei	241	1169043	50	324943
湖　南 Hunan	555	8446750	13	1547670
广　东 Guangdong	741	4167622	75	36204365
广　西 Guangxi	227	1103138	26	824485
海　南 Hainan	68	335900	10	24600
重　庆 Chongqing	251	2280800	73	6149450
四　川 Sichuan	225	1047427	50	3779942
贵　州 Guizhou	47	375200	16	133200
云　南 Yunnan	257	495324	66	2156244
西　藏 Tibet	33	104380	4	34000
陕　西 Shaanxi	244	2285760	52	1275230
甘　肃 Gansu	291	1262926	38	398273
青　海 Qinghai	152	226268	14	64400
宁　夏 Ningxia	104	188700	9	22800
新　疆 Xinjiang	468	1155028	35	1585732

附表 3-4 续表 Continued

地 区 Region	科普（技）音像制品 Popularization audio and video products			科技类报纸年发行总份数/份 S&T newspaper printed copies
	出版种数/种 Types of publications	光盘发行总量/张 Total CD copies released	录音、录像带发行总量/盒 Total copies of audio and video publications	
全 国 Total	4255	5696954	391964	490629330
东 部 Eastern	1690	3384325	165524	142969647
中 部 Middle	1337	1036930	132950	293724296
西 部 Western	1228	1275699	93490	53935387
北 京 Beijing	349	1627431	105508	27222075
天 津 Tianjin	54	83750	100	3594510
河 北 Hebei	54	126046	12732	27429249
山 西 Shanxi	161	77189	70239	18741758
内蒙古 Inner Mongolia	121	63736	11237	238069
辽 宁 Liaoning	307	519369	21374	8772120
吉 林 Jilin	17	12819	150	282152
黑龙江 Heilongjiang	98	114830	2570	772032
上 海 Shanghai	78	486405	1500	14851913
江 苏 Jiangsu	246	134242	1344	17653253
浙 江 Zhejiang	186	68624	1335	9920793
安 徽 Anhui	108	20792	2168	119312
福 建 Fujian	53	104748	11927	1897210
江 西 Jiangxi	189	105372	1961	10187009
山 东 Shandong	63	24717	3042	2649721
河 南 Henan	152	162869	32421	6589094
湖 北 Hubei	287	58979	6782	12046130
湖 南 Hunan	325	484080	16659	244986809
广 东 Guangdong	228	182383	6062	28978792
广 西 Guangxi	92	15254	2326	18635505
海 南 Hainan	72	26610	600	11
重 庆 Chongqing	75	70592	33803	302223
四 川 Sichuan	182	301682	10723	2942436
贵 州 Guizhou	13	2540	40	71768
云 南 Yunnan	285	220089	19936	1898228
西 藏 Tibet	12	12102	1450	2105500
陕 西 Shaanxi	85	49672	2050	23718702
甘 肃 Gansu	147	99579	9345	1151913
青 海 Qinghai	31	35358	0	1716203
宁 夏 Ningxia	53	52073	52	351801
新 疆 Xinjiang	132	353022	2528	803039

附表 3-4　续表　　　　Continued

地　区 Region	电视台播出科普（技）节目时间/小时 Broadcasting time of popular science programs on TV (h)	电台播出科普（技）节目时间/小时 Broadcasting time of popular science programs on radio (h)	科普网站数/个 S&T popularization websites (unit)	发放科普读物和资料/份 Numberof S&T popularization books and materials
全　国 Total	89741	73737	2570	785942063
东　部 Eastern	44301	36819	1281	323563724
中　部 Middle	21399	18554	553	181355894
西　部 Western	24041	18364	736	281022445
北　京 Beijing	4261	9109	270	46985150
天　津 Tianjin	3508	235	65	6593808
河　北 Hebei	4912	1620	66	23570473
山　西 Shanxi	2174	3863	42	11986115
内蒙古 Inner Mongolia	990	675	52	10734105
辽　宁 Liaoning	8180	9196	110	17268532
吉　林 Jilin	143	144	15	6419675
黑龙江 Heilongjiang	2438	706	52	33641382
上　海 Shanghai	1375	1336	222	32664910
江　苏 Jiangsu	2612	1666	132	92868468
浙　江 Zhejiang	5675	4146	113	32737201
安　徽 Anhui	1870	2587	87	21659902
福　建 Fujian	4178	2579	58	12894910
江　西 Jiangxi	3319	1254	85	15917334
山　东 Shandong	5416	2056	70	18849217
河　南 Henan	4074	2103	82	25329459
湖　北 Hubei	2874	2811	90	31170401
湖　南 Hunan	4507	5086	100	35231626
广　东 Guangdong	4182	4853	151	34709126
广　西 Guangxi	4161	2562	59	44070328
海　南 Hainan	2	23	24	4421929
重　庆 Chongqing	21	1	120	21643259
四　川 Sichuan	5270	3448	115	44696773
贵　州 Guizhou	1746	1429	36	21114204
云　南 Yunnan	1193	1111	87	54954466
西　藏 Tibet	18	15	14	280222
陕　西 Shaanxi	4771	2282	102	24200655
甘　肃 Gansu	2683	1837	77	19455348
青　海 Qinghai	392	400	16	25075010
宁　夏 Ningxia	83	114	22	5079832
新　疆 Xinjiang	2713	4490	36	9718243

附表 3-5 2017 年各省科普活动

Appendix table 3-5: S&T popularization activities by region in 2017

地 区 Region	科普（技）讲座 S&T popularization lectures		科普（技）展览 S&T popularization exhibitions	
	举办次数/次 Number of lectures held	参加人数/人次 Number of participants	专题展览次数/次 Number of exhibitions held	参观人数/人次 Number of participants
全 国 Total	880097	146145255	119943	256028849
东 部 Eastern	414750	66387948	50653	148195590
中 部 Middle	208919	30631907	33232	44906897
西 部 Western	256428	49125400	36058	62926362
北 京 Beijing	52839	10532446	4425	51392598
天 津 Tianjin	14373	1267984	4563	4344345
河 北 Hebei	21941	3748105	3502	7560221
山 西 Shanxi	16453	1483972	1549	1928222
内蒙古 Inner Mongolia	16602	2015166	2077	3425779
辽 宁 Liaoning	27806	6256051	3790	7372055
吉 林 Jilin	8278	1797047	2466	1601547
黑龙江 Heilongjiang	19331	2700469	2254	3850343
上 海 Shanghai	66246	9238708	5800	21584206
江 苏 Jiangsu	66253	8367391	7819	14309875
浙 江 Zhejiang	61193	10599946	7042	11184813
安 徽 Anhui	30495	3301736	4896	5278492
福 建 Fujian	27028	3950861	3437	4603425
江 西 Jiangxi	18200	2790716	4969	5208680
山 东 Shandong	42283	5500752	4160	8913171
河 南 Henan	38382	5709491	5212	7372940
湖 北 Hubei	43847	8377607	7688	9715545
湖 南 Hunan	33933	4470869	4198	9951128
广 东 Guangdong	30596	6361761	4531	15103864
广 西 Guangxi	27261	5187749	3171	4493213
海 南 Hainan	4192	563943	1584	1827017
重 庆 Chongqing	16606	6388010	2484	8445213
四 川 Sichuan	43827	8950305	6392	10631257
贵 州 Guizhou	11906	2128138	2237	2750310
云 南 Yunnan	41700	5910703	4922	12207050
西 藏 Tibet	514	83230	155	313814
陕 西 Shaanxi	31571	4855140	5349	6314552
甘 肃 Gansu	25103	3799350	3749	5304328
青 海 Qinghai	4925	1663918	972	1428075
宁 夏 Ningxia	6288	1563087	1090	1946975
新 疆 Xinjiang	30125	6580604	3460	5665796

附表 3-5　续表　　　　　Continued

地区 Region	科普（技）竞赛 S&T popularization competitions		科普国际交流 International S&T popularization exchanges	
	举办次数/次 Number of competitions held	参加人数/人次 Number of participants	举办次数/次 Number of exchanges held	参加人数/人次 Number of participants
全　国 Total	48900	101428543	2713	702133
东　部 Eastern	31606	78602217	1611	447720
中　部 Middle	8624	10806229	401	83772
西　部 Western	8670	12020097	701	170641
北　京 Beijing	2116	55487749	415	224110
天　津 Tianjin	701	1461699	77	24919
河　北 Hebei	1535	1403715	40	4764
山　西 Shanxi	431	541723	23	3371
内蒙古 Inner Mongolia	441	322873	14	3268
辽　宁 Liaoning	1910	1423269	118	7051
吉　林 Jilin	281	233992	4	50
黑龙江 Heilongjiang	716	309760	29	887
上　海 Shanghai	3586	4007298	351	74363
江　苏 Jiangsu	9684	6203648	216	60171
浙　江 Zhejiang	3089	2286270	101	21492
安　徽 Anhui	1168	747319	1	1
福　建 Fujian	6313	1701797	91	21064
江　西 Jiangxi	846	932752	26	3649
山　东 Shandong	1140	2081222	68	6441
河　南 Henan	1623	3320912	35	5610
湖　北 Hubei	2480	3118925	82	41757
湖　南 Hunan	1079	1600846	201	28447
广　东 Guangdong	1363	2490234	76	1764
广　西 Guangxi	845	1581321	143	25258
海　南 Hainan	169	55316	58	1581
重　庆 Chongqing	726	2949741	131	87871
四　川 Sichuan	1216	2434634	60	4882
贵　州 Guizhou	698	595472	23	895
云　南 Yunnan	1031	1209825	138	28734
西　藏 Tibet	32	6928	7	44
陕　西 Shaanxi	1364	1236513	110	12825
甘　肃 Gansu	840	692110	22	1035
青　海 Qinghai	118	60960	22	5169
宁　夏 Ningxia	206	239411	5	100
新　疆 Xinjiang	1153	690309	26	560

附表 3-5　续表　　Continued

地区 Region		成立青少年科技兴趣小组 Teenage S&T interest groups		科技夏（冬）令营 Summer /winter science camps	
		兴趣小组数/个 Number of groups	参加人数/人次 Number of participants	举办次数/次 Number of camps held	参加人数/人次 Number of participants
全　国	Total	213280	18825157	15617	3031271
东　部	Eastern	91229	6879388	9331	1845421
中　部	Middle	63573	5273705	2600	485317
西　部	Western	58478	6672064	3686	700533
北　京	Beijing	3334	388933	1574	199108
天　津	Tianjin	3723	415783	466	208975
河　北	Hebei	10299	541994	210	34538
山　西	Shanxi	4523	217898	100	10850
内蒙古	Inner Mongolia	1620	133055	225	51004
辽　宁	Liaoning	8651	616347	381	130670
吉　林	Jilin	2625	191840	372	27568
黑龙江	Heilongjiang	3247	177855	177	31043
上　海	Shanghai	7675	603973	1769	247819
江　苏	Jiangsu	17028	1011570	1634	652868
浙　江	Zhejiang	11687	1115841	856	101616
安　徽	Anhui	6087	339982	429	55906
福　建	Fujian	4702	336550	734	65600
江　西	Jiangxi	4469	801491	293	71018
山　东	Shandong	10927	855362	788	103844
河　南	Henan	17803	1483860	350	51986
湖　北	Hubei	13693	1015641	472	98423
湖　南	Hunan	11126	1045138	407	138523
广　东	Guangdong	12517	950543	872	95025
广　西	Guangxi	7000	1210527	165	53343
海　南	Hainan	686	42492	47	5358
重　庆	Chongqing	5019	807199	224	34977
四　川	Sichuan	11746	1249073	680	135712
贵　州	Guizhou	3530	650638	92	9606
云　南	Yunnan	6409	453990	473	92792
西　藏	Tibet	20	1836	17	878
陕　西	Shaanxi	7423	409080	374	60604
甘　肃	Gansu	5011	366755	195	13061
青　海	Qinghai	511	26583	75	8201
宁　夏	Ningxia	2974	144877	53	8508
新　疆	Xinjiang	7215	1218451	1113	231847

附表 3-5　续表　　　　Continued

地区 Region	科技活动周 Science & technology week		科研机构、大学向社会开放 Scientific institutions and universities open to public	
	科普专题活动次数/次 Number of S&T week held	参加人数/人次 Number of participants	开放单位数/个 Number of open units	参观人数/人次 Number of participants
全　国 Total	115999	164336096	8461	8786514
东　部 Eastern	47671	100571566	4276	5010617
中　部 Middle	26871	22308724	1915	1997483
西　部 Western	41457	41455806	2270	1778414
北　京 Beijing	3867	54583160	797	950277
天　津 Tianjin	4184	2961968	154	62904
河　北 Hebei	4714	6286806	367	225958
山　西 Shanxi	1779	1002811	107	81288
内蒙古 Inner Mongolia	1844	1334845	94	50342
辽　宁 Liaoning	4368	2750343	560	473108
吉　林 Jilin	1128	1813544	35	26115
黑龙江 Heilongjiang	2569	2489669	266	115427
上　海 Shanghai	6037	7524734	110	423670
江　苏 Jiangsu	8679	11660951	770	922166
浙　江 Zhejiang	5735	3762834	520	533070
安　徽 Anhui	4154	2884335	196	123985
福　建 Fujian	3584	2618489	251	245235
江　西 Jiangxi	3805	2483205	232	352523
山　东 Shandong	3293	4538877	279	229791
河　南 Henan	5011	3967697	305	221972
湖　北 Hubei	5186	4350055	474	869807
湖　南 Hunan	3239	3317408	300	206366
广　东 Guangdong	2154	3170771	391	704150
广　西 Guangxi	4278	3815899	222	192759
海　南 Hainan	1056	712633	77	240288
重　庆 Chongqing	2482	7445485	374	301175
四　川 Sichuan	7113	4324891	421	495325
贵　州 Guizhou	3201	1599445	114	60055
云　南 Yunnan	5874	4342588	227	151806
西　藏 Tibet	256	68371	7	4900
陕　西 Shaanxi	6040	11465031	372	229724
甘　肃 Gansu	3440	2169899	137	91947
青　海 Qinghai	662	500170	65	10681
宁　夏 Ningxia	993	1943331	84	60161
新　疆 Xinjiang	5274	2445851	153	129539

附表 3-5　续表　　　　　Continued

地区	Region	举办实用技术培训 Practical skill trainings		重大科普活动次数/次 Number of grand popularization activities
		举办次数/次 Number of trainings held	参加人数/人次 Number of participants	
全　国	Total	598385	71738529	27802
东　部	Eastern	161709	21142902	9936
中　部	Middle	120456	17591242	7204
西　部	Western	316220	33004385	10662
北　京	Beijing	14906	1432111	809
天　津	Tianjin	8094	572921	341
河　北	Hebei	21839	2912230	980
山　西	Shanxi	10866	1169627	720
内蒙古	Inner Mongolia	17964	2301508	608
辽　宁	Liaoning	10647	1588869	1009
吉　林	Jilin	7893	825168	319
黑龙江	Heilongjiang	16078	2742094	620
上　海	Shanghai	15462	3382343	1142
江　苏	Jiangsu	23694	2342903	1587
浙　江	Zhejiang	26973	3105686	1175
安　徽	Anhui	15344	2042755	821
福　建	Fujian	13147	2252292	721
江　西	Jiangxi	11660	1026251	542
山　东	Shandong	12798	2220205	976
河　南	Henan	20046	4413842	1381
湖　北	Hubei	23809	3358567	1331
湖　南	Hunan	14760	2012938	1470
广　东	Guangdong	11514	1092918	985
广　西	Guangxi	30130	2275687	830
海　南	Hainan	2635	240424	211
重　庆	Chongqing	7901	1108784	947
四　川	Sichuan	53231	5468552	1881
贵　州	Guizhou	18554	1832942	424
云　南	Yunnan	67010	6540185	1367
西　藏	Tibet	377	35009	132
陕　西	Shaanxi	37935	3959249	1400
甘　肃	Gansu	29354	2950162	1342
青　海	Qinghai	2391	186220	402
宁　夏	Ningxia	5204	482769	354
新　疆	Xinjiang	46169	5863318	975

附表 3-6 2017 年创新创业中的科普

Appendix table 3-6: S&T popularization activities in innovation and entrepreneurship in 2017

地区 Region	众创空间 Maker space		
	数量/个 Number of maker spaces	服务各类人员数量/人 Number of serving for people	孵化科技项目数量/个 Number of incubating S&T projects
全 国 Total	8236	1397672	166301
东 部 Eastern	4546	917855	126932
中 部 Middle	1503	269678	17314
西 部 Western	2187	210139	22055
北 京 Beijing	411	617501	75693
天 津 Tianjin	274	19841	4449
河 北 Hebei	451	36889	2922
山 西 Shanxi	169	18686	3916
内蒙古 Inner Mongolia	210	14636	858
辽 宁 Liaoning	203	32717	2557
吉 林 Jilin	81	10580	152
黑龙江 Heilongjiang	183	18061	2474
上 海 Shanghai	1306	80908	22957
江 苏 Jiangsu	705	29990	6242
浙 江 Zhejiang	112	10553	1185
安 徽 Anhui	226	54037	3668
福 建 Fujian	487	19389	1109
江 西 Jiangxi	161	42069	1208
山 东 Shandong	266	24401	3088
河 南 Henan	104	17123	828
湖 北 Hubei	327	19236	1051
湖 南 Hunan	252	89886	4017
广 东 Guangdong	258	20518	4315
广 西 Guangxi	354	23127	1586
海 南 Hainan	73	25148	2415
重 庆 Chongqing	332	28562	2215
四 川 Sichuan	393	21436	1002
贵 州 Guizhou	96	4578	438
云 南 Yunnan	327	40435	1702
西 藏 Tibet	17	3236	43
陕 西 Shaanxi	205	16744	13417
甘 肃 Gansu	88	3921	211
青 海 Qinghai	22	3816	44
宁 夏 Ningxia	47	44944	218
新 疆 Xinjiang	96	4704	321

附表 3-6 续表 Continued

地区 Region	创新创业培训 Innovation and entrepreneurship trainings		创新创业赛事 Innovation and entrepreneurship competitions	
	培训次数/次 Number of trainings	参加人数/人次 Number of participants	赛事次数/次 Number of competitions	参加人数/人次 Number of participants
全国 Total	79470	4387842	7209	2748910
东部 Eastern	37429	2195735	3744	1513672
中部 Middle	21691	1030498	1526	478343
西部 Western	20350	1161609	1939	756895
北京 Beijing	1822	245896	263	149847
天津 Tianjin	4013	173657	142	490287
河北 Hebei	2255	106770	193	46832
山西 Shanxi	633	53112	164	45099
内蒙古 Inner Mongolia	2164	87621	243	19809
辽宁 Liaoning	1664	149167	597	82174
吉林 Jilin	1912	30839	12	2575
黑龙江 Heilongjiang	1486	88304	145	58756
上海 Shanghai	11206	534056	900	390230
江苏 Jiangsu	5557	293885	561	80499
浙江 Zhejiang	2267	98693	243	61928
安徽 Anhui	3610	157377	345	49082
福建 Fujian	2185	134736	288	67254
江西 Jiangxi	2172	109351	189	72829
山东 Shandong	2904	222119	301	62461
河南 Henan	4249	208836	225	42454
湖北 Hubei	2429	197664	273	161839
湖南 Hunan	5200	185015	173	45709
广东 Guangdong	2318	138090	229	76038
广西 Guangxi	2666	138331	209	58797
海南 Hainan	1238	98666	27	6122
重庆 Chongqing	2787	143185	278	82812
四川 Sichuan	3642	245733	174	49891
贵州 Guizhou	1718	36548	261	61250
云南 Yunnan	2981	200193	298	29587
西藏 Tibet	93	7297	16	1300
陕西 Shaanxi	1764	123195	261	379666
甘肃 Gansu	750	54149	87	36181
青海 Qinghai	200	11447	9	2440
宁夏 Ningxia	218	15040	42	26610
新疆 Xinjiang	1367	98870	61	8552

附录 4　2016 年全国科普统计分类数据统计表

各项统计数据均未包括香港特别行政区、澳门特别行政区和台湾地区的数据。

科普宣传专用车、科普图书、科普期刊、科普网站、科普国际交流情况和创新创业中的科普情况均由市级以上（含市级）填报单位的数据统计得出。

非场馆类科普基地，因为理解差异，此次暂未列入。

东部、中部和西部地区的划分：东部地区包括北京、天津、河北、辽宁、上海、江苏、浙江、福建、山东、广东和海南 11 个省和直辖市；中部地区包括山西、吉林、黑龙江、安徽、江西、河南、湖北和湖南 8 个省；西部地区包括内蒙古、广西、重庆、四川、贵州、云南、西藏、陕西、甘肃、青海、宁夏和新疆 12 个省、自治区和直辖市。

附表 4-1 2016 年各省科普人员

Appendix table 4-1: S&T popularization personnel by region in 2016

单位：人
Unit: person

地 区 Region	科普专职人员 Full time S&T popularization personnel		
	人员总数 Total	中级职称及以上或大学本科及以上学历人员 With title of medium-rank or above /with college graduate or above	女性 Female
全 国 National Total	223544	133371	82120
东 部 Eastern	82349	52526	32943
中 部 Middle	70793	41730	23835
西 部 Western	70402	39115	25342
北 京 Beijing	9291	6586	4291
天 津 Tianjin	2404	1803	1266
河 北 Hebei	8094	4421	3150
山 西 Shanxi	7171	3890	3053
内蒙古 Inner Mongolia	6842	4090	2681
辽 宁 Liaoning	9047	6094	3642
吉 林 Jilin	822	577	341
黑龙江 Heilongjiang	3728	2554	1501
上 海 Shanghai	8544	6130	4156
江 苏 Jiangsu	13064	7906	4508
浙 江 Zhejiang	7563	5590	2951
安 徽 Anhui	11755	6691	2787
福 建 Fujian	4399	2441	1449
江 西 Jiangxi	6409	3803	2053
山 东 Shandong	10302	6197	4023
河 南 Henan	14499	8027	5438
湖 北 Hubei	12827	8190	4227
湖 南 Hunan	13582	7998	4435
广 东 Guangdong	8976	5004	3334
广 西 Guangxi	5810	3157	2019
海 南 Hainan	665	354	173
重 庆 Chongqing	4248	2596	1661
四 川 Sichuan	8962	4658	2974
贵 州 Guizhou	2779	1623	955
云 南 Yunnan	14214	8249	4967
西 藏 Tibet	673	294	153
陕 西 Shaanxi	11393	5794	4252
甘 肃 Gansu	8287	4514	2479
青 海 Qinghai	1041	737	490
宁 夏 Ningxia	1531	838	688
新 疆 Xinjiang	4622	2565	2023

附表 4-1　续表　　　　　Continued

地区 Region	科普专职人员 Full time S&T popularization personnel		
	农村科普人员 Rural S&T popularization personnel	管理人员 S&T popularization administrators	科普创作人员 S&T popularization creators
全　国 Total	68403	47004	14148
东　部 Eastern	19744	18331	6778
中　部 Middle	25743	14065	3822
西　部 Western	22916	14608	3548
北　京 Beijing	1880	1852	1323
天　津 Tianjin	257	787	231
河　北 Hebei	2395	1746	388
山　西 Shanxi	2296	1773	420
内蒙古 Inner Mongolia	2746	2097	274
辽　宁 Liaoning	2024	2370	627
吉　林 Jilin	176	188	83
黑龙江 Heilongjiang	1007	831	251
上　海 Shanghai	953	2046	1315
江　苏 Jiangsu	2647	2532	791
浙　江 Zhejiang	2204	1501	410
安　徽 Anhui	5824	2091	467
福　建 Fujian	1205	1034	312
江　西 Jiangxi	1825	1243	365
山　东 Shandong	3904	2103	670
河　南 Henan	4637	2655	651
湖　北 Hubei	5256	2620	773
湖　南 Hunan	4722	2664	812
广　东 Guangdong	1985	2212	697
广　西 Guangxi	2325	1252	384
海　南 Hainan	290	148	14
重　庆 Chongqing	1186	1270	448
四　川 Sichuan	3193	1945	390
贵　州 Guizhou	865	660	174
云　南 Yunnan	3845	2219	261
西　藏 Tibet	232	236	79
陕　西 Shaanxi	4277	2050	756
甘　肃 Gansu	2134	1249	409
青　海 Qinghai	128	204	47
宁　夏 Ningxia	510	346	75
新　疆 Xinjiang	1475	1080	251

附表 4-1　续表　　　　　　Continued

地　区 Region	科普兼职人员 Part time S&T popularization personnel		
	人员总数 Total	年度实际投入工作量/人月 Annual actual workload (person-month)	中级职称及以上或大学本科及以上学历人员 With title of medium-rank or above /with college graduate or above
全　国 Total	1628842	1854613	866219
东　部 Eastern	718763	782565	407741
中　部 Middle	427139	499087	216925
西　部 Western	482940	572961	241553
北　京 Beijing	45669	56414	30026
天　津 Tianjin	32238	31640	16610
河　北 Hebei	56913	10017	26894
山　西 Shanxi	33583	32512	13292
内蒙古 Inner Mongolia	29217	32630	15539
辽　宁 Liaoning	79519	93253	43051
吉　林 Jilin	5610	6695	2637
黑龙江 Heilongjiang	24703	35176	16249
上　海 Shanghai	51476	77450	32600
江　苏 Jiangsu	97032	135419	60315
浙　江 Zhejiang	137823	120840	83959
安　徽 Anhui	66816	96856	35142
福　建 Fujian	72525	65366	42428
江　西 Jiangxi	41933	60834	19245
山　东 Shandong	71430	99685	31510
河　南 Henan	93917	143539	47794
湖　北 Hubei	75542	15827	41112
湖　南 Hunan	85035	107648	41454
广　东 Guangdong	67912	86028	38405
广　西 Guangxi	48026	62815	23693
海　南 Hainan	6226	6453	1943
重　庆 Chongqing	48723	9605	24767
四　川 Sichuan	81765	127847	38336
贵　州 Guizhou	37929	52705	20969
云　南 Yunnan	73756	90179	38096
西　藏 Tibet	1460	844	512
陕　西 Shaanxi	68972	86986	32467
甘　肃 Gansu	49381	52667	23324
青　海 Qinghai	7201	9248	4513
宁　夏 Ningxia	10569	13455	6697
新　疆 Xinjiang	25941	33980	12640

附表 4-1 续表 Continued

地区 Region	科普兼职人员 Part time S&T popularization personnel		注册科普志愿者 Registered S&T popularization volunteers
	女性 Female	农村科普人员 Rural S&T popularization personnel	
全 国 Total	632834	502852	2315363
东 部 Eastern	301035	187422	1255822
中 部 Middle	154195	164592	554666
西 部 Western	177604	150838	504875
北 京 Beijing	26932	5619	18174
天 津 Tianjin	19008	3002	30239
河 北 Hebei	26217	21822	46597
山 西 Shanxi	13650	13669	19167
内蒙古 Inner Mongolia	11797	9715	25042
辽 宁 Liaoning	34090	17661	66192
吉 林 Jilin	2324	1926	4200
黑龙江 Heilongjiang	10345	6927	30776
上 海 Shanghai	26880	4397	101197
江 苏 Jiangsu	39950	27861	630648
浙 江 Zhejiang	48555	35138	116340
安 徽 Anhui	21298	27983	42518
福 建 Fujian	26282	19955	36697
江 西 Jiangxi	13223	16061	21813
山 东 Shandong	27046	31187	54149
河 南 Henan	39325	40862	193671
湖 北 Hubei	27562	27789	89579
湖 南 Hunan	26468	29375	152942
广 东 Guangdong	24235	17754	146992
广 西 Guangxi	16120	12619	17223
海 南 Hainan	1840	3026	8597
重 庆 Chongqing	17702	15273	65783
四 川 Sichuan	28304	29892	54499
贵 州 Guizhou	13243	9771	45572
云 南 Yunnan	27823	24601	154040
西 藏 Tibet	260	558	21
陕 西 Shaanxi	26154	21886	23993
甘 肃 Gansu	17781	13072	37643
青 海 Qinghai	2857	1009	41743
宁 夏 Ningxia	4386	3944	28772
新 疆 Xinjiang	11177	8498	10544

附表 4-2　2016 年各省科普场地

Appendix table 4-2: S&T popularization venues and facilities by region in 2016

地　区 Region	科技馆/个 S&T museums	建筑面积/米 ^{2} Construction area (m^2)	展厅面积/米 ^{2} Exhibition area (m^2)	当年参观人数/人次 Visitors
全　国 Total	473	3206091	1572154	56464136
东　部 Eastern	241	1889998	929438	37526085
中　部 Middle	120	608439	280491	7733786
西　部 Western	112	707654	362225	11204265
北　京 Beijing	30	266907	149481	4799433
天　津 Tianjin	1	18000	10000	472200
河　北 Hebei	9	53392	25941	1720400
山　西 Shanxi	5	6800	3700	98000
内蒙古 Inner Mongolia	17	128015	47600	1220406
辽　宁 Liaoning	19	224846	90737	2275306
吉　林 Jilin	8	31862	15860	150312
黑龙江 Heilongjiang	8	103025	61009	2190320
上　海 Shanghai	32	230359	135394	7344529
江　苏 Jiangsu	19	157246	88982	2298347
浙　江 Zhejiang	23	236901	88333	3183198
安　徽 Anhui	10	119656	32144	257042
福　建 Fujian	38	225213	103103	3255551
江　西 Jiangxi	5	61223	32542	785032
山　东 Shandong	24	112323	67238	1737285
河　南 Henan	13	73978	46884	1803239
湖　北 Hubei	56	142082	51529	1840841
湖　南 Hunan	15	69813	36823	609000
广　东 Guangdong	42	361011	168127	4434100
广　西 Guangxi	4	80977	40357	1658391
海　南 Hainan	4	3800	2102	6005736
重　庆 Chongqing	10	70288	42935	2529100
四　川 Sichuan	17	54530	35102	1655584
贵　州 Guizhou	9	38315	17339	147200
云　南 Yunnan	12	25389	16602	529149
西　藏 Tibet	1	50000	34000	120000
陕　西 Shaanxi	11	81430	42944	511275
甘　肃 Gansu	7	19116	6551	112093
青　海 Qinghai	3	35179	14950	696262
宁　夏 Ningxia	6	52183	30051	764855
新　疆 Xinjiang	15	72232	33794	1259950

附表 4-2　续表　　Continued

地　区 Region	科学技术类博物馆/个 S&T related museums	建筑面积/米^2 Construction area (m^2)	展厅面积/米^2 Exhibition area (m^2)	当年参观人数/人次 Visitors	青少年科技馆站/个 Teenage S&T museums
全　国 Total	920	6090804	2824908	110158720	596
东　部 Eastern	522	3752280	1798395	66406551	202
中　部 Middle	158	870134	416668	15369934	183
西　部 Western	240	1468390	609845	28382235	211
北　京 Beijing	74	889500	325406	15006733	17
天　津 Tianjin	10	244665	134113	3832071	8
河　北 Hebei	31	109295	51547	2003203	22
山　西 Shanxi	14	60319	25772	1083258	34
内蒙古 Inner Mongolia	15	76381	34447	2031580	19
辽　宁 Liaoning	81	651099	271357	7518700	25
吉　林 Jilin	5	24565	13000	334500	1
黑龙江 Heilongjiang	30	150398	89703	1384655	21
上　海 Shanghai	143	746285	457001	15193596	25
江　苏 Jiangsu	41	217415	119428	5811514	19
浙　江 Zhejiang	36	286844	119588	6537842	31
安　徽 Anhui	17	62621	38860	1216177	26
福　建 Fujian	38	173147	82863	1816690	12
江　西 Jiangxi	13	93053	23256	3120130	19
山　东 Shandong	22	168194	110401	2002916	16
河　南 Henan	13	64755	17850	1441118	15
湖　北 Hubei	41	288320	152241	3816273	35
湖　南 Hunan	25	126103	55986	2973823	32
广　东 Guangdong	44	256012	124071	6575269	25
广　西 Guangxi	10	51945	21132	430503	22
海　南 Hainan	2	9824	2620	108017	2
重　庆 Chongqing	27	223544	88561	4944213	22
四　川 Sichuan	42	332886	123213	6870259	39
贵　州 Guizhou	11	178665	35091	2695200	8
云　南 Yunnan	45	215304	115290	6976381	30
西　藏 Tibet	2	6020	3850	121000	5
陕　西 Shaanxi	29	134245	72419	1300056	23
甘　肃 Gansu	21	98481	51751	1889868	6
青　海 Qinghai	5	39977	12500	18208	2
宁　夏 Ningxia	6	28154	17685	138136	4
新　疆 Xinjiang	27	82788	33906	966831	31

附表 4-2 续表 Continued

地 区 Region	城市社区科普（技）专用活动室/个 Urban community S&T popularization rooms	农村科普（技）活动场地/个 Rural S&T popularization sites	科普宣传专用车/辆 S&T popularization vehicles	科普画廊/个 S&T popularization galleries
全 国 Total	84824	346570	1898	210167
东 部 Eastern	42166	141381	539	117995
中 部 Middle	24679	108135	402	48802
西 部 Western	17979	97054	957	43370
北 京 Beijing	1297	2065	53	5335
天 津 Tianjin	3242	6561	93	3089
河 北 Hebei	1458	12240	86	4661
山 西 Shanxi	2610	8471	26	5315
内蒙古 Inner Mongolia	1456	4031	34	2252
辽 宁 Liaoning	6997	14069	56	10883
吉 林 Jilin	167	1179	1	364
黑龙江 Heilongjiang	2209	5401	35	1879
上 海 Shanghai	3536	1692	71	7161
江 苏 Jiangsu	8418	23303	31	24804
浙 江 Zhejiang	4122	18699	21	16367
安 徽 Anhui	3772	12965	31	10773
福 建 Fujian	2159	6513	17	7273
江 西 Jiangxi	2219	9604	36	6158
山 东 Shandong	6704	45076	32	29425
河 南 Henan	2845	21502	143	6920
湖 北 Hubei	5804	26342	57	9544
湖 南 Hunan	5053	22671	73	7849
广 东 Guangdong	3961	9589	65	8320
广 西 Guangxi	1345	11711	36	4545
海 南 Hainan	272	1574	14	677
重 庆 Chongqing	2400	4899	220	5294
四 川 Sichuan	3996	28538	51	9043
贵 州 Guizhou	298	1342	30	716
云 南 Yunnan	1977	13986	37	9362
西 藏 Tibet	91	1307	97	158
陕 西 Shaanxi	2369	13016	134	4450
甘 肃 Gansu	1399	7012	124	3151
青 海 Qinghai	237	1306	57	1418
宁 夏 Ningxia	551	3399	7	721
新 疆 Xinjiang	1860	6507	130	2260

附表 4-3　2016 年各省科普经费　　单位：万元

Appendix table 4-3: S&T popularization funds by region in 2016　　Unit: 10000 yuan

地　区 Region	年度科普经费筹集额 Annual funding for S&T popularization	政府拨款 Government funds	科普专项经费 Special funds	捐赠 Donates	自筹资金 Self-raised funds	其他收入 Others
全　国 Total	1519763	1157509	620062	15672	275990	71325
东　部 Eastern	909685	678928	380632	12319	179664	39447
中　部 Middle	234401	180685	86452	1820	42873	8990
西　部 Western	375677	297896	152979	1533	53453	22887
北　京 Beijing	251204	180408	126305	4053	54807	12003
天　津 Tianjin	24504	19181	7274	306	4637	379
河　北 Hebei	37062	23019	14200	5028	4518	4677
山　西 Shanxi	9387	7658	3888	0	1264	465
内蒙古 Inner Mongolia	20051	17873	10276	20	1477	730
辽　宁 Liaoning	45855	31055	15622	173	11967	2665
吉　林 Jilin	2789	1885	478	2	615	286
黑龙江 Heilongjiang	14796	13084	7678	62	1272	379
上　海 Shanghai	160277	108770	47774	926	46001	4579
江　苏 Jiangsu	95932	74939	42980	1014	16385	3593
浙　江 Zhejiang	96335	72356	32225	456	18680	5375
安　徽 Anhui	28784	23736	15267	336	3705	1007
福　建 Fujian	40442	31197	13925	100	7378	1766
江　西 Jiangxi	27548	19574	7375	469	6702	807
山　东 Shandong	52351	45824	33596	93	3748	2567
河　南 Henan	31178	25710	11241	120	4487	825
湖　北 Hubei	73899	58534	23140	648	12555	2163
湖　南 Hunan	46019	30504	17386	183	12273	3058
广　东 Guangdong	93979	80876	39911	152	11220	1742
广　西 Guangxi	44768	33590	18490	86	4439	6654
海　南 Hainan	11745	11302	6820	19	323	102
重　庆 Chongqing	55036	41390	21059	154	10003	3615
四　川 Sichuan	46569	36514	19756	90	8878	1085
贵　州 Guizhou	41775	33437	14145	307	5692	2339
云　南 Yunnan	76658	63879	30711	434	10125	2221
西　藏 Tibet	2737	2604	1584	0	107	26
陕　西 Shaanxi	34775	25460	14901	114	5938	3258
甘　肃 Gansu	18180	13455	7001	104	3450	1171
青　海 Qinghai	9427	7818	2377	103	782	725
宁　夏 Ningxia	7606	6801	4473	42	553	210
新　疆 Xinjiang	18095	15076	8206	80	2010	854

附表 4-3 续表 Continued

地区 Region	科技活动周经费筹集额 Funding for S&T week	政府拨款 Government funds	企业赞助 Corporate donates	年度科普经费使用额 Annual expenditure	行政支出 Administrative expenditure	科普活动支出 Activities expenditure
全 国 Total	50289	37797	3408	1522149	250267	837407
东 部 Eastern	25810	20339	1607	880389	133412	505785
中 部 Middle	11504	7322	1111	261282	35350	125435
西 部 Western	12975	10136	690	380478	81505	206187
北 京 Beijing	3937	3454	128	233118	30424	144325
天 津 Tianjin	687	385	83	22296	4390	16053
河 北 Hebei	1070	827	60	35095	6861	22984
山 西 Shanxi	694	465	136	10216	2204	4819
内蒙古 Inner Mongolia	583	487	20	20974	2667	9622
辽 宁 Liaoning	1355	1025	119	46460	7207	30359
吉 林 Jilin	61	47	0	2859	1301	909
黑龙江 Heilongjiang	321	222	58	13389	2470	9106
上 海 Shanghai	5447	4374	512	157707	9283	99412
江 苏 Jiangsu	4586	3502	284	90960	14500	52137
浙 江 Zhejiang	2640	2182	31	95151	25856	45487
安 徽 Anhui	994	716	57	35199	4197	17971
福 建 Fujian	1198	805	169	45025	7479	18911
江 西 Jiangxi	1605	850	293	27053	5914	14042
山 东 Shandong	955	487	97	50167	5580	21438
河 南 Henan	1740	672	42	35627	3803	15360
湖 北 Hubei	2637	1729	251	82242	8661	34904
湖 南 Hunan	3452	2622	274	54697	6801	28324
广 东 Guangdong	3453	2854	98	92450	18579	51544
广 西 Guangxi	1641	1402	35	46009	14658	19081
海 南 Hainan	483	444	26	11959	3252	3135
重 庆 Chongqing	1620	1219	145	49454	5004	29393
四 川 Sichuan	2240	1638	140	52950	8203	31398
贵 州 Guizhou	1884	1600	130	40063	11639	22890
云 南 Yunnan	1714	1251	89	75094	22186	41783
西 藏 Tibet	40	25	0	2698	85	2179
陕 西 Shaanxi	1563	1229	65	35534	7045	22348
甘 肃 Gansu	534	390	25	18086	2433	10010
青 海 Qinghai	162	120	2	12118	3290	3877
宁 夏 Ningxia	168	140	9	5592	462	4323
新 疆 Xinjiang	826	635	30	21906	3834	9281

附表 4-3 续表 Continued

地 区 Region	年度科普经费使用额 Annual expenditure				
	科普场馆基建支出 Infrastructure expenditures	政府拨款支出 Government expenditures	场馆建设支出 Venue construction expenditures	展品、设施支出 Exhibits & facilities expenditures	其他支出 Others
全 国 Total	338443	141661	169842	135796	96039
东 部 Eastern	178516	81755	87185	72660	62661
中 部 Middle	83064	36967	44962	23277	17216
西 部 Western	76864	22940	37695	39860	16163
北 京 Beijing	31883	13475	12838	13836	26599
天 津 Tianjin	1110	220	517	471	742
河 北 Hebei	2950	1047	1594	1062	2100
山 西 Shanxi	2816	808	847	1798	379
内蒙古 Inner Mongolia	8393	1918	3069	4932	465
辽 宁 Liaoning	7218	3054	2388	3772	1686
吉 林 Jilin	455	18	385	93	195
黑龙江 Heilongjiang	1596	709	180	678	217
上 海 Shanghai	45054	23378	18792	19245	3958
江 苏 Jiangsu	15768	4857	6218	10200	8555
浙 江 Zhejiang	19299	5973	9425	8582	4558
安 徽 Anhui	11084	3794	5388	4291	1947
福 建 Fujian	15058	2761	9294	3947	3560
江 西 Jiangxi	6513	4290	3166	1894	326
山 东 Shandong	22556	19741	16753	4755	621
河 南 Henan	14790	7425	8968	3376	1675
湖 北 Hubei	30101	17153	17429	6077	8576
湖 南 Hunan	15710	2768	8599	5069	3900
广 东 Guangdong	16884	6968	8803	6684	5445
广 西 Guangxi	10065	7240	4215	4887	2252
海 南 Hainan	735	281	563	105	4837
重 庆 Chongqing	12723	1736	2279	9777	2335
四 川 Sichuan	11675	2833	7800	1709	1701
贵 州 Guizhou	2725	1430	1781	933	2809
云 南 Yunnan	7925	4558	4544	1922	3193
西 藏 Tibet	433	0	0	0	1
陕 西 Shaanxi	4828	973	7500	6720	1314
甘 肃 Gansu	5192	695	1720	2615	451
青 海 Qinghai	4454	73	2864	1486	498
宁 夏 Ningxia	595	50	188	374	209
新 疆 Xinjiang	7857	1435	1737	4504	935

附表 4-4　2016 年各省科普传媒

Appendix table 4-4: S&T popularization media by region in 2016

地　区 Region	科普图书 Popular science books		科普期刊 Popular science journals	
	出版种数/种 Types of publications	出版总册数/册 Total copies	出版种数/种 Types of publications	出版总册数/册 Total copies
全　国 Total	11937	134873318	1265	159696620
东　部 Eastern	7808	85294711	634	134948214
中　部 Middle	2486	25555505	271	15341452
西　部 Western	1643	24023102	360	9406954
北　京 Beijing	3572	28695217	130	37026395
天　津 Tianjin	551	3640051	21	1533100
河　北 Hebei	72	3270895	26	3886700
山　西 Shanxi	334	1904102	42	1865110
内蒙古 Inner Mongolia	95	10296800	13	164500
辽　宁 Liaoning	80	855380	24	791218
吉　林 Jilin	66	120900	5	18602
黑龙江 Heilongjiang	150	463372	14	193000
上　海 Shanghai	972	13145565	133	19238459
江　苏 Jiangsu	266	781654	48	4032612
浙　江 Zhejiang	1719	32724947	85	26208046
安　徽 Anhui	253	2158208	10	3372012
福　建 Fujian	86	214631	50	202758
江　西 Jiangxi	558	6086501	42	3594132
山　东 Shandong	45	195800	13	466700
河　南 Henan	436	9524930	74	4586172
湖　北 Hubei	261	1073240	55	1068800
湖　南 Hunan	428	4224252	29	643624
广　东 Guangdong	377	1452831	75	40505226
广　西 Guangxi	100	772260	25	2491724
海　南 Hainan	68	317740	29	1057000
重　庆 Chongqing	301	2463276	53	896103
四　川 Sichuan	145	1103820	43	1872360
贵　州 Guizhou	26	3120000	19	202600
云　南 Yunnan	236	751234	66	1052112
西　藏 Tibet	19	92600	5	29200
陕　西 Shaanxi	242	1067571	45	1273726
甘　肃 Gansu	214	988576	41	171024
青　海 Qinghai	96	317159	24	70900
宁　夏 Ningxia	31	514630	2	26000
新　疆 Xinjiang	138	2535176	24	1156705

附表 4-4 续表 Continued

地 区 Region	科普（技）音像制品 Popularization audio and video products			科技类报纸年发行总份数/份 S&T newspaper printed copies
	出版种数/种 Types of publications	光盘发行总量/张 Total CD copies released	录音、录像带发行总量/盒 Total copies of audio and video publications	
全 国 Total	5465	4334693	358717	267407129
东 部 Eastern	1976	1968100	81405	185287300
中 部 Middle	1282	1250578	151292	62088310
西 部 Western	2207	1116015	126020	20031519
北 京 Beijing	531	457194	170	78221765
天 津 Tianjin	52	94708	100	3659112
河 北 Hebei	66	120484	11465	11042323
山 西 Shanxi	71	116738	72250	12111185
内蒙古 Inner Mongolia	149	56323	11866	2112768
辽 宁 Liaoning	370	435489	38814	10198548
吉 林 Jilin	25	3890	630	4110
黑龙江 Heilongjiang	112	134311	3774	8339022
上 海 Shanghai	95	188640	5632	17750843
江 苏 Jiangsu	102	110511	1350	11030280
浙 江 Zhejiang	247	169649	849	18180291
安 徽 Anhui	143	188154	9245	1430872
福 建 Fujian	54	224225	5187	845087
江 西 Jiangxi	141	217679	4364	9389038
山 东 Shandong	123	88035	5922	23632036
河 南 Henan	117	246006	6788	16623882
湖 北 Hubei	512	196290	12916	12218304
湖 南 Hunan	161	147510	41325	1971897
广 东 Guangdong	282	67668	6810	10723215
广 西 Guangxi	213	36908	7912	10483408
海 南 Hainan	54	11497	5106	3800
重 庆 Chongqing	89	133229	36821	315192
四 川 Sichuan	548	133668	26577	1228762
贵 州 Guizhou	23	17188	4246	192301
云 南 Yunnan	365	289534	983	721551
西 藏 Tibet	21	12981	2771	2244650
陕 西 Shaanxi	428	112777	2193	465136
甘 肃 Gansu	271	205822	14540	362720
青 海 Qinghai	38	24023	7000	1347554
宁 夏 Ningxia	12	17870	0	253310
新 疆 Xinjiang	50	75692	11111	304167

附表 4-4　续表　　　　　　Continued

地　区 Region	电视台播出科普（技）节目时间/小时 Broadcasting time of popular science programs on TV (h)	电台播出科普（技）节目时间/小时 Broadcasting time of popular science programs on radio (h)	科普网站数/个 S&T popularization websites (unit)	发放科普读物和资料/份 Numberof S&T popularization books and materials
全　国 Total	135392	126799	2975	823071593
东　部 Eastern	91390	88717	1534	315755467
中　部 Middle	21401	21195	588	179387027
西　部 Western	22601	16887	853	327929099
北　京 Beijing	3560	7853	359	42405224
天　津 Tianjin	6897	429	114	11088998
河　北 Hebei	5964	4364	69	25209723
山　西 Shanxi	1843	731	35	14223460
内蒙古 Inner Mongolia	2718	2054	52	10101191
辽　宁 Liaoning	24311	24543	114	23050398
吉　林 Jilin	249	213	16	2234195
黑龙江 Heilongjiang	1013	1024	79	12308665
上　海 Shanghai	6591	2032	263	36090411
江　苏 Jiangsu	2203	2012	119	59202731
浙　江 Zhejiang	13152	10791	145	34677217
安　徽 Anhui	2520	6084	84	30537872
福　建 Fujian	1324	2100	72	12220167
江　西 Jiangxi	8837	8065	92	14815553
山　东 Shandong	14202	1804	84	24289675
河　南 Henan	1315	1159	104	30166346
湖　北 Hubei	4613	3191	117	41084165
湖　南 Hunan	1011	728	61	34016771
广　东 Guangdong	13129	32734	178	45088144
广　西 Guangxi	2669	630	68	32992782
海　南 Hainan	57	55	17	2432779
重　庆 Chongqing	0	0	175	30053805
四　川 Sichuan	3242	1951	87	65784381
贵　州 Guizhou	1506	1172	41	35769236
云　南 Yunnan	4462	2667	99	67613986
西　藏 Tibet	29	1622	11	324612
陕　西 Shaanxi	943	804	105	36220207
甘　肃 Gansu	4277	3545	120	21490569
青　海 Qinghai	137	101	28	6048340
宁　夏 Ningxia	595	82	20	6514303
新　疆 Xinjiang	2023	2259	47	15015687

附表 4-5　2016 年各省科普活动

Appendix table 4-5: S&T popularization activities by region in 2016

地区 Region	科普（技）讲座 S&T popularization lectures		科普（技）展览 S&T popularization exhibitions	
	举办次数/次 Number of lectures held	参加人数/人次 Number of participants	专题展览次数/次 Number of exhibitions held	参观人数/人次 Number of participants
全　国 Total	856884	145836168	165754	212666177
东　部 Eastern	451894	69291510	76767	119940854
中　部 Middle	175388	28506854	32396	36431941
西　部 Western	229602	48037804	56591	56293382
北　京 Beijing	66506	8136999	4286	38495531
天　津 Tianjin	42118	2342158	28061	4924576
河　北 Hebei	22122	3702597	3205	2900197
山　西 Shanxi	17058	1778838	2986	1308187
内蒙古 Inner Mongolia	12247	3990557	2052	1709318
辽　宁 Liaoning	38701	8170197	4612	8624351
吉　林 Jilin	4638	435522	232	628317
黑龙江 Heilongjiang	14842	2409700	2429	2305445
上　海 Shanghai	75859	7675114	5505	17438687
江　苏 Jiangsu	58700	9765740	9993	12431600
浙　江 Zhejiang	58494	12666004	7356	11958734
安　徽 Anhui	18323	3534178	3765	2831742
福　建 Fujian	20983	3443486	4258	3333891
江　西 Jiangxi	13881	2486942	3967	3516566
山　东 Shandong	30769	6403160	3822	3671388
河　南 Henan	45087	6448044	6663	11780128
湖　北 Hubei	38237	7442777	7902	8930084
湖　南 Hunan	23322	3970853	4452	5131472
广　东 Guangdong	36346	6703066	4951	15875410
广　西 Guangxi	17800	3669056	3099	3714397
海　南 Hainan	1296	282989	718	286489
重　庆 Chongqing	14545	5822294	2448	8526950
四　川 Sichuan	34330	6444072	16966	10624280
贵　州 Guizhou	11866	2717506	2746	3019759
云　南 Yunnan	42520	6634700	9972	15422795
西　藏 Tibet	745	96033	184	102114
陕　西 Shaanxi	27589	5680517	4893	5138838
甘　肃 Gansu	20891	4576091	4409	3716681
青　海 Qinghai	6185	1058397	961	1666644
宁　夏 Ningxia	4192	1390490	819	256537
新　疆 Xinjiang	36692	5958091	8042	2395069

附表 4-5　续表　　　　Continued

地区　Region	科普（技）竞赛 S&T popularization competitions		科普国际交流 International S&T popularization exchanges	
	举办次数/次 Number of competitions held	参加人数/人次 Number of participants	举办次数/次 Number of exchanges held	参加人数/人次 Number of participants
全　国　Total	64468	112503131	2481	616849
东　部　Eastern	41843	82678909	1657	332686
中　部　Middle	11791	12436958	250	40065
西　部　Western	10834	17387264	574	244098
北　京　Beijing	2367	10158427	466	110272
天　津　Tianjin	10769	1045206	54	35233
河　北　Hebei	1077	39590140	33	198
山　西　Shanxi	727	575311	25	458
内蒙古　Inner Mongolia	537	242817	88	24119
辽　宁　Liaoning	2741	3717909	139	64543
吉　林　Jilin	96	66617	6	594
黑龙江　Heilongjiang	1465	377551	25	22623
上　海　Shanghai	4432	5267631	371	66747
江　苏　Jiangsu	11117	10724618	242	27508
浙　江　Zhejiang	3315	2412143	112	10035
安　徽　Anhui	1221	1509436	19	3639
福　建　Fujian	1740	1549957	27	5150
江　西　Jiangxi	923	1170330	14	2133
山　东　Shandong	1724	2399759	85	5827
河　南　Henan	2443	3438015	25	1562
湖　北　Hubei	3374	3153125	72	2803
湖　南　Hunan	1542	2146573	64	6253
广　东　Guangdong	2423	5780994	112	3323
广　西　Guangxi	915	1595435	50	2958
海　南　Hainan	138	32125	16	3850
重　庆　Chongqing	765	5866273	70	55299
四　川　Sichuan	1866	3484110	112	121528
贵　州　Guizhou	637	991020	15	2151
云　南　Yunnan	1356	1327991	53	20746
西　藏　Tibet	65	7721	0	0
陕　西　Shaanxi	1323	2063631	111	13666
甘　肃　Gansu	1194	906847	22	1971
青　海　Qinghai	644	158291	23	660
宁　夏　Ningxia	244	321874	13	341
新　疆　Xinjiang	1288	421254	17	659

附表 4-5 续表 Continued

地区 Region	成立青少年科技兴趣小组 Teenage S&T interest groups		科技夏（冬）令营 Summer /winter science camps	
	兴趣小组数/个 Number of groups	参加人数/人次 Number of participants	举办次数/次 Number of camps held	参加人数/人次 Number of participants
全　国 Total	222446	17151843	14094	3036360
东　部 Eastern	104602	7015158	8616	1999518
中　部 Middle	60817	4280925	1579	403343
西　部 Western	57027	5855760	3899	633499
北　京 Beijing	4140	330162	1371	249884
天　津 Tianjin	6490	391117	208	72462
河　北 Hebei	10707	547833	322	90568
山　西 Shanxi	5295	266873	72	20419
内蒙古 Inner Mongolia	2240	153985	90	24200
辽　宁 Liaoning	15025	990153	828	396274
吉　林 Jilin	339	60863	38	4573
黑龙江 Heilongjiang	4030	230568	167	55013
上　海 Shanghai	7822	558105	1691	408624
江　苏 Jiangsu	20558	1113279	1528	359498
浙　江 Zhejiang	14189	873304	981	172717
安　徽 Anhui	5247	399625	251	31091
福　建 Fujian	4471	436398	771	66556
江　西 Jiangxi	4005	463447	169	63295
山　东 Shandong	10651	891644	310	140521
河　南 Henan	13764	766717	209	60066
湖　北 Hubei	16336	1141335	398	81801
湖　南 Hunan	11801	951497	275	87085
广　东 Guangdong	9728	855850	533	38431
广　西 Guangxi	5518	802348	73	12510
海　南 Hainan	821	27313	73	3983
重　庆 Chongqing	4695	534717	127	16347
四　川 Sichuan	13599	1763131	415	142445
贵　州 Guizhou	3097	662014	111	62064
云　南 Yunnan	6122	455556	1090	146398
西　藏 Tibet	46	5456	26	1222
陕　西 Shaanxi	8175	517881	304	46508
甘　肃 Gansu	9127	541200	914	79115
青　海 Qinghai	340	14931	37	4054
宁　夏 Ningxia	1148	87218	31	7275
新　疆 Xinjiang	2920	317323	681	91361

附表 4-5　续表　　　　　　Continued

地区　Region	科技活动周 Science & technology week		科研机构、大学向社会开放 Scientific institutions and universities open to public	
	科普专题活动次数/次 Number of S&T week held	参加人数/人次 Number of participants	开放单位数/个 Number of open units	参观人数/人次 Number of participants
全　国　Total	128545	147408455	8080	8633658
东　部　Eastern	58102	103819733	4344	4854264
中　部　Middle	26153	16115430	1609	1917431
西　部　Western	44290	27473292	2127	1861963
北　京　Beijing	6774	58536108	807	750011
天　津　Tianjin	7311	2535511	216	130162
河　北　Hebei	4832	3243954	261	152793
山　西　Shanxi	1510	725426	135	94820
内蒙古　Inner Mongolia	1694	1410713	64	103066
辽　宁　Liaoning	4315	3831087	718	582141
吉　林　Jilin	293	197863	32	15730
黑龙江　Heilongjiang	2886	1233294	223	167336
上　海　Shanghai	5845	6956778	100	250150
江　苏　Jiangsu	12056	11205250	357	973779
浙　江　Zhejiang	7009	4270392	584	330909
安　徽　Anhui	4311	1544932	111	107104
福　建　Fujian	3603	1661544	246	153183
江　西　Jiangxi	3099	1849809	168	145755
山　东　Shandong	2855	7774854	242	240292
河　南　Henan	5261	3415207	328	147623
湖　北　Hubei	5079	4265057	434	888505
湖　南　Hunan	3714	2883842	178	350558
广　东　Guangdong	2404	3148548	769	1219344
广　西　Guangxi	4228	3108435	89	106926
海　南　Hainan	1098	655707	44	71500
重　庆　Chongqing	2230	2408520	456	233310
四　川　Sichuan	5062	4199266	209	382229
贵　州　Guizhou	3822	2239744	148	48927
云　南　Yunnan	6156	3188092	248	122729
西　藏　Tibet	217	25933	12	9710
陕　西　Shaanxi	9093	4334477	359	415844
甘　肃　Gansu	5031	2365620	183	363010
青　海　Qinghai	950	712512	76	16390
宁　夏　Ningxia	1214	1465785	61	7209
新　疆　Xinjiang	4593	2014195	222	52613

附表 4-5 续表 Continued

地区 Region		举办实用技术培训 Practical skill trainings		重大科普活动次数/次 Number of grand popularization activities
		举办次数/次 Number of trainings held	参加人数/人次 Number of participants	
全　国	Total	646933	77466929	27528
东　部	Eastern	189512	24749545	9868
中　部	Middle	122897	15161678	6482
西　部	Western	334524	37555706	11178
北　京	Beijing	15412	932430	633
天　津	Tianjin	12552	1515396	301
河　北	Hebei	22020	3466851	826
山　西	Shanxi	13903	1511405	636
内蒙古	Inner Mongolia	24212	2337038	756
辽　宁	Liaoning	20229	2758395	1456
吉　林	Jilin	3532	349358	100
黑龙江	Heilongjiang	19171	2787703	654
上　海	Shanghai	15415	3293215	1112
江　苏	Jiangsu	28584	3273989	1579
浙　江	Zhejiang	28922	3557396	1120
安　徽	Anhui	24710	2322834	789
福　建	Fujian	12222	1685595	687
江　西	Jiangxi	11812	927985	528
山　东	Shandong	15958	2459490	798
河　南	Henan	28915	4881785	1138
湖　北	Hubei	743	61074	1434
湖　南	Hunan	20111	2319534	1203
广　东	Guangdong	16060	1611914	1217
广　西	Guangxi	29233	2887759	904
海　南	Hainan	2138	194874	139
重　庆	Chongqing	8920	1259538	1067
四　川	Sichuan	51016	6730171	1816
贵　州	Guizhou	15004	2345581	391
云　南	Yunnan	72530	6825087	1417
西　藏	Tibet	652	99352	56
陕　西	Shaanxi	27926	3722244	1631
甘　肃	Gansu	37780	4175349	1307
青　海	Qinghai	8334	622277	700
宁　夏	Ningxia	8562	1033246	295
新　疆	Xinjiang	50355	5518064	838

附表 4-6　2016 年创新创业中的科普

Appendix table 4-6: S&T popularization activities in innovation and entrepreneurship in 2016

地区　Region	众创空间 Maker space			
	数量/个 Number of maker spaces	服务各类人员数量/人 Number of serving for people	获得政府经费支持/万元 Funds from government (10000 yuan)	孵化科技项目数量/个 Numberof incubating S&T projects
全　国　Total	6711	631235	338728	80792
东　部　Eastern	3697	323523	168246	55801
中　部　Middle	1286	97139	62860	15818
西　部　Western	1728	210573	107622	9173
北　京　Beijing	333	47509	30865	6879
天　津　Tianjin	254	27471	19420	4212
河　北　Hebei	332	28517	5840	7415
山　西　Shanxi	105	9946	3352	264
内蒙古　Inner Mongolia	160	31678	8215	502
辽　宁　Liaoning	180	22027	10239	1661
吉　林　Jilin	70	2291	2338	130
黑龙江　Heilongjiang	183	9763	21528	1358
上　海　Shanghai	1245	77557	39057	18852
江　苏　Jiangsu	492	17421	11917	9541
浙　江　Zhejiang	205	41246	12114	2042
安　徽　Anhui	141	16978	4330	560
福　建　Fujian	246	24918	11543	1920
江　西　Jiangxi	125	6974	14624	2257
山　东　Shandong	198	14518	2876	544
河　南　Henan	260	11765	7611	8197
湖　北　Hubei	260	19897	5453	1649
湖　南　Hunan	142	19525	3624	1403
广　东　Guangdong	204	21844	23775	2707
广　西　Guangxi	49	8232	3502	285
海　南　Hainan	8	495	600	28
重　庆　Chongqing	180	28430	16014	1388
四　川　Sichuan	257	33442	26865	2701
贵　州　Guizhou	60	13213	2043	240
云　南　Yunnan	394	27150	37449	1587
西　藏　Tibet	1	20	675	100
陕　西　Shaanxi	316	31382	7342	1043
甘　肃　Gansu	65	26507	3719	196
青　海　Qinghai	8	1463	457	88
宁　夏　Ningxia	33	3091	663	227
新　疆　Xinjiang	205	5965	678	816

附表 4-6 续表 Continued

地区 Region	创新创业培训 Innovation and entrepreneurship trainings		创新创业赛事 Innovation and entrepreneurship competitions	
	培训次数/次 Number of trainings	参加人数/人次 Number of participants	赛事次数/次 Number of competitions	参加人数/人次 Number of participants
全国	85925	4589271	6618	2429230
东 部 Eastern	51884	2471446	4100	1282043
中 部 Middle	14125	805361	988	859700
西 部 Western	19916	1312464	1530	287487
北 京 Beijing	2784	373646	452	143809
天 津 Tianjin	7344	194016	208	364092
河 北 Hebei	6371	171102	295	25903
山 西 Shanxi	1123	73915	44	376404
内蒙古 Inner Mongolia	1633	53466	143	12540
辽 宁 Liaoning	2194	155414	597	63484
吉 林 Jilin	192	8960	5	350
黑龙江 Heilongjiang	1670	91481	93	25407
上 海 Shanghai	13352	510979	773	78216
江 苏 Jiangsu	8102	429368	415	54873
浙 江 Zhejiang	1418	93820	255	32289
安 徽 Anhui	2229	67211	166	23569
福 建 Fujian	3106	144845	599	123977
江 西 Jiangxi	1364	89561	149	22915
山 东 Shandong	4511	175333	326	152538
河 南 Henan	3539	237107	151	27201
湖 北 Hubei	1935	150813	296	158431
湖 南 Hunan	2073	86313	84	225423
广 东 Guangdong	2633	215222	173	241725
广 西 Guangxi	1643	118527	58	15539
海 南 Hainan	69	7701	7	1137
重 庆 Chongqing	2429	171343	258	26417
四 川 Sichuan	3219	238216	409	52296
贵 州 Guizhou	995	53519	29	7645
云 南 Yunnan	3340	233228	138	17268
西 藏 Tibet	104	4546	2	123
陕 西 Shaanxi	2567	151054	224	121286
甘 肃 Gansu	923	78018	113	26671
青 海 Qinghai	242	9215	15	894
宁 夏 Ningxia	214	25502	31	4866
新 疆 Xinjiang	2607	175830	110	1942

附录 5　2015 年全国科普统计分类数据统计表

各项统计数据均未包括香港特别行政区、澳门特别行政区和台湾地区的数据。

科普宣传专用车、科普图书、科普期刊、科普网站、科普国际交流情况和创新创业中的科普情况均由市级以上（含市级）填报单位的数据统计得出。

非场馆类科普基地，因为理解差异，此次暂未列入。

东部、中部和西部地区的划分：东部地区包括北京、天津、河北、辽宁、上海、江苏、浙江、福建、山东、广东和海南 11 个省和直辖市；中部地区包括山西、吉林、黑龙江、安徽、江西、河南、湖北和湖南 8 个省；西部地区包括内蒙古、广西、重庆、四川、贵州、云南、西藏、陕西、甘肃、青海、宁夏和新疆 12 个省、自治区和直辖市。

附表 5-1 2015 年各省科普人员

单位：人

Appendix table 5-1: S&T popularization personnel by region in 2015

Unit: person

地 区 Region	科普专职人员 Full time S&T popularization personnel		
	人员总数 Total	中级职称及以上或大学本科及以上学历人员 With title of medium-rank or above /with college graduate or above	女性 Female
全 国 National Total	221511	130944	81552
东 部 Eastern	83206	54001	33219
中 部 Middle	65282	37424	22279
西 部 Western	73023	39519	26054
北 京 Beijing	7324	5070	3593
天 津 Tianjin	3039	2005	1325
河 北 Hebei	6771	4006	2875
山 西 Shanxi	4941	2522	1866
内蒙古 Inner Mongolia	5671	3716	2165
辽 宁 Liaoning	7425	5185	3063
吉 林 Jilin	1501	930	664
黑龙江 Heilongjiang	3499	2328	1568
上 海 Shanghai	8090	5721	3806
江 苏 Jiangsu	13516	9398	5055
浙 江 Zhejiang	7523	5265	2997
安 徽 Anhui	11589	6294	2822
福 建 Fujian	5074	2788	1479
江 西 Jiangxi	6113	3656	1924
山 东 Shandong	14286	9022	5062
河 南 Henan	11630	6667	4529
湖 北 Hubei	12564	7836	3929
湖 南 Hunan	13445	7191	4977
广 东 Guangdong	8410	4601	3158
广 西 Guangxi	5506	3138	1941
海 南 Hainan	1748	940	806
重 庆 Chongqing	4252	2600	1667
四 川 Sichuan	9391	6105	3803
贵 州 Guizhou	3041	1929	1024
云 南 Yunnan	14877	8470	4988
西 藏 Tibet	609	333	179
陕 西 Shaanxi	11527	4889	3556
甘 肃 Gansu	9751	4157	3279
青 海 Qinghai	1531	817	596
宁 夏 Ningxia	1348	613	634
新 疆 Xinjiang	5519	2752	2222

附表 5-1 续表 Continued

地区 Region	科普专职人员 Full time S&T popularization personnel		
	农村科普人员 Rural S&T popularization personnel	管理人员 S&T popularization administrators	科普创作人员 S&T popularization creators
全 国 Total	72752	46579	13337
东 部 Eastern	20817	19077	6770
中 部 Middle	25475	13787	3480
西 部 Western	26460	13715	3087
北 京 Beijing	956	1536	1084
天 津 Tianjin	561	1057	231
河 北 Hebei	1978	1597	422
山 西 Shanxi	1599	1240	376
内蒙古 Inner Mongolia	1844	1381	231
辽 宁 Liaoning	1377	2081	411
吉 林 Jilin	466	390	54
黑龙江 Heilongjiang	947	857	239
上 海 Shanghai	948	1984	1299
江 苏 Jiangsu	3590	2868	879
浙 江 Zhejiang	2084	1409	469
安 徽 Anhui	6356	2047	392
福 建 Fujian	1569	1084	393
江 西 Jiangxi	1910	1497	330
山 东 Shandong	5472	3032	878
河 南 Henan	4281	2625	657
湖 北 Hubei	5216	2519	748
湖 南 Hunan	4700	2612	684
广 东 Guangdong	2101	2151	661
广 西 Guangxi	2539	1126	225
海 南 Hainan	181	278	43
重 庆 Chongqing	1184	1269	442
四 川 Sichuan	2408	1916	526
贵 州 Guizhou	1193	712	164
云 南 Yunnan	7257	2103	271
西 藏 Tibet	177	177	105
陕 西 Shaanxi	4206	2189	448
甘 肃 Gansu	3046	1265	269
青 海 Qinghai	219	277	69
宁 夏 Ningxia	295	311	70
新 疆 Xinjiang	2092	989	267

附表 5-1　续表　　　　Continued

地　区 Region	科普兼职人员 Part time S&T popularization personnel		
	人员总数 Total	年度实际投入工作量/人月 Annual actual workload (person-month)	中级职称及以上或大学本科及以上学历人员 With title of medium-rank or above /with college graduate or above
全　国 Total	1832309	1782937	884802
东　部 Eastern	801864	815010	430436
中　部 Middle	401206	436762	192925
西　部 Western	629239	531165	261441
北　京 Beijing	40939	46936	26690
天　津 Tianjin	34902	27134	16216
河　北 Hebei	55983	91817	32028
山　西 Shanxi	38012	26887	11271
内蒙古 Inner Mongolia	39460	38471	21646
辽　宁 Liaoning	70734	91655	40799
吉　林 Jilin	14680	17911	5858
黑龙江 Heilongjiang	22173	28228	14579
上　海 Shanghai	43151	73948	25256
江　苏 Jiangsu	150179	146791	86827
浙　江 Zhejiang	110913	116399	61731
安　徽 Anhui	59997	92026	25345
福　建 Fujian	114819	68465	58826
江　西 Jiangxi	46816	63523	24071
山　东 Shandong	105943	129737	45039
河　南 Henan	76622	101957	39410
湖　北 Hubei	69294	9363	38562
湖　南 Hunan	73612	96867	33829
广　东 Guangdong	64147	9743	34901
广　西 Guangxi	42246	52242	19135
海　南 Hainan	10154	12385	2123
重　庆 Chongqing	46952	8112	23124
四　川 Sichuan	206771	136089	59391
贵　州 Guizhou	40103	64899	21700
云　南 Yunnan	80603	106335	39150
西　藏 Tibet	3908	1158	701
陕　西 Shaanxi	68366	64048	29591
甘　肃 Gansu	51404	9055	22446
青　海 Qinghai	7164	9852	4410
宁　夏 Ningxia	12163	10249	5841
新　疆 Xinjiang	30099	30655	14306

附表 5-1 续表 Continued

地区 Region	科普兼职人员 Part time S&T popularization personnel		注册科普志愿者 Registered S&T popularization volunteers
	女性 Female	农村科普人员 Rural S&T popularization personnel	
全　国 Total	651670	676836	2756225
东　部 Eastern	315639	256045	1565922
中　部 Middle	138794	166569	596538
西　部 Western	197237	254222	593765
北　京 Beijing	22256	4503	24083
天　津 Tianjin	19938	4494	44363
河　北 Hebei	22792	23308	50210
山　西 Shanxi	10651	21171	17147
内蒙古 Inner Mongolia	17724	11417	34806
辽　宁 Liaoning	31823	17535	63692
吉　林 Jilin	5796	7080	9702
黑龙江 Heilongjiang	9659	6048	40697
上　海 Shanghai	20865	4372	96841
江　苏 Jiangsu	57805	55893	844195
浙　江 Zhejiang	42221	37999	99427
安　徽 Anhui	18251	25837	42877
福　建 Fujian	35206	23477	52928
江　西 Jiangxi	16381	19612	29989
山　东 Shandong	38946	62223	147011
河　南 Henan	30916	30848	177155
湖　北 Hubei	25063	24871	119160
湖　南 Hunan	22077	31102	159811
广　东 Guangdong	21793	18504	138743
广　西 Guangxi	14108	15466	13837
海　南 Hainan	1994	3737	4429
重　庆 Chongqing	17361	15271	65844
四　川 Sichuan	44035	116168	60153
贵　州 Guizhou	14471	11644	117072
云　南 Yunnan	31247	29671	190742
西　藏 Tibet	455	801	318
陕　西 Shaanxi	22983	20829	45710
甘　肃 Gansu	13888	16811	19616
青　海 Qinghai	2445	1037	2529
宁　夏 Ningxia	5118	4565	34826
新　疆 Xinjiang	13402	10542	8312

附表 5-2　2015 年各省科普场地

Appendix table 5-2: S&T popularization venues and facilities by region in 2015

地　区 Region	科技馆/个 S&T museums	建筑面积/米 ^{2} Construction area (m^2)	展厅面积/米 ^{2} Exhibition area (m^2)	当年参观人数/人次 Visitors
全　国 Total	444	3138406	1542017	46950919
东　部 Eastern	221	1862553	919617	28699904
中　部 Middle	123	622663	306071	7646400
西　部 Western	100	653190	316329	10604615
北　京 Beijing	25	215659	125166	4561714
天　津 Tianjin	1	18000	10000	465700
河　北 Hebei	10	61212	27858	625300
山　西 Shanxi	5	11350	4570	54300
内蒙古 Inner Mongolia	18	147607	41392	743627
辽　宁 Liaoning	16	215988	83587	2455717
吉　林 Jilin	9	13300	8090	81800
黑龙江 Heilongjiang	8	79616	50278	1095197
上　海 Shanghai	32	232444	132412	6999446
江　苏 Jiangsu	13	119429	66687	1536855
浙　江 Zhejiang	26	250851	106020	2727302
安　徽 Anhui	14	131702	62118	1787406
福　建 Fujian	35	193344	112663	2885122
江　西 Jiangxi	7	36981	19242	535479
山　东 Shandong	24	211460	110156	2205968
河　南 Henan	12	90915	44934	1422000
湖　北 Hubei	60	201749	88068	2051100
湖　南 Hunan	8	57050	28771	619118
广　东 Guangdong	34	322720	138823	3239393
广　西 Guangxi	3	51877	29472	1434900
海　南 Hainan	5	21446	6245	997387
重　庆 Chongqing	10	70288	42935	2529100
四　川 Sichuan	8	57063	33675	1514633
贵　州 Guizhou	7	29252	16200	535020
云　南 Yunnan	8	38801	24400	372758
西　藏 Tibet	0	0	0	0
陕　西 Shaanxi	12	84770	39575	626443
甘　肃 Gansu	7	18150	9148	21643
青　海 Qinghai	4	37101	15710	690547
宁　夏 Ningxia	4	48503	26181	872564
新　疆 Xinjiang	19	69778	37641	1263380

附表 5-2 续表 Continued

地 区 Region	科学技术类博物馆/个 S&T related museums	建筑面积/米² Construction area (m^2)	展厅面积/米² Exhibition area (m^2)	当年参观人数/人次 Visitors	青少年科技馆站/个 Teenage S&T museums
全 国 Total	814	5746300	2697349	105111221	592
东 部 Eastern	475	3807848	1779126	69362450	250
中 部 Middle	147	641123	351159	12057174	165
西 部 Western	192	1297329	567064	23691597	177
北 京 Beijing	46	543889	208683	10152367	20
天 津 Tianjin	13	270802	164380	4930906	13
河 北 Hebei	24	165723	79654	3399394	31
山 西 Shanxi	12	61729	26802	1014498	26
内蒙古 Inner Mongolia	20	133355	55954	1232775	14
辽 宁 Liaoning	77	873419	335534	8390056	31
吉 林 Jilin	6	12430	4810	227035	6
黑龙江 Heilongjiang	25	139936	96046	1217363	14
上 海 Shanghai	141	684847	422494	13478571	26
江 苏 Jiangsu	34	314936	132618	13856344	33
浙 江 Zhejiang	34	343099	109274	4369945	24
安 徽 Anhui	20	62874	35797	419065	40
福 建 Fujian	36	116679	69255	2792852	29
江 西 Jiangxi	13	42423	25057	1905730	4
山 东 Shandong	26	187049	93061	1952963	16
河 南 Henan	15	58928	25841	2928600	15
湖 北 Hubei	37	175701	110969	2800608	26
湖 南 Hunan	19	87102	25837	1544275	34
广 东 Guangdong	38	224505	95093	4953789	23
广 西 Guangxi	7	39440	31050	581935	12
海 南 Hainan	6	82900	69080	1085263	4
重 庆 Chongqing	29	227044	89561	4964213	23
四 川 Sichuan	20	160881	61907	4934859	23
贵 州 Guizhou	6	68729	29210	755300	6
云 南 Yunnan	37	257754	111825	7336125	20
西 藏 Tibet	4	101870	66450	221600	6
陕 西 Shaanxi	18	94182	37845	1950324	18
甘 肃 Gansu	14	48654	24040	610113	14
青 海 Qinghai	5	43400	17000	80645	6
宁 夏 Ningxia	7	56718	17061	661447	5
新 疆 Xinjiang	25	65302	25161	362261	30

附表 5-2　续表　　　　Continued

地　区 Region	城市社区科普（技）专用活动室/个 Urban community S&T popularization rooms	农村科普（技）活动场地/个 Rural S&T popularization sites	科普宣传专用车/辆 S&T popularization vehicles	科普画廊/个 S&T popularization galleries
全　国 Total	81975	386769	1875	222671
东　部 Eastern	43279	187598	697	137254
中　部 Middle	19674	98284	425	40137
西　部 Western	19022	100887	753	45280
北　京 Beijing	1112	12011	62	4268
天　津 Tianjin	4380	6766	150	4137
河　北 Hebei	2951	21905	78	6665
山　西 Shanxi	661	8306	126	3436
内蒙古 Inner Mongolia	1281	4785	33	2263
辽　宁 Liaoning	6080	12821	55	10165
吉　林 Jilin	478	3705	6	1625
黑龙江 Heilongjiang	1767	4696	32	2286
上　海 Shanghai	3510	1646	72	6969
江　苏 Jiangsu	6878	26590	53	24301
浙　江 Zhejiang	6866	20798	36	19657
安　徽 Anhui	1902	10342	23	5955
福　建 Fujian	2434	9340	38	11404
江　西 Jiangxi	2014	9267	43	6060
山　东 Shandong	5899	61965	79	39403
河　南 Henan	1317	3827	29	1376
湖　北 Hubei	5051	26695	68	9669
湖　南 Hunan	6484	31446	98	9730
广　东 Guangdong	2821	12492	56	9395
广　西 Guangxi	1388	10310	33	3766
海　南 Hainan	348	1264	18	890
重　庆 Chongqing	2404	4899	220	5295
四　川 Sichuan	4316	24043	58	8557
贵　州 Guizhou	413	1772	13	1050
云　南 Yunnan	1986	15331	45	8741
西　藏 Tibet	114	1159	51	177
陕　西 Shaanxi	2369	16614	90	4449
甘　肃 Gansu	1310	8800	132	3017
青　海 Qinghai	128	1142	16	1325
宁　夏 Ningxia	898	1623	26	1527
新　疆 Xinjiang	2415	10409	36	5113

附表 5-3　2015 年各省科普经费　　单位：万元

Appendix table 5-3: S&T popularization funds by region in 2015　Unit: 10000 yuan

地　区 Region	年度科普经费筹集额 Annual funding for S&T popularization	政府拨款 Government funds	科普专项经费 Special funds	捐赠 Donates	自筹资金 Self-raised funds	其他收入 Others
全　国 Total	1412010	1066601	635868	11076	257380	77173
东　部 Eastern	832378	605867	383170	5757	172952	47988
中　部 Middle	205300	154191	79493	2141	36702	12287
西　部 Western	374332	306543	173204	3177	47726	16898
北　京 Beijing	212622	163029	119852	1297	33878	14434
天　津 Tianjin	21284	17281	6975	98	3472	437
河　北 Hebei	28212	20711	9754	524	5987	990
山　西 Shanxi	7382	6395	3743	3	804	180
内蒙古 Inner Mongolia	18136	15988	12152	23	1520	605
辽　宁 Liaoning	41038	28210	17222	153	9940	2742
吉　林 Jilin	4575	3706	1241	6	820	44
黑龙江 Heilongjiang	8904	6849	2956	74	1776	204
上　海 Shanghai	136441	82095	60766	881	48924	4541
江　苏 Jiangsu	104307	80747	48011	933	19456	3171
浙　江 Zhejiang	85674	68834	36287	426	11996	4537
安　徽 Anhui	26360	21158	15900	49	2668	2485
福　建 Fujian	43069	31529	21527	240	9819	1481
江　西 Jiangxi	27735	18812	9830	843	6556	1525
山　东 Shandong	51511	42494	21039	514	7577	925
河　南 Henan	26155	22094	8412	115	3109	854
湖　北 Hubei	66613	47605	22653	800	13808	4399
湖　南 Hunan	37576	27573	14758	251	7160	2596
广　东 Guangdong	98724	63093	38735	174	20950	14547
广　西 Guangxi	35991	30055	18028	125	3632	2184
海　南 Hainan	9498	7844	3003	518	954	183
重　庆 Chongqing	60310	46687	21026	154	9855	3615
四　川 Sichuan	44951	36256	22249	136	6280	2281
贵　州 Guizhou	43285	37183	17198	243	4416	1443
云　南 Yunnan	68804	57319	33962	285	8804	2396
西　藏 Tibet	8103	7840	2677	3	194	67
陕　西 Shaanxi	28395	21534	14907	84	5340	1438
甘　肃 Gansu	16022	11656	6708	141	3695	537
青　海 Qinghai	16143	14362	9557	0	1002	779
宁　夏 Ningxia	5490	4731	3919	6	605	148
新　疆 Xinjiang	28701	22932	10822	1979	2383	1407

附表 5-3　续表　　　　　Continued

地　区 Region	科技活动周经费筹集额 Funding for S&T week	政府拨款 Government funds	企业赞助 Corporate donates	年度科普经费使用额 Annual expenditure	行政支出 Administrative expenditure	科普活动支出 Activities expenditure
全　国 Total	60704	46577	3952	1465105	226124	848250
东　部 Eastern	35485	28926	2025	842528	121030	494008
中　部 Middle	11081	6818	1180	233415	41398	134709
西　部 Western	14138	10833	747	389162	63696	219533
北　京 Beijing	4156	3813	41	201601	26953	126323
天　津 Tianjin	707	394	80	20165	3513	15629
河　北 Hebei	985	695	93	25837	2794	23868
山　西 Shanxi	405	235	136	10947	1816	3373
内蒙古 Inner Mongolia	765	404	45	33210	2170	11712
辽　宁 Liaoning	1806	1475	121	42220	5513	26235
吉　林 Jilin	96	68	8	5234	1370	2817
黑龙江 Heilongjiang	329	233	42	8312	1714	4911
上　海 Shanghai	5277	4186	483	134631	8881	87141
江　苏 Jiangsu	4914	3505	386	106267	12439	58995
浙　江 Zhejiang	3572	3024	67	81761	18455	46706
安　徽 Anhui	970	703	52	32478	4710	17321
福　建 Fujian	9168	7907	478	62419	10609	21371
江　西 Jiangxi	2260	920	280	26336	5362	17074
山　东 Shandong	1051	771	106	61137	9597	30737
河　南 Henan	1033	774	92	25375	3524	15675
湖　北 Hubei	2648	1827	267	86585	14489	49781
湖　南 Hunan	3340	2057	302	38148	8412	23756
广　东 Guangdong	3127	2496	147	96672	19801	52296
广　西 Guangxi	2069	1818	59	36390	6187	18216
海　南 Hainan	721	660	23	9819	2475	4709
重　庆 Chongqing	1620	1220	145	64721	10454	39310
四　川 Sichuan	1959	1357	89	45146	7799	30305
贵　州 Guizhou	2462	2067	61	41184	15822	19923
云　南 Yunnan	1889	1433	75	75645	6889	42005
西　藏 Tibet	50	41	0	7998	148	7593
陕　西 Shaanxi	1388	1008	169	31262	6049	20085
甘　肃 Gansu	793	631	28	15600	2485	9400
青　海 Qinghai	159	103	1	7889	1079	3913
宁　夏 Ningxia	111	77	3	3993	281	3007
新　疆 Xinjiang	872	673	73	26126	4332	14062

附表 5-3 续表 Continued

<table>
<tr><th rowspan="3">地　区 Region</th><th colspan="5">年度科普经费使用额 Annual expenditure</th></tr>
<tr><th rowspan="2">科普场馆基建支出 Infrastructure expenditures</th><th colspan="3"></th><th rowspan="2">其他支出 Others</th></tr>
<tr><th>政府拨款支出 Government expenditures</th><th>场馆建设支出 Venue construction expenditures</th><th>展品、设施支出 Exhibits & facilities expenditures</th></tr>
<tr><td>全　国 Total</td><td>308943</td><td>111180</td><td>120827</td><td>136101</td><td>91495</td></tr>
<tr><td>东　部 Eastern</td><td>173664</td><td>65672</td><td>78382</td><td>79743</td><td>63003</td></tr>
<tr><td>中　部 Middle</td><td>46981</td><td>15187</td><td>19124</td><td>24690</td><td>10353</td></tr>
<tr><td>西　部 Western</td><td>88299</td><td>30321</td><td>23320</td><td>31667</td><td>18139</td></tr>
<tr><td>北　京 Beijing</td><td>14160</td><td>7010</td><td>2650</td><td>10227</td><td>30606</td></tr>
<tr><td>天　津 Tianjin</td><td>525</td><td>54</td><td>916</td><td>221</td><td>503</td></tr>
<tr><td>河　北 Hebei</td><td>2648</td><td>773</td><td>842</td><td>1688</td><td>6526</td></tr>
<tr><td>山　西 Shanxi</td><td>5405</td><td>3454</td><td>3650</td><td>1728</td><td>353</td></tr>
<tr><td>内蒙古 Inner Mongolia</td><td>19072</td><td>3282</td><td>2448</td><td>3943</td><td>264</td></tr>
<tr><td>辽　宁 Liaoning</td><td>8642</td><td>2363</td><td>3128</td><td>4050</td><td>1825</td></tr>
<tr><td>吉　林 Jilin</td><td>967</td><td>780</td><td>804</td><td>191</td><td>79</td></tr>
<tr><td>黑龙江 Heilongjiang</td><td>1336</td><td>686</td><td>467</td><td>762</td><td>352</td></tr>
<tr><td>上　海 Shanghai</td><td>35187</td><td>14630</td><td>15812</td><td>17535</td><td>3422</td></tr>
<tr><td>江　苏 Jiangsu</td><td>31558</td><td>14620</td><td>18447</td><td>11871</td><td>5961</td></tr>
<tr><td>浙　江 Zhejiang</td><td>12506</td><td>6418</td><td>4808</td><td>6436</td><td>4108</td></tr>
<tr><td>安　徽 Anhui</td><td>8779</td><td>1230</td><td>2078</td><td>3704</td><td>1668</td></tr>
<tr><td>福　建 Fujian</td><td>27620</td><td>5445</td><td>10091</td><td>12980</td><td>2859</td></tr>
<tr><td>江　西 Jiangxi</td><td>3378</td><td>876</td><td>1842</td><td>1127</td><td>520</td></tr>
<tr><td>山　东 Shandong</td><td>19320</td><td>10669</td><td>9317</td><td>8404</td><td>1481</td></tr>
<tr><td>河　南 Henan</td><td>5818</td><td>4026</td><td>3872</td><td>1234</td><td>384</td></tr>
<tr><td>湖　北 Hubei</td><td>17184</td><td>2942</td><td>4824</td><td>10314</td><td>5132</td></tr>
<tr><td>湖　南 Hunan</td><td>4115</td><td>1195</td><td>1588</td><td>5632</td><td>1866</td></tr>
<tr><td>广　东 Guangdong</td><td>19833</td><td>3402</td><td>12133</td><td>6006</td><td>4741</td></tr>
<tr><td>广　西 Guangxi</td><td>9927</td><td>5879</td><td>3680</td><td>4263</td><td>2412</td></tr>
<tr><td>海　南 Hainan</td><td>1665</td><td>287</td><td>238</td><td>325</td><td>971</td></tr>
<tr><td>重　庆 Chongqing</td><td>12622</td><td>1737</td><td>2202</td><td>9773</td><td>2335</td></tr>
<tr><td>四　川 Sichuan</td><td>5457</td><td>2155</td><td>3176</td><td>1580</td><td>1596</td></tr>
<tr><td>贵　州 Guizhou</td><td>414</td><td>97</td><td>248</td><td>166</td><td>5024</td></tr>
<tr><td>云　南 Yunnan</td><td>23327</td><td>13926</td><td>6315</td><td>4591</td><td>3425</td></tr>
<tr><td>西　藏 Tibet</td><td>210</td><td>65</td><td>3</td><td>65</td><td>47</td></tr>
<tr><td>陕　西 Shaanxi</td><td>4677</td><td>1062</td><td>2010</td><td>1501</td><td>453</td></tr>
<tr><td>甘　肃 Gansu</td><td>3141</td><td>688</td><td>1649</td><td>868</td><td>574</td></tr>
<tr><td>青　海 Qinghai</td><td>2504</td><td>13</td><td>294</td><td>2195</td><td>391</td></tr>
<tr><td>宁　夏 Ningxia</td><td>317</td><td>64</td><td>79</td><td>154</td><td>388</td></tr>
<tr><td>新　疆 Xinjiang</td><td>6631</td><td>1352</td><td>1216</td><td>2569</td><td>1230</td></tr>
</table>

附表 5-4 2015 年各省科普传媒

Appendix table 5-4: S&T popularization media by region in 2015

地 区 Region	科普图书 Popular science books		科普期刊 Popular science journals	
	出版种数/种 Types of publications	出版总册数/册 Total copies	出版种数/种 Types of publications	出版总册数/册 Total copies
全 国 Total	16600	133577831	1249	178501740
东 部 Eastern	8740	98980675	653	135475814
中 部 Middle	2621	13742754	183	11473464
西 部 Western	5239	20854402	413	31552462
北 京 Beijing	4595	73344594	111	18885030
天 津 Tianjin	211	633000	19	3690000
河 北 Hebei	62	393300	40	1739056
山 西 Shanxi	260	1640000	16	1658502
内蒙古 Inner Mongolia	754	2070001	91	5363100
辽 宁 Liaoning	216	2342056	16	744900
吉 林 Jilin	128	207849	4	19206
黑龙江 Heilongjiang	287	385990	27	2540819
上 海 Shanghai	1074	7584317	129	21995312
江 苏 Jiangsu	504	1921990	101	8791122
浙 江 Zhejiang	593	4503652	62	8533218
安 徽 Anhui	188	1314590	16	118817
福 建 Fujian	346	892562	50	395316
江 西 Jiangxi	557	5888688	40	4445972
山 东 Shandong	375	3084730	39	1008314
河 南 Henan	261	1284676	19	1003700
湖 北 Hubei	815	2444441	48	1135498
湖 南 Hunan	125	576520	13	550950
广 东 Guangdong	646	3992006	83	69680346
广 西 Guangxi	378	3356740	17	163200
海 南 Hainan	118	288468	3	13200
重 庆 Chongqing	248	2262666	41	865209
四 川 Sichuan	825	3957800	47	2362167
贵 州 Guizhou	83	534250	9	48000
云 南 Yunnan	469	2042421	57	409596
西 藏 Tibet	76	145800	7	43060
陕 西 Shaanxi	759	3466031	32	4699200
甘 肃 Gansu	188	610000	26	402930
青 海 Qinghai	288	1025593	19	111800
宁 夏 Ningxia	198	466100	14	8014200
新 疆 Xinjiang	973	917000	53	9070000

附表 5-4 续表 Continued

地 区 Region	科普（技）音像制品 Popularization audio and video products			科技类报纸年发行总份数/份 S&T newspaper printed copies
	出版种数/种 Types of publications	光盘发行总量/张 Total CD copies released	录音、录像带发行总量/盒 Total copies of audio and video publications	
全 国 Total	5048	9885543	1573630	392218840
东 部 Eastern	1926	3167759	239611	275054052
中 部 Middle	1269	1363570	212835	57361403
西 部 Western	1853	5354214	1121184	59803385
北 京 Beijing	253	1224233	67600	120548775
天 津 Tianjin	56	198465	60640	3393526
河 北 Hebei	136	127571	11270	26603220
山 西 Shanxi	93	115621	73102	11983022
内蒙古 Inner Mongolia	170	1173412	12451	5226660
辽 宁 Liaoning	369	467165	36771	10114781
吉 林 Jilin	13	28865	582	200
黑龙江 Heilongjiang	196	299643	3932	860232
上 海 Shanghai	140	472951	6806	20392131
江 苏 Jiangsu	252	216389	27427	18954120
浙 江 Zhejiang	178	66932	941	39429345
安 徽 Anhui	77	77036	1371	4010424
福 建 Fujian	77	167358	875	492886
江 西 Jiangxi	169	315925	71713	12540639
山 东 Shandong	186	153509	20463	21154188
河 南 Henan	162	164937	21079	10234884
湖 北 Hubei	348	195768	12916	15909387
湖 南 Hunan	211	165775	28140	1822615
广 东 Guangdong	222	64143	5205	13939280
广 西 Guangxi	143	450326	1875	31110923
海 南 Hainan	57	9043	1613	31800
重 庆 Chongqing	101	133349	36821	305192
四 川 Sichuan	486	589958	18155	1003472
贵 州 Guizhou	22	13430	0	549892
云 南 Yunnan	224	357196	21193	3611494
西 藏 Tibet	21	58200	250	3844440
陕 西 Shaanxi	184	121134	11572	6962388
甘 肃 Gansu	185	136354	8846	636250
青 海 Qinghai	12	19739	3020	1440886
宁 夏 Ningxia	14	29230	5030	277433
新 疆 Xinjiang	291	2271886	1001971	4834355

附表 5-4 续表 Continued

地　区 Region	电视台播出科普（技）节目时间/小时 Broadcasting time of popular science programs on TV (h)	电台播出科普（技）节目时间/小时 Broadcasting time of popular science programs on radio (h)	科普网站数/个 S&T popularization websites (unit)	发放科普读物和资料/份 Number of S&T popularization books and materials
全　国 Total	197280	145053	3062	899248259
东　部 Eastern	104053	83191	1727	403821740
中　部 Middle	36382	31050	460	173221933
西　部 Western	56845	30812	875	322204586
北　京 Beijing	8922	12592	343	78730936
天　津 Tianjin	5874	416	158	34962010
河　北 Hebei	17418	11566	58	30353239
山　西 Shanxi	7480	4404	27	10326600
内蒙古 Inner Mongolia	8273	1173	65	10610045
辽　宁 Liaoning	23179	23876	100	21036008
吉　林 Jilin	631	670	10	5626473
黑龙江 Heilongjiang	3596	4329	35	11318635
上　海 Shanghai	6622	1364	256	36587261
江　苏 Jiangsu	5780	5651	182	74158275
浙　江 Zhejiang	14609	11656	115	34219676
安　徽 Anhui	2946	5616	65	20275024
福　建 Fujian	7522	5789	123	16480469
江　西 Jiangxi	5405	5083	83	15704178
山　东 Shandong	10843	7264	194	33940244
河　南 Henan	3376	3386	67	28522923
湖　北 Hubei	8335	5666	144	42520288
湖　南 Hunan	4613	1896	29	38927812
广　东 Guangdong	3180	3005	145	38505696
广　西 Guangxi	5612	2958	52	35719612
海　南 Hainan	104	12	53	4847926
重　庆 Chongqing	510	375	177	30033605
四　川 Sichuan	8399	2868	114	60921229
贵　州 Guizhou	7191	2284	34	24701480
云　南 Yunnan	6695	4568	90	70297737
西　藏 Tibet	233	3111	14	922012
陕　西 Shaanxi	5294	3754	76	30217815
甘　肃 Gansu	4703	4087	110	21897903
青　海 Qinghai	625	55	28	6408013
宁　夏 Ningxia	166	554	25	6311711
新　疆 Xinjiang	9144	5025	90	24163424

附表 5-5　2015 年各省科普活动

Appendix table 5-5: S&T popularization activities by region in 2015

地区 Region	科普（技）讲座 S&T popularization lectures		科普（技）展览 S&T popularization exhibitions	
	举办次数/次 Number of lectures held	参加人数/人次 Number of participants	专题展览次数/次 Number of exhibitions held	参观人数/人次 Number of participants
全　国 Total	888496	150431959	161050	249364958
东　部 Eastern	453970	68220675	67432	139400429
中　部 Middle	188998	33925496	42955	48631901
西　部 Western	245528	48285788	50663	61332628
北　京 Beijing	46345	5654314	5170	48716333
天　津 Tianjin	42131	4456657	15594	4408220
河　北 Hebei	27140	6660516	4052	5348846
山　西 Shanxi	19652	1644119	1587	994787
内蒙古 Inner Mongolia	15542	2648661	1854	2250642
辽　宁 Liaoning	35276	6122082	4224	8819283
吉　林 Jilin	9795	947517	4103	879116
黑龙江 Heilongjiang	15894	2937169	1969	2167498
上　海 Shanghai	73765	7498146	5063	15380444
江　苏 Jiangsu	75232	11715386	9932	16438144
浙　江 Zhejiang	54225	10232747	7451	9557967
安　徽 Anhui	30643	4089263	3910	3503749
福　建 Fujian	25862	3157142	5367	5688174
江　西 Jiangxi	14915	2897423	3751	3087973
山　东 Shandong	40736	6617410	4815	11643220
河　南 Henan	24657	6675692	5048	14366327
湖　北 Hubei	48023	9880891	8923	8493852
湖　南 Hunan	25419	4853422	13664	15138599
广　东 Guangdong	30470	5635697	4771	11788314
广　西 Guangxi	20882	4377062	3053	5130773
海　南 Hainan	2788	470578	993	1611484
重　庆 Chongqing	14414	5783219	2409	8508699
四　川 Sichuan	33163	7472887	6124	10616732
贵　州 Guizhou	10179	2230928	2504	2930414
云　南 Yunnan	46759	7478077	15602	15689604
西　藏 Tibet	913	135273	300	94408
陕　西 Shaanxi	31656	4653021	5295	6481618
甘　肃 Gansu	24320	5078957	4948	4444493
青　海 Qinghai	5077	824620	749	2099901
宁　夏 Ningxia	3600	1055739	788	403514
新　疆 Xinjiang	39023	6547344	7037	2681830

附表 5-5 续表 Continued

地区 Region	科普（技）竞赛 S&T popularization competitions		科普国际交流 International S&T popularization exchanges	
	举办次数/次 Number of competitions held	参加人数/人次 Number of participants	举办次数/次 Number of exchanges held	参加人数/人次 Number of participants
全　国 Total	55424	157238701	2279	726425
东　部 Eastern	32932	113198424	1465	559564
中　部 Middle	8840	26846424	184	39844
西　部 Western	13652	17193853	630	127017
北　京 Beijing	3362	84637476	345	22380
天　津 Tianjin	5187	2076986	64	14262
河　北 Hebei	1597	680100	33	2940
山　西 Shanxi	362	347180	18	228
内蒙古 Inner Mongolia	577	241856	23	31294
辽　宁 Liaoning	2406	3667851	116	11314
吉　林 Jilin	160	66597	8	629
黑龙江 Heilongjiang	1003	394775	32	26806
上　海 Shanghai	4100	4952512	350	48738
江　苏 Jiangsu	7947	7866791	199	10890
浙　江 Zhejiang	3139	2566760	101	425483
安　徽 Anhui	830	612801	12	1726
福　建 Fujian	2414	1342246	55	9744
江　西 Jiangxi	1284	17466444	27	5053
山　东 Shandong	1350	2443920	90	5798
河　南 Henan	1112	2849198	18	2762
湖　北 Hubei	2597	2820125	47	1441
湖　南 Hunan	1492	2289304	22	1199
广　东 Guangdong	1262	2902945	73	2541
广　西 Guangxi	863	2206871	30	2346
海　南 Hainan	168	60837	39	5474
重　庆 Chongqing	748	5861993	60	50803
四　川 Sichuan	3055	2715333	349	8199
贵　州 Guizhou	1085	807618	12	2954
云　南 Yunnan	1203	1448193	27	14444
西　藏 Tibet	91	11499	0	0
陕　西 Shaanxi	1511	1729983	44	9406
甘　肃 Gansu	1862	1147918	38	3572
青　海 Qinghai	240	222735	28	3523
宁　夏 Ningxia	189	324616	5	56
新　疆 Xinjiang	2228	475238	14	420

附表 5-5　续表　　　　Continued

地区	Region	成立青少年科技兴趣小组 Teenage S&T interest groups		科技夏（冬）令营 Summer /winter science camps	
		兴趣小组数/个 Number of groups	参加人数/人次 Number of participants	举办次数/次 Number of camps held	参加人数/人次 Number of participants
全　国	Total	228161	17699854	14292	3551255
东　部	Eastern	113869	7732432	9002	2283120
中　部	Middle	56415	4197027	1796	405891
西　部	Western	57877	5770395	3494	862244
北　京	Beijing	3153	370798	1281	209839
天　津	Tianjin	5971	434488	297	96815
河　北	Hebei	11439	490727	369	87067
山　西	Shanxi	4957	145553	78	40104
内蒙古	Inner Mongolia	2374	207447	166	50769
辽　宁	Liaoning	16081	1051734	819	380226
吉　林	Jilin	944	84540	41	8419
黑龙江	Heilongjiang	4958	342259	118	18951
上　海	Shanghai	7726	546902	1602	391054
江　苏	Jiangsu	20079	1316116	1458	598401
浙　江	Zhejiang	14777	842487	1207	152300
安　徽	Anhui	5014	314339	238	29530
福　建	Fujian	4738	591756	977	134320
江　西	Jiangxi	5463	984124	236	62983
山　东	Shandong	15802	1137193	394	169198
河　南	Henan	7505	398999	262	65626
湖　北	Hubei	15288	1113255	380	70142
湖　南	Hunan	12286	813958	443	110136
广　东	Guangdong	12973	855357	549	59997
广　西	Guangxi	6488	919186	101	16443
海　南	Hainan	1130	94874	49	3903
重　庆	Chongqing	4660	532017	116	15377
四　川	Sichuan	13666	1564786	547	220797
贵　州	Guizhou	2422	563108	98	11015
云　南	Yunnan	5937	503606	409	143862
西　藏	Tibet	67	4465	55	1804
陕　西	Shaanxi	9978	538236	358	100036
甘　肃	Gansu	8171	514707	220	66268
青　海	Qinghai	262	54851	55	62985
宁　夏	Ningxia	1115	66811	42	13073
新　疆	Xinjiang	2737	301175	1327	159815

附表 5-5 续表 Continued

地区 Region	科技活动周 Science & technology week		科研机构、大学向社会开放 Scientific institutions and universities open to public	
	科普专题活动次数/次 Number of S&T week held	参加人数/人次 Number of participants	开放单位数/个 Number of open units	参观人数/人次 Number of participants
全 国 Total	117506	157533643	7241	8312578
东 部 Eastern	55312	112148663	3970	4728731
中 部 Middle	22956	16766989	1541	2222840
西 部 Western	39238	28617991	1730	1361007
北 京 Beijing	6662	64057655	523	491895
天 津 Tianjin	7921	3470818	174	236759
河 北 Hebei	5174	3241458	306	216452
山 西 Shanxi	955	728883	134	138094
内蒙古 Inner Mongolia	2061	1677539	110	61467
辽 宁 Liaoning	4155	3938108	642	504597
吉 林 Jilin	707	320889	14	18660
黑龙江 Heilongjiang	3164	1157263	300	149006
上 海 Shanghai	5480	6798631	120	322228
江 苏 Jiangsu	9049	9419140	807	1223449
浙 江 Zhejiang	5478	4443366	319	322841
安 徽 Anhui	2736	1406172	126	139562
福 建 Fujian	4434	2257130	259	194625
江 西 Jiangxi	3082	2345759	148	132802
山 东 Shandong	3796	10025771	194	181583
河 南 Henan	3318	2959082	319	200957
湖 北 Hubei	5405	4679267	363	1084841
湖 南 Hunan	3589	3169674	137	358918
广 东 Guangdong	2127	3740558	572	910979
广 西 Guangxi	4552	5353382	135	100507
海 南 Hainan	1036	756028	54	123323
重 庆 Chongqing	2205	2393620	419	210380
四 川 Sichuan	5701	4735096	277	310235
贵 州 Guizhou	3670	2286029	44	62963
云 南 Yunnan	4470	3289226	199	87193
西 藏 Tibet	311	52499	28	14140
陕 西 Shaanxi	5215	2579735	196	326537
甘 肃 Gansu	4148	2297064	138	113581
青 海 Qinghai	661	705509	68	13820
宁 夏 Ningxia	1164	578582	55	20213
新 疆 Xinjiang	5080	2669710	61	39971

附表 5-5　续表　　　　Continued

地区　Region		举办实用技术培训 Practical skill trainings		重大科普活动次数/次 Number of grand popularization activities
		举办次数/次 Number of trainings held	参加人数/人次 Number of participants	
全　国	Total	726024	90940522	36428
东　部	Eastern	205787	25697377	13720
中　部	Middle	130751	18894522	9180
西　部	Western	389486	46348623	13528
北　京	Beijing	14307	811161	983
天　津	Tianjin	12533	1128955	325
河　北	Hebei	29689	4147718	1216
山　西	Shanxi	10546	1241273	566
内蒙古	Inner Mongolia	22438	2402517	1016
辽　宁	Liaoning	15488	2558912	1490
吉　林	Jilin	10662	1535584	241
黑龙江	Heilongjiang	20893	3382414	1416
上　海	Shanghai	14498	3103884	1169
江　苏	Jiangsu	32647	3907887	1986
浙　江	Zhejiang	26528	2906334	2072
安　徽	Anhui	20459	5272401	1007
福　建	Fujian	13876	1309648	1429
江　西	Jiangxi	22534	1806404	533
山　东	Shandong	23556	3737400	1616
河　南	Henan	21943	2739130	762
湖　北	Hubei	102	9375	1338
湖　南	Hunan	23612	2907941	3317
广　东	Guangdong	19035	1758411	982
广　西	Guangxi	45179	4246239	2150
海　南	Hainan	3630	327067	452
重　庆	Chongqing	8904	1256068	1062
四　川	Sichuan	50918	7036146	2044
贵　州	Guizhou	14792	1781645	568
云　南	Yunnan	72587	6755640	1405
西　藏	Tibet	940	140266	44
陕　西	Shaanxi	39831	4665200	1415
甘　肃	Gansu	48268	4858389	1865
青　海	Qinghai	5826	622762	511
宁　夏	Ningxia	5699	1268091	289
新　疆	Xinjiang	74104	11315660	1159

附表 5-6　2015 年创新创业中的科普

Appendix table 5-6: S&T popularization activities in innovation and entrepreneurship in 2015

地区 Region	众创空间 Maker space			
	数量/个 Number of maker spaces	服务各类人员数量/人 Number of serving for people	获得政府经费支持/万元 Funds from government (10000 yuan)	孵化科技项目数量/个 Number of incubating S&T projects
全　国 Total	4471	370195	159772	38455
东　部 Eastern	3002	207343	89049	29952
中　部 Middle	637	76045	16422	3531
西　部 Western	832	86807	54301	4972
北　京 Beijing	274	6963	4194	821
天　津 Tianjin	204	10059	22881	3090
河　北 Hebei	192	25286	4346	1980
山　西 Shanxi	34	15124	882	240
内蒙古 Inner Mongolia	12	4938	815	107
辽　宁 Liaoning	95	18367	2815	1283
吉　林 Jilin	5	4848	330	106
黑龙江 Heilongjiang	78	3915	2747	252
上　海 Shanghai	982	49335	25297	14260
江　苏 Jiangsu	511	19178	8387	2938
浙　江 Zhejiang	133	31712	2233	1291
安　徽 Anhui	50	3528	2268	271
福　建 Fujian	288	14494	8837	1876
江　西 Jiangxi	65	19722	2504	621
山　东 Shandong	134	7600	3924	707
河　南 Henan	142	7426	3180	591
湖　北 Hubei	230	16604	3272	1023
湖　南 Hunan	33	4878	1239	427
广　东 Guangdong	182	23535	6115	1627
广　西 Guangxi	47	4190	1995	407
海　南 Hainan	7	814	20	79
重　庆 Chongqing	179	28224	15944	1373
四　川 Sichuan	236	15944	12724	1048
贵　州 Guizhou	46	7989	7128	171
云　南 Yunnan	214	15867	11251	1144
西　藏 Tibet	21	500	0	2
陕　西 Shaanxi	23	2044	645	162
甘　肃 Gansu	19	1327	1462	348
青　海 Qinghai	17	4782	1814	124
宁　夏 Ningxia	13	711	363	41
新　疆 Xinjiang	5	291	160	45

附表 5-6 续表 Continued

地区 Region	创新创业培训 Innovation and entrepreneurship trainings		创新创业赛事 Innovation and entrepreneurship competitions	
	培训次数/次 Number of trainings	参加人数/人次 Number of participants	赛事次数/次 Number of competitions	参加人数/人次 Number of participants
全国	45073	2786052	3383	1830111
东 部 Eastern	26448	1506861	1663	584446
中 部 Middle	6236	479153	721	458355
西 部 Western	12389	800038	999	787310
北 京 Beijing	1523	94504	210	54882
天 津 Tianjin	2207	71831	187	51548
河 北 Hebei	1195	91060	173	44552
山 西 Shanxi	429	42384	34	15738
内蒙古 Inner Mongolia	584	65545	23	4309
辽 宁 Liaoning	1461	103402	240	14993
吉 林 Jilin	210	10032	5	2920
黑龙江 Heilongjiang	676	61873	68	9330
上 海 Shanghai	6839	328340	141	64215
江 苏 Jiangsu	4222	230599	238	42156
浙 江 Zhejiang	1107	45079	137	29991
安 徽 Anhui	1072	45171	50	11414
福 建 Fujian	4270	77377	197	30598
江 西 Jiangxi	888	48888	149	29838
山 东 Shandong	2088	143009	99	114634
河 南 Henan	1058	91855	56	11884
湖 北 Hubei	1040	96157	231	146601
湖 南 Hunan	863	82793	128	230630
广 东 Guangdong	1458	319930	41	136847
广 西 Guangxi	2734	144193	228	547384
海 南 Hainan	78	1730	0	30
重 庆 Chongqing	2384	168443	255	26017
四 川 Sichuan	2938	157730	178	134606
贵 州 Guizhou	635	39722	46	4000
云 南 Yunnan	1211	74552	66	7825
西 藏 Tibet	12	120	9	1320
陕 西 Shaanxi	239	26195	19	6094
甘 肃 Gansu	628	49900	35	4570
青 海 Qinghai	359	16081	36	32205
宁 夏 Ningxia	185	28315	38	17805
新 疆 Xinjiang	480	29242	66	1175

附录 6　2014 年全国科普统计分类数据统计表

各项统计数据均未包括香港特别行政区、澳门特别行政区和台湾地区的数据。

科普宣传专用车、科普图书、科普期刊、科普网站与科普国际交流情况均由市级以上（含市级）填报单位的数据统计得出。

东部、中部和西部地区的划分：东部地区包括北京、天津、河北、辽宁、上海、江苏、浙江、福建、山东、广东和海南 11 个省和直辖市；中部地区包括山西、吉林、黑龙江、安徽、江西、河南、湖北和湖南 8 个省；西部地区包括内蒙古、广西、重庆、四川、贵州、云南、西藏、陕西、甘肃、青海、宁夏和新疆 12 个省、自治区和直辖市。

附表 6-1　2014 年各省科普人员　单位：人

Appendix table 6-1: S&T popularization personnel by region in 2014　Unit: person

地　区 Region	科普专职人员 Full time S&T popularization personnel		
	人员总数 Total	中级职称及以上或大学本科及以上学历人员 With title of medium-rank or above /with college graduate or above	女性 Female
全　国 National Total	234982	137157	83782
东　部 Eastern	87066	54314	32845
中　部 Middle	75520	43375	25927
西　部 Western	72396	39468	25010
北　京 Beijing	7062	4915	3596
天　津 Tianjin	3179	2281	1457
河　北 Hebei	6517	3899	2696
山　西 Shanxi	7285	3657	2954
内蒙古 Inner Mongolia	9433	6113	3580
辽　宁 Liaoning	7448	4926	2869
吉　林 Jilin	2396	1699	1026
黑龙江 Heilongjiang	3461	2032	1505
上　海 Shanghai	7518	5233	3560
江　苏 Jiangsu	13721	9358	4948
浙　江 Zhejiang	6364	4129	2120
安　徽 Anhui	13574	7688	3386
福　建 Fujian	4004	2553	1237
江　西 Jiangxi	5940	3452	1989
山　东 Shandong	21520	11667	6807
河　南 Henan	15783	9089	6220
湖　北 Hubei	13972	8792	3989
湖　南 Hunan	13109	6966	4858
广　东 Guangdong	8702	4868	3149
广　西 Guangxi	4538	2721	1484
海　南 Hainan	1031	485	406
重　庆 Chongqing	3327	2250	1264
四　川 Sichuan	14071	7874	4933
贵　州 Guizhou	2862	1657	1008
云　南 Yunnan	11685	6281	3849
西　藏 Tibet	351	210	103
陕　西 Shaanxi	12854	5606	3996
甘　肃 Gansu	5890	3113	1767
青　海 Qinghai	975	620	383
宁　夏 Ningxia	1811	797	690
新　疆 Xinjiang	4599	2226	1953

附表 6-1　续表　　　　Continued

地区	Region	科普专职人员 Full time S&T popularization personnel		
		农村科普人员 Rural S&T popularization personnel	管理人员 S&T popularization administrators	科普创作人员 S&T popularization creators
全　国	Total	84813	50651	12929
东　部	Eastern	24579	19828	6094
中　部	Middle	31232	15846	3699
西　部	Western	29002	14977	3136
北　京	Beijing	994	1580	1132
天　津	Tianjin	808	1118	269
河　北	Hebei	2149	1592	269
山　西	Shanxi	2627	1693	361
内蒙古	Inner Mongolia	3508	2295	392
辽　宁	Liaoning	1419	2001	253
吉　林	Jilin	996	532	68
黑龙江	Heilongjiang	971	836	203
上　海	Shanghai	908	1877	1256
江　苏	Jiangsu	3941	2556	772
浙　江	Zhejiang	1574	1639	321
安　徽	Anhui	7586	2556	509
福　建	Fujian	1129	980	287
江　西	Jiangxi	2117	1499	281
山　东	Shandong	9402	3805	949
河　南	Henan	5966	3450	752
湖　北	Hubei	6320	2814	874
湖　南	Hunan	4649	2466	651
广　东	Guangdong	2163	2339	540
广　西	Guangxi	1804	1068	144
海　南	Hainan	92	341	46
重　庆	Chongqing	1297	638	191
四　川	Sichuan	5893	2903	555
贵　州	Guizhou	1047	765	152
云　南	Yunnan	6595	1999	279
西　藏	Tibet	121	124	39
陕　西	Shaanxi	4484	2300	660
甘　肃	Gansu	2067	1139	232
青　海	Qinghai	112	237	73
宁　夏	Ningxia	514	543	57
新　疆	Xinjiang	1560	966	362

附表 6-1　续表　　　　Continued

地　区 Region	科普兼职人员 Part time S&T popularization personnel		
	人员总数 Total	年度实际投入工作量/人月 Annual actual workload (person-month)	中级职称及以上或大学本科及以上学历人员 With title of medium-rank or above /with college graduate or above
全　国 Total	1777286	2410261	886086
东　部 Eastern	813848	1035941	432057
中　部 Middle	432489	641795	206325
西　部 Western	530949	732525	247704
北　京 Beijing	34677	48440	21456
天　津 Tianjin	38201	64038	19714
河　北 Hebei	51130	88526	35456
山　西 Shanxi	51396	50725	17200
内蒙古 Inner Mongolia	42317	41643	27211
辽　宁 Liaoning	67551	94794	36877
吉　林 Jilin	15574	25825	4859
黑龙江 Heilongjiang	19932	30734	12391
上　海 Shanghai	41013	68717	23136
江　苏 Jiangsu	200181	180303	122700
浙　江 Zhejiang	101431	111262	46219
安　徽 Anhui	77674	125982	41656
福　建 Fujian	65158	62558	32876
江　西 Jiangxi	38317	63796	20747
山　东 Shandong	141932	219744	54151
河　南 Henan	83184	153107	38140
湖　北 Hubei	70559	87815	35604
湖　南 Hunan	75853	103811	35728
广　东 Guangdong	65848	88782	37223
广　西 Guangxi	45678	76202	21040
海　南 Hainan	6726	8777	2249
重　庆 Chongqing	33189	52445	17345
四　川 Sichuan	110707	181511	46742
贵　州 Guizhou	41801	69115	20847
云　南 Yunnan	72451	96648	35192
西　藏 Tibet	4150	1465	1013
陕　西 Shaanxi	81495	102208	36684
甘　肃 Gansu	47960	50650	17680
青　海 Qinghai	11150	13189	6571
宁　夏 Ningxia	12972	14123	6352
新　疆 Xinjiang	27079	33326	11027

附表 6-1 续表 Continued

地区 Region	科普兼职人员 Part time S&T popularization personnel		注册科普志愿者 Registered S&T popularization volunteers
	女性 Female	农村科普人员 Rural S&T popularization personnel	
全 国 Total	652346	634913	3206102
东 部 Eastern	307087	250452	1659864
中 部 Middle	150921	178289	767127
西 部 Western	194338	206172	779111
北 京 Beijing	19014	3810	20676
天 津 Tianjin	22458	4312	54643
河 北 Hebei	21998	19660	53859
山 西 Shanxi	17630	21387	22211
内蒙古 Inner Mongolia	20199	14845	24288
辽 宁 Liaoning	29649	18482	63657
吉 林 Jilin	6772	8141	10055
黑龙江 Heilongjiang	8764	5821	329976
上 海 Shanghai	19228	4161	92524
江 苏 Jiangsu	66615	50348	946270
浙 江 Zhejiang	36373	27604	68850
安 徽 Anhui	24526	33112	44493
福 建 Fujian	18611	22328	20503
江 西 Jiangxi	13171	14229	26133
山 东 Shandong	46583	79251	160252
河 南 Henan	32083	34963	63707
湖 北 Hubei	24532	27535	115029
湖 南 Hunan	23443	33101	155523
广 东 Guangdong	24726	17796	172593
广 西 Guangxi	16290	17167	9021
海 南 Hainan	1832	2700	6037
重 庆 Chongqing	11753	10671	379270
四 川 Sichuan	41321	51808	58891
贵 州 Guizhou	13984	13507	21445
云 南 Yunnan	25989	31923	191625
西 藏 Tibet	814	2164	238
陕 西 Shaanxi	27263	29250	27599
甘 肃 Gansu	15867	15958	37512
青 海 Qinghai	4214	2498	3094
宁 夏 Ningxia	5763	5664	17701
新 疆 Xinjiang	10881	10717	8427

附表 6-2 2014 年各省科普场地

Appendix table 6-2: S&T popularization venues and facilities by region in 2014

地 区 Region	科技馆/个 S&T museums	建筑面积/米² Construction area (m^2)	展厅面积/米² Exhibition area (m^2)	当年参观人数/人次 Visitors
全 国 Total	409	3042399	1446056	41923115
东 部 Eastern	212	1875686	914425	26139992
中 部 Middle	130	617939	272503	8105431
西 部 Western	67	548774	259128	7677692
北 京 Beijing	31	319979	167501	4719603
天 津 Tianjin	1	18000	10000	643400
河 北 Hebei	11	69362	32258	560660
山 西 Shanxi	4	43900	11570	335500
内蒙古 Inner Mongolia	13	74574	32478	230019
辽 宁 Liaoning	17	213934	81234	668517
吉 林 Jilin	11	20927	5985	96600
黑龙江 Heilongjiang	10	51269	26704	934780
上 海 Shanghai	30	221156	123013	5363714
江 苏 Jiangsu	19	160519	92869	2109142
浙 江 Zhejiang	23	231038	93545	1798871
安 徽 Anhui	14	149872	73010	1088314
福 建 Fujian	18	100273	53415	1277230
江 西 Jiangxi	7	42449	23742	539000
山 东 Shandong	24	203313	106817	3893460
河 南 Henan	10	54448	31914	1799400
湖 北 Hubei	66	201320	69812	2449223
湖 南 Hunan	8	53754	29766	862614
广 东 Guangdong	29	288666	124328	3516008
广 西 Guangxi	5	61401	31683	1520670
海 南 Hainan	9	49446	29445	1589387
重 庆 Chongqing	5	94638	45330	2511000
四 川 Sichuan	8	73943	36453	1124880
贵 州 Guizhou	2	21275	10880	465000
云 南 Yunnan	8	44823	14388	160489
西 藏 Tibet	0	0	0	0
陕 西 Shaanxi	5	34130	19585	228124
甘 肃 Gansu	5	11281	3680	18902
青 海 Qinghai	3	38739	17507	690718
宁 夏 Ningxia	4	19320	12730	370136
新 疆 Xinjiang	9	74650	34414	357754

附表 6-2 续表 Continued

地 区 Region	科学技术类博物馆/个 S&T related museums	建筑面积/米 2 Construction area (m^2)	展厅面积/米 2 Exhibition area (m^2)	当年参观人数/人次 Visitors	青少年科技馆站/个 Teenage S&T museums
全 国 Total	724	5178451	2398749	99146163	687
东 部 Eastern	447	3378027	1595118	60294885	288
中 部 Middle	131	728386	373350	16196192	199
西 部 Western	146	1072038	430281	22655086	200
北 京 Beijing	70	777777	308565	11221642	11
天 津 Tianjin	13	269784	137490	4725865	12
河 北 Hebei	19	146461	62984	2906080	40
山 西 Shanxi	6	25126	9071	347000	34
内蒙古 Inner Mongolia	15	148769	57675	3335988	30
辽 宁 Liaoning	49	376292	176874	6437079	61
吉 林 Jilin	8	35580	15950	570035	11
黑龙江 Heilongjiang	27	203627	104921	2381181	13
上 海 Shanghai	142	675377	412999	12551357	23
江 苏 Jiangsu	45	391862	174378	4895995	42
浙 江 Zhejiang	31	294080	127402	3793171	23
安 徽 Anhui	19	115330	57297	3682830	34
福 建 Fujian	26	104177	54404	4698896	27
江 西 Jiangxi	9	45846	29017	2008000	20
山 东 Shandong	20	141380	58031	4228220	28
河 南 Henan	14	98409	38299	3055712	15
湖 北 Hubei	35	150152	96525	2661965	36
湖 南 Hunan	13	54316	22270	1489469	36
广 东 Guangdong	31	200337	81791	4833580	14
广 西 Guangxi	11	120417	58141	3344979	8
海 南 Hainan	1	500	200	3000	7
重 庆 Chongqing	10	117175	44902	793106	6
四 川 Sichuan	21	131636	51567	2966235	40
贵 州 Guizhou	9	55814	17353	647399	11
云 南 Yunnan	27	166604	76856	6982378	21
西 藏 Tibet	2	21020	4300	7700	3
陕 西 Shaanxi	15	144417	37757	1856306	22
甘 肃 Gansu	10	57537	26910	331561	13
青 海 Qinghai	4	23950	8650	796260	10
宁 夏 Ningxia	8	24548	17601	1118194	4
新 疆 Xinjiang	14	60151	28569	474980	32

附表 6-2　续表　　　Continued

地　区 Region	城市社区科普（技）专用活动室/个 Urban community S&T popularization rooms	农村科普（技）活动场地/个 Rural S&T popularization sites	科普宣传专用车/辆 S&T popularization vehicles	科普画廊/个 S&T popularization galleries
全　国 Total	85847	415747	1957	233869
东　部 Eastern	41364	190553	810	142632
中　部 Middle	24881	131527	370	46981
西　部 Western	19602	93667	777	44256
北　京 Beijing	1014	1839	82	3231
天　津 Tianjin	4745	6737	182	4650
河　北 Hebei	2014	19779	41	6388
山　西 Shanxi	1016	12372	67	4452
内蒙古 Inner Mongolia	1352	5027	96	2990
辽　宁 Liaoning	6762	14711	106	9575
吉　林 Jilin	722	7067	20	903
黑龙江 Heilongjiang	2201	4972	40	2072
上　海 Shanghai	3301	1580	67	6868
江　苏 Jiangsu	6792	26269	130	25126
浙　江 Zhejiang	3289	18032	26	17235
安　徽 Anhui	2548	13069	36	6827
福　建 Fujian	2662	9925	6	16478
江　西 Jiangxi	2382	9652	44	6290
山　东 Shandong	7365	73290	93	35401
河　南 Henan	3366	25727	30	5946
湖　北 Hubei	6187	27327	105	10831
湖　南 Hunan	6459	31341	28	9660
广　东 Guangdong	3280	16778	71	17219
广　西 Guangxi	2604	11357	38	4749
海　南 Hainan	140	1613	6	461
重　庆 Chongqing	1291	5300	165	5521
四　川 Sichuan	4202	21458	73	9182
贵　州 Guizhou	650	2882	21	1579
云　南 Yunnan	1254	12613	27	6083
西　藏 Tibet	113	1320	54	122
陕　西 Shaanxi	3721	16280	51	3524
甘　肃 Gansu	1574	7483	59	2344
青　海 Qinghai	171	830	51	649
宁　夏 Ningxia	768	1850	14	1002
新　疆 Xinjiang	1902	7267	128	6511

附表 6-3　2014 年各省科普经费　单位：万元

Appendix table 6-3: S&T popularization funds by region in 2014　Unit: 10000 yuan

地　区 Region	年度科普经费筹集额 Annual funding for S&T popularization	政府拨款 Government funds	科普专项经费 Special funds	捐赠 Donates	自筹资金 Self-raised funds	其他收入 Others
全　国 Total	1500290	1140391	640066	16034	272745	70956
东　部 Eastern	963104	736481	445679	12349	175887	38285
中　部 Middle	209635	157059	78321	1625	34129	16823
西　部 Western	327552	246852	116066	2060	62729	15848
北　京 Beijing	217381	149799	99009	9719	49775	8089
天　津 Tianjin	24233	19230	6640	91	4262	651
河　北 Hebei	26500	18203	6902	426	4638	3232
山　西 Shanxi	18522	13404	5888	6	1897	3214
内蒙古 Inner Mongolia	14208	11620	4594	125	2021	441
辽　宁 Liaoning	36161	24465	15709	216	8102	3298
吉　林 Jilin	4078	3421	991	33	562	62
黑龙江 Heilongjiang	12230	10349	2553	72	1445	364
上　海 Shanghai	258183	208610	169140	909	44385	4278
江　苏 Jiangsu	103743	72714	42866	336	21886	8815
浙　江 Zhejiang	118004	103349	25490	245	11299	3082
安　徽 Anhui	31813	25926	14840	94	4544	1249
福　建 Fujian	49117	42746	26632	46	5112	1214
江　西 Jiangxi	23029	15651	9027	288	5361	1728
山　东 Shandong	53823	39099	15438	227	13310	1188
河　南 Henan	25958	20650	9117	410	4120	782
湖　北 Hubei	55838	39524	22714	464	9145	6705
湖　南 Hunan	38168	28133	13191	258	7055	2718
广　东 Guangdong	69135	53873	35285	116	11297	3847
广　西 Guangxi	32147	23449	12787	229	6216	2260
海　南 Hainan	6823	4393	2570	19	1821	590
重　庆 Chongqing	38854	27707	16833	127	7942	3079
四　川 Sichuan	58071	40429	21547	126	15554	1963
贵　州 Guizhou	35357	28828	11835	407	4316	1807
云　南 Yunnan	68854	58169	20835	410	7219	3057
西　藏 Tibet	2173	1922	1003	4	138	110
陕　西 Shaanxi	27909	21740	11270	356	4548	1265
甘　肃 Gansu	12488	9634	5034	69	2318	467
青　海 Qinghai	6271	4957	1720	6	937	371
宁　夏 Ningxia	6528	4120	1346	42	2201	165
新　疆 Xinjiang	24691	14278	7261	159	9319	864

附表 6-3　续表　　　　Continued

地　区 Region	科技活动周经费筹集额 Funding for S&T week	政府拨款 Government funds	企业赞助 Corporate donates	年度科普经费使用额 Annual expenditure	行政支出 Administrative expenditure	科普活动支出 Activities expenditure
全　国 Total	47447	34602	3339	1485017	193610	740981
东　部 Eastern	24018	18008	1674	936239	106177	440095
中　部 Middle	10604	6878	1046	229752	34817	129232
西　部 Western	12825	9717	620	319026	52616	171654
北　京 Beijing	2638	2092	136	205724	32930	112852
天　津 Tianjin	891	498	138	23969	3420	19217
河　北 Hebei	1054	772	69	24269	2132	12626
山　西 Shanxi	481	347	35	17612	2358	10231
内蒙古 Inner Mongolia	543	364	67	18267	3404	7787
辽　宁 Liaoning	1513	1172	134	34481	5132	22573
吉　林 Jilin	147	118	6	4056	1136	2516
黑龙江 Heilongjiang	420	326	75	11323	1189	6043
上　海 Shanghai	5000	3670	314	253456	8301	79053
江　苏 Jiangsu	4853	3803	300	96953	12598	55534
浙　江 Zhejiang	2631	2163	80	106100	12252	44977
安　徽 Anhui	1076	797	36	36388	4488	18253
福　建 Fujian	1250	856	73	50575	7621	17943
江　西 Jiangxi	1524	807	321	24294	5301	15044
山　东 Shandong	1290	898	179	65583	9341	25377
河　南 Henan	1088	861	75	37659	3488	17922
湖　北 Hubei	2518	1566	229	59936	8819	34847
湖　南 Hunan	3350	2056	270	38484	8039	24375
广　东 Guangdong	2280	1554	218	68255	11974	46618
广　西 Guangxi	2047	1806	46	25956	4665	15147
海　南 Hainan	618	531	33	6874	476	3327
重　庆 Chongqing	1193	891	88	37493	7453	19145
四　川 Sichuan	2199	1422	117	54183	7887	28048
贵　州 Guizhou	2356	2026	28	34243	10278	18161
云　南 Yunnan	1241	874	117	57620	6257	33320
西　藏 Tibet	101	74	9	2154	388	1650
陕　西 Shaanxi	1397	1048	38	28267	4261	18936
甘　肃 Gansu	561	400	39	14677	2960	10052
青　海 Qinghai	157	118	2	6675	1162	4962
宁　夏 Ningxia	166	108	3	6129	487	3410
新　疆 Xinjiang	864	587	67	33364	3415	11037

附表 6-3　续表　　　　　Continued

地　区 Region	年度科普经费使用额 Annual expenditure				
	科普场馆基建支出 Infrastructure expenditures	政府拨款支出 Government expenditures	场馆建设支出 Venue construction expenditures	展品、设施支出 Exhibits & facilities expenditures	其他支出 Others
全　国 Total	456870	252441	218482	201051	98410
东　部 Eastern	321513	197455	154448	148133	73270
中　部 Middle	52690	19242	21709	27185	13011
西　部 Western	82667	35743	42325	25734	12129
北　京 Beijing	25692	8751	5496	17143	39049
天　津 Tianjin	521	1	249	225	812
河　北 Hebei	3753	379	1483	2060	5757
山　西 Shanxi	4179	3724	3522	388	845
内蒙古 Inner Mongolia	6667	4243	2634	1805	410
辽　宁 Liaoning	5263	2564	1399	1945	1514
吉　林 Jilin	295	71	136	73	109
黑龙江 Heilongjiang	819	240	547	668	3272
上　海 Shanghai	162612	144055	84243	77286	3491
江　苏 Jiangsu	22213	8712	10876	7423	6608
浙　江 Zhejiang	45811	3727	29182	15242	3066
安　徽 Anhui	11283	4353	5440	4699	2364
福　建 Fujian	20869	5131	7156	11656	4145
江　西 Jiangxi	3570	1045	2251	817	379
山　东 Shandong	27084	21269	12731	10960	3776
河　南 Henan	15590	6394	6128	5930	658
湖　北 Hubei	12765	1955	2117	8933	3505
湖　南 Hunan	4188	1461	1570	5676	1881
广　东 Guangdong	6047	2475	1055	3596	3629
广　西 Guangxi	4924	2828	1510	2565	1228
海　南 Hainan	1648	391	578	597	1424
重　庆 Chongqing	9828	4042	4669	1739	1068
四　川 Sichuan	15959	2672	7498	3971	2294
贵　州 Guizhou	4057	12	3924	133	1747
云　南 Yunnan	15381	11692	12063	3488	2688
西　藏 Tibet	103	3	4	25	14
陕　西 Shaanxi	4140	2105	856	1396	931
甘　肃 Gansu	1271	115	339	504	394
青　海 Qinghai	256	76	77	116	295
宁　夏 Ningxia	2089	714	1354	92	142
新　疆 Xinjiang	17993	7241	7399	9900	918

附表 6-4　2014 年各省科普传媒

Appendix table 6-4: S&T popularization media by region in 2014

地　区　Region	科普图书 Popular science books		科普期刊 Popular science journals	
	出版种数/种 Types of publications	出版总册数/册 Total copies	出版种数/种 Types of publications	出版总册数/册 Total copies
全　国 Total	8507	61600307	984	108258907
东　部 Eastern	6340	45511377	527	82661516
中　部 Middle	1133	9348365	195	16450648
西　部 Western	1034	6740565	262	9146743
北　京 Beijing	3605	27954275	68	13788300
天　津 Tianjin	225	681000	21	3864700
河　北 Hebei	69	818740	49	1955460
山　西 Shanxi	49	268400	18	228100
内蒙古 Inner Mongolia	120	284223	15	45853
辽　宁 Liaoning	80	749050	26	714500
吉　林 Jilin	130	409940	8	49210
黑龙江 Heilongjiang	49	128000	7	381000
上　海 Shanghai	1072	8079920	126	21381746
江　苏 Jiangsu	185	1110440	59	12844060
浙　江 Zhejiang	650	3120000	51	9183750
安　徽 Anhui	121	595130	29	6711108
福　建 Fujian	24	130200	14	387150
江　西 Jiangxi	531	5608275	42	5430150
山　东 Shandong	125	945600	37	7067300
河　南 Henan	25	400000	29	839180
湖　北 Hubei	194	1678400	39	1399100
湖　南 Hunan	34	260220	23	1412800
广　东 Guangdong	235	1589852	65	10397900
广　西 Guangxi	51	1039050	11	480439
海　南 Hainan	70	332300	11	1076650
重　庆 Chongqing	101	1192000	35	882700
四　川 Sichuan	143	854000	38	4451600
贵　州 Guizhou	14	102917	11	42260
云　南 Yunnan	147	775284	50	520408
西　藏 Tibet	19	192200	6	41000
陕　西 Shaanxi	166	815281	30	1251420
甘　肃 Gansu	104	897300	19	115912
青　海 Qinghai	43	73690	19	211000
宁　夏 Ningxia	16	147200	7	33000
新　疆 Xinjiang	110	367420	21	1071151

附表 6-4 续表 Continued

地 区 Region	科普（技）音像制品 Popularization audio and video products			科技类报纸年发行总份数/份 S&T newspaper printed copies
	出版种数/种 Types of publications	光盘发行总量/张 Total CD copies released	录音、录像带发行总量/盒 Total copies of audio and video publications	
全 国 Total	4473	6193823	719904	302296802
东 部 Eastern	1452	2689972	172479	219798590
中 部 Middle	1566	1908098	342883	47041475
西 部 Western	1455	1595753	204542	35456737
北 京 Beijing	71	244501	4385	21895600
天 津 Tianjin	80	376420	61100	3174076
河 北 Hebei	118	181106	6720	30312990
山 西 Shanxi	270	148013	72922	5148872
内蒙古 Inner Mongolia	205	128355	24100	3780528
辽 宁 Liaoning	347	488289	41811	10054679
吉 林 Jilin	22	78879	9377	355500
黑龙江 Heilongjiang	34	190779	452	9846810
上 海 Shanghai	133	526443	5655	19957649
江 苏 Jiangsu	143	188662	4568	46445634
浙 江 Zhejiang	153	230272	4610	45953405
安 徽 Anhui	363	90423	6168	5673905
福 建 Fujian	75	98996	1945	1987638
江 西 Jiangxi	158	454188	11805	11979987
山 东 Shandong	213	241591	37332	27897005
河 南 Henan	84	377751	74965	1091305
湖 北 Hubei	425	392878	140388	11115281
湖 南 Hunan	210	175187	26806	1829815
广 东 Guangdong	73	76356	4287	12116414
广 西 Guangxi	41	44045	1769	181880
海 南 Hainan	46	37336	66	3500
重 庆 Chongqing	43	83639	171	4425940
四 川 Sichuan	264	288650	29409	2494608
贵 州 Guizhou	54	84974	6997	93376
云 南 Yunnan	188	223048	5762	2165051
西 藏 Tibet	69	33889	50823	1540297
陕 西 Shaanxi	209	154304	4850	17803662
甘 肃 Gansu	169	122877	10592	639128
青 海 Qinghai	29	94293	1210	1645710
宁 夏 Ningxia	14	124510	30	242131
新 疆 Xinjiang	170	213169	68829	444426

附表 6-4 续表 Continued

地 区 Region	电视台播出科普（技）节目时间/小时 Broadcasting time of popular science programs on TV (h)	电台播出科普（技）节目时间/小时 Broadcasting time of popular science programs on radio (h)	科普网站数/个 S&T popularization websites (unit)	发放科普读物和资料/份 Number of S&T popularization books and materials
全 国 Total	201658	151334	2652	1026992112
东 部 Eastern	94067	80385	1432	430716650
中 部 Middle	45283	31867	546	186177929
西 部 Western	62308	39082	674	410097533
北 京 Beijing	8822	9885	184	34955966
天 津 Tianjin	5841	356	179	12067116
河 北 Hebei	12712	12409	74	36089217
山 西 Shanxi	6643	826	44	13606307
内蒙古 Inner Mongolia	6344	3637	61	13302435
辽 宁 Liaoning	22945	23173	97	23693735
吉 林 Jilin	832	781	18	5124850
黑龙江 Heilongjiang	1653	1557	37	14383670
上 海 Shanghai	4601	2435	240	35863333
江 苏 Jiangsu	4423	5631	132	138558965
浙 江 Zhejiang	11298	12332	119	39455982
安 徽 Anhui	4627	6171	121	26237223
福 建 Fujian	1136	1426	38	16920344
江 西 Jiangxi	3834	4553	46	15594645
山 东 Shandong	17215	8574	239	44610694
河 南 Henan	6028	6787	70	33728865
湖 北 Hubei	16652	8384	167	38084857
湖 南 Hunan	5014	2808	43	39417512
广 东 Guangdong	4962	3904	112	44583897
广 西 Guangxi	8742	2168	28	44388807
海 南 Hainan	112	260	18	3917401
重 庆 Chongqing	510	375	124	27792650
四 川 Sichuan	7518	2819	112	64016090
贵 州 Guizhou	6682	942	29	25472810
云 南 Yunnan	5909	4999	63	54270381
西 藏 Tibet	233	481	14	609032
陕 西 Shaanxi	5578	8211	104	38908510
甘 肃 Gansu	8097	5762	61	22620017
青 海 Qinghai	1004	529	11	8286963
宁 夏 Ningxia	762	554	23	5428260
新 疆 Xinjiang	10929	8605	44	105001578

附表 6-5　2014 年各省科普活动

Appendix table 6-5: S&T popularization activities by region in 2014

地区 Region	科普（技）讲座 S&T popularization lectures		科普（技）展览 S&T popularization exhibitions	
	举办次数/次 Number of lectures held	参加人数/人次 Number of participants	专题展览次数/次 Number of exhibitions held	参观人数/人次 Number of participants
全　国 Total	899679	157233472	146390	240341884
东　部 Eastern	468087	72070774	68901	133238627
中　部 Middle	185780	37855648	35773	55886069
西　部 Western	245812	47307050	41716	51217188
北　京 Beijing	48898	5598585	4935	39685186
天　津 Tianjin	42394	4192034	15950	5428283
河　北 Hebei	27810	5238421	4892	8388129
山　西 Shanxi	16965	3095330	1651	1662620
内蒙古 Inner Mongolia	14218	1958409	2248	2476274
辽　宁 Liaoning	47242	6377680	5869	8622091
吉　林 Jilin	5355	1803735	2970	846596
黑龙江 Heilongjiang	15595	2790039	2036	1709129
上　海 Shanghai	69971	7290169	4591	20255320
江　苏 Jiangsu	70853	12640351	9970	16214034
浙　江 Zhejiang	48051	9507268	5841	7000890
安　徽 Anhui	28427	5212343	6000	10060556
福　建 Fujian	24816	3934765	4394	5009636
江　西 Jiangxi	14580	2764258	3622	3730156
山　东 Shandong	58125	10580953	5444	7044213
河　南 Henan	36388	8185030	5617	13283796
湖　北 Hubei	41916	9125027	8156	9392510
湖　南 Hunan	26554	4879886	5721	15200706
广　东 Guangdong	28470	6434934	5666	14310491
广　西 Guangxi	19489	4593449	4087	5548338
海　南 Hainan	1457	275614	1349	1280354
重　庆 Chongqing	29150	2796116	2481	4107969
四　川 Sichuan	34710	9007346	7822	11870554
贵　州 Guizhou	14559	2474453	3565	3007231
云　南 Yunnan	38513	7503372	6213	9323053
西　藏 Tibet	938	148447	265	106620
陕　西 Shaanxi	24276	5737499	5549	6149177
甘　肃 Gansu	26831	4838350	3124	3652682
青　海 Qinghai	5555	919580	1228	2123594
宁　夏 Ningxia	6202	819282	848	500068
新　疆 Xinjiang	31371	6510747	4286	2351628

附表 6-5 续表 Continued

地区 Region	科普（技）竞赛 S&T popularization competitions		科普国际交流 International S&T popularization exchanges	
	举办次数/次 Number of competitions held	参加人数/人次 Number of participants	举办次数/次 Number of exchanges held	参加人数/人次 Number of participants
全 国 Total	48840	119613876	2223	331279
东 部 Eastern	26105	92212116	1382	122239
中 部 Middle	10229	14319592	227	52234
西 部 Western	12506	13082168	614	156806
北 京 Beijing	3035	64984132	356	33866
天 津 Tianjin	3389	3007756	76	4454
河 北 Hebei	1738	598582	72	7500
山 西 Shanxi	494	346897	36	31047
内蒙古 Inner Mongolia	650	251500	19	4805
辽 宁 Liaoning	2004	2805291	65	4459
吉 林 Jilin	220	131000	7	200
黑龙江 Heilongjiang	825	288819	47	8692
上 海 Shanghai	4017	4716152	345	41267
江 苏 Jiangsu	4019	4269622	181	14510
浙 江 Zhejiang	2786	3488808	110	5161
安 徽 Anhui	1153	1865342	20	2597
福 建 Fujian	1515	1607679	19	2057
江 西 Jiangxi	1080	2952990	29	1250
山 东 Shandong	1986	4316859	39	3091
河 南 Henan	1515	3209070	20	1813
湖 北 Hubei	3435	3225351	48	5257
湖 南 Hunan	1507	2300123	20	1378
广 东 Guangdong	1513	2349634	79	4473
广 西 Guangxi	808	2298170	146	15630
海 南 Hainan	103	67601	40	1401
重 庆 Chongqing	856	1432829	139	13206
四 川 Sichuan	2456	3115917	73	3784
贵 州 Guizhou	990	847819	3	3432
云 南 Yunnan	839	1192815	32	10878
西 藏 Tibet	101	24757	1	8
陕 西 Shaanxi	2030	2185035	143	96400
甘 肃 Gansu	1648	926855	18	970
青 海 Qinghai	586	226583	27	452
宁 夏 Ningxia	185	210903	4	6000
新 疆 Xinjiang	1357	368985	9	1241

附表 6-5 续表 Continued

地区 Region	成立青少年科技兴趣小组 Teenage S&T interest groups		科技夏（冬）令营 Summer /winter science camps	
	兴趣小组数/个 Number of groups	参加人数/人次 Number of participants	举办次数/次 Number of camps held	参加人数/人次 Number of participants
全　国 Total	237736	23305258	13114	3346791
东　部 Eastern	114572	7771888	8274	2028888
中　部 Middle	60355	4443113	2157	475518
西　部 Western	62809	11090257	2683	842385
北　京 Beijing	3310	350641	1058	135440
天　津 Tianjin	7967	494768	383	128827
河　北 Hebei	11740	561379	266	72315
山　西 Shanxi	5013	296925	85	36536
内蒙古 Inner Mongolia	2479	197730	220	78434
辽　宁 Liaoning	15448	982218	748	380364
吉　林 Jilin	1330	133378	54	35796
黑龙江 Heilongjiang	4401	173512	420	29904
上　海 Shanghai	7717	539410	1528	383018
江　苏 Jiangsu	18114	1261425	1976	388671
浙　江 Zhejiang	12217	669353	634	248300
安　徽 Anhui	7377	502869	342	60230
福　建 Fujian	5277	636191	612	76944
江　西 Jiangxi	3887	506163	177	43425
山　东 Shandong	18320	1253781	408	151436
河　南 Henan	12912	814606	287	84066
湖　北 Hubei	13580	1202255	361	75404
湖　南 Hunan	11855	813405	431	110157
广　东 Guangdong	13679	987143	634	55778
广　西 Guangxi	9959	5707506	79	15611
海　南 Hainan	783	35579	27	7795
重　庆 Chongqing	3938	284345	100	20679
四　川 Sichuan	16681	1888122	494	262741
贵　州 Guizhou	3577	900283	129	53251
云　南 Yunnan	4329	408690	363	133279
西　藏 Tibet	130	5114	22	2974
陕　西 Shaanxi	8474	709524	242	60693
甘　肃 Gansu	6644	552114	150	71562
青　海 Qinghai	2143	74941	71	12479
宁　夏 Ningxia	1393	122200	26	2984
新　疆 Xinjiang	3062	239688	787	127698

附表 6-5　续表　　Continued

地区 Region	科技活动周 Science & technology week		科研机构、大学向社会开放 Scientific institutions and universities open to public	
	科普专题活动次数/次 Number of S&T week held	参加人数/人次 Number of participants	开放单位数/个 Number of open units	参观人数/人次 Number of participants
全　国 Total	117238	157261024	6712	8317837
东　部 Eastern	50256	109806701	3772	5058695
中　部 Middle	26395	18882847	1216	1868151
西　部 Western	40587	28571476	1724	1390991
北　京 Beijing	3672	58411039	569	494183
天　津 Tianjin	5488	3807150	197	310371
河　北 Hebei	5199	3184473	228	166028
山　西 Shanxi	1538	1856872	62	36200
内蒙古 Inner Mongolia	2206	1182449	88	64828
辽　宁 Liaoning	4473	5171896	509	415529
吉　林 Jilin	509	374918	20	35246
黑龙江 Heilongjiang	1914	1443537	184	176451
上　海 Shanghai	5218	6601294	69	291938
江　苏 Jiangsu	10098	11512478	982	682214
浙　江 Zhejiang	4653	4238587	269	305080
安　徽 Anhui	3438	1671950	142	187778
福　建 Fujian	4299	2350628	145	189516
江　西 Jiangxi	2945	1805086	69	102278
山　东 Shandong	4423	10454211	279	465324
河　南 Henan	5942	3823632	78	54476
湖　北 Hubei	5976	4798080	508	896358
湖　南 Hunan	4133	3108772	153	379364
广　东 Guangdong	2006	3590643	513	680068
广　西 Guangxi	2838	4922199	116	51252
海　南 Hainan	727	484302	12	1058444
重　庆 Chongqing	2153	1698552	168	133043
四　川 Sichuan	9798	5824454	578	266264
贵　州 Guizhou	3310	1967846	67	230192
云　南 Yunnan	4569	2904260	194	90615
西　藏 Tibet	340	76156	34	13963
陕　西 Shaanxi	5495	4067496	169	93008
甘　肃 Gansu	2903	1966623	156	175931
青　海 Qinghai	787	783840	60	8333
宁　夏 Ningxia	1200	788672	37	20555
新　疆 Xinjiang	4988	2388929	57	243007

附表 6-5 续表 Continued

地区	Region	举办实用技术培训 Practical skill trainings		重大科普活动次数/次 Number of grand popularization activities
		举办次数/次 Number of trainings held	参加人数/人次 Number of participants	
全　国	Total	774189	104598101	29058
东　部	Eastern	249964	37302698	11120
中　部	Middle	134744	16492213	6596
西　部	Western	389481	50803190	11342
北　京	Beijing	18452	1013571	605
天　津	Tianjin	17629	1759256	377
河　北	Hebei	32097	4715490	1751
山　西	Shanxi	13439	1869808	637
内蒙古	Inner Mongolia	20363	2974540	638
辽　宁	Liaoning	22859	2911201	1555
吉　林	Jilin	9902	1004141	252
黑龙江	Heilongjiang	21029	2634760	771
上　海	Shanghai	13328	3006507	994
江　苏	Jiangsu	47634	12100274	1800
浙　江	Zhejiang	28574	2642702	977
安　徽	Anhui	22324	2417828	849
福　建	Fujian	16531	2287103	741
江　西	Jiangxi	20164	1942387	524
山　东	Shandong	33210	4904053	1257
河　南	Henan	24977	3711298	937
湖　北	Hubei	79	3850	1514
湖　南	Hunan	22830	2908141	1112
广　东	Guangdong	15119	1617132	962
广　西	Guangxi	38244	4772445	1106
海　南	Hainan	4531	345409	101
重　庆	Chongqing	9319	1535203	633
四　川	Sichuan	86215	13364893	2494
贵　州	Guizhou	21751	2636108	644
云　南	Yunnan	76122	7650750	1076
西　藏	Tibet	1305	129013	43
陕　西	Shaanxi	33275	4376080	1672
甘　肃	Gansu	42644	4862044	1238
青　海	Qinghai	7353	1633509	528
宁　夏	Ningxia	10474	725091	210
新　疆	Xinjiang	42416	6143514	1060

附录 7　2013 年全国科普统计分类数据统计表

各项统计数据均未包括香港特别行政区、澳门特别行政区和台湾地区的数据。

科普宣传专用车、科普图书、科普期刊、科普网站与科普国际交流情况均由市级以上（含市级）填报单位的数据统计得出。

东部、中部和西部地区的划分：东部地区包括北京、天津、河北、辽宁、上海、江苏、浙江、福建、山东、广东和海南 11 个省和直辖市；中部地区包括山西、吉林、黑龙江、安徽、江西、河南、湖北和湖南 8 个省；西部地区包括内蒙古、广西、重庆、四川、贵州、云南、西藏、陕西、甘肃、青海、宁夏和新疆 12 个省、自治区和直辖市。

附表 7-1　2013 年各省科普人员

单位：人

Appendix table 7-1: S&T popularization personnel by region in 2013

Unit: person

地　区 Region	科普专职人员　Full time S&T popularization personnel		
	人员总数 Total	中级职称及以上或大学本科及以上学历人员 With title of medium-rank or above /with college graduate or above	女性 Female
全　国 National Total	242276	139439	87305
东　部 Eastern	82886	51413	32101
中　部 Middle	77484	43398	25605
西　部 Western	81906	44628	29599
北　京 Beijing	7727	4888	3880
天　津 Tianjin	3171	2195	1399
河　北 Hebei	5846	3545	2617
山　西 Shanxi	9171	4023	3274
内蒙古 Inner Mongolia	8247	5265	3286
辽　宁 Liaoning	7438	5003	3100
吉　林 Jilin	7662	4732	2997
黑龙江 Heilongjiang	3487	2244	1403
上　海 Shanghai	6965	4776	3215
江　苏 Jiangsu	12641	8422	4670
浙　江 Zhejiang	8892	5231	2629
安　徽 Anhui	8409	4566	2485
福　建 Fujian	4120	2497	1308
江　西 Jiangxi	5094	2908	1588
山　东 Shandong	14847	9130	5486
河　南 Henan	14813	8266	5559
湖　北 Hubei	13588	8403	3843
湖　南 Hunan	15260	8256	4456
广　东 Guangdong	9446	5060	3226
广　西 Guangxi	5098	3080	1782
海　南 Hainan	1793	666	571
重　庆 Chongqing	3216	2140	1195
四　川 Sichuan	17205	9545	6246
贵　州 Guizhou	2521	1427	888
云　南 Yunnan	12775	6785	4462
西　藏 Tibet	440	225	140
陕　西 Shaanxi	15964	7144	5262
甘　肃 Gansu	5580	3239	1916
青　海 Qinghai	1455	902	626
宁　夏 Ningxia	2772	1321	1117
新　疆 Xinjiang	6633	3555	2679

附表 7-1　续表　　　　Continued

地区	Region	科普专职人员 Full time S&T popularization personnel		
		农村科普人员 Rural S&T popularization personnel	管理人员 S&T popularization administrators	科普创作人员 S&T popularization creators
全　国	Total	84858	54088	14479
东　部	Eastern	22740	20195	6901
中　部	Middle	29811	17870	3976
西　部	Western	32307	16023	3602
北　京	Beijing	737	1768	1559
天　津	Tianjin	607	1079	264
河　北	Hebei	1521	1669	413
山　西	Shanxi	3342	1906	381
内蒙古	Inner Mongolia	3061	1940	356
辽　宁	Liaoning	1510	2170	863
吉　林	Jilin	3155	1871	425
黑龙江	Heilongjiang	1015	1010	175
上　海	Shanghai	864	1803	1173
江　苏	Jiangsu	4188	2891	759
浙　江	Zhejiang	3418	1617	363
安　徽	Anhui	3896	1952	374
福　建	Fujian	1012	1124	209
江　西	Jiangxi	1738	1312	333
山　东	Shandong	5811	3032	728
河　南	Henan	5078	3481	673
湖　北	Hubei	5962	2687	731
湖　南	Hunan	5625	3651	884
广　东	Guangdong	2550	2681	517
广　西	Guangxi	1894	1169	203
海　南	Hainan	522	361	53
重　庆	Chongqing	1289	657	189
四　川	Sichuan	7662	2793	486
贵　州	Guizhou	551	752	195
云　南	Yunnan	6294	2127	599
西　藏	Tibet	165	149	53
陕　西	Shaanxi	6224	2823	738
甘　肃	Gansu	1555	1489	291
青　海	Qinghai	153	340	77
宁　夏	Ningxia	1060	594	106
新　疆	Xinjiang	2399	1190	309

附表 7-1 续表 Continued

地 区 Region	科普兼职人员 Part time S&T popularization personnel		
	人员总数 Total	年度实际投入工作量/人月 Annual actual workload (person-month)	中级职称及以上或大学本科及以上学历人员 With title of medium-rank or above /with college graduate or above
全 国 Total	1735911	2740170	844115
东 部 Eastern	766445	1141175	386805
中 部 Middle	462070	775566	216053
西 部 Western	507396	823429	241257
北 京 Beijing	41044	64258	25884
天 津 Tianjin	42002	53628	21527
河 北 Hebei	43242	76056	23146
山 西 Shanxi	54119	103614	18223
内蒙古 Inner Mongolia	40704	81988	22280
辽 宁 Liaoning	70922	105209	37118
吉 林 Jilin	44675	61009	17467
黑龙江 Heilongjiang	29796	43711	18128
上 海 Shanghai	39214	67956	21722
江 苏 Jiangsu	143531	210101	77595
浙 江 Zhejiang	120781	140165	57880
安 徽 Anhui	73426	133916	39177
福 建 Fujian	53586	60704	28300
江 西 Jiangxi	29181	56276	14824
山 东 Shandong	135771	250463	54044
河 南 Henan	75934	147409	36578
湖 北 Hubei	63257	90177	33731
湖 南 Hunan	91682	139454	37925
广 东 Guangdong	69026	104401	36340
广 西 Guangxi	39731	67610	19907
海 南 Hainan	7326	8234	3249
重 庆 Chongqing	32494	53044	16785
四 川 Sichuan	103704	191649	46501
贵 州 Guizhou	31179	47800	16127
云 南 Yunnan	72188	109841	35036
西 藏 Tibet	1413	1414	686
陕 西 Shaanxi	76885	110930	34452
甘 肃 Gansu	46741	64165	20657
青 海 Qinghai	10117	10678	5182
宁 夏 Ningxia	18186	24871	8127
新 疆 Xinjiang	34054	59439	15517

附表 7-1　续表　　Continued

地区	Region	科普兼职人员 Part time S&T popularization personnel		注册科普志愿者 Registered S&T popularization volunteers
		女性 Female	农村科普人员 Rural S&T popularization personnel	
全　国	Total	656790	666267	3372823
东　部	Eastern	308965	264896	1946281
中　部	Middle	162667	198780	610366
西　部	Western	185158	202591	816176
北　京	Beijing	22124	4755	50236
天　津	Tianjin	24233	4647	186699
河　北	Hebei	19473	14383	66727
山　西	Shanxi	20151	26404	41026
内蒙古	Inner Mongolia	17430	14362	26462
辽　宁	Liaoning	29192	22001	72857
吉　林	Jilin	18174	25877	59809
黑龙江	Heilongjiang	11677	9548	42999
上　海	Shanghai	18514	3948	83780
江　苏	Jiangsu	56860	54787	1033629
浙　江	Zhejiang	46781	38169	125482
安　徽	Anhui	24523	32481	43134
福　建	Fujian	17174	16959	26651
江　西	Jiangxi	9148	10769	16951
山　东	Shandong	48088	82585	141069
河　南	Henan	28814	30932	58880
湖　北	Hubei	22046	23230	118711
湖　南	Hunan	28134	39539	228856
广　东	Guangdong	24526	20254	155754
广　西	Guangxi	15043	15508	10330
海　南	Hainan	2000	2408	3397
重　庆	Chongqing	11317	11765	378696
四　川	Sichuan	34818	54697	121210
贵　州	Guizhou	11018	8907	15949
云　南	Yunnan	26817	28773	154881
西　藏	Tibet	429	354	136
陕　西	Shaanxi	26411	30629	30416
甘　肃	Gansu	15973	14885	44164
青　海	Qinghai	4000	2440	2059
宁　夏	Ningxia	5981	7365	19695
新　疆	Xinjiang	15921	12906	12178

附表 7-2 2013 年各省科普场地

Appendix table 7-2: S&T popularization venues and facilities by region in 2013

地 区 Region	科技馆/个 S&T museums	建筑面积/米 ^{2} Construction area (m^2)	展厅面积/米 ^{2} Exhibition area (m^2)	当年参观人数/人次 Visitors
全 国 Total	380	2631360	1238406	37341974
东 部 Eastern	194	1615576	798529	24293108
中 部 Middle	124	543810	228474	6812498
西 部 Western	62	471974	211403	6236368
北 京 Beijing	22	184852	106563	4082159
天 津 Tianjin	1	18000	10000	493600
河 北 Hebei	11	70107	35458	585200
山 西 Shanxi	4	38526	10750	280330
内蒙古 Inner Mongolia	13	38404	15741	392682
辽 宁 Liaoning	17	214567	62072	507517
吉 林 Jilin	11	16177	4930	87278
黑龙江 Heilongjiang	7	54561	29810	838250
上 海 Shanghai	27	201875	121814	4865956
江 苏 Jiangsu	17	132870	71233	1941119
浙 江 Zhejiang	23	205712	85957	2890935
安 徽 Anhui	15	142738	71131	998000
福 建 Fujian	17	106202	51235	1131230
江 西 Jiangxi	6	34280	20302	1591963
山 东 Shandong	23	144224	73450	3467067
河 南 Henan	11	57506	23934	1042950
湖 北 Hubei	63	177723	58152	1877911
湖 南 Hunan	7	22299	9465	95816
广 东 Guangdong	24	280850	147862	2622597
广 西 Guangxi	3	57777	24780	1138000
海 南 Hainan	12	56317	32885	1705728
重 庆 Chongqing	5	50738	25790	1306239
四 川 Sichuan	8	53050	29077	1095972
贵 州 Guizhou	4	23470	10230	293732
云 南 Yunnan	5	34784	11250	556006
西 藏 Tibet	0	0	0	0
陕 西 Shaanxi	4	34900	13952	124632
甘 肃 Gansu	5	10668	4500	24080
青 海 Qinghai	4	49859	18197	710352
宁 夏 Ningxia	3	45264	24601	453630
新 疆 Xinjiang	8	73060	33285	141043

附表 7-2 续表 Continued

地 区 Region	科学技术类博物馆/个 S&T related museums	建筑面积/米^2 Construction area (m^2)	展厅面积/米^2 Exhibition area (m^2)	当年参观人数/人次 Visitors	青少年科技馆站/个 Teenage S&T museums
全 国 Total	678	4661871	2328436	98210213	779
东 部 Eastern	434	3305906	1684403	63678276	303
中 部 Middle	120	547769	274024	14702281	247
西 部 Western	124	808196	370009	19829656	229
北 京 Beijing	67	798361	294832	13462189	16
天 津 Tianjin	13	247692	193568	2840738	12
河 北 Hebei	19	107813	62602	2076869	37
山 西 Shanxi	5	27768	10091	184000	34
内蒙古 Inner Mongolia	13	116946	53758	2825112	39
辽 宁 Liaoning	46	370730	172074	6563479	56
吉 林 Jilin	10	27510	14925	402000	25
黑龙江 Heilongjiang	19	154761	83228	2151587	22
上 海 Shanghai	139	632717	406333	11419941	18
江 苏 Jiangsu	43	276888	129840	6800333	61
浙 江 Zhejiang	33	312641	198057	8393723	31
安 徽 Anhui	14	65647	35922	4283819	44
福 建 Fujian	23	100603	54252	2517500	34
江 西 Jiangxi	9	32820	21061	1707103	10
山 东 Shandong	21	231091	88356	5208786	23
河 南 Henan	16	90942	30647	2818741	22
湖 北 Hubei	32	120785	63773	1647471	54
湖 南 Hunan	15	27536	14377	1507560	36
广 东 Guangdong	29	226295	83414	4392918	9
广 西 Guangxi	12	113582	51641	3249523	2
海 南 Hainan	1	1075	1075	1800	6
重 庆 Chongqing	9	115175	43442	744611	9
四 川 Sichuan	19	67914	45020	4643432	36
贵 州 Guizhou	9	54078	16780	297081	12
云 南 Yunnan	20	139254	68007	4788982	27
西 藏 Tibet	1	1020	300	1000	4
陕 西 Shaanxi	12	72238	24420	1496289	26
甘 肃 Gansu	10	51561	23551	365533	23
青 海 Qinghai	5	28010	10860	864000	10
宁 夏 Ningxia	3	9585	6418	230561	9
新 疆 Xinjiang	11	38833	25812	323532	32

附表 7-2　续表　　　　Continued

地　区 Region	城市社区科普（技）专用活动室/个 Urban community S&T popularization rooms	农村科普（技）活动场地/个 Rural S&T popularization sites	科普宣传专用车/辆 S&T popularization vehicles	科普画廊/个 S&T popularization galleries
全　国 Total	83913	435916	2111	225069
东　部 Eastern	41280	209802	818	137268
中　部 Middle	24229	118507	540	46045
西　部 Western	18404	107607	753	41756
北　京 Beijing	974	2128	108	4165
天　津 Tianjin	4642	6643	210	4704
河　北 Hebei	1782	20031	37	6216
山　西 Shanxi	1553	14548	39	4685
内蒙古 Inner Mongolia	1692	5790	98	3172
辽　宁 Liaoning	6708	25055	173	9332
吉　林 Jilin	1717	11139	55	4529
黑龙江 Heilongjiang	2629	5019	70	2459
上　海 Shanghai	3150	1504	66	6674
江　苏 Jiangsu	6586	20373	67	25841
浙　江 Zhejiang	4067	22874	24	18099
安　徽 Anhui	2628	11954	87	7603
福　建 Fujian	2498	9891	18	17120
江　西 Jiangxi	2459	9885	62	6708
山　东 Shandong	7129	83191	41	24389
河　南 Henan	1526	4009	15	1394
湖　北 Hubei	4507	24963	74	7601
湖　南 Hunan	7210	36990	138	11066
广　东 Guangdong	3534	16239	64	19315
广　西 Guangxi	1475	12846	35	3003
海　南 Hainan	210	1873	10	1413
重　庆 Chongqing	1325	5717	180	5602
四　川 Sichuan	3235	22714	79	8614
贵　州 Guizhou	742	3734	20	1555
云　南 Yunnan	2540	16231	87	7327
西　藏 Tibet	115	721	25	120
陕　西 Shaanxi	3053	19545	51	4108
甘　肃 Gansu	1525	7931	26	4588
青　海 Qinghai	109	853	22	445
宁　夏 Ningxia	627	3042	42	846
新　疆 Xinjiang	1966	8483	88	2376

附表 7-3　2013 年各省科普经费　　单位：万元

Appendix table 7-3: S&T popularization funds by region in 2013　　Unit: 10000 yuan

地　区 Region		年度科普经费筹集额 Annual funding for S&T popularization	政府拨款 Government funds	科普专项经费 Special funds	捐赠 Donates	自筹资金 Self-raised funds	其他收入 Others
全　国	Total	1321903	922542	463989	9656	333179	57708
东　部	Eastern	770820	516354	278261	5495	221446	28113
中　部	Middle	187180	139038	71039	2324	37826	8584
西　部	Western	363903	267151	114689	1837	73908	21011
北　京	Beijing	203614	145157	84359	2612	51224	4629
天　津	Tianjin	24488	15384	5943	27	8523	555
河　北	Hebei	18180	11374	5327	266	4746	915
山　西	Shanxi	15389	13467	5420	107	1526	289
内蒙古	Inner Mongolia	15756	11413	5925	166	2439	1696
辽　宁	Liaoning	34452	23106	14720	167	7807	3373
吉　林	Jilin	10864	7496	3788	89	2770	510
黑龙江	Heilongjiang	13407	10978	3984	740	1370	320
上　海	Shanghai	159712	73509	38597	381	81565	4256
江　苏	Jiangsu	91378	65164	36797	315	22668	3231
浙　江	Zhejiang	87706	69529	30057	1099	13773	3319
安　徽	Anhui	26709	20314	11179	228	5001	1166
福　建	Fujian	42578	34083	15461	300	5926	2264
江　西	Jiangxi	19503	13723	7709	152	4295	1333
山　东	Shandong	36329	24725	14159	200	10094	1311
河　南	Henan	22416	16908	9153	353	4233	922
湖　北	Hubei	40998	29812	18462	440	8900	1847
湖　南	Hunan	37894	26339	11344	217	9731	2199
广　东	Guangdong	63566	47412	29935	126	12398	3630
广　西	Guangxi	45810	31371	15310	130	7469	6840
海　南	Hainan	8815	6912	2906	3	2724	629
重　庆	Chongqing	39915	30702	15694	153	6837	2223
四　川	Sichuan	50804	36573	16698	273	12798	1160
贵　州	Guizhou	50557	39153	12867	405	8370	2630
云　南	Yunnan	66847	55897	18369	306	7842	2800
西　藏	Tibet	3328	3163	1079	13	67	84
陕　西	Shaanxi	31588	20396	10687	306	9751	1176
甘　肃	Gansu	8159	6348	4492	21	1399	391
青　海	Qinghai	6439	5422	2657	8	777	233
宁　夏	Ningxia	6648	5209	2679	16	1082	341
新　疆	Xinjiang	38053	21504	8232	40	15075	1440

附表 7-3 续表 Continued

地 区 Region	科技活动周经费筹集额 Funding for S&T week	政府拨款 Government funds	企业赞助 Corporate donates	年度科普经费使用额 Annual expenditure	行政支出 Administrative expenditure	科普活动支出 Activities expenditure
全 国 Total	48817	35707	3541	1328047	193774	733462
东 部 Eastern	25441	19307	1768	748795	103038	415549
中 部 Middle	11032	7498	1213	203657	31620	117298
西 部 Western	12344	8902	561	375595	59115	200615
北 京 Beijing	2018	1603	151	180320	26911	105897
天 津 Tianjin	930	511	197	23894	3957	17133
河 北 Hebei	882	615	94	18241	2143	11687
山 西 Shanxi	603	491	39	15064	2285	8476
内蒙古 Inner Mongolia	606	424	31	38225	2796	10010
辽 宁 Liaoning	1686	1296	131	34154	4871	22666
吉 林 Jilin	469	323	74	11205	2021	6701
黑龙江 Heilongjiang	322	223	67	13052	1952	7266
上 海 Shanghai	4667	3640	295	158450	7497	75943
江 苏 Jiangsu	4952	3646	393	88504	13590	48378
浙 江 Zhejiang	3170	2607	122	79603	16513	44152
安 徽 Anhui	1030	753	65	43604	3197	15586
福 建 Fujian	1416	1046	54	47395	8903	19773
江 西 Jiangxi	1175	724	113	19012	4729	12370
山 东 Shandong	1341	1001	159	45542	7301	20446
河 南 Henan	1217	922	101	22193	2695	16372
湖 北 Hubei	3113	1886	444	42831	7098	26687
湖 南 Hunan	3102	2174	310	36696	7643	23840
广 东 Guangdong	3585	2629	143	63231	10221	44509
广 西 Guangxi	1760	1446	51	47185	6141	29725
海 南 Hainan	793	713	29	9462	1130	4965
重 庆 Chongqing	1187	865	81	38737	10470	18410
四 川 Sichuan	2141	1310	150	46487	8123	30705
贵 州 Guizhou	2072	1608	34	49262	11049	22012
云 南 Yunnan	1318	955	53	51450	4494	27659
西 藏 Tibet	156	143	0	2987	1203	1615
陕 西 Shaanxi	1323	892	103	38089	4451	24717
甘 肃 Gansu	567	369	40	10120	1330	6021
青 海 Qinghai	145	91	5	6539	1033	4961
宁 夏 Ningxia	219	127	0	7012	1801	3143
新 疆 Xinjiang	848	673	12	39502	6224	21637

附表 7-3 续表 Continued

地 区 Region	年度科普经费使用额 Annual expenditure				
	科普场馆基建支出 Infrastructure expenditures	政府拨款支出 Government expenditures	场馆建设支出 Venue construction expenditures	展品、设施支出 Exhibits & facilities expenditures	其他支出 Others
全 国 Total	319094	134763	151813	99719	81927
东 部 Eastern	174867	66989	85874	62446	55344
中 部 Middle	46843	11990	27580	15335	8001
西 部 Western	97383	55785	38359	21938	18582
北 京 Beijing	22479	11506	7057	7123	25038
天 津 Tianjin	2026	292	935	948	777
河 北 Hebei	2919	1564	1762	625	1493
山 西 Shanxi	3817	3345	3754	1705	485
内蒙古 Inner Mongolia	24760	22795	1271	1007	676
辽 宁 Liaoning	4711	2071	1111	2304	1943
吉 林 Jilin	2189	905	1304	891	295
黑龙江 Heilongjiang	3612	161	1072	1462	222
上 海 Shanghai	71911	14583	41061	29765	3099
江 苏 Jiangsu	19268	9975	10434	5210	7238
浙 江 Zhejiang	14236	9699	8132	3863	4703
安 徽 Anhui	23958	2563	16151	6929	863
福 建 Fujian	13526	9458	5440	1834	5187
江 西 Jiangxi	985	281	349	413	927
山 东 Shandong	16053	6060	7230	6987	1737
河 南 Henan	2454	248	462	1375	672
湖 北 Hubei	7013	3631	3741	2004	2032
湖 南 Hunan	2814	854	747	558	2505
广 东 Guangdong	5610	1620	1595	2995	2891
广 西 Guangxi	9918	6072	4307	3144	1402
海 南 Hainan	2128	161	1118	793	1238
重 庆 Chongqing	8759	4045	3468	1941	1097
四 川 Sichuan	6103	1757	3506	1883	1581
贵 州 Guizhou	8527	2042	5324	3203	7674
云 南 Yunnan	16474	11838	12389	2515	2838
西 藏 Tibet	128	31	10	24	41
陕 西 Shaanxi	7911	4507	2331	2722	1046
甘 肃 Gansu	2448	86	237	144	322
青 海 Qinghai	84	4	0	71	461
宁 夏 Ningxia	1787	1230	381	1349	279
新 疆 Xinjiang	10484	1379	5137	3937	1166

附表 7-4 2013 年各省科普传媒

Appendix table 7-4: S&T popularization media by region in 2013

地 区 Region	科普图书 Popular science books		科普期刊 Popular science journals	
	出版种数/种 Types of publications	出版总册数/册 Total copies	出版种数/种 Types of publications	出版总册数/册 Total copies
全 国 Total	8423	88599760	1036	169695579
东 部 Eastern	5842	69013845	511	113487662
中 部 Middle	1593	12099781	188	11267642
西 部 Western	988	7486134	337	44940275
北 京 Beijing	3747	51585376	67	43550424
天 津 Tianjin	197	598000	21	1554104
河 北 Hebei	132	1063300	48	2708800
山 西 Shanxi	696	3771000	6	1568400
内蒙古 Inner Mongolia	92	1242260	20	212450
辽 宁 Liaoning	59	619300	20	707700
吉 林 Jilin	38	471430	16	101882
黑龙江 Heilongjiang	37	417340	7	58100
上 海 Shanghai	1046	7966967	119	26041599
江 苏 Jiangsu	190	826650	59	4637132
浙 江 Zhejiang	166	4501600	47	11490981
安 徽 Anhui	37	431501	23	174330
福 建 Fujian	50	197310	17	498700
江 西 Jiangxi	524	5452100	46	5587000
山 东 Shandong	86	635600	26	6883700
河 南 Henan	35	451000	25	853280
湖 北 Hubei	156	612600	35	1500500
湖 南 Hunan	70	492810	30	1424150
广 东 Guangdong	123	791392	79	14796572
广 西 Guangxi	48	269901	15	2301750
海 南 Hainan	46	228350	8	617950
重 庆 Chongqing	105	1494300	40	27332225
四 川 Sichuan	202	1477536	23	11600000
贵 州 Guizhou	25	172800	21	200800
云 南 Yunnan	130	651365	70	680120
西 藏 Tibet	27	71330	13	32550
陕 西 Shaanxi	83	404950	34	663000
甘 肃 Gansu	75	315400	32	129900
青 海 Qinghai	63	125900	19	110600
宁 夏 Ningxia	23	470200	6	45000
新 疆 Xinjiang	115	790192	44	1631880

附表 7-4　续表　　　　　Continued

地　区 Region	科普（技）音像制品 Popularization audio and video products			科技类报纸年发行总份数/份 S&T newspaper printed copies
	出版种数/种 Types of publications	光盘发行总量/张 Total CD copies released	录音、录像带发行总量/盒 Total copies of audio and video publications	
全　国 Total	5903	14416663	1777125	384774177
东　部 Eastern	2392	5730722	528565	295749366
中　部 Middle	1721	2509557	300807	53469054
西　部 Western	1790	6176384	947753	35555757
北　京 Beijing	66	720323	56	75023260
天　津 Tianjin	39	202915	62070	6296446
河　北 Hebei	101	214096	4902	43765030
山　西 Shanxi	429	155782	75563	25991139
内蒙古 Inner Mongolia	188	185221	43021	676228
辽　宁 Liaoning	376	345055	42929	3743001
吉　林 Jilin	112	394380	42114	203385
黑龙江 Heilongjiang	112	355584	1620	480532
上　海 Shanghai	115	510190	5570	19312876
江　苏 Jiangsu	903	255491	2818	38469399
浙　江 Zhejiang	123	127062	5906	64495689
安　徽 Anhui	128	72656	20489	4813648
福　建 Fujian	120	238649	7817	1828567
江　西 Jiangxi	134	566504	5736	9534265
山　东 Shandong	239	423449	63119	31233650
河　南 Henan	143	204512	17830	407814
湖　北 Hubei	453	579212	113800	8293023
湖　南 Hunan	210	180927	23655	3745248
广　东 Guangdong	242	2661170	332445	11552147
广　西 Guangxi	188	2825570	13218	1084362
海　南 Hainan	68	32322	933	29301
重　庆 Chongqing	38	79217	171	14424964
四　川 Sichuan	476	323129	31598	2095128
贵　州 Guizhou	18	37420	22034	1573969
云　南 Yunnan	288	170777	2918	2328786
西　藏 Tibet	12	12045	40	2448690
陕　西 Shaanxi	153	175376	9665	7082393
甘　肃 Gansu	166	125281	9413	627812
青　海 Qinghai	14	181776	91	2708801
宁　夏 Ningxia	46	48671	540	260178
新　疆 Xinjiang	203	2011901	815044	244446

附表 7-4　续表　　　　Continued

地　区 Region	电视台播出科普（技）节目时间/小时 Broadcasting time of popular science programs on TV (h)	电台播出科普（技）节目时间/小时 Broadcasting time of popular science programs on radio (h)	科普网站数/个 S&T popularization websites (unit)	发放科普读物和资料/份 Number of S&T popularization books and materials
全　国 Total	223610	181133	2430	954092138
东　部 Eastern	84587	87690	1192	415490604
中　部 Middle	79183	58265	512	203801464
西　部 Western	59840	35178	726	334800070
北　京 Beijing	9055	27450	234	36985586
天　津 Tianjin	6706	4414	102	15068052
河　北 Hebei	14253	10744	46	35468761
山　西 Shanxi	4889	3494	42	16968808
内蒙古 Inner Mongolia	3709	2327	44	18724148
辽　宁 Liaoning	13820	15195	79	24018856
吉　林 Jilin	3224	4518	43	18238641
黑龙江 Heilongjiang	2621	2865	27	10643525
上　海 Shanghai	4957	1926	202	33126700
江　苏 Jiangsu	3440	3801	134	122625422
浙　江 Zhejiang	6173	6996	91	44295255
安　徽 Anhui	14163	13771	87	24097384
福　建 Fujian	4180	4465	72	21654174
江　西 Jiangxi	8317	3918	59	17122390
山　东 Shandong	15934	8875	103	33731132
河　南 Henan	10268	12454	75	29701302
湖　北 Hubei	19834	7044	106	45421980
湖　南 Hunan	15867	10201	73	41607434
广　东 Guangdong	5615	3295	110	43723344
广　西 Guangxi	10772	3318	39	34749798
海　南 Hainan	454	529	19	4793322
重　庆 Chongqing	204	244	144	30988718
四　川 Sichuan	5744	2664	112	60771766
贵　州 Guizhou	5313	623	36	36079925
云　南 Yunnan	5111	8362	70	57354562
西　藏 Tibet	313	415	6	838528
陕　西 Shaanxi	9270	5309	91	34812649
甘　肃 Gansu	5543	3065	61	22455143
青　海 Qinghai	842	701	24	7016518
宁　夏 Ningxia	961	422	21	7046196
新　疆 Xinjiang	12058	7728	78	23962119

附表 7-5　2013 年各省科普活动

Appendix table 7-5: S&T popularization activities by region in 2013

地区 Region	科普（技）讲座 S&T popularization lectures		科普（技）展览 S&T popularization exhibitions	
	举办次数/次 Number of lectures held	参加人数/人次 Number of participants	专题展览次数/次 Number of exhibitions held	参观人数/人次 Number of participants
全　国 Total	912111	164741540	161278	226370558
东　部 Eastern	444870	72481447	71429	126678991
中　部 Middle	213104	44961044	48830	45744378
西　部 Western	254137	47299049	41019	53947189
北　京 Beijing	50571	6540254	5939	33170228
天　津 Tianjin	31390	3631055	14932	6990330
河　北 Hebei	27407	5216065	4394	4110497
山　西 Shanxi	14730	3703109	3432	3148193
内蒙古 Inner Mongolia	14348	3089718	2147	3845225
辽　宁 Liaoning	50516	6948445	6033	10126573
吉　林 Jilin	20698	3822836	2318	2280208
黑龙江 Heilongjiang	21465	4171417	2547	2370630
上　海 Shanghai	66716	8036192	4589	20351360
江　苏 Jiangsu	76953	13234363	10583	14921695
浙　江 Zhejiang	48523	9260092	7873	12973879
安　徽 Anhui	27916	4118185	4652	3483084
福　建 Fujian	17159	3080378	5121	4519031
江　西 Jiangxi	16948	3691137	3180	3937696
山　东 Shandong	39103	8409150	4737	5133678
河　南 Henan	49285	8885194	6733	10358531
湖　北 Hubei	33720	11602708	18193	11752831
湖　南 Hunan	28342	4966458	7775	8413205
广　东 Guangdong	33454	7666487	5914	13366459
广　西 Guangxi	18240	4456242	2933	4680052
海　南 Hainan	3078	458966	1314	1015261
重　庆 Chongqing	29933	3171197	2104	3876446
四　川 Sichuan	41174	8572329	6174	9761527
贵　州 Guizhou	9441	1547971	2585	2774415
云　南 Yunnan	41829	7661059	7968	12697540
西　藏 Tibet	865	119212	331	116035
陕　西 Shaanxi	33275	6550602	6219	6191567
甘　肃 Gansu	27151	5150998	3919	4578656
青　海 Qinghai	4821	723533	828	1909363
宁　夏 Ningxia	5585	902850	850	944207
新　疆 Xinjiang	27475	5353338	4961	2572156

附表 7-5 续表 Continued

地区 Region	科普（技）竞赛 S&T popularization competitions		科普国际交流 International S&T popularization exchanges	
	举办次数/次 Number of competitions held	参加人数/人次 Number of participants	举办次数/次 Number of exchanges held	参加人数/人次 Number of participants
全　国 Total	61808	63960453	2540	455581
东　部 Eastern	32131	32177838	1553	147546
中　部 Middle	16626	16995534	221	27071
西　部 Western	13051	14787081	766	280964
北　京 Beijing	3302	5118885	351	24563
天　津 Tianjin	7050	2546766	318	6165
河　北 Hebei	1670	991941	32	11051
山　西 Shanxi	722	420047	30	5177
内蒙古 Inner Mongolia	679	446083	38	1600
辽　宁 Liaoning	2163	3417789	68	17116
吉　林 Jilin	591	281021	20	747
黑龙江 Heilongjiang	980	443377	32	4524
上　海 Shanghai	3920	4403340	335	44550
江　苏 Jiangsu	4907	5515733	192	25787
浙　江 Zhejiang	4131	2949919	56	6566
安　徽 Anhui	1144	3655844	11	1550
福　建 Fujian	1808	1866742	32	3356
江　西 Jiangxi	988	657641	28	6309
山　东 Shandong	1442	1158157	27	2114
河　南 Henan	2316	3377622	33	1450
湖　北 Hubei	7533	3591566	31	5230
湖　南 Hunan	2352	4568416	36	2084
广　东 Guangdong	1584	4124126	74	2558
广　西 Guangxi	811	1585801	80	2825
海　南 Hainan	154	84440	68	3720
重　庆 Chongqing	681	1747550	140	13053
四　川 Sichuan	2216	3777364	218	3617
贵　州 Guizhou	1016	668641	11	13737
云　南 Yunnan	1007	1599059	39	12919
西　藏 Tibet	106	12454	4	321
陕　西 Shaanxi	2791	2560407	155	64494
甘　肃 Gansu	1955	1047328	31	162427
青　海 Qinghai	157	667029	30	508
宁　夏 Ningxia	218	357265	8	5000
新　疆 Xinjiang	1414	318100	12	463

附表 7-5　续表　　　Continued

地区　Region	成立青少年科技兴趣小组 Teenage S&T interest groups		科技夏（冬）令营 Summer /winter science camps	
	兴趣小组数/个 Number of groups	参加人数/人次 Number of participants	举办次数/次 Number of camps held	参加人数/人次 Number of participants
全　国　Total	280425	20313272	15026	3445742
东　部　Eastern	119439	7569063	8057	2054037
中　部　Middle	92196	5463123	3165	595936
西　部　Western	68790	7281086	3804	795769
北　京　Beijing	5183	359439	738	109533
天　津　Tianjin	14566	634123	343	75163
河　北　Hebei	10515	574801	227	53658
山　西　Shanxi	7036	381166	69	16873
内蒙古　Inner Mongolia	2212	209354	243	28026
辽　宁　Liaoning	17439	900302	811	401064
吉　林　Jilin	5198	486120	790	100081
黑龙江　Heilongjiang	5724	334130	117	31932
上　海　Shanghai	7449	496728	1389	360655
江　苏　Jiangsu	19265	1417338	1648	429160
浙　江　Zhejiang	8793	665266	1403	298740
安　徽　Anhui	10004	486351	381	77288
福　建　Fujian	6540	483034	560	72062
江　西　Jiangxi	4696	503355	211	40793
山　东　Shandong	17073	1134540	434	181748
河　南　Henan	19801	587803	516	95610
湖　北　Hubei	19988	1554212	424	91235
湖　南　Hunan	19749	1129986	657	142124
广　东　Guangdong	11664	864966	474	55360
广　西　Guangxi	7519	1500404	98	15520
海　南　Hainan	952	38526	30	16894
重　庆　Chongqing	3980	393407	102	17420
四　川　Sichuan	15491	1521789	385	126700
贵　州　Guizhou	3008	464352	145	40438
云　南　Yunnan	6387	784251	309	160614
西　藏　Tibet	166	11313	46	2944
陕　西　Shaanxi	16408	1443565	280	63107
甘　肃　Gansu	8009	461547	856	84290
青　海　Qinghai	521	58441	39	1414
宁　夏　Ningxia	1376	159794	40	5413
新　疆　Xinjiang	3713	272869	1261	249883

附表 7-5　续表　　　　Continued

地区 Region	科技活动周 Science & technology week		科研机构、大学向社会开放 Scientific institutions and universities open to public	
	科普专题活动次数/次 Number of S&T week held	参加人数/人次 Number of participants	开放单位数/个 Number of open units	参观人数/人次 Number of participants
全　国 Total	125045	105817458	6583	8010556
东　部 Eastern	57221	53647472	3256	4164471
中　部 Middle	28251	22111781	2030	2005651
西　部 Western	39573	30058205	1297	1840434
北　京 Beijing	3796	2668769	352	266804
天　津 Tianjin	9596	4235213	396	273148
河　北 Hebei	5054	3744307	207	136464
山　西 Shanxi	1879	1703097	70	24590
内蒙古 Inner Mongolia	2445	1811729	85	34535
辽　宁 Liaoning	4624	3570962	527	404352
吉　林 Jilin	1371	1384264	250	95469
黑龙江 Heilongjiang	1962	1997477	140	47083
上　海 Shanghai	5139	6286647	87	255406
江　苏 Jiangsu	13139	12457871	604	930273
浙　江 Zhejiang	4625	4168468	209	151132
安　徽 Anhui	3974	2188177	135	105484
福　建 Fujian	4304	2614721	119	85249
江　西 Jiangxi	3131	1762130	100	109464
山　东 Shandong	3747	10584324	193	474565
河　南 Henan	6176	3760307	334	141349
湖　北 Hubei	5543	5081506	719	957953
湖　南 Hunan	4215	4234823	282	524259
广　东 Guangdong	2135	2729515	499	871033
广　西 Guangxi	2479	3796840	135	829326
海　南 Hainan	1062	586675	63	316045
重　庆 Chongqing	2202	2176795	169	128017
四　川 Sichuan	8341	5842116	204	139756
贵　州 Guizhou	2597	1737131	40	16216
云　南 Yunnan	4188	3786189	115	83784
西　藏 Tibet	362	65951	18	1140
陕　西 Shaanxi	6439	4249862	211	172926
甘　肃 Gansu	3260	2300717	135	108178
青　海 Qinghai	563	341580	70	23102
宁　夏 Ningxia	1130	913544	16	6100
新　疆 Xinjiang	5567	3035751	99	297354

附表 7-5 续表 Continued

地区 Region	举办实用技术培训 Practical skill trainings		重大科普活动次数/次 Number of grand popularization activities
	举办次数/次 Number of trainings held	参加人数/人次 Number of participants	
全 国 Total	875962	112987440	38801
东 部 Eastern	259777	32119988	16651
中 部 Middle	207966	27776775	9220
西 部 Western	408219	53090677	12930
北 京 Beijing	19113	1171002	4039
天 津 Tianjin	16556	1920287	712
河 北 Hebei	30231	4785038	1647
山 西 Shanxi	23070	2267615	768
内蒙古 Inner Mongolia	19334	2833284	708
辽 宁 Liaoning	33571	3309968	1563
吉 林 Jilin	31541	4123810	780
黑龙江 Heilongjiang	15199	2510744	941
上 海 Shanghai	12757	3009092	952
江 苏 Jiangsu	46124	7064843	1871
浙 江 Zhejiang	33191	2970564	1419
安 徽 Anhui	23134	2252776	1041
福 建 Fujian	16059	1316101	1034
江 西 Jiangxi	22051	1733067	501
山 东 Shandong	28895	4154439	1872
河 南 Henan	32787	5308751	658
湖 北 Hubei	37273	6454077	1729
湖 南 Hunan	22911	3125935	2802
广 东 Guangdong	18894	1898940	1120
广 西 Guangxi	32110	4061005	859
海 南 Hainan	4386	519714	422
重 庆 Chongqing	9347	1543529	647
四 川 Sichuan	82608	12575919	2979
贵 州 Guizhou	18105	2389079	547
云 南 Yunnan	90446	10059773	1686
西 藏 Tibet	1002	149223	89
陕 西 Shaanxi	34568	4452644	2098
甘 肃 Gansu	34820	3584879	1237
青 海 Qinghai	6078	602499	686
宁 夏 Ningxia	13141	1061965	264
新 疆 Xinjiang	66660	9776878	1130

附录 8　2012 年全国科普统计分类数据统计表

各项统计数据均未包括香港特别行政区、澳门特别行政区和台湾地区的数据。

科普宣传专用车、科普图书、科普期刊、科普网站与科普国际交流情况均由市级以上（含市级）填报单位的数据统计得出。

东部、中部和西部地区的划分：东部地区包括北京、天津、河北、辽宁、上海、江苏、浙江、福建、山东、广东和海南 11 个省和直辖市；中部地区包括山西、吉林、黑龙江、安徽、江西、河南、湖北和湖南 8 个省；西部地区包括内蒙古、广西、重庆、四川、贵州、云南、西藏、陕西、甘肃、青海、宁夏和新疆 12 个省、自治区和直辖市。

另外，在本年度的科普数据统计中，山西省与海南省由于收集、汇总的部分数据不规范，在本报告“2012 年全国科普统计分类数据统计表”中两省的数据主要采用了 2011 年度的数据，本报告的科普统计分析与比较也主要是按两省 2011 年度的数据进行的。

附表 8-1　2012 年各省科普人员　　单位：人

Appendix table 8-1: S&T popularization personnel by region in 2012　　Unit: person

地　区 Region	科普专职人员 Full time S&T popularization personnel		
	人员总数 Total	中级职称及以上或大学本科及以上学历人员 With title of medium-rank or above /with college graduate or above	女性 Female
全　国 National Total	231086	133350	84343
东　部 Eastern	77597	48343	30066
中　部 Middle	76507	43842	26963
西　部 Western	76982	41165	27314
北　京 Beijing	6728	4581	3672
天　津 Tianjin	3748	2557	1484
河　北 Hebei	5881	3413	2490
山　西 Shanxi	11532	5399	4586
内蒙古 Inner Mongolia	7270	4351	2914
辽　宁 Liaoning	7397	4829	3025
吉　林 Jilin	7661	4732	2997
黑龙江 Heilongjiang	2636	1858	1215
上　海 Shanghai	6919	4103	2995
江　苏 Jiangsu	13321	8927	4964
浙　江 Zhejiang	7768	5499	2645
安　徽 Anhui	3682	2734	1439
福　建 Fujian	3965	2545	1288
江　西 Jiangxi	6017	3385	1872
山　东 Shandong	9166	5834	3124
河　南 Henan	15648	8760	5813
湖　北 Hubei	14166	8838	4072
湖　南 Hunan	15165	8136	4969
广　东 Guangdong	10370	5044	3644
广　西 Guangxi	5501	3440	1912
海　南 Hainan	2334	1011	735
重　庆 Chongqing	2775	1710	991
四　川 Sichuan	13702	7423	4899
贵　州 Guizhou	3941	2059	1369
云　南 Yunnan	10713	5906	3606
西　藏 Tibet	145	105	29
陕　西 Shaanxi	18136	8342	6121
甘　肃 Gansu	4917	2776	1723
青　海 Qinghai	2249	1237	773
宁　夏 Ningxia	1493	893	612
新　疆 Xinjiang	6140	2923	2365

附表 8-1 续表 Continued

地区	Region	科普专职人员 Full time S&T popularization personnel		
		农村科普人员 Rural S&T popularization personnel	管理人员 S&T popularization administrators	科普创作人员 S&T popularization creators
全 国	Total	80036	54567	14103
东 部	Eastern	20156	19751	6395
中 部	Middle	28933	18479	3968
西 部	Western	30947	16337	3740
北 京	Beijing	637	1556	1339
天 津	Tianjin	718	1247	214
河 北	Hebei	1495	1665	400
山 西	Shanxi	4114	2632	342
内蒙古	Inner Mongolia	2764	1839	370
辽 宁	Liaoning	1580	2124	852
吉 林	Jilin	3155	1870	425
黑龙江	Heilongjiang	767	798	169
上 海	Shanghai	842	1779	1078
江 苏	Jiangsu	4217	2931	709
浙 江	Zhejiang	2396	1763	326
安 徽	Anhui	931	1399	499
福 建	Fujian	931	977	258
江 西	Jiangxi	1792	1548	346
山 东	Shandong	2969	2351	535
河 南	Henan	5700	4039	712
湖 北	Hubei	6432	2976	810
湖 南	Hunan	6042	3217	665
广 东	Guangdong	3314	2905	576
广 西	Guangxi	2417	1433	257
海 南	Hainan	1057	453	108
重 庆	Chongqing	741	628	190
四 川	Sichuan	5996	2833	666
贵 州	Guizhou	1312	1149	209
云 南	Yunnan	4962	2096	389
西 藏	Tibet	60	36	34
陕 西	Shaanxi	8141	2936	910
甘 肃	Gansu	1127	1281	222
青 海	Qinghai	385	387	109
宁 夏	Ningxia	378	523	67
新 疆	Xinjiang	2664	1196	317

附表 8-1　续表　　　　Continued

地　区 Region	科普兼职人员 Part time S&T popularization personnel		
	人员总数 Total	年度实际投入工作量/人月 Annual actual workload (person-month)	中级职称及以上或大学本科及以上学历人员 With title of medium-rank or above /with college graduate or above
全　国 Total	1726746	2586797	851448
东　部 Eastern	697658	978592	362923
中　部 Middle	490255	762525	234741
西　部 Western	538833	845680	253784
北　京 Beijing	36172	58422	22758
天　津 Tianjin	37354	65641	24017
河　北 Hebei	43459	68060	24651
山　西 Shanxi	61753	67922	24151
内蒙古 Inner Mongolia	42136	61682	19691
辽　宁 Liaoning	70372	106526	37403
吉　林 Jilin	44662	61008	17454
黑龙江 Heilongjiang	25097	41199	15498
上　海 Shanghai	37288	63765	19520
江　苏 Jiangsu	116848	165564	68395
浙　江 Zhejiang	118828	148378	53977
安　徽 Anhui	64063	97732	39306
福　建 Fujian	97408	100761	44733
江　西 Jiangxi	40721	71151	18685
山　东 Shandong	66187	92045	31813
河　南 Henan	104000	188563	51443
湖　北 Hubei	61054	85930	31276
湖　南 Hunan	88905	149020	36928
广　东 Guangdong	63913	97254	31498
广　西 Guangxi	50696	100124	23097
海　南 Hainan	9829	12176	4158
重　庆 Chongqing	30545	65761	16829
四　川 Sichuan	108716	183720	51054
贵　州 Guizhou	43209	60379	20675
云　南 Yunnan	75144	122264	36349
西　藏 Tibet	783	356	449
陕　西 Shaanxi	86728	118819	38780
甘　肃 Gansu	46984	59632	20142
青　海 Qinghai	10212	11207	5708
宁　夏 Ningxia	9026	16318	5866
新　疆 Xinjiang	34654	45418	15144

附表 8-1　续表　　　　Continued

地区	Region	科普兼职人员 Part time S&T popularization personnel		注册科普志愿者 Registered S&T popularization volunteers
		女性 Female	农村科普人员 Rural S&T popularization personnel	
全　国	Total	651756	639566	2536162
东　部	Eastern	270789	220036	1143786
中　部	Middle	184292	215400	883577
西　部	Western	196675	204130	508799
北　京	Beijing	20302	4289	33348
天　津	Tianjin	16244	8495	187723
河　北	Hebei	19823	13413	51619
山　西	Shanxi	25405	26962	49736
内蒙古	Inner Mongolia	18023	17033	36955
辽　宁	Liaoning	30402	21838	64316
吉　林	Jilin	18169	25877	59809
黑龙江	Heilongjiang	10252	8612	69268
上　海	Shanghai	17918	3613	83260
江　苏	Jiangsu	45201	38481	299485
浙　江	Zhejiang	45069	39094	124469
安　徽	Anhui	28735	34203	214553
福　建	Fujian	26003	36256	73647
江　西	Jiangxi	12579	16811	6810
山　东	Shandong	23845	31999	96609
河　南	Henan	39605	37531	69711
湖　北	Hubei	20577	24362	108203
湖　南	Hunan	28970	41042	305487
广　东	Guangdong	22533	19408	121811
广　西	Guangxi	20526	20460	14861
海　南	Hainan	3449	3150	7499
重　庆	Chongqing	10108	10617	40519
四　川	Sichuan	36402	42719	144937
贵　州	Guizhou	15219	13581	36742
云　南	Yunnan	27726	30218	81902
西　藏	Tibet	233	183	39
陕　西	Shaanxi	29762	33603	35140
甘　肃	Gansu	14882	17401	28857
青　海	Qinghai	4262	2378	41632
宁　夏	Ningxia	3366	2429	32757
新　疆	Xinjiang	16166	13508	14458

附表 8-2　2012 年各省科普场地

Appendix table 8-2: S&T popularization venues and facilities by region in 2012

地　区 Region	科技馆/个 S&T museums	建筑面积/米^2 Construction area (m^2)	展厅面积/米^2 Exhibition area (m^2)	当年参观人数/人次 Visitors
全　国 Total	364	2354637	1094449	34224490
东　部 Eastern	184	1409939	673313	21200363
中　部 Middle	126	497682	207305	6333453
西　部 Western	54	447016	213831	6690674
北　京 Beijing	21	170509	98734	4214353
天　津 Tianjin	1	18000	10000	412100
河　北 Hebei	12	73687	37258	499900
山　西 Shanxi	4	19570	4700	237000
内蒙古 Inner Mongolia	10	43076	19980	236546
辽　宁 Liaoning	18	133033	42674	516617
吉　林 Jilin	11	16177	4930	87278
黑龙江 Heilongjiang	7	43095	28560	816000
上　海 Shanghai	25	176654	104694	4625553
江　苏 Jiangsu	11	133516	62553	1776600
浙　江 Zhejiang	19	136799	58902	728185
安　徽 Anhui	13	69237	40100	1342320
福　建 Fujian	17	108875	52235	1040058
江　西 Jiangxi	7	46608	20082	308000
山　东 Shandong	24	92957	53450	3606927
河　南 Henan	10	60956	24810	993660
湖　北 Hubei	66	190015	53937	1687195
湖　南 Hunan	8	52024	30186	862000
广　东 Guangdong	26	314320	121724	3013870
广　西 Guangxi	3	47388	19700	1054200
海　南 Hainan	10	51589	31089	766200
重　庆 Chongqing	4	51884	24839	1210000
四　川 Sichuan	8	76200	50900	2563300
贵　州 Guizhou	4	25105	10300	293470
云　南 Yunnan	3	18190	9450	59689
西　藏 Tibet	0	0	0	0
陕　西 Shaanxi	4	33862	15590	237256
甘　肃 Gansu	5	10984	4050	57350
青　海 Qinghai	3	45899	15790	744489
宁　夏 Ningxia	3	31764	17201	78800
新　疆 Xinjiang	7	62664	26031	155574

附表 8-2 续表 Continued

地　区 Region	科学技术类博物馆/个 S&T related museums	建筑面积/米 2 Construction area (m^2)	展厅面积/米 2 Exhibition area (m^2)	当年参观人数/人次 Visitors	青少年科技馆站/个 Teenage S&T museums
全　国 Total	632	4246996	2040901	87868708	739
东　部 Eastern	403	3025204	1400118	64053985	285
中　部 Middle	111	504885	302997	12101022	209
西　部 Western	118	716907	337786	11713701	245
北　京 Beijing	60	819842	286100	12723971	14
天　津 Tianjin	13	256940	122334	7219792	10
河　北 Hebei	23	142764	53824	3248393	26
山　西 Shanxi	5	20168	10571	201200	18
内蒙古 Inner Mongolia	10	55633	18170	287200	34
辽　宁 Liaoning	42	351292	164398	6702208	54
吉　林 Jilin	10	27510	14925	402000	25
黑龙江 Heilongjiang	18	99518	50435	2293663	16
上　海 Shanghai	133	593734	383793	9731375	13
江　苏 Jiangsu	33	217237	105675	4761401	57
浙　江 Zhejiang	34	290997	121752	10015331	27
安　徽 Anhui	13	88800	82000	1049210	12
福　建 Fujian	21	82690	41752	2108620	34
江　西 Jiangxi	14	46187	22991	4230300	8
山　东 Shandong	18	76792	40577	3171100	21
河　南 Henan	13	65377	37810	1987600	45
湖　北 Hubei	27	106851	65365	926380	54
湖　南 Hunan	11	50474	18900	1010669	31
广　东 Guangdong	25	192063	79313	4358294	21
广　西 Guangxi	14	67328	41501	2231690	27
海　南 Hainan	1	853	600	13500	8
重　庆 Chongqing	6	100240	40742	218937	8
四　川 Sichuan	18	90469	47965	2195574	40
贵　州 Guizhou	7	25469	13273	145000	14
云　南 Yunnan	19	126968	63253	4461259	22
西　藏 Tibet	1	810	540	1500	2
陕　西 Shaanxi	14	86986	32292	1033802	27
甘　肃 Gansu	8	47072	23763	225977	21
青　海 Qinghai	4	27300	10600	180000	10
宁　夏 Ningxia	5	29837	15681	254674	10
新　疆 Xinjiang	12	58795	30006	478088	30

附表 8-2　续表　　　　　　Continued

地　区 Region	城市社区科普（技）专用活动室/个 Urban community S&T popularization rooms	农村科普（技）活动场地/个 Rural S&T popularization sites	科普宣传专用车/辆 S&T popularization vehicles	科普画廊/个 S&T popularization galleries
全　国 Total	92263	530566	2341	249248
东　部 Eastern	43609	215677	902	135887
中　部 Middle	28951	193751	539	70307
西　部 Western	19703	121138	900	43054
北　京 Beijing	1181	2033	91	3356
天　津 Tianjin	4695	6386	222	5120
河　北 Hebei	2057	20211	28	8107
山　西 Shanxi	2190	19448	43	7086
内蒙古 Inner Mongolia	1625	5847	96	2805
辽　宁 Liaoning	6170	24358	156	8530
吉　林 Jilin	1717	11139	55	4529
黑龙江 Heilongjiang	2590	5780	44	2045
上　海 Shanghai	3132	1417	61	5729
江　苏 Jiangsu	5763	18121	119	26908
浙　江 Zhejiang	4519	26765	42	17314
安　徽 Anhui	3807	25083	51	18799
福　建 Fujian	2585	10572	35	16220
江　西 Jiangxi	2382	13067	71	7263
山　东 Shandong	9645	84398	52	22633
河　南 Henan	6482	55686	92	12560
湖　北 Hubei	4469	31280	80	8816
湖　南 Hunan	5314	32268	103	9209
广　东 Guangdong	3538	19331	83	20831
广　西 Guangxi	1703	16075	119	5427
海　南 Hainan	324	2085	13	1139
重　庆 Chongqing	1314	6936	152	4145
四　川 Sichuan	5668	36778	83	10553
贵　州 Guizhou	709	2879	19	1386
云　南 Yunnan	2245	15608	101	7156
西　藏 Tibet	101	388	10	45
陕　西 Shaanxi	2526	15448	62	2534
甘　肃 Gansu	1359	10160	38	4634
青　海 Qinghai	170	1141	67	1053
宁　夏 Ningxia	498	2278	46	893
新　疆 Xinjiang	1785	7600	107	2423

附表 8-3　2012 年各省科普经费

Appendix table 8-3: S&T popularization funds by region in 2012

单位：万元
Unit: 10000 yuan

地　区 Region	年度科普经费筹集额 Annual funding for S&T popularization	政府拨款 Government funds	科普专项经费 Special funds	捐赠 Donates	自筹资金 Self-raised funds	其他收入 Others
全　国 Total	1228827	850359	447830	8169	307496	62892
东　部 Eastern	750560	492160	267407	4057	218586	35745
中　部 Middle	193823	142895	73978	1960	38539	10449
西　部 Western	284444	215304	106444	2152	50370	16699
北　京 Beijing	221402	132070	84035	1646	75663	12023
天　津 Tianjin	25076	14106	5792	27	10240	701
河　北 Hebei	25651	12181	5202	106	8334	5029
山　西 Shanxi	15474	12807	6230	41	2340	285
内蒙古 Inner Mongolia	16337	14112	7538	94	1593	613
辽　宁 Liaoning	32174	22039	14021	120	7262	2753
吉　林 Jilin	10834	7496	3788	89	2740	510
黑龙江 Heilongjiang	8931	6750	3205	56	1746	379
上　海 Shanghai	115751	66073	37893	737	44492	4449
江　苏 Jiangsu	93538	63843	33745	362	26598	2735
浙　江 Zhejiang	78251	61029	30295	571	12937	3714
安　徽 Anhui	25219	18802	10798	249	3673	2495
福　建 Fujian	37880	29452	14371	125	6831	1462
江　西 Jiangxi	21929	16094	5818	186	4500	1150
山　东 Shandong	51641	43550	12587	148	7219	724
河　南 Henan	31777	24257	13567	214	5885	1421
湖　北 Hubei	42494	30181	17042	576	9328	2410
湖　南 Hunan	37164	26508	13532	549	8328	1799
广　东 Guangdong	62430	43811	27878	169	16575	1876
广　西 Guangxi	41829	28658	13146	229	8275	4667
海　南 Hainan	6765	4006	1588	47	2435	277
重　庆 Chongqing	26700	19463	11471	414	5791	1032
四　川 Sichuan	44036	31585	16698	366	10534	1550
贵　州 Guizhou	38475	30348	9035	149	5927	2051
云　南 Yunnan	42846	31587	17907	372	7878	3009
西　藏 Tibet	1057	870	539	13	93	81
陕　西 Shaanxi	24766	18782	9750	290	4638	1062
甘　肃 Gansu	7809	5776	3553	75	1683	275
青　海 Qinghai	8373	7354	4868	2	846	171
宁　夏 Ningxia	7316	5700	2249	11	932	672
新　疆 Xinjiang	24900	21068	9691	136	2179	1518

附表 8-3 续表 Continued

地 区 Region	科技活动周经费筹集额 Funding for S&T week	政府拨款 Government funds	企业赞助 Corporate donates	年度科普经费使用额 Annual expenditure	行政支出 Administrative expenditure	科普活动支出 Activities expenditure
全 国 Total	52052	36797	5301	1256101	189573	694860
东 部 Eastern	26344	19596	2248	742349	110481	389918
中 部 Middle	11974	7874	1934	204909	34756	125146
西 部 Western	13734	9327	1118	308843	44335	179796
北 京 Beijing	2441	2011	177	213226	37218	94579
天 津 Tianjin	845	567	108	23669	3540	15669
河 北 Hebei	1039	806	62	25508	3666	10697
山 西 Shanxi	927	651	130	15969	3822	9168
内蒙古 Inner Mongolia	629	490	56	26165	3200	8362
辽 宁 Liaoning	1678	1340	127	31857	4993	20954
吉 林 Jilin	469	323	74	11174	2021	6671
黑龙江 Heilongjiang	339	267	35	8219	2786	4838
上 海 Shanghai	4296	3495	204	115155	6872	68726
江 苏 Jiangsu	5285	3448	535	87809	15409	48079
浙 江 Zhejiang	4131	3379	297	76436	13180	48984
安 徽 Anhui	2157	1346	783	33594	4795	18488
福 建 Fujian	1241	820	96	45542	8026	18526
江 西 Jiangxi	1076	624	114	20846	4430	13609
山 东 Shandong	1372	870	344	51704	5796	17522
河 南 Henan	1448	1052	111	31797	4248	20287
湖 北 Hubei	2658	1611	312	46113	6863	26740
湖 南 Hunan	2900	2000	375	37197	5792	25345
广 东 Guangdong	3449	2429	246	63175	10931	42542
广 西 Guangxi	2086	1662	89	44746	4420	32084
海 南 Hainan	567	431	52	8267	850	3641
重 庆 Chongqing	1579	939	114	26568	4503	14395
四 川 Sichuan	2898	1657	397	43296	5543	27141
贵 州 Guizhou	1718	1292	87	37826	10075	19519
云 南 Yunnan	1414	1006	150	50552	7197	30551
西 藏 Tibet	108	95	0	1015	124	807
陕 西 Shaanxi	1350	893	80	27793	3295	18988
甘 肃 Gansu	622	355	86	8331	1143	4945
青 海 Qinghai	177	140	11	8610	767	7308
宁 夏 Ningxia	224	156	1	7747	1523	4216
新 疆 Xinjiang	927	643	47	26194	2545	11481

附表 8-3　续表　　　　　Continued

地　区 Region	年度科普经费使用额 Annual expenditure				
	科普场馆基建支出 Infrastructure expenditures	政府拨款支出 Government expenditures	场馆建设支出 Venue construction expenditures	展品、设施支出 Exhibits & facilities expenditures	其他支出 Others
全　国 Total	287000	132888	161848	79804	85672
东　部 Eastern	186511	80009	107093	55955	56289
中　部 Middle	36044	18040	21068	9664	9011
西　部 Western	64446	34839	33688	14185	20372
北　京 Beijing	51802	16096	34223	15609	29603
天　津 Tianjin	3094	0	3010	69	1367
河　北 Hebei	10312	2487	5633	989	833
山　西 Shanxi	2298	1424	1360	595	682
内蒙古 Inner Mongolia	14388	13480	3280	1698	312
辽　宁 Liaoning	4486	2130	1387	1831	1427
吉　林 Jilin	2188	905	1303	890	295
黑龙江 Heilongjiang	478	174	122	177	117
上　海 Shanghai	36996	12409	17366	18764	2562
江　苏 Jiangsu	18039	4648	10164	5230	6281
浙　江 Zhejiang	11091	4428	3908	3505	3181
安　徽 Anhui	8643	6889	6564	882	1668
福　建 Fujian	13231	9954	5855	2151	5758
江　西 Jiangxi	2063	170	1262	375	745
山　东 Shandong	28036	24604	22372	4500	1210
河　南 Henan	6116	1763	2975	2631	1146
湖　北 Hubei	9825	5179	5179	3398	2686
湖　南 Hunan	4434	1536	2303	717	1673
广　东 Guangdong	6592	2687	2596	2370	3122
广　西 Guangxi	2611	707	847	1254	5631
海　南 Hainan	2832	567	578	938	944
重　庆 Chongqing	5607	2009	3240	1425	2063
四　川 Sichuan	8906	2036	5010	2763	1693
贵　州 Guizhou	3305	2117	2714	593	4893
云　南 Yunnan	10893	394	8772	1377	1911
西　藏 Tibet	32	4	10	18	52
陕　西 Shaanxi	4699	3453	1560	1908	813
甘　肃 Gansu	2150	1041	588	1217	148
青　海 Qinghai	192	3	7	141	342
宁　夏 Ningxia	1720	1512	1306	292	288
新　疆 Xinjiang	9942	8086	6356	1499	2226

附表 8-4 2012 年各省科普传媒

Appendix table 8-4: S&T popularization media by region in 2012

地 区 Region	科普图书 Popular science books		科普期刊 Popular science journals	
	出版种数/种 Types of publications	出版总册数/册 Total copies	出版种数/种 Types of publications	出版总册数/册 Total copies
全 国 Total	7521	65705529	1007	139085388
东 部 Eastern	5308	47490576	462	113203154
中 部 Middle	1171	10340701	207	12595748
西 部 Western	1042	7874252	338	13286486
北 京 Beijing	2864	18882534	81	44517600
天 津 Tianjin	100	392600	19	1065700
河 北 Hebei	167	1364400	43	1913100
山 西 Shanxi	419	3407200	9	2158800
内蒙古 Inner Mongolia	285	1424600	17	202800
辽 宁 Liaoning	63	632700	20	631400
吉 林 Jilin	38	471430	16	101882
黑龙江 Heilongjiang	53	592380	11	90500
上 海 Shanghai	1021	14235506	102	25253426
江 苏 Jiangsu	140	4696400	61	10597576
浙 江 Zhejiang	468	4729262	41	6765760
安 徽 Anhui	22	282200	9	67600
福 建 Fujian	61	281400	31	1036680
江 西 Jiangxi	126	2761426	41	7000200
山 东 Shandong	83	280320	27	586500
河 南 Henan	73	671530	31	1504312
湖 北 Hubei	243	839135	42	587684
湖 南 Hunan	114	1035080	21	498270
广 东 Guangdong	164	1367223	43	19341212
广 西 Guangxi	65	671048	26	4289937
海 南 Hainan	260	908551	21	2080700
重 庆 Chongqing	113	1640300	44	897130
四 川 Sichuan	115	930548	52	4058200
贵 州 Guizhou	6	747000	9	44300
云 南 Yunnan	110	502565	73	1395859
西 藏 Tibet	25	56700	7	28400
陕 西 Shaanxi	65	366391	35	653100
甘 肃 Gansu	85	370700	18	66960
青 海 Qinghai	85	230600	19	110000
宁 夏 Ningxia	16	173600	4	37000
新 疆 Xinjiang	72	760200	34	1502800

附表 8-4 续表 Continued

地　区 Region	科普（技）音像制品 Popularization audio and video products			科技类报纸年发行总份数/份 S&T newspaper printed copies
	出版种数/种 Types of publications	光盘发行总量/张 Total CD copies released	录音、录像带发行总量/盒 Total copies of audio and video publications	
全　国 Total	12845	14727177	1408452	410951971
东　部 Eastern	3047	7451439	946340	237231410
中　部 Middle	2419	5535677	271157	127745655
西　部 Western	7379	1740061	190955	45974906
北　京 Beijing	1681	4981687	760340	56065606
天　津 Tianjin	28	72955	500	2833840
河　北 Hebei	162	211912	9099	31211256
山　西 Shanxi	323	105139	17215	30115668
内蒙古 Inner Mongolia	199	180145	19127	691829
辽　宁 Liaoning	284	378076	96465	3695609
吉　林 Jilin	110	394380	42114	203385
黑龙江 Heilongjiang	38	208590	966	291169
上　海 Shanghai	100	536649	6400	19290452
江　苏 Jiangsu	209	273524	7738	54656979
浙　江 Zhejiang	188	576368	42398	45034088
安　徽 Anhui	324	299915	69702	25088472
福　建 Fujian	102	170813	4452	5563457
江　西 Jiangxi	266	1643847	15181	36265620
山　东 Shandong	224	252064	29088	4685992
河　南 Henan	214	1793445	32107	18907613
湖　北 Hubei	647	452434	28577	9439920
湖　南 Hunan	273	385863	36207	2747816
广　东 Guangdong	156	91476	11884	18813553
广　西 Guangxi	185	65120	3389	27293250
海　南 Hainan	137	157979	7064	66570
重　庆 Chongqing	31	236403	3070	1107986
四　川 Sichuan	6061	458533	145383	4748468
贵　州 Guizhou	74	62132	47	531009
云　南 Yunnan	196	243235	1327	2776762
西　藏 Tibet	23	10886	237	3990
陕　西 Shaanxi	181	106852	9142	5628695
甘　肃 Gansu	210	31433	2883	876313
青　海 Qinghai	24	199035	55	1820101
宁　夏 Ningxia	29	62164	36	266066
新　疆 Xinjiang	166	84123	6259	230437

附表 8-4　续表　　　　　Continued

地　区 Region	电视台播出科普（技）节目时间/小时 Broadcasting time of popular science programs on TV (h)	电台播出科普（技）节目时间/小时 Broadcasting time of popular science programs on radio (h)	科普网站数/个 S&T popularization websites (unit)	发放科普读物和资料/份 Number of S&T popularization books and materials
全　国 Total	184446	162945	2443	1173280005
东　部 Eastern	61874	72935	1117	405925029
中　部 Middle	55667	53580	626	401706484
西　部 Western	66905	36430	700	365648492
北　京 Beijing	4947	11400	237	33912145
天　津 Tianjin	1542	1365	98	19024278
河　北 Hebei	10579	16331	70	38818843
山　西 Shanxi	3621	2551	31	26289772
内蒙古 Inner Mongolia	14870	6516	68	17660474
辽　宁 Liaoning	14760	15227	76	24600143
吉　林 Jilin	3224	4518	42	18238641
黑龙江 Heilongjiang	4371	2377	40	9425509
上　海 Shanghai	6950	2580	176	32913228
江　苏 Jiangsu	6798	3864	125	131429900
浙　江 Zhejiang	6607	6909	92	44164424
安　徽 Anhui	4323	8371	67	36537635
福　建 Fujian	3950	5016	84	22490796
江　西 Jiangxi	2887	3283	63	18430284
山　东 Shandong	8978	7794	79	20482521
河　南 Henan	6746	6983	124	115339277
湖　北 Hubei	9085	6831	89	44936906
湖　南 Hunan	12432	10872	91	112025939
广　东 Guangdong	5257	9975	132	48913196
广　西 Guangxi	10742	4956	61	47418098
海　南 Hainan	484	268	27	9658076
重　庆 Chongqing	599	398	75	27372025
四　川 Sichuan	6208	4915	112	88942662
贵　州 Guizhou	7333	1268	25	27999861
云　南 Yunnan	5216	3157	74	59954456
西　藏 Tibet	341	427	10	597234
陕　西 Shaanxi	6960	3656	87	30459879
甘　肃 Gansu	5727	4326	66	29743265
青　海 Qinghai	1257	1153	22	8674510
宁　夏 Ningxia	922	576	34	6785125
新　疆 Xinjiang	6730	5082	66	20040903

附表 8-5 2012 年各省科普活动

Appendix table 8-5: S&T popularization activities by region in 2012

地区 Region	科普（技）讲座 S&T popularization lectures		科普（技）展览 S&T popularization exhibitions	
	举办次数/次 Number of lectures held	参加人数/人次 Number of participants	专题展览次数/次 Number of exhibitions held	参观人数/人次 Number of participants
全　国 Total	897462	171047231	160224	232698541
东　部 Eastern	451054	76753633	71448	119439772
中　部 Middle	210181	44852903	46419	51355992
西　部 Western	236227	49440695	42357	61902777
北　京 Beijing	63047	10429237	5339	29044527
天　津 Tianjin	32939	3823334	8906	8821038
河　北 Hebei	29626	5995133	4155	6067689
山　西 Shanxi	15777	3731851	3117	3215322
内蒙古 Inner Mongolia	14362	3355305	2380	2450927
辽　宁 Liaoning	51104	7267409	5917	8972309
吉　林 Jilin	20697	3822806	2318	2280208
黑龙江 Heilongjiang	20636	4090443	2878	3115597
上　海 Shanghai	65421	8220532	4261	14964201
江　苏 Jiangsu	75164	10809314	17618	15896120
浙　江 Zhejiang	47255	10920635	9108	10182824
安　徽 Anhui	19638	3034555	7683	10067117
福　建 Fujian	22409	4709348	5611	5806943
江　西 Jiangxi	17758	3424560	4087	3731562
山　东 Shandong	21057	4730885	2532	5437448
河　南 Henan	45369	10616467	9665	8811151
湖　北 Hubei	39624	11196216	10469	11373192
湖　南 Hunan	30682	4936005	6202	8761843
广　东 Guangdong	38611	9086244	6983	13235424
广　西 Guangxi	20015	5406431	3402	4848191
海　南 Hainan	4421	761562	1018	1011249
重　庆 Chongqing	10956	2141117	2941	6389795
四　川 Sichuan	42240	9088834	6918	13310510
贵　州 Guizhou	14748	2189708	3870	2992865
云　南 Yunnan	37818	6157271	7747	14065735
西　藏 Tibet	612	88881	241	82260
陕　西 Shaanxi	29501	8055353	5046	7315069
甘　肃 Gansu	27446	4479968	4258	4647957
青　海 Qinghai	4526	717969	1075	1912195
宁　夏 Ningxia	4973	2330277	679	677547
新　疆 Xinjiang	29030	5429581	3800	3209726

附表 8-5 续表 Continued

地区 Region	科普（技）竞赛 S&T popularization competitions		科普国际交流 International S&T popularization exchanges	
	举办次数/次 Number of competitions held	参加人数/人次 Number of participants	举办次数/次 Number of exchanges held	参加人数/人次 Number of participants
全 国 Total	56666	114108930	2562	319993
东 部 Eastern	30483	86807219	1612	180105
中 部 Middle	13314	10910841	382	90535
西 部 Western	12869	16390870	568	49353
北 京 Beijing	3750	60743257	360	53040
天 津 Tianjin	4673	1977954	291	15754
河 北 Hebei	1750	1804320	33	6664
山 西 Shanxi	549	385659	31	6143
内蒙古 Inner Mongolia	801	404363	23	769
辽 宁 Liaoning	2078	3217614	63	16208
吉 林 Jilin	591	281021	19	600
黑龙江 Heilongjiang	1078	293946	43	7463
上 海 Shanghai	3890	4278021	342	44410
江 苏 Jiangsu	5060	4813478	237	20611
浙 江 Zhejiang	4786	3700553	60	9314
安 徽 Anhui	2986	1094252	64	38472
福 建 Fujian	1415	1108451	66	4160
江 西 Jiangxi	966	1206535	53	14459
山 东 Shandong	1225	1478073	24	1437
河 南 Henan	1895	2207520	66	11302
湖 北 Hubei	2406	2816554	67	10042
湖 南 Hunan	2843	2625354	39	2054
广 东 Guangdong	1487	3578939	77	5676
广 西 Guangxi	871	1989019	82	5352
海 南 Hainan	369	106559	59	2831
重 庆 Chongqing	783	1528440	101	17698
四 川 Sichuan	2729	3873275	36	4079
贵 州 Guizhou	1336	1390292	1	5
云 南 Yunnan	1065	1439742	91	3980
西 藏 Tibet	84	9656	4	321
陕 西 Shaanxi	2749	3632777	113	10464
甘 肃 Gansu	988	826658	38	1348
青 海 Qinghai	147	670921	54	295
宁 夏 Ningxia	261	183567	16	2920
新 疆 Xinjiang	1055	442160	9	2122

附表 8-5　续表　　　　　Continued

地区 Region	成立青少年科技兴趣小组 Teenage S&T interest groups		科技夏（冬）令营 Summer /winter science camps	
	兴趣小组数/个 Number of groups	参加人数/人次 Number of participants	举办次数/次 Number of camps held	参加人数/人次 Number of participants
全　国 Total	305042	25331437	17875	3879281
东　部 Eastern	121724	8074407	11130	2200448
中　部 Middle	89935	8424490	3999	925092
西　部 Western	93383	8832540	2746	753741
北　京 Beijing	3536	382935	1279	181761
天　津 Tianjin	11988	526670	302	60853
河　北 Hebei	13732	813790	356	101350
山　西 Shanxi	6362	322622	106	32585
内蒙古 Inner Mongolia	3079	247433	519	64206
辽　宁 Liaoning	18522	986384	710	374970
吉　林 Jilin	5198	486120	789	99950
黑龙江 Heilongjiang	5178	242199	189	39674
上　海 Shanghai	7101	457537	1269	292807
江　苏 Jiangsu	19182	1922214	4950	497219
浙　江 Zhejiang	11242	660766	704	210162
安　徽 Anhui	8300	886568	717	243661
福　建 Fujian	6593	418748	632	108612
江　西 Jiangxi	7216	689269	300	48419
山　东 Shandong	16250	1177944	460	227158
河　南 Henan	19500	1428751	650	207312
湖　北 Hubei	20832	3121301	426	117085
湖　南 Hunan	17349	1247660	822	136406
广　东 Guangdong	12504	653524	372	129931
广　西 Guangxi	11986	2118783	99	14398
海　南 Hainan	1074	73895	96	15625
重　庆 Chongqing	5817	541451	100	17142
四　川 Sichuan	35581	2815825	467	225172
贵　州 Guizhou	3493	579797	177	65326
云　南 Yunnan	8328	777393	436	171274
西　藏 Tibet	74	7580	15	871
陕　西 Shaanxi	9739	705156	264	60859
甘　肃 Gansu	8131	465455	127	35522
青　海 Qinghai	1973	57849	34	10256
宁　夏 Ningxia	1064	157236	35	13632
新　疆 Xinjiang	4118	358582	473	75083

附表 8-5　续表　　Continued

地区 Region	科技活动周 Science & technology week		科研机构、大学向社会开放 Scientific institutions and universities open to public	
	科普专题活动次数/次 Number of S&T week held	参加人数/人次 Number of participants	开放单位数/个 Number of open units	参观人数/人次 Number of participants
全　国 Total	121451	111622717	6495	6658484
东　部 Eastern	58535	57067066	3161	2858731
中　部 Middle	25291	24262657	1910	1812594
西　部 Western	37625	30292994	1424	1987159
北　京 Beijing	3287	3570104	345	115947
天　津 Tianjin	13220	4072744	251	198590
河　北 Hebei	5507	4143093	342	136168
山　西 Shanxi	1699	1290565	28	44090
内蒙古 Inner Mongolia	1812	1481067	125	64187
辽　宁 Liaoning	4097	3671997	418	313737
吉　林 Jilin	1371	1384264	250	95469
黑龙江 Heilongjiang	2030	1510202	147	54565
上　海 Shanghai	5143	6273730	82	217247
江　苏 Jiangsu	9483	17151008	472	640736
浙　江 Zhejiang	5491	4971872	199	152335
安　徽 Anhui	3248	1721262	241	506753
福　建 Fujian	4691	2537705	124	83046
江　西 Jiangxi	2416	3133945	98	62892
山　东 Shandong	3245	2996118	285	291851
河　南 Henan	5455	4928051	386	165055
湖　北 Hubei	5196	6645612	366	463915
湖　南 Hunan	3876	3648756	394	419855
广　东 Guangdong	2985	7113970	580	680068
广　西 Guangxi	2995	4141126	108	85678
海　南 Hainan	1386	564725	63	29006
重　庆 Chongqing	2677	1760831	139	69084
四　川 Sichuan	9398	6469733	340	233450
贵　州 Guizhou	2835	1851313	77	40853
云　南 Yunnan	4042	4463672	116	69335
西　藏 Tibet	228	67173	6	820
陕　西 Shaanxi	4535	3049802	150	258780
甘　肃 Gansu	2675	2379044	135	54841
青　海 Qinghai	972	1110737	87	865455
宁　夏 Ningxia	861	752436	44	70935
新　疆 Xinjiang	4595	2766060	97	173741

附表 8-5　续表　　　　Continued

地区	Region	举办实用技术培训 Practical skill trainings		重大科普活动次数/次 Number of grand popularization activities
		举办次数/次 Number of trainings held	参加人数/人次 Number of participants	
全　国	Total	913855	122915797	32874
东　部	Eastern	293422	39631804	11629
中　部	Middle	207200	27647092	8527
西　部	Western	413233	55636901	12718
北　京	Beijing	18278	1645635	773
天　津	Tianjin	35919	2498306	558
河　北	Hebei	31948	4753763	1179
山　西	Shanxi	19551	2847591	700
内蒙古	Inner Mongolia	23190	5200598	641
辽　宁	Liaoning	31927	3864469	1636
吉　林	Jilin	31541	4123810	779
黑龙江	Heilongjiang	14742	2481426	1172
上　海	Shanghai	12607	2917517	897
江　苏	Jiangsu	78378	13824573	1961
浙　江	Zhejiang	30786	2656384	1149
安　徽	Anhui	17472	2174819	717
福　建	Fujian	16193	2537362	1030
江　西	Jiangxi	21386	1459955	495
山　东	Shandong	12795	2773750	1069
河　南	Henan	41529	5208668	1710
湖　北	Hubei	39353	6650963	1657
湖　南	Hunan	21626	2699860	1297
广　东	Guangdong	18081	1503880	1166
广　西	Guangxi	27334	4021986	1294
海　南	Hainan	6510	656165	211
重　庆	Chongqing	10046	1426738	580
四　川	Sichuan	70677	13369652	2808
贵　州	Guizhou	15809	1879058	671
云　南	Yunnan	110760	9636829	1552
西　藏	Tibet	791	118457	24
陕　西	Shaanxi	41332	5291210	1429
甘　肃	Gansu	35442	5164950	1537
青　海	Qinghai	8786	1022743	615
宁　夏	Ningxia	7891	848123	277
新　疆	Xinjiang	61175	7656557	1290

附录 9　2011 年全国科普统计分类数据统计表

各项统计数据均未包括香港特别行政区、澳门特别行政区和台湾地区的数据。

科普宣传专用车、科普图书、科普期刊、科普网站与科普国际交流情况均由市级以上（含市级）填报单位的数据统计得出。

东部、中部和西部地区的划分：东部地区包括北京、天津、河北、辽宁、上海、江苏、浙江、福建、山东、广东和海南 11 个省和直辖市；中部地区包括山西、吉林、黑龙江、安徽、江西、河南、湖北和湖南 8 个省；西部地区包括内蒙古、广西、重庆、四川、贵州、云南、西藏、陕西、甘肃、青海、宁夏和新疆 12 个省、自治区和直辖市。

附表 9-1 2011 年各省科普人员

单位：人

Appendix table 9-1: S&T popularization personnel by region in 2011

Unit: person

地 区 Region	科普专职人员 Full time S&T popularization personnel		
	人员总数 Total	中级职称及以上或大学本科及以上学历人员 With title of medium-rank or above /with college graduate or above	女性 Female
全 国 National Total	224162	127221	81659
东 部 Eastern	70217	42913	27489
中 部 Middle	83163	47103	29488
西 部 Western	70782	37205	24682
北 京 Beijing	6147	4193	3168
天 津 Tianjin	3095	2228	1379
河 北 Hebei	5689	3239	2481
山 西 Shanxi	11532	5399	4586
内蒙古 Inner Mongolia	9221	5429	3297
辽 宁 Liaoning	6461	4052	2586
吉 林 Jilin	6652	3598	2475
黑龙江 Heilongjiang	3534	2447	1666
上 海 Shanghai	5958	3767	2620
江 苏 Jiangsu	11735	7513	4345
浙 江 Zhejiang	7035	4648	2671
安 徽 Anhui	12108	7719	4732
福 建 Fujian	3040	1856	1098
江 西 Jiangxi	6287	3342	2044
山 东 Shandong	8589	5365	2851
河 南 Henan	15828	8444	5995
湖 北 Hubei	14818	9567	4121
湖 南 Hunan	12404	6587	3869
广 东 Guangdong	10134	5041	3555
广 西 Guangxi	5304	2984	1853
海 南 Hainan	2334	1011	735
重 庆 Chongqing	3033	1872	985
四 川 Sichuan	13091	7096	4498
贵 州 Guizhou	3092	1552	1214
云 南 Yunnan	9912	5151	3277
西 藏 Tibet	1566	334	322
陕 西 Shaanxi	13625	6776	4757
甘 肃 Gansu	3425	1867	1163
青 海 Qinghai	1115	633	455
宁 夏 Ningxia	698	415	260
新 疆 Xinjiang	6700	3096	2601

附表 9-1　续表　　　Continued

地区 Region	科普专职人员 Full time S&T popularization personnel		
	农村科普人员 Rural S&T popularization personnel	管理人员 S&T popularization administrators	科普创作人员 S&T popularization creators
全　国 Total	80748	54830	11191
东　部 Eastern	18793	17416	5225
中　部 Middle	33801	22285	3287
西　部 Western	28154	15129	2679
北　京 Beijing	521	1330	1090
天　津 Tianjin	510	1171	179
河　北 Hebei	1636	1649	344
山　西 Shanxi	4114	2632	342
内蒙古 Inner Mongolia	3618	1924	414
辽　宁 Liaoning	1383	1790	615
吉　林 Jilin	3145	1341	197
黑龙江 Heilongjiang	980	1218	188
上　海 Shanghai	742	1630	979
江　苏 Jiangsu	3827	2433	543
浙　江 Zhejiang	2717	1174	322
安　徽 Anhui	5383	5787	351
福　建 Fujian	629	886	124
江　西 Jiangxi	2136	1525	300
山　东 Shandong	2865	2307	320
河　南 Henan	6196	3895	627
湖　北 Hubei	6892	3039	706
湖　南 Hunan	4955	2848	576
广　东 Guangdong	2906	2593	601
广　西 Guangxi	2201	1282	234
海　南 Hainan	1057	453	108
重　庆 Chongqing	905	764	189
四　川 Sichuan	5422	2782	383
贵　州 Guizhou	1133	837	91
云　南 Yunnan	3707	2260	401
西　藏 Tibet	664	231	16
陕　西 Shaanxi	6741	2346	488
甘　肃 Gansu	922	1060	109
青　海 Qinghai	183	248	60
宁　夏 Ningxia	131	205	47
新　疆 Xinjiang	2527	1190	247

附表 9-1　续表　　　　Continued

地　区 Region	科普兼职人员 Part time S&T popularization personnel		
	人员总数 Total	年度实际投入工作量/人月 Annual actual workload (person-month)	中级职称及以上或大学本科及以上学历人员 With title of medium-rank or above /with college graduate or above
全　国 Total	1718676	2699239	814707
东　部 Eastern	695248	1007567	346582
中　部 Middle	501564	923366	236152
西　部 Western	521864	768306	231973
北　京 Beijing	32196	48630	20707
天　津 Tianjin	38009	61529	20836
河　北 Hebei	39367	69871	22275
山　西 Shanxi	61738	67901	24136
内蒙古 Inner Mongolia	58005	81296	26518
辽　宁 Liaoning	75682	120252	39916
吉　林 Jilin	30453	43854	13782
黑龙江 Heilongjiang	27179	51770	16515
上　海 Shanghai	36684	60847	18438
江　苏 Jiangsu	124679	182243	68691
浙　江 Zhejiang	110296	136183	44975
安　徽 Anhui	79538	271080	48137
福　建 Fujian	93027	105772	40892
江　西 Jiangxi	48081	81783	21053
山　东 Shandong	63690	103082	30946
河　南 Henan	104064	177568	48219
湖　北 Hubei	72393	108133	34397
湖　南 Hunan	78118	121277	29913
广　东 Guangdong	71789	106982	34748
广　西 Guangxi	40135	58354	17473
海　南 Hainan	9829	12176	4158
重　庆 Chongqing	29748	52587	14863
四　川 Sichuan	94018	161392	41555
贵　州 Guizhou	44916	58985	17486
云　南 Yunnan	85231	115679	35838
西　藏 Tibet	4298	2904	986
陕　西 Shaanxi	74896	94382	35036
甘　肃 Gansu	42835	73603	17893
青　海 Qinghai	10411	10688	5578
宁　夏 Ningxia	8702	12643	5040
新　疆 Xinjiang	28669	45793	13707

附表 9-1 续表 Continued

地区 Region		科普兼职人员 Part time S&T popularization personnel		注册科普志愿者 Registered S&T popularization volunteers
		女性 Female	农村科普人员 Rural S&T popularization personnel	
全　国	Total	641208	630441	2455489
东　部	Eastern	265494	212567	1069404
中　部	Middle	186709	216529	980608
西　部	Western	189005	201345	405477
北　京	Beijing	17252	4279	11652
天　津	Tianjin	15734	8790	186043
河　北	Hebei	17784	12445	51607
山　西	Shanxi	25402	26962	49736
内蒙古	Inner Mongolia	22660	22181	52187
辽　宁	Liaoning	32523	25639	68004
吉　林	Jilin	10494	16505	48222
黑龙江	Heilongjiang	11279	9915	45843
上　海	Shanghai	17142	3437	79261
江　苏	Jiangsu	45877	40299	272616
浙　江	Zhejiang	40421	30878	82641
安　徽	Anhui	35400	43647	394712
福　建	Fujian	27588	31736	45802
江　西	Jiangxi	15337	17819	9295
山　东	Shandong	22132	29432	126724
河　南	Henan	39333	39394	58605
湖　北	Hubei	24860	30100	98144
湖　南	Hunan	24604	32187	276051
广　东	Guangdong	25592	22482	137555
广　西	Guangxi	16496	15470	19706
海　南	Hainan	3449	3150	7499
重　庆	Chongqing	9674	12461	16982
四　川	Sichuan	31671	38621	112391
贵　州	Guizhou	15154	17087	31498
云　南	Yunnan	32316	32105	46019
西　藏	Tibet	822	1752	986
陕　西	Shaanxi	27291	28939	49186
甘　肃	Gansu	13563	16607	54967
青　海	Qinghai	3683	2191	5489
宁　夏	Ningxia	3166	3014	7960
新　疆	Xinjiang	12509	10917	8106

附表 9-2　2011 年各省科普场地

Appendix table 9-2: S&T popularization venues and facilities by region in 2011

地　区 Region	科技馆/个 S&T museums	建筑面积/米 ^{2} Construction area (m^2)	展厅面积/米 ^{2} Exhibition area (m^2)	当年参观人数/人次 Visitors
全　国 Total	357	2343688	1020953	33743663
东　部 Eastern	179	1390091	636290	21359231
中　部 Middle	121	487841	205892	6282050
西　部 Western	57	465756	178771	6102382
北　京 Beijing	19	167299	82638	4145742
天　津 Tianjin	1	21000	10000	410000
河　北 Hebei	11	72767	35878	470600
山　西 Shanxi	4	19570	4700	237000
内蒙古 Inner Mongolia	8	39300	6975	137521
辽　宁 Liaoning	17	131395	42074	569982
吉　林 Jilin	13	33497	6650	87900
黑龙江 Heilongjiang	8	51258	31608	955000
上　海 Shanghai	26	177235	99500	4689510
江　苏 Jiangsu	9	126290	61413	997600
浙　江 Zhejiang	20	96382	30638	1044120
安　徽 Anhui	13	69237	40100	1342320
福　建 Fujian	13	84087	42323	789300
江　西 Jiangxi	6	35630	19122	403400
山　东 Shandong	26	154760	81370	4171500
河　南 Henan	9	49997	19494	509900
湖　北 Hubei	61	182390	61840	2082830
湖　南 Hunan	7	46262	22378	663700
广　东 Guangdong	27	307287	119367	3304677
广　西 Guangxi	3	47388	15200	848800
海　南 Hainan	10	51589	31089	766200
重　庆 Chongqing	4	70491	25100	1140000
四　川 Sichuan	8	51786	30078	1252174
贵　州 Guizhou	3	21105	8000	298070
云　南 Yunnan	5	22153	9392	1064285
西　藏 Tibet	0	0	0	0
陕　西 Shaanxi	5	41958	14720	290228
甘　肃 Gansu	10	19768	7617	99504
青　海 Qinghai	2	53179	15600	65000
宁　夏 Ningxia	2	38464	20701	198000
新　疆 Xinjiang	7	60164	25388	708800

附表 9-2　续表　　　　　Continued

地　区 Region	科学技术类博物馆/个 S&T related museums	建筑面积/米 2 Construction area (m^2)	展厅面积/米 2 Exhibition area (m^2)	当年参观人数/人次 Visitors	青少年科技馆站/个 Teenage S&T museums
全　国 Total	619	4070430	1929707	73181037	705
东　部 Eastern	390	2666675	1246415	50461104	288
中　部 Middle	102	507096	286643	8653535	189
西　部 Western	127	896659	396649	14066398	228
北　京 Beijing	55	642507	231753	5858271	17
天　津 Tianjin	13	254810	122656	7268855	9
河　北 Hebei	16	108981	44162	1762551	23
山　西 Shanxi	5	20168	10571	201200	18
内蒙古 Inner Mongolia	10	46100	22109	441650	23
辽　宁 Liaoning	39	364179	165732	6463802	52
吉　林 Jilin	10	28360	14125	468000	17
黑龙江 Heilongjiang	18	196748	92585	1640453	10
上　海 Shanghai	125	559986	353133	9246291	23
江　苏 Jiangsu	34	194061	97668	3025780	45
浙　江 Zhejiang	33	208816	91623	8791834	29
安　徽 Anhui	13	88800	82000	1049210	20
福　建 Fujian	20	52717	24156	1705200	20
江　西 Jiangxi	14	45802	24931	1916000	20
山　东 Shandong	17	97993	42167	2246860	22
河　南 Henan	11	25189	14419	1784068	25
湖　北 Hubei	22	57175	30932	768100	45
湖　南 Hunan	9	44854	17080	826504	34
广　东 Guangdong	37	181772	72765	4078160	40
广　西 Guangxi	11	145396	45752	1621661	20
海　南 Hainan	1	853	600	13500	8
重　庆 Chongqing	8	136591	70432	2188448	14
四　川 Sichuan	18	150416	51588	1857308	35
贵　州 Guizhou	8	21212	12938	511000	13
云　南 Yunnan	25	152518	78525	5035044	34
西　藏 Tibet	1	810	540	1500	2
陕　西 Shaanxi	13	103462	46661	1163100	27
甘　肃 Gansu	10	34515	19760	228101	17
青　海 Qinghai	6	31055	11365	467000	13
宁　夏 Ningxia	5	15319	6629	136836	6
新　疆 Xinjiang	12	59265	30350	414750	24

附表 9-2　续表　　　　　Continued

地　区 Region	城市社区科普（技）专用活动室/个 Urban community S&T popularization rooms	农村科普（技）活动场地/个 Rural S&T popularization sites	科普宣传专用车/辆 S&T popularization vehicles	科普画廊/个 S&T popularization galleries
全　国 Total	77486	417581	1897	222974
东　部 Eastern	37715	176144	758	117802
中　部 Middle	23662	140349	428	67547
西　部 Western	16109	101088	711	37625
北　京 Beijing	1148	1964	102	4273
天　津 Tianjin	2482	4200	240	3669
河　北 Hebei	2730	25044	53	8925
山　西 Shanxi	2190	19448	43	7086
内蒙古 Inner Mongolia	2054	8274	96	2908
辽　宁 Liaoning	6321	16927	47	9849
吉　林 Jilin	1162	8761	27	2887
黑龙江 Heilongjiang	2183	6048	31	2304
上　海 Shanghai	3015	1257	51	5642
江　苏 Jiangsu	5691	18060	45	26418
浙　江 Zhejiang	3667	21833	39	14581
安　徽 Anhui	3809	25084	46	17934
福　建 Fujian	1898	8839	34	9864
江　西 Jiangxi	1972	10352	66	6262
山　东 Shandong	6137	61372	42	16472
河　南 Henan	3582	29062	85	13138
湖　北 Hubei	5028	26462	91	7561
湖　南 Hunan	3736	15132	39	10375
广　东 Guangdong	4302	14563	92	16970
广　西 Guangxi	1540	12447	62	5556
海　南 Hainan	324	2085	13	1139
重　庆 Chongqing	1163	4745	147	3430
四　川 Sichuan	3475	22847	67	8366
贵　州 Guizhou	757	4965	25	1955
云　南 Yunnan	1473	14451	49	5892
西　藏 Tibet	62	829	8	68
陕　西 Shaanxi	2348	11244	59	2525
甘　肃 Gansu	1228	10959	26	3568
青　海 Qinghai	211	966	33	831
宁　夏 Ningxia	560	2872	31	530
新　疆 Xinjiang	1238	6489	108	1996

附表 9-3　2011 年各省科普经费　单位：万元

Appendix table 9-3: S&T popularization funds by region in 2011　Unit: 10000 yuan

地　区 Region	年度科普经费筹集额 Annual funding for S&T popularization	政府拨款 Government funds	科普专项经费 Special funds	捐赠 Donates	自筹资金 Self-raised funds	其他收入 Others
全　国 Total	1052977	725878	382289	8398	256493	62231
东　部 Eastern	639127	420469	236246	4397	173677	40584
中　部 Middle	181714	134572	67622	2303	34949	9889
西　部 Western	232136	170837	78420	1698	47866	11758
北　京 Beijing	202819	116439	69337	1898	69217	15265
天　津 Tianjin	18038	11618	4519	10	5903	506
河　北 Hebei	18564	9953	4924	160	7651	800
山　西 Shanxi	15471	12807	6230	41	2337	285
内蒙古 Inner Mongolia	16879	13609	6213	102	2682	482
辽　宁 Liaoning	29637	20351	12627	210	6919	2156
吉　林 Jilin	7673	4860	2601	45	2229	540
黑龙江 Heilongjiang	9790	7252	2846	67	2068	404
上　海 Shanghai	90395	53487	34529	860	31384	4664
江　苏 Jiangsu	84824	58172	28382	557	20429	5666
浙　江 Zhejiang	63714	49119	27519	273	10695	3627
安　徽 Anhui	26810	19880	11033	444	3871	2615
福　建 Fujian	29630	24238	14612	151	3828	1413
江　西 Jiangxi	21974	15568	6819	212	4826	1369
山　东 Shandong	30915	26326	9365	72	3826	691
河　南 Henan	27203	20836	8993	194	4966	1207
湖　北 Hubei	42161	30816	19795	912	7961	2472
湖　南 Hunan	30632	22554	9305	389	6693	997
广　东 Guangdong	63827	46761	28847	159	11390	5518
广　西 Guangxi	20422	14818	8476	65	4286	1254
海　南 Hainan	6765	4006	1588	47	2435	277
重　庆 Chongqing	27197	17785	11421	299	7808	1305
四　川 Sichuan	34206	23004	11196	160	9597	1445
贵　州 Guizhou	30626	24218	7206	234	3320	2853
云　南 Yunnan	42464	32282	14547	159	8148	1877
西　藏 Tibet	1043	842	403	40	78	83
陕　西 Shaanxi	22048	14920	6652	301	5711	1116
甘　肃 Gansu	4324	2928	1166	55	1230	137
青　海 Qinghai	5518	4119	2298	10	1232	157
宁　夏 Ningxia	9229	8614	1230	6	558	52
新　疆 Xinjiang	18180	13699	7611	267	3217	998

附表 9-3　续表　　　　Continued

地　区 Region	科技活动周经费筹集额 Funding for S&T week	政府拨款 Government funds	企业赞助 Corporate donates	年度科普经费使用额 Annual expenditure	行政支出 Administrative expenditure	科普活动支出 Activities expenditure
全　国 Total	43643	31111	4343	1063056	168471	589445
东　部 Eastern	21380	16175	1625	641599	90281	343311
中　部 Middle	10118	6394	1896	190658	35613	110147
西　部 Western	12145	8543	822	230799	42577	135987
北　京 Beijing	1113	974	23	190188	22997	80179
天　津 Tianjin	769	396	91	17458	3622	12490
河　北 Hebei	1073	753	169	18590	2345	11018
山　西 Shanxi	927	651	130	15966	3822	9165
内蒙古 Inner Mongolia	859	517	246	18260	3525	10038
辽　宁 Liaoning	1709	1343	133	29334	4213	19356
吉　林 Jilin	285	189	53	8056	1439	4986
黑龙江 Heilongjiang	309	191	49	9608	3250	5274
上　海 Shanghai	3171	2705	127	89210	5675	53973
江　苏 Jiangsu	4380	3109	498	90260	14321	46222
浙　江 Zhejiang	3354	2559	175	66047	13769	38693
安　徽 Anhui	1814	1002	784	36719	5031	16906
福　建 Fujian	1243	795	118	32747	6451	18414
江　西 Jiangxi	744	502	67	20983	4095	11562
山　东 Shandong	1180	927	127	35096	4886	16048
河　南 Henan	1467	1059	146	27433	4663	17583
湖　北 Hubei	2415	1407	308	42402	7806	27167
湖　南 Hunan	2157	1393	360	29491	5506	17502
广　东 Guangdong	2822	2183	111	64403	11152	43277
广　西 Guangxi	1467	1197	34	20837	3300	12929
海　南 Hainan	567	431	52	8267	850	3641
重　庆 Chongqing	1258	908	38	27068	4240	15141
四　川 Sichuan	2050	1342	141	32769	6967	19711
贵　州 Guizhou	1148	933	55	29832	10549	14794
云　南 Yunnan	1758	1333	96	41377	5664	29127
西　藏 Tibet	113	97	0	1006	76	622
陕　西 Shaanxi	1354	981	82	22300	4074	14031
甘　肃 Gansu	637	385	73	4413	745	2978
青　海 Qinghai	139	113	2	5748	1437	3315
宁　夏 Ningxia	216	164	0	9203	477	2303
新　疆 Xinjiang	1146	572	55	17986	1523	10997

附表 9-3 续表 Continued

地 区 Region	年度科普经费使用额 Annual expenditure				
	科普场馆基建支出 Infrastructure expenditures	政府拨款支出 Government expenditures	场馆建设支出 Venue construction expenditures	展品、设施支出 Exhibits & facilities expenditures	其他支出 Others
全 国 Total	219740	81218	113588	73917	85415
东 部 Eastern	144785	50169	75729	52302	63235
中 部 Middle	36679	18458	18368	10000	8221
西 部 Western	38275	12591	19490	11615	13960
北 京 Beijing	44807	19039	26504	17491	42198
天 津 Tianjin	1045	35	214	681	301
河 北 Hebei	4550	998	1488	1255	676
山 西 Shanxi	2298	1424	1360	595	682
内蒙古 Inner Mongolia	4256	2026	1626	1281	445
辽 宁 Liaoning	4098	1945	1277	1502	1669
吉 林 Jilin	1259	173	915	456	371
黑龙江 Heilongjiang	891	266	337	433	193
上 海 Shanghai	27321	9182	16269	9199	2241
江 苏 Jiangsu	23589	7585	11280	8733	6148
浙 江 Zhejiang	10577	3239	4093	4553	3008
安 徽 Anhui	13851	11222	9449	3074	931
福 建 Fujian	6328	2760	3801	1625	1553
江 西 Jiangxi	4395	170	1591	962	931
山 东 Shandong	13063	1512	6682	3442	1098
河 南 Henan	4445	2031	1825	1463	742
湖 北 Hubei	4768	495	1827	1576	2661
湖 南 Hunan	4772	2676	1065	1443	1710
广 东 Guangdong	6576	3306	3543	2883	3398
广 西 Guangxi	3336	1635	1462	1824	1274
海 南 Hainan	2832	567	578	938	944
重 庆 Chongqing	6016	746	4032	1693	1666
四 川 Sichuan	3894	1465	2227	873	2196
贵 州 Guizhou	1538	659	1067	428	2951
云 南 Yunnan	4455	2020	2457	974	2131
西 藏 Tibet	177	34	65	78	131
陕 西 Shaanxi	3030	1892	858	380	1165
甘 肃 Gansu	506	12	227	226	184
青 海 Qinghai	922	225	0	433	73
宁 夏 Ningxia	6378	3	4567	1817	45
新 疆 Xinjiang	3768	1874	902	1608	1699

附表 9-4 2011 年各省科普传媒

Appendix table 9-4: S&T popularization media by region in 2011

地 区 Region	科普图书 Popular science books		科普期刊 Popular science journals	
	出版种数/种 Types of publications	出版总册数/册 Total copies	出版种数/种 Types of publications	出版总册数/册 Total copies
全 国 Total	7695	56956548	892	157224217
东 部 Eastern	6010	42814738	523	104524196
中 部 Middle	840	6192210	124	10557688
西 部 Western	845	7949600	245	42142333
北 京 Beijing	2830	13080914	80	30417370
天 津 Tianjin	71	351980	29	1596200
河 北 Hebei	57	480500	32	1291400
山 西 Shanxi	362	2378100	9	2158800
内蒙古 Inner Mongolia	110	806430	13	161400
辽 宁 Liaoning	59	782300	16	356400
吉 林 Jilin	128	359090	12	67882
黑龙江 Heilongjiang	61	378300	18	343600
上 海 Shanghai	897	7017706	78	21914960
江 苏 Jiangsu	527	8822520	53	11707400
浙 江 Zhejiang	958	8418338	129	6913800
安 徽 Anhui	15	305200	9	73600
福 建 Fujian	79	364169	22	3299900
江 西 Jiangxi	45	1262328	8	6049500
山 东 Shandong	97	444800	23	635700
河 南 Henan	55	578600	13	792000
湖 北 Hubei	108	642700	36	894136
湖 南 Hunan	66	287892	19	178170
广 东 Guangdong	175	2142960	40	24310366
广 西 Guangxi	86	863200	19	3745580
海 南 Hainan	260	908551	21	2080700
重 庆 Chongqing	79	1436600	46	31983946
四 川 Sichuan	59	321000	28	2961502
贵 州 Guizhou	10	85830	14	90300
云 南 Yunnan	127	1292200	13	1164605
西 藏 Tibet	27	509000	10	619000
陕 西 Shaanxi	81	780320	26	286300
甘 肃 Gansu	59	631000	18	100200
青 海 Qinghai	43	72300	19	112600
宁 夏 Ningxia	19	267000	9	74000
新 疆 Xinjiang	145	884720	30	842900

附表 9-4　续表　　　　Continued

地　区 Region	科普（技）音像制品 Popularization audio and video products			科技类报纸年发行总份数/份 S&T newspaper printed copies
	出版种数/种 Types of publications	光盘发行总量/张 Total CD copies released	录音、录像带发行总量/盒 Total copies of audio and video publications	
全　国 Total	5324	14887725	686565	411055690
东　部 Eastern	2360	6860306	234240	228131205
中　部 Middle	1670	6625256	320156	128150730
西　部 Western	1294	1402163	132169	54773755
北　京 Beijing	830	3570649	1220	50878867
天　津 Tianjin	5	31820	0	2431960
河　北 Hebei	106	187317	3269	30844143
山　西 Shanxi	323	105139	17215	30115668
内蒙古 Inner Mongolia	128	113268	14521	2653909
辽　宁 Liaoning	331	308404	76034	12781541
吉　林 Jilin	94	321552	41024	188805
黑龙江 Heilongjiang	68	197039	7270	3385045
上　海 Shanghai	70	335700	3620	18754026
江　苏 Jiangsu	224	474396	55660	29724526
浙　江 Zhejiang	176	245918	23306	52124418
安　徽 Anhui	324	290915	69702	25288172
福　建 Fujian	91	158984	12388	6729959
江　西 Jiangxi	187	3209723	61809	32408688
山　东 Shandong	234	287646	46940	1491342
河　南 Henan	107	1718677	8406	18540344
湖　北 Hubei	307	568820	52308	15168625
湖　南 Hunan	260	213391	62422	3055383
广　东 Guangdong	156	1101493	4739	22303853
广　西 Guangxi	154	96320	1612	6237592
海　南 Hainan	137	157979	7064	66570
重　庆 Chongqing	37	126986	1207	30124420
四　川 Sichuan	143	343369	83942	4607945
贵　州 Guizhou	2	22000	0	317017
云　南 Yunnan	192	148362	4115	4870530
西　藏 Tibet	40	119610	370	9528
陕　西 Shaanxi	159	132910	10901	904967
甘　肃 Gansu	205	75146	9119	926840
青　海 Qinghai	13	50274	202	3157253
宁　夏 Ningxia	14	22896	30	780766
新　疆 Xinjiang	207	151022	6150	182988

附表 9-4　续表　　　　Continued

地　区 Region	电视台播出科普（技）节目时间/小时 Broadcasting time of popular science programs on TV (h)	电台播出科普（技）节目时间/小时 Broadcasting time of popular science programs on radio (h)	科普网站数/个 S&T popularization websites (unit)	发放科普读物和资料/份 Number of S&T popularization books and materials
全　国 Total	187571	163658	2137	871403726
东　部 Eastern	70618	75163	1124	352279548
中　部 Middle	51290	47862	470	205956166
西　部 Western	65663	40633	543	313168012
北　京 Beijing	4575	11606	202	38161904
天　津 Tianjin	6840	496	89	16301262
河　北 Hebei	15953	9563	61	37602825
山　西 Shanxi	3621	2551	31	26289452
内蒙古 Inner Mongolia	4214	3577	61	17615909
辽　宁 Liaoning	14120	16422	91	28771670
吉　林 Jilin	2784	4613	33	13125662
黑龙江 Heilongjiang	3866	3684	39	11928816
上　海 Shanghai	3681	2018	103	29816427
江　苏 Jiangsu	4431	5258	133	69343412
浙　江 Zhejiang	6162	7430	97	36217346
安　徽 Anhui	1790	3438	69	42567444
福　建 Fujian	5085	5668	69	22621215
江　西 Jiangxi	5307	4619	49	18899959
山　东 Shandong	6626	8404	76	17635799
河　南 Henan	12533	11245	74	24187554
湖　北 Hubei	14315	9815	105	37241479
湖　南 Hunan	7074	7897	70	31715800
广　东 Guangdong	2661	8030	176	46149612
广　西 Guangxi	9425	4953	33	33972101
海　南 Hainan	484	268	27	9658076
重　庆 Chongqing	1024	554	21	34591215
四　川 Sichuan	12741	10081	68	54847782
贵　州 Guizhou	5307	1038	23	25925227
云　南 Yunnan	3286	2690	72	58679558
西　藏 Tibet	200	180	8	600014
陕　西 Shaanxi	9693	4116	92	27850590
甘　肃 Gansu	8898	5556	51	20222488
青　海 Qinghai	884	659	28	8541447
宁　夏 Ningxia	419	110	19	6727014
新　疆 Xinjiang	9572	7119	67	23594667

附表 9-5　2011 年各省科普活动

Appendix table 9-5: S&T popularization activities by region in 2011

地区 Region	科普（技）讲座 S&T popularization lectures		科普（技）展览 S&T popularization exhibitions	
	举办次数/次 Number of lectures held	参加人数/人次 Number of participants	专题展览次数/次 Number of exhibitions held	参观人数/人次 Number of participants
全　国 Total	832215	179062851	136174	223940079
东　部 Eastern	412516	74019250	57933	109216871
中　部 Middle	198801	46410975	36019	46760160
西　部 Western	220898	58632626	42222	67963048
北　京 Beijing	51769	11042766	2937	22438513
天　津 Tianjin	34504	4619661	9176	4610171
河　北 Hebei	30112	7007137	4020	7008615
山　西 Shanxi	15777	3731851	3117	3215322
内蒙古 Inner Mongolia	16534	3854418	3040	3390806
辽　宁 Liaoning	42483	7583619	5540	9834383
吉　林 Jilin	15492	2846890	1207	1307678
黑龙江 Heilongjiang	24681	4774182	2892	2007067
上　海 Shanghai	52299	6552130	3550	13267486
江　苏 Jiangsu	79323	13150030	8986	16507138
浙　江 Zhejiang	41463	7271603	7233	10279392
安　徽 Anhui	17045	3750797	5737	7579119
福　建 Fujian	19493	4266287	5355	5910042
江　西 Jiangxi	17045	4053164	4199	6708379
山　东 Shandong	23194	4997086	4119	4276067
河　南 Henan	42957	11217344	7966	8334702
湖　北 Hubei	39825	11268945	6649	11040021
湖　南 Hunan	25979	4767802	4252	6567872
广　东 Guangdong	33455	6767369	5999	14073815
广　西 Guangxi	18305	4477581	4207	5102623
海　南 Hainan	4421	761562	1018	1011249
重　庆 Chongqing	11412	4718796	2476	9051131
四　川 Sichuan	35236	8367604	5584	15745645
贵　州 Guizhou	10442	1827309	2493	2428721
云　南 Yunnan	35175	8193264	6698	11219585
西　藏 Tibet	862	254099	395	187347
陕　西 Shaanxi	29587	13802685	5146	6710568
甘　肃 Gansu	21478	3967725	4304	4868742
青　海 Qinghai	5966	983169	1275	2388017
宁　夏 Ningxia	3862	733747	828	1412257
新　疆 Xinjiang	32039	7452229	5776	5457606

附表 9-5　续表　　　　Continued

地区　Region	科普（技）竞赛 S&T popularization competitions		科普国际交流 International S&T popularization exchanges	
	举办次数/次 Number of competitions held	参加人数/人次 Number of participants	举办次数/次 Number of exchanges held	参加人数/人次 Number of participants
全　国　Total	53443	139778398	2842	420932
东　部　Eastern	29432	106802532	1669	199676
中　部　Middle	11151	11660375	319	104041
西　部　Western	12860	21315491	854	117215
北　京　Beijing	3311	83127245	318	35594
天　津　Tianjin	5553	2160940	299	24521
河　北　Hebei	1677	1616212	15	5370
山　西　Shanxi	549	385659	31	6143
内蒙古　Inner Mongolia	1030	379047	82	1698
辽　宁　Liaoning	2156	3120443	94	17464
吉　林　Jilin	432	207588	15	419
黑龙江　Heilongjiang	1030	304967	58	5121
上　海　Shanghai	3828	3021366	344	41195
江　苏　Jiangsu	4838	5042406	273	22644
浙　江　Zhejiang	2849	3184076	73	36765
安　徽　Anhui	2071	1158182	57	36518
福　建　Fujian	1634	1472982	47	2745
江　西　Jiangxi	1506	1039548	26	40892
山　东　Shandong	1398	1704515	27	1568
河　南　Henan	1717	2621523	41	9283
湖　北　Hubei	2184	3232831	43	4401
湖　南　Hunan	1662	2710077	48	1264
广　东　Guangdong	1819	2245788	123	9164
广　西　Guangxi	938	1932562	68	8964
海　南　Hainan	369	106559	56	2646
重　庆　Chongqing	873	6663322	92	71518
四　川　Sichuan	2465	3673471	277	2176
贵　州　Guizhou	1189	1357212	14	180
云　南　Yunnan	1272	1345409	82	6780
西　藏　Tibet	80	8213	9	843
陕　西　Shaanxi	1578	3489180	68	11522
甘　肃　Gansu	1670	984682	18	606
青　海　Qinghai	138	549745	52	440
宁　夏　Ningxia	225	335652	6	10265
新　疆　Xinjiang	1402	596996	86	2223

附表 9-5 续表 Continued

地区	Region	成立青少年科技兴趣小组 Teenage S&T interest groups		科技夏（冬）令营 Summer /winter science camps	
		兴趣小组数/个 Number of groups	参加人数/人次 Number of participants	举办次数/次 Number of camps held	参加人数/人次 Number of participants
全　国	Total	321463	23986753	14502	3935674
东　部	Eastern	140950	7587626	8289	2105812
中　部	Middle	100104	8042910	3688	1090541
西　部	Western	80409	8356217	2525	739321
北　京	Beijing	2398	165777	695	97192
天　津	Tianjin	18608	755085	342	66759
河　北	Hebei	12418	874575	278	106911
山　西	Shanxi	6362	322622	106	32585
内蒙古	Inner Mongolia	4469	344921	430	80276
辽　宁	Liaoning	23556	906764	846	410589
吉　林	Jilin	3670	385516	751	91763
黑龙江	Heilongjiang	5851	181454	152	56134
上　海	Shanghai	6310	447611	1281	294283
江　苏	Jiangsu	19570	1183256	1926	321912
浙　江	Zhejiang	9718	659318	841	264335
安　徽	Anhui	8300	887021	799	242656
福　建	Fujian	9866	572185	762	132551
江　西	Jiangxi	13296	1504548	474	114282
山　东	Shandong	20499	905163	690	124112
河　南	Henan	31608	1161648	588	237185
湖　北	Hubei	19841	2610265	368	147029
湖　南	Hunan	11176	989836	450	168907
广　东	Guangdong	16933	1043997	532	271543
广　西	Guangxi	12575	1616969	298	32956
海　南	Hainan	1074	73895	96	15625
重　庆	Chongqing	5031	447714	99	20043
四　川	Sichuan	24223	2197994	341	133254
贵　州	Guizhou	3215	178575	144	36795
云　南	Yunnan	9029	640218	320	174954
西　藏	Tibet	46	6186	11	788
陕　西	Shaanxi	6242	841281	303	117300
甘　肃	Gansu	9756	632472	116	45452
青　海	Qinghai	851	119652	31	5044
宁　夏	Ningxia	1219	96529	20	3993
新　疆	Xinjiang	3753	1233706	412	88466

附表 9-5　续表　　Continued

地区　Region	科技活动周 Science & technology week		科研机构、大学向社会开放 Scientific institutions and universities open to public	
	科普专题活动次数/次 Number of S&T week held	参加人数/人次 Number of participants	开放单位数/个 Number of open units	参观人数/人次 Number of participants
全　国 Total	112453	111298509	5386	7498746
东　部 Eastern	52865	57358255	2566	4212500
中　部 Middle	24077	21874483	1643	1302205
西　部 Western	35511	32065771	1177	1984041
北　京 Beijing	3871	5894138	262	93899
天　津 Tianjin	6705	2816256	171	162101
河　北 Hebei	5011	6801597	241	197669
山　西 Shanxi	1695	1290365	27	43890
内蒙古 Inner Mongolia	1904	1986323	44	15249
辽　宁 Liaoning	4963	3814854	378	307659
吉　林 Jilin	761	874651	238	69493
黑龙江 Heilongjiang	1890	1546699	311	55408
上　海 Shanghai	5055	5956179	57	149091
江　苏 Jiangsu	8364	16608198	520	678628
浙　江 Zhejiang	4555	4244296	173	124293
安　徽 Anhui	4178	2534189	239	503753
福　建 Fujian	5486	2958698	142	149529
江　西 Jiangxi	2909	2031553	47	48515
山　东 Shandong	2598	2931256	124	120980
河　南 Henan	4941	4820025	331	65608
湖　北 Hubei	4736	5741215	235	251608
湖　南 Hunan	2967	3035786	215	263930
广　东 Guangdong	4871	4768058	435	704745
广　西 Guangxi	4495	4500783	169	120385
海　南 Hainan	1386	564725	63	1523906
重　庆 Chongqing	2613	1916407	90	122177
四　川 Sichuan	6922	5832303	148	137417
贵　州 Guizhou	1670	1166776	74	98864
云　南 Yunnan	3997	3588458	176	579868
西　藏 Tibet	131	97487	8	4088
陕　西 Shaanxi	4224	4349157	149	520654
甘　肃 Gansu	2314	2262873	96	68670
青　海 Qinghai	935	2178773	74	18812
宁　夏 Ningxia	1062	740437	24	48637
新　疆 Xinjiang	5244	3445994	125	249220

附表 9-5　续表　　　　Continued

地区 Region	举办实用技术培训 Practical skill trainings		重大科普活动次数/次 Number of grand popularization activities
	举办次数/次 Number of trainings held	参加人数/人次 Number of participants	
全　国 Total	935405	124140718	30655
东　部 Eastern	274690	35299594	11226
中　部 Middle	187930	32438328	7422
西　部 Western	472785	56402796	12007
北　京 Beijing	26169	4037703	551
天　津 Tianjin	36726	2486184	690
河　北 Hebei	29132	5878982	1169
山　西 Shanxi	19551	2847591	700
内蒙古 Inner Mongolia	22272	3615905	876
辽　宁 Liaoning	36903	3796885	1632
吉　林 Jilin	28295	3911635	358
黑龙江 Heilongjiang	21760	3638272	797
上　海 Shanghai	9564	2645921	726
江　苏 Jiangsu	59026	7394207	2059
浙　江 Zhejiang	27084	2213942	1189
安　徽 Anhui	15681	1930625	878
福　建 Fujian	14115	2315546	763
江　西 Jiangxi	15896	1471723	568
山　东 Shandong	13803	2194613	1164
河　南 Henan	28403	5325313	1682
湖　北 Hubei	36216	10775454	1428
湖　南 Hunan	22128	2537715	1011
广　东 Guangdong	15658	1679446	1072
广　西 Guangxi	39597	3391747	801
海　南 Hainan	6510	656165	211
重　庆 Chongqing	10951	1329181	520
四　川 Sichuan	78161	11466467	2118
贵　州 Guizhou	17469	2035099	1157
云　南 Yunnan	146265	14619052	1290
西　藏 Tibet	810	439400	111
陕　西 Shaanxi	44585	5835028	1469
甘　肃 Gansu	32907	4912152	1560
青　海 Qinghai	8896	1018460	440
宁　夏 Ningxia	9486	759229	311
新　疆 Xinjiang	61386	6981076	1354

附录 10　2010 年全国科普统计分类数据统计表

各项统计数据均未包括香港特别行政区、澳门特别行政区和台湾地区的数据。

科普宣传专用车、科普图书、科普期刊、科普网站与科普国际交流情况均由市级以上（含市级）填报单位的数据统计得出。

东部、中部和西部地区的划分：东部地区包括北京、天津、河北、辽宁、上海、江苏、浙江、福建、山东、广东和海南 11 个省和直辖市；中部地区包括山西、吉林、黑龙江、安徽、江西、河南、湖北和湖南 8 个省；西部地区包括内蒙古、广西、重庆、四川、贵州、云南、西藏、陕西、甘肃、青海、宁夏和新疆 12 个省、自治区和直辖市。

附表 10-1　2010 年各省科普人员

单位：人

Appendix table 10-1: S&T popularization personnel by region in 2010　Unit: person

地　区 Region	科普专职人员 Full time S&T popularization personnel		
	人员总数 Total	中级职称及以上或大学本科及以上学历人员 With title of medium-rank or above /with college graduate or above	女性 Female
全　国 National Total	223413	122879	78011
东　部 Eastern	74826	44632	28124
中　部 Middle	80165	43567	26243
西　部 Western	68422	34680	23644
北　京 Beijing	6762	4618	3331
天　津 Tianjin	3242	2157	1265
河　北 Hebei	5648	3247	2464
山　西 Shanxi	10018	4818	4228
内蒙古 Inner Mongolia	7315	4181	2640
辽　宁 Liaoning	5858	3749	2269
吉　林 Jilin	6863	4040	2522
黑龙江 Heilongjiang	3417	2353	1345
上　海 Shanghai	5530	3273	2196
江　苏 Jiangsu	13560	8171	4968
浙　江 Zhejiang	7844	5028	2769
安　徽 Anhui	9849	4872	2321
福　建 Fujian	3886	2230	1195
江　西 Jiangxi	7971	3779	2362
山　东 Shandong	10064	6102	3329
河　南 Henan	15834	7785	5831
湖　北 Hubei	15777	10266	4382
湖　南 Hunan	10436	5654	3252
广　东 Guangdong	10555	5177	3722
广　西 Guangxi	6253	3386	1919
海　南 Hainan	1877	880	616
重　庆 Chongqing	3392	2086	1220
四　川 Sichuan	14554	7479	5272
贵　州 Guizhou	2941	1300	1019
云　南 Yunnan	8883	4249	2828
西　藏 Tibet	89	59	22
陕　西 Shaanxi	15611	7091	5168
甘　肃 Gansu	2095	1194	729
青　海 Qinghai	694	446	320
宁　夏 Ningxia	1587	892	559
新　疆 Xinjiang	5008	2317	1948

附表 10-1　续表　　　　　Continued

地区　Region		科普专职人员　Full time S&T popularization personnel		
		农村科普人员 Rural S&T popularization personnel	管理人员 S&T popularization administrators	科普创作人员 S&T popularization creators
全　国	Total	82324	49806	10981
东　部	Eastern	21369	18560	5790
中　部	Middle	32807	17432	2988
西　部	Western	28148	13814	2203
北　京	Beijing	646	1724	1514
天　津	Tianjin	853	975	274
河　北	Hebei	1735	1614	364
山　西	Shanxi	3737	2300	292
内蒙古	Inner Mongolia	3167	1355	249
辽　宁	Liaoning	1197	1567	578
吉　林	Jilin	2159	1102	258
黑龙江	Heilongjiang	958	961	178
上　海	Shanghai	652	1486	848
江　苏	Jiangsu	4910	2837	624
浙　江	Zhejiang	2866	1485	292
安　徽	Anhui	5218	2039	317
福　建	Fujian	1299	977	162
江　西	Jiangxi	3710	1730	279
山　东	Shandong	3313	2818	490
河　南	Henan	6379	3534	448
湖　北	Hubei	6787	3101	795
湖　南	Hunan	3859	2665	421
广　东	Guangdong	3146	2675	565
广　西	Guangxi	2773	1437	242
海　南	Hainan	752	402	79
重　庆	Chongqing	965	693	147
四　川	Sichuan	6961	2707	334
贵　州	Guizhou	885	755	87
云　南	Yunnan	3330	2051	382
西　藏	Tibet	34	25	7
陕　西	Shaanxi	6835	2604	322
甘　肃	Gansu	460	689	88
青　海	Qinghai	90	185	50
宁　夏	Ningxia	915	263	44
新　疆	Xinjiang	1733	1050	251

附表 10-1　续表　　　　Continued

地　区 Region	科普兼职人员　Part time S&T popularization personnel		
	人员总数 Total	年度实际投入工作量/人月 Annual actual workload (person-month)	中级职称及以上或大学本科及以上学历人员 With title of medium-rank or above /with college graduate or above
全　国 Total	1528016	2470213	717428
东　部 Eastern	662679	1035888	330598
中　部 Middle	456441	787319	204407
西　部 Western	408896	647006	182423
北　京 Beijing	37817	57160	22193
天　津 Tianjin	40238	73305	22564
河　北 Hebei	30983	43796	17189
山　西 Shanxi	44562	52624	16959
内蒙古 Inner Mongolia	43893	65799	20144
辽　宁 Liaoning	69082	108805	38328
吉　林 Jilin	24231	28423	10776
黑龙江 Heilongjiang	27942	52767	15597
上　海 Shanghai	36125	54979	17792
江　苏 Jiangsu	113697	200677	58438
浙　江 Zhejiang	94802	152032	50583
安　徽 Anhui	74733	133945	34441
福　建 Fujian	86630	95736	36994
江　西 Jiangxi	47725	88472	19695
山　东 Shandong	71405	115151	31083
河　南 Henan	97013	170164	43659
湖　北 Hubei	73029	143864	35999
湖　南 Hunan	67206	117060	27281
广　东 Guangdong	71194	112237	31998
广　西 Guangxi	34973	57298	16583
海　南 Hainan	10706	22010	3436
重　庆 Chongqing	25210	41693	13868
四　川 Sichuan	84481	133181	32412
贵　州 Guizhou	39584	63294	16540
云　南 Yunnan	66390	104539	30095
西　藏 Tibet	750	572	392
陕　西 Shaanxi	56858	87049	24335
甘　肃 Gansu	14117	23830	7556
青　海 Qinghai	6208	8538	3591
宁　夏 Ningxia	8838	17337	4857
新　疆 Xinjiang	27594	43876	12050

附表 10-1 续表 Continued

地区 Region	科普兼职人员 Part time S&T popularization personnel		注册科普志愿者 Registered S&T popularization volunteers
	女性 Female	农村科普人员 Rural S&T popularization personnel	
全 国 Total	558961	568559	2388531
东 部 Eastern	244066	218311	1367285
中 部 Middle	162063	185142	537263
西 部 Western	152832	165106	483983
北 京 Beijing	19450	5196	7414
天 津 Tianjin	17327	11084	188050
河 北 Hebei	13508	9020	43857
山 西 Shanxi	17505	19383	33701
内蒙古 Inner Mongolia	17810	16904	27329
辽 宁 Liaoning	30726	22014	56101
吉 林 Jilin	10581	11076	17487
黑龙江 Heilongjiang	10682	9976	43638
上 海 Shanghai	16057	3921	78867
江 苏 Jiangsu	38272	39368	168960
浙 江 Zhejiang	34430	31219	81722
安 徽 Anhui	25858	31316	48453
福 建 Fujian	22809	33975	32242
江 西 Jiangxi	13936	18688	19832
山 东 Shandong	23501	34615	120950
河 南 Henan	35951	35093	67711
湖 北 Hubei	26604	29827	100509
湖 南 Hunan	20946	29783	205932
广 东 Guangdong	24894	23021	579072
广 西 Guangxi	13604	11798	34104
海 南 Hainan	3092	4878	10050
重 庆 Chongqing	8665	8734	24854
四 川 Sichuan	30072	42504	132115
贵 州 Guizhou	13360	14868	58149
云 南 Yunnan	23658	25152	126912
西 藏 Tibet	201	101	1804
陕 西 Shaanxi	21286	22939	35467
甘 肃 Gansu	5596	5469	28624
青 海 Qinghai	2426	1511	2723
宁 夏 Ningxia	3664	3620	4364
新 疆 Xinjiang	12490	11506	7538

附表 10-2 2010 年各省科普场地

Appendix table 10-2: S&T popularization venues and facilities by region in 2010

地 区 Region	科技馆/个 S&T museums	建筑面积/米 ^{2} Construction area (m^2)	展厅面积/米 ^{2} Exhibition area (m^2)	当年参观人数/人次 Visitors
全 国 Total	335	2199807	966780	30441894
东 部 Eastern	165	1332077	606755	17823597
中 部 Middle	115	447269	191807	4974650
西 部 Western	55	420461	168218	7643647
北 京 Beijing	12	153431	63882	1953838
天 津 Tianjin	1	21000	10000	410048
河 北 Hebei	11	71564	34528	261165
山 西 Shanxi	3	15770	2750	186800
内蒙古 Inner Mongolia	8	38576	10200	294516
辽 宁 Liaoning	15	123954	34900	622617
吉 林 Jilin	10	31343	6450	134500
黑龙江 Heilongjiang	8	57765	42230	817000
上 海 Shanghai	22	168175	91289	5446828
江 苏 Jiangsu	10	121286	58640	1405000
浙 江 Zhejiang	21	112151	43296	1162370
安 徽 Anhui	11	63537	37320	612000
福 建 Fujian	13	74414	34676	640527
江 西 Jiangxi	6	35535	18792	556000
山 东 Shandong	25	121536	64081	2219106
河 南 Henan	9	46786	17000	375020
湖 北 Hubei	62	183095	64975	2082000
湖 南 Hunan	6	13438	2290	211330
广 东 Guangdong	29	311988	146163	3004098
广 西 Guangxi	3	47388	15200	351406
海 南 Hainan	6	52578	25300	698000
重 庆 Chongqing	5	74291	26410	1143000
四 川 Sichuan	8	50943	30500	1605300
贵 州 Guizhou	4	27379	8300	340900
云 南 Yunnan	4	16395	7580	1351746
西 藏 Tibet	0	0	0	0
陕 西 Shaanxi	4	33020	10700	167006
甘 肃 Gansu	11	28588	11927	791850
青 海 Qinghai	2	34179	14800	5000
宁 夏 Ningxia	2	30448	16823	1443336
新 疆 Xinjiang	4	39254	15778	149587

附表 10-2　续表　　　　Continued

地　区 Region	科学技术类博物馆/个 S&T related museums	建筑面积/米 2 Construction area (m^2)	展厅面积/米 2 Exhibition area (m^2)	当年参观人数/人次 Visitors	青少年科技馆站/个 Teenage S&T museums
全　国 Total	555	3457747	1770639	63920163	621
东　部 Eastern	356	2325291	1231818	42433383	259
中　部 Middle	101	450920	215331	8255687	187
西　部 Western	98	681536	323490	13231093	175
北　京 Beijing	53	536841	228763	6392020	17
天　津 Tianjin	12	167170	141956	2096382	8
河　北 Hebei	10	42670	15454	1320445	18
山　西 Shanxi	3	8400	7300	90200	16
内蒙古 Inner Mongolia	7	36878	20688	383150	19
辽　宁 Liaoning	38	340973	155936	6402218	43
吉　林 Jilin	12	84410	39177	708400	15
黑龙江 Heilongjiang	14	88331	44163	2113425	12
上　海 Shanghai	121	534117	340501	8183551	21
江　苏 Jiangsu	34	262987	125818	3010253	43
浙　江 Zhejiang	23	166514	88359	10362057	27
安　徽 Anhui	13	73157	32702	876720	38
福　建 Fujian	16	34336	15422	935710	18
江　西 Jiangxi	14	56532	23848	2398560	16
山　东 Shandong	17	130287	66827	1632080	12
河　南 Henan	9	21449	13509	483642	18
湖　北 Hubei	28	84147	46632	973740	44
湖　南 Hunan	8	34494	8000	611000	28
广　东 Guangdong	31	108543	52182	2085417	44
广　西 Guangxi	11	135278	36376	1524702	11
海　南 Hainan	1	853	600	13250	8
重　庆 Chongqing	7	129984	68312	2195248	13
四　川 Sichuan	14	68068	34453	3933993	20
贵　州 Guizhou	7	17993	10238	241800	11
云　南 Yunnan	19	106928	48066	3687308	28
西　藏 Tibet	1	810	540	1200	2
陕　西 Shaanxi	10	80024	49497	255900	23
甘　肃 Gansu	6	24906	11373	207023	14
青　海 Qinghai	5	27950	10900	255933	9
宁　夏 Ningxia	3	7642	5348	116836	4
新　疆 Xinjiang	8	45075	27699	428000	21

附表 10-2 续表 Continued

地 区 Region	城市社区科普（技）专用活动室/个 Urban community S&T popularization rooms	农村科普（技）活动场地/个 Rural S&T popularization sites	科普宣传专用车/辆 S&T popularization vehicles	科普画廊/个 S&T popularization galleries
全 国 Total	73202	414591	1919	237320
东 部 Eastern	35763	186747	792	142883
中 部 Middle	22661	126527	459	62666
西 部 Western	14778	101317	668	31771
北 京 Beijing	1188	2440	148	3898
天 津 Tianjin	2337	4210	239	3534
河 北 Hebei	2075	24454	41	5964
山 西 Shanxi	1687	17402	42	8938
内蒙古 Inner Mongolia	1293	5211	87	2241
辽 宁 Liaoning	6191	15188	30	9301
吉 林 Jilin	912	6633	46	1764
黑龙江 Heilongjiang	2286	6411	32	1841
上 海 Shanghai	2562	1238	46	5512
江 苏 Jiangsu	4972	16002	38	23048
浙 江 Zhejiang	3778	21799	28	16678
安 徽 Anhui	3574	13938	52	12017
福 建 Fujian	1419	6651	14	11026
江 西 Jiangxi	2133	9399	45	5474
山 东 Shandong	7206	76581	99	43379
河 南 Henan	3567	27655	79	14884
湖 北 Hubei	4434	26033	78	9617
湖 南 Hunan	4068	19056	85	8131
广 东 Guangdong	3603	15152	88	19282
广 西 Guangxi	1540	10827	98	3613
海 南 Hainan	432	3032	21	1261
重 庆 Chongqing	1049	4280	103	2766
四 川 Sichuan	3571	25377	68	6185
贵 州 Guizhou	752	4886	17	1761
云 南 Yunnan	1777	14059	39	5361
西 藏 Tibet	19	70	8	23
陕 西 Shaanxi	2209	17389	72	3362
甘 肃 Gansu	1040	12740	16	3184
青 海 Qinghai	172	706	28	537
宁 夏 Ningxia	434	1255	18	1229
新 疆 Xinjiang	922	4517	114	1509

附表 10-3 2010 年各省科普经费

单位：万元

Appendix table 10-3: S&T popularization funds by region in 2010

Unit: 10000 yuan

地区 Region	年度科普经费筹集额 Annual funding for S&T popularization	政府拨款 Government funds	科普专项经费 Special funds	捐赠 Donates	自筹资金 Self-raised funds	其他收入 Others
全国 Total	995157	680837	350606	13714	237914	62643
东部 Eastern	648449	428411	239690	10585	163766	45667
中部 Middle	164908	118163	44877	1795	36197	8753
西部 Western	181800	134263	66039	1335	37951	8224
北京 Beijing	204160	112054	71451	6916	67276	17894
天津 Tianjin	20193	11568	4690	34	7762	829
河北 Hebei	21915	16420	4573	66	4758	670
山西 Shanxi	13795	12155	4443	51	1288	301
内蒙古 Inner Mongolia	11137	9689	3947	36	1113	301
辽宁 Liaoning	29592	19754	12049	260	6956	2620
吉林 Jilin	7849	5047	2062	260	2119	423
黑龙江 Heilongjiang	7881	5709	1813	86	1855	231
上海 Shanghai	91584	57643	45258	795	28392	4754
江苏 Jiangsu	72688	50320	20703	577	18571	3220
浙江 Zhejiang	81499	65807	24188	915	10976	3801
安徽 Anhui	24294	18533	7538	197	3719	1844
福建 Fujian	26898	20453	9816	294	3190	2961
江西 Jiangxi	18319	12775	5091	64	4237	1242
山东 Shandong	20913	15795	8302	74	4197	847
河南 Henan	20889	15924	7403	48	4183	734
湖北 Hubei	46163	29995	9737	814	12412	2941
湖南 Hunan	25719	18024	6790	275	6382	1037
广东 Guangdong	71378	54716	36911	633	9749	6279
广西 Guangxi	21810	15079	6026	131	5274	1288
海南 Hainan	7631	3879	1750	22	1938	1792
重庆 Chongqing	22601	15433	8240	159	6353	660
四川 Sichuan	25392	17641	11261	190	6801	760
贵州 Guizhou	17736	14534	4657	75	1960	1170
云南 Yunnan	27841	19184	9276	228	6615	1815
西藏 Tibet	1381	1366	640	0	15	0
陕西 Shaanxi	17910	12690	5345	332	4207	681
甘肃 Gansu	3358	1567	981	24	1493	274
青海 Qinghai	14563	13913	9691	2	429	219
宁夏 Ningxia	4879	3766	1799	37	818	259
新疆 Xinjiang	13191	9401	4176	121	2872	797

附表 10-3　续表　　　　Continued

地　区 Region	科技活动周经费筹集额 Funding for S&T week	政府拨款 Government funds	企业赞助 Corporate donates	年度科普经费使用额 Annual expenditure	行政支出 Administrative expenditure	科普活动支出 Activities expenditure
全　国 Total	36473	26524	3059	1006999	150673	536782
东　部 Eastern	18642	14065	1562	622330	86723	331874
中　部 Middle	8733	6103	789	198538	33277	95220
西　部 Western	9098	6355	709	186131	30672	109689
北　京 Beijing	1334	1165	67	181664	20154	86980
天　津 Tianjin	724	357	84	18194	3221	12452
河　北 Hebei	716	509	61	22283	4021	9781
山　西 Shanxi	465	392	42	14256	4889	6762
内蒙古 Inner Mongolia	663	356	234	17807	2181	6875
辽　宁 Liaoning	1657	1259	141	31246	4540	19127
吉　林 Jilin	298	223	43	10684	1708	3462
黑龙江 Heilongjiang	293	223	43	7832	2393	4265
上　海 Shanghai	2403	1873	125	91309	5157	49375
江　苏 Jiangsu	3826	2621	465	72215	12662	38191
浙　江 Zhejiang	2683	2125	122	80075	17428	41336
安　徽 Anhui	937	680	69	41999	5036	15568
福　建 Fujian	887	628	74	21855	4914	11798
江　西 Jiangxi	959	602	58	17699	4108	10994
山　东 Shandong	978	738	277	21623	4308	14404
河　南 Henan	1259	883	121	28109	2900	13323
湖　北 Hubei	2424	1520	288	52252	6958	25004
湖　南 Hunan	2099	1581	125	25707	5284	15843
广　东 Guangdong	2922	2372	125	73495	9544	44686
广　西 Guangxi	1292	970	36	20252	1963	13612
海　南 Hainan	513	417	21	8370	774	3744
重　庆 Chongqing	897	590	79	22473	5728	12622
四　川 Sichuan	1469	1136	53	25183	3517	15782
贵　州 Guizhou	1129	940	75	16677	5648	9079
云　南 Yunnan	907	625	44	27836	4428	18996
西　藏 Tibet	12	12	0	1248	523	531
陕　西 Shaanxi	1017	626	129	15979	2092	11900
甘　肃 Gansu	661	339	10	3775	584	2647
青　海 Qinghai	107	84	6	14187	709	5058
宁　夏 Ningxia	196	135	2	4754	1330	3201
新　疆 Xinjiang	747	543	42	15959	1971	9386

附表 10-3　续表　　　　　Continued

地　区 Region	年度科普经费使用额 Annual expenditure				
	科普场馆基建支出 Infrastructure expenditures	政府拨款支出 Government expenditures	场馆建设支出 Venue construction expenditures	展品、设施支出 Exhibits & facilities expenditures	其他支出 Others
全　国 Total	252054	114206	126854	68813	67567
东　部 Eastern	154384	66397	82789	42283	49403
中　部 Middle	59779	33103	26512	10717	10265
西　部 Western	37891	14707	17553	15813	7899
北　京 Beijing	48120	19737	30351	15913	26410
天　津 Tianjin	2167	309	964	912	354
河　北 Hebei	7875	6109	2611	1939	605
山　西 Shanxi	1971	1216	1463	324	637
内蒙古 Inner Mongolia	8483	6929	6641	1142	261
辽　宁 Liaoning	6187	4011	1430	1253	1394
吉　林 Jilin	4664	3505	2574	1809	851
黑龙江 Heilongjiang	1090	801	498	430	85
上　海 Shanghai	34658	18979	23288	8996	2118
江　苏 Jiangsu	17478	5094	9703	3172	3887
浙　江 Zhejiang	15010	6480	6153	3886	6352
安　徽 Anhui	20757	14213	1641	1882	639
福　建 Fujian	4478	870	2167	1604	665
江　西 Jiangxi	1731	82	626	804	866
山　东 Shandong	2194	725	819	1032	717
河　南 Henan	10977	7438	7863	2534	908
湖　北 Hubei	15773	4404	10253	2420	4517
湖　南 Hunan	2817	1444	1595	514	1763
广　东 Guangdong	12917	3121	3900	2763	6348
广　西 Guangxi	3329	755	947	1270	1366
海　南 Hainan	3300	962	1403	813	552
重　庆 Chongqing	2605	717	1515	861	1520
四　川 Sichuan	4739	1418	2990	1002	1145
贵　州 Guizhou	1339	1056	162	1122	618
云　南 Yunnan	3227	818	1845	708	1185
西　藏 Tibet	0	0	0	0	194
陕　西 Shaanxi	1402	778	906	392	586
甘　肃 Gansu	348	28	212	123	197
青　海 Qinghai	8388	23	48	8340	32
宁　夏 Ningxia	166	10	30	126	58
新　疆 Xinjiang	3864	2176	2257	727	738

附表 10-4 2010 年各省科普传媒

Appendix table 10-4: S&T popularization media by region in 2010

地 区 Region	科普图书 Popular science books		科普期刊 Popular science journals	
	出版种数/种 Types of publications	出版总册数/册 Total copies	出版种数/种 Types of publications	出版总册数/册 Total copies
全 国 Total	7043	65200633	822	155216051
东 部 Eastern	5340	38687910	482	107156606
中 部 Middle	887	14512141	133	6541172
西 部 Western	816	12000582	207	41518273
北 京 Beijing	2044	14456424	84	35267201
天 津 Tianjin	156	675590	22	1870118
河 北 Hebei	57	489000	22	586600
山 西 Shanxi	62	197233	9	1159000
内蒙古 Inner Mongolia	65	432531	9	152900
辽 宁 Liaoning	140	1154802	16	2072400
吉 林 Jilin	152	388190	12	206382
黑龙江 Heilongjiang	52	388500	12	285400
上 海 Shanghai	764	5785850	77	22694382
江 苏 Jiangsu	757	3637564	49	10753700
浙 江 Zhejiang	891	7969800	118	5804300
安 徽 Anhui	60	600564	12	318200
福 建 Fujian	88	900700	21	525957
江 西 Jiangxi	225	9315688	20	1955500
山 东 Shandong	72	717490	16	128400
河 南 Henan	97	1208000	13	792000
湖 北 Hubei	112	1336566	35	1460440
湖 南 Hunan	127	1077400	20	364250
广 东 Guangdong	159	1270490	39	25750948
广 西 Guangxi	68	1089020	14	2866614
海 南 Hainan	212	1630200	18	1702600
重 庆 Chongqing	120	3836252	41	32754830
四 川 Sichuan	92	578930	28	3457500
贵 州 Guizhou	11	111700	15	152500
云 南 Yunnan	129	3534719	13	1164605
西 藏 Tibet	39	657400	7	48320
陕 西 Shaanxi	106	568650	21	246104
甘 肃 Gansu	38	230700	13	93000
青 海 Qinghai	39	77000	19	111200
宁 夏 Ningxia	18	137000	5	46000
新 疆 Xinjiang	91	746680	22	424700

附表 10-4　续表　　　Continued

地　区 Region	科普（技）音像制品 Popularization audio and video products			科技类报纸年发行总份数/份 S&T newspaper printed copies
	出版种数/种 Types of publications	光盘发行总量/张 Total CD copies released	录音、录像带发行总量/盒 Total copies of audio and video publications	
全　国 Total	5380	6936847	709163	340053062
东　部 Eastern	2051	2873994	157444	234002136
中　部 Middle	1944	1904799	260720	59922649
西　部 Western	1385	2158054	290999	46128277
北　京 Beijing	560	1087439	5120	84706100
天　津 Tianjin	19	74650	5000	2496880
河　北 Hebei	134	240393	5561	15672690
山　西 Shanxi	128	298378	25185	6495380
内蒙古 Inner Mongolia	133	89590	12493	1506106
辽　宁 Liaoning	373	211076	61117	12134410
吉　林 Jilin	130	233066	30064	68715
黑龙江 Heilongjiang	47	84984	5117	3597528
上　海 Shanghai	65	303410	3500	17757614
江　苏 Jiangsu	397	287664	4597	29036873
浙　江 Zhejiang	69	282815	22572	55655417
安　徽 Anhui	222	128012	3848	6537350
福　建 Fujian	124	73778	8948	1771291
江　西 Jiangxi	263	256745	54554	8284608
山　东 Shandong	134	132800	32774	500028
河　南 Henan	102	106794	25598	23521700
湖　北 Hubei	361	309449	75733	9988766
湖　南 Hunan	691	487371	40621	1428602
广　东 Guangdong	128	99872	4138	13996833
广　西 Guangxi	137	127391	2669	5314300
海　南 Hainan	48	80097	4117	274000
重　庆 Chongqing	59	517452	96482	77200
四　川 Sichuan	147	332789	97171	2998377
贵　州 Guizhou	9	9175	2050	131500
云　南 Yunnan	186	202807	4403	27093053
西　藏 Tibet	15	8500	0	51965
陕　西 Shaanxi	220	156928	7625	3657136
甘　肃 Gansu	100	364311	61990	883670
青　海 Qinghai	219	41355	62	3872300
宁　夏 Ningxia	21	106267	28	191000
新　疆 Xinjiang	139	201489	6026	351670

附表 10-4　续表　　　　　Continued

地　区 Region	电视台播出科普（技）节目时间/小时 Broadcasting time of popular science programs on TV (h)	电台播出科普（技）节目时间/小时 Broadcasting time of popular science programs on radio (h)	科普网站数/个 S&T popularization websites (unit)	发放科普读物和资料/份 Number of S&T popularization books and materials
全　国 Total	263926	191555	2126	725474698
东　部 Eastern	98892	72915	1003	300083415
中　部 Middle	71488	65635	465	162256305
西　部 Western	93546	53005	658	263134978
北　京 Beijing	9935	4441	185	39825436
天　津 Tianjin	7429	748	80	16475433
河　北 Hebei	13291	5325	34	26913921
山　西 Shanxi	5720	1914	31	11850495
内蒙古 Inner Mongolia	4988	5368	37	11466762
辽　宁 Liaoning	18917	21712	97	22072989
吉　林 Jilin	5380	4991	34	9626437
黑龙江 Heilongjiang	4269	5002	31	9586168
上　海 Shanghai	3001	2251	67	25781099
江　苏 Jiangsu	11709	7041	120	54528891
浙　江 Zhejiang	14740	9676	96	41361029
安　徽 Anhui	9052	7838	78	22846241
福　建 Fujian	7006	8548	81	16108628
江　西 Jiangxi	5253	6428	39	15126740
山　东 Shandong	8337	8378	74	13521983
河　南 Henan	17538	17747	76	27294492
湖　北 Hubei	9281	7421	83	32981062
湖　南 Hunan	14995	14294	93	32944670
广　东 Guangdong	3988	3977	154	37595930
广　西 Guangxi	13634	4441	38	32982068
海　南 Hainan	539	818	15	5898076
重　庆 Chongqing	2253	1136	195	25585257
四　川 Sichuan	15846	12865	74	41492909
贵　州 Guizhou	11993	1503	29	20671035
云　南 Yunnan	6817	2744	61	55501388
西　藏 Tibet	120	8	3	260000
陕　西 Shaanxi	7862	6235	71	25701166
甘　肃 Gansu	6518	4170	49	19653290
青　海 Qinghai	742	785	28	3381117
宁　夏 Ningxia	575	4	19	7184233
新　疆 Xinjiang	22198	13746	54	19255753

附表 10-5　2010 年各省科普活动

Appendix table 10-5: S&T popularization activities by region in 2010

地区 Region	科普（技）讲座 S&T popularization lectures		科普（技）展览 S&T popularization exhibitions	
	举办次数/次 Number of lectures held	参加人数/人次 Number of participants	专题展览次数/次 Number of exhibitions held	参观人数/人次 Number of participants
全　国 Total	813421	168894587	127345	200552729
东　部 Eastern	391582	72153741	59419	101990017
中　部 Middle	219774	49947232	33251	45639463
西　部 Western	202065	46793614	34675	52923249
北　京 Beijing	45520	6612590	5205	19150203
天　津 Tianjin	28994	4949350	7367	4320481
河　北 Hebei	38045	7859065	4667	4973179
山　西 Shanxi	16498	5244139	3137	3785219
内蒙古 Inner Mongolia	13721	2935064	2172	2750909
辽　宁 Liaoning	47111	7023908	4168	8853663
吉　林 Jilin	7773	1590130	1247	1509334
黑龙江 Heilongjiang	24791	4830729	3481	4215789
上　海 Shanghai	50856	6184457	3405	14139916
江　苏 Jiangsu	66169	13381484	9396	14845884
浙　江 Zhejiang	45283	7774440	8763	9974365
安　徽 Anhui	38045	5977955	5787	5946464
福　建 Fujian	18153	3155145	4754	4697630
江　西 Jiangxi	17614	3888956	3537	5790470
山　东 Shandong	14621	5192842	3845	5605291
河　南 Henan	48327	13512687	6347	6940450
湖　北 Hubei	43615	10531084	5656	10992379
湖　南 Hunan	23111	4371552	4059	6459358
广　东 Guangdong	31481	9105630	7028	14013083
广　西 Guangxi	27345	4595953	3011	4795896
海　南 Hainan	5349	914830	821	1416322
重　庆 Chongqing	10097	2193310	2527	7970642
四　川 Sichuan	27955	7895625	5222	8109862
贵　州 Guizhou	11883	2073229	1906	2180217
云　南 Yunnan	31408	6517479	6837	11157526
西　藏 Tibet	83	56880	50	81270
陕　西 Shaanxi	28965	7375072	4861	6293770
甘　肃 Gansu	15873	3783076	2385	3482927
青　海 Qinghai	2742	375137	774	947648
宁　夏 Ningxia	5921	1181225	885	1551101
新　疆 Xinjiang	26072	7811564	4045	3601481

附表 10-5　续表　　　　Continued

地区 Region	科普（技）竞赛 S&T popularization competitions		科普国际交流 International S&T popularization exchanges	
	举办次数/次 Number of competitions held	参加人数/人次 Number of participants	举办次数/次 Number of exchanges held	参加人数/人次 Number of participants
全　国 Total	54180	54069696	3029	676033
东　部 Eastern	30637	28690699	1869	520194
中　部 Middle	10618	9479325	304	58185
西　部 Western	12925	15899672	856	97654
北　京 Beijing	3347	6930914	442	57548
天　津 Tianjin	3905	1940748	250	171608
河　北 Hebei	1455	2108359	27	885
山　西 Shanxi	792	365548	11	2371
内蒙古 Inner Mongolia	591	383393	72	1579
辽　宁 Liaoning	1925	2652816	119	18515
吉　林 Jilin	344	122064	12	2202
黑龙江 Heilongjiang	1280	513339	76	4053
上　海 Shanghai	3928	3186480	361	44379
江　苏 Jiangsu	3836	4001418	236	22713
浙　江 Zhejiang	3605	2583967	177	193801
安　徽 Anhui	1382	706659	59	2477
福　建 Fujian	1386	792577	66	3529
江　西 Jiangxi	1260	874834	30	983
山　东 Shandong	1227	1134457	27	1829
河　南 Henan	1543	2137160	34	11364
湖　北 Hubei	2113	2655441	58	1637
湖　南 Hunan	1904	2104280	24	33098
广　东 Guangdong	5874	3300314	124	4154
广　西 Guangxi	891	1462555	157	8679
海　南 Hainan	149	58649	40	1233
重　庆 Chongqing	765	3902768	78	18797
四　川 Sichuan	1872	2956097	237	1674
贵　州 Guizhou	1725	829281	16	15147
云　南 Yunnan	1136	1601717	110	3781
西　藏 Tibet	3	350	1	160
陕　西 Shaanxi	2000	2433639	111	31447
甘　肃 Gansu	1969	852961	23	1373
青　海 Qinghai	159	665522	35	1207
宁　夏 Ningxia	305	337434	3	39
新　疆 Xinjiang	1509	473955	13	13771

附表 10-5　续表　　　　Continued

地区　Region		成立青少年科技兴趣小组 Teenage S&T interest groups		科技夏（冬）令营 Summer /winter science camps	
		兴趣小组数/个 Number of groups	参加人数/人次 Number of participants	举办次数/次 Number of camps held	参加人数/人次 Number of participants
全　国	Total	284686	18577338	12459	3632515
东　部	Eastern	123250	7019654	7143	1953453
中　部	Middle	91305	5827899	3215	883275
西　部	Western	70131	5729785	2101	795787
北　京	Beijing	3014	164516	702	125178
天　津	Tianjin	10127	532772	377	214647
河　北	Hebei	14138	752759	264	88967
山　西	Shanxi	6396	315201	100	48988
内蒙古	Inner Mongolia	3577	264838	171	93672
辽　宁	Liaoning	22629	854843	799	370037
吉　林	Jilin	4374	381300	807	106090
黑龙江	Heilongjiang	5680	180013	177	83832
上　海	Shanghai	5598	414589	1094	222430
江　苏	Jiangsu	16640	1076617	1788	288719
浙　江	Zhejiang	10063	647412	812	197305
安　徽	Anhui	7955	652159	353	76182
福　建	Fujian	8569	703579	369	68321
江　西	Jiangxi	10190	801595	240	48852
山　东	Shandong	14330	698507	480	102645
河　南	Henan	29390	1108288	556	222004
湖　北	Hubei	18662	1566629	449	158468
湖　南	Hunan	8658	822714	533	138859
广　东	Guangdong	17324	1127392	415	264709
广　西	Guangxi	11037	910842	266	91559
海　南	Hainan	818	46668	43	10495
重　庆	Chongqing	5641	528245	210	99855
四　川	Sichuan	17302	1431630	108	65594
贵　州	Guizhou	3319	199590	112	16686
云　南	Yunnan	8517	905529	345	120727
西　藏	Tibet	10	1500	1	1000
陕　西	Shaanxi	10899	616883	211	94952
甘　肃	Gansu	2960	368169	81	28897
青　海	Qinghai	222	35812	26	5544
宁　夏	Ningxia	1210	116086	34	28424
新　疆	Xinjiang	5437	350661	536	148877

附表 10-5　续表　　　　Continued

地区　Region	科技活动周 Science & technology week		科研机构、大学向社会开放 Scientific institutions and universities open to public	
	科普专题活动次数/次 Number of S&T week held	参加人数/人次 Number of participants	开放单位数/个 Number of open units	参观人数/人次 Number of participants
全　国　Total	98857	107947684	5033	7552281
东　部　Eastern	41275	56669439	2262	4365466
中　部　Middle	26090	25171303	1542	1264017
西　部　Western	31492	26106942	1229	1922798
北　京　Beijing	2986	13501100	196	101947
天　津　Tianjin	318	203740	233	156044
河　北　Hebei	4542	4187526	185	109322
山　西　Shanxi	1361	2489767	32	64284
内蒙古　Inner Mongolia	1603	1609861	41	15121
辽　宁　Liaoning	4149	3558582	318	306338
吉　林　Jilin	859	820657	266	58050
黑龙江　Heilongjiang	1812	1329783	292	159253
上　海　Shanghai	4730	5901492	106	92661
江　苏　Jiangsu	6701	11424737	397	1026628
浙　江　Zhejiang	5785	4381864	100	55202
安　徽　Anhui	4068	1963531	121	152800
福　建　Fujian	3846	2902291	106	74777
江　西　Jiangxi	5045	2410810	74	107028
山　东　Shandong	2495	2966230	102	158276
河　南　Henan	4910	6488564	213	99091
湖　北　Hubei	4637	5985717	239	312544
湖　南　Hunan	3398	3682474	305	310967
广　东　Guangdong	4473	6490336	500	770801
广　西　Guangxi	4633	3066824	282	226943
海　南　Hainan	1250	1151541	19	1513470
重　庆　Chongqing	2576	1772977	121	62440
四　川　Sichuan	5584	5800323	132	486744
贵　州　Guizhou	2423	1281203	60	29528
云　南　Yunnan	3469	3924934	152	584173
西　藏　Tibet	15	76246	0	0
陕　西　Shaanxi	3963	2484326	56	67132
甘　肃　Gansu	1433	1191326	70	94966
青　海　Qinghai	486	279154	78	5734
宁　夏　Ningxia	990	811753	57	81155
新　疆　Xinjiang	4317	3808015	180	268862

附表 10-5 续表 Continued

地区	Region	举办实用技术培训 Practical skill trainings		重大科普活动次数/次 Number of grand popularization activities
		举办次数/次 Number of trainings held	参加人数/人次 Number of participants	
全 国	Total	811798	109059687	28109
东 部	Eastern	245928	36138178	10737
中 部	Middle	166357	24835270	6991
西 部	Western	399513	48086239	10381
北 京	Beijing	24700	4215212	642
天 津	Tianjin	16760	1586879	968
河 北	Hebei	37754	6820085	1001
山 西	Shanxi	15360	3480553	618
内蒙古	Inner Mongolia	17739	3240044	707
辽 宁	Liaoning	31485	3437037	1382
吉 林	Jilin	19968	2273276	280
黑龙江	Heilongjiang	18267	2877103	700
上 海	Shanghai	9327	2633344	693
江 苏	Jiangsu	54845	7539677	1933
浙 江	Zhejiang	24570	2307754	960
安 徽	Anhui	22164	2220026	813
福 建	Fujian	11475	1909019	604
江 西	Jiangxi	10482	1096040	640
山 东	Shandong	14643	3402439	1122
河 南	Henan	32603	4308851	1568
湖 北	Hubei	29278	5841748	1431
湖 南	Hunan	18235	2737673	941
广 东	Guangdong	14997	1673726	1109
广 西	Guangxi	43087	5967232	1203
海 南	Hainan	5372	613006	323
重 庆	Chongqing	9238	1152444	650
四 川	Sichuan	53233	8419605	1521
贵 州	Guizhou	16854	2184501	880
云 南	Yunnan	133162	10145605	1216
西 藏	Tibet	114	121860	40
陕 西	Shaanxi	39839	5968824	1272
甘 肃	Gansu	16327	1257352	698
青 海	Qinghai	6252	361952	471
宁 夏	Ningxia	10803	694199	371
新 疆	Xinjiang	52865	8572621	1352

附录 11　国家科普基地名单

附表 11-1　国家科普示范基地

Appendix table 11-1: National demonstration base for S&T popularization

地区 Region	科普示范基地名称 Name of national demonstration base for S&T popularization
贵州	平塘天文科普文化园——500 米口径球面射电望远镜（FAST）

附表 11-2　国家特色科普基地

Appendix table 11-2: National feature base for S&T popularization

科普基地称号与数量/家 Title and number	特色科普基地名称 Name of national feature base for S&T popularization
国家环保科普基地（75）	上海市青少年校外活动营地——东方绿舟
	北京排水科普展览馆
	上海市浦东新区环境监测站
	杭州西溪湿地公园
	浙江自然博物馆
	东北师范大学自然博物馆
	沈阳市环境监测中心站
	中国科学院新疆生态与地理研究所
	宁夏中卫沙坡头国家级自然保护区（联合兰州铁路局中卫固沙林场、中国科学院沙坡头治沙研究站和宁夏中卫沙坡头旅游有限公司）
	内蒙古达里诺尔国家级自然保护区
	江苏大丰麋鹿国家级自然保护区
	辽宁蛇岛老铁山国家级自然保护区
	贵州赤水桫椤国家级自然保护区
	河北塞罕坝国家级自然保护区
	黄河三角洲国家级自然保护区
	九寨沟国家级自然保护区
	苏峪口国家森林公园
	成都大熊猫繁育研究基地

附表 11-2　续表　　　　　Continued

科普基地称号与数量/家 Title and number	特色科普基地名称 Name of national feature base for S&T popularization
国家环保科普基地（75）	中科院西双版纳热带植物园
	奥林匹克森林公园
	北京环境卫生工程集团有限公司一清分公司（“垃圾的归宿”环保科普公园）
	苏州河梦清园环保主题公园
	江苏盐城环保产业园
	南通市中小学生素质教育实践基地
	泰州市环境监测中心站
	泰州市溱湖国家湿地公园
	广州市中学生劳动技术学校
	什邡大爱感恩环保科技有限公司
	四川科技馆
	四姑娘山国家级自然保护区
	西昌市邛海泸山风景名胜区
	甘肃祁连山国家级自然保护区
	青藏高原自然博物馆
	宁夏沙湖生态旅游区
	成都市锦江区白鹭湾湿地
	光大环保能源（苏州）有限公司
	广州市第一资源热力电厂
	国家环境宣传教育示范基地
	黑龙江省农业科学院土壤肥料与环境资源研究所
	皇明太阳能股份有限公司
	江苏省泗洪洪泽湖湿地国家级自然保护区
	连云港辐射环境监测管理站
	辽宁省环保科学园
	柳州工业博物馆
	南宁青秀山风景名胜旅游区
	上海新金桥环保有限公司
	无锡博物院
	雁荡山国家森林公园
	张掖湿地博物馆
	中国杭州低碳科技馆
	中国核工业科技馆
	包头环境保护宣传教育馆

附表 11-2 续表 Continued

科普基地称号与数量/家 Title and number	特色科普基地名称 Name of national feature base for S&T popularization
国家环保科普基地（75）	包头市科学技术馆
	重庆丰盛环保发电有限公司
	重庆园博园
	成都市祥福生活垃圾焚烧发电厂
	大连沙河口区中小学生科技中心
	广西壮族自治区药用植物园
	光大环保能源（南京）有限公司
	汉能清洁能源展示中心
	集贤县安邦河湿地自然保护区
	江苏盐城国家级珍禽自然保护区
	江西君子谷野生水果世界
	兰州市节能减排环境治理成果展示厅
	美丽南方
	蒙草·草博园
	山东核电科技馆
	四川省辐射环境管理监测中心站
	文昌-太平污水处理厂
	西安汉城湖
	西华师范大学
	西双版纳原始森林公园
	扬州凤凰岛生态旅游区
	云南省环境科学研究院花红洞实验基地
	中原环保股份有限公司五龙口水务分公司
国家科研科普基地（5）	国家动物博物馆
	华南植物园
	上海光机所
	中科院植物研究所
	西双版纳热带植物园
国家国土资源科普基地（32）	北京房山世界地质公园
	山西壶关峡谷国家地质公园
	内蒙古阿拉善沙漠世界地质公园
	内蒙古博物院
	内蒙古克什克腾世界地质公园
	辽宁古生物博物馆
	黑龙江嘉荫恐龙国家地质公园
	江苏常州中华恐龙园

附表 11-2　续表　　　　　Continued

科普基地称号与数量/家 Title and number	特色科普基地名称 Name of national feature base for S&T popularization
国家国土资源科普基地（32）	南京地质博物馆
	江苏太湖西山国家地质公园
	江苏省有色金属华东地勘局地质找矿虚拟实验室
	浙江雁荡山世界地质公园
	安徽黄山世界地质公园
	河南省地质博物馆
	河南云台山世界地质公园
	河南济源王屋山世界地质公园
	湖北黄冈大别山国家地质公园
	中国雷琼世界地质公园（广东）
	中国雷琼世界地质公园（海南）
	重庆自然博物馆
	四川兴文世界地质公园
	四川自贡世界地质公园博物馆
	成都理工大学地质灾害防治与地质环境保护国家重点实验室
	云南石林世界地质公园
	西北农林科技大学博览园
	甘肃地质博物馆
	甘肃和政古生物化石国家地质公园
	宁夏地质博物馆
	中国地质科学院水文地质环境地质研究所
	国土资源实物地质资料中心
	青岛海洋地质研究所
	中国大地出版社、地质出版社
国家防震减灾科普基地（96）	国家地震紧急救援训练基地
	北京市海淀区东北旺中心小学
	海淀公共安全馆
	北京人遗址防震减灾科普教育基地
	北京市丰台区科技馆
	北京市朝阳区人民政府望京街道办事处应急指挥宣传教育中心
	北京市西城区人民政府德胜街道办事处民防宣教中心
	天津市防震减灾宣传教育展室
	天津滨海地震台
	唐山抗震纪念馆
	邢台地震资料陈列馆（邢台地震纪念碑）

附表 11-2　续表　　　　　Continued

科普基地称号与数量/家 Title and number	特色科普基地名称 Name of national feature base for S&T popularization
国家防震减灾科普基地（96）	唐山地震遗址（遗迹三处）
	邯郸市防震减灾科普教育基地
	石家庄防震减灾科普教育宣传培训基地
	河北省科技馆防震减灾展厅
	河北省唐山地震遗址纪念公园（示范基地）
	阳泉市赛鱼小学防震减灾科普教育基地
	内蒙古地震科普教育基地
	沈阳市实验学校
	沈阳科学宫
	吉林省长春市宽城区防震减灾科普示范学校
	吉林省科技馆
	长春市宽城区防震减灾科普展览馆
	长春市朝阳区防震减灾科普教育基地
	五大连池地震火山监测站
	上海地震科普馆
	上海市青浦区青少年实践中心
	南京地震科学馆
	苏州市第三中学
	连云港市防震减灾科普教育基地
	江苏省泗洪中学
	江苏省清江中学
	张家港市青少年社会实践基地
	江苏省常州市防震减灾科普教育基地
	徐州市地震科普馆
	嘉兴市科技馆
	临安市交口少年科学院
	浙江省温岭市新河镇中学
	浙江东方地质博物馆
	滁州市地震科普馆
	淮北地震台
	铜陵市防震减灾科普教育基地
	淮南市青少年校外活动中心
	安徽省界首市防震减灾科普宣传教育中心
	安徽省合肥市地震监测中心

附表 11-2　续表　　　　Continued

科普基地称号与数量/家 Title and number	特色科普基地名称 Name of national feature base for S&T popularization
国家防震减灾科普基地（96）	芜湖科技馆
	宿州市地震科普馆
	厦门市地球科学普及教育基地
	泉州市中小学生防震减灾教育基地（丰泽）
	漳州市防震减灾科普馆
	泉州晋江市防震减灾科普教育基地
	福建省莆田市防震减灾科普教育基地
	福建省泉州市科技馆防震减灾教育基地
	南昌中心地震台
	瑞昌市“11.26”地震博物馆
	南昌市东湖区科普安全宣教中心
	济南市七星台地震科普教育中心
	中国熊耳山防震减灾科普馆
	山东省滨州市大山地震台
	烟台地震科普教育基地
	安丘市青少年科技创新实践教育基地
	潍坊市科技馆
	济南市历城区青少年素质教育基地
	南阳市张衡博物馆
	焦作市防震减灾教育基地
	安阳市防震减灾科普教育中心
	濮阳市防震减灾科普教育基地
	河南省洛阳市民防馆
	河南省清丰县地震局
	黄冈市李四光纪念馆
	武汉地震科普馆
	湖北省荆门市地震局
	武汉市妇女儿童活动中心
	广东省地震科普教育基地
	东莞地震科普馆
	广东省广州市广州动物园
	广东省佛山市佛山地震台
	广东省从化市喜乐登青少年素质拓展训练中心
	广州市中学生劳动技术学校

附表 11-2　续表　　　　　Continued

科普基地称号与数量/家 Title and number	特色科普基地名称 Name of national feature base for S&T popularization
国家防震减灾科普基地（96）	揭阳市素质教育培训中心
	柳州地震科普馆
	海南省海口石山火山群国家地质公园
	四川省青川县东河口地震遗址公园
	四川省攀枝花市防震减灾科普教育基地
	昆明基准地震台
	中国地震局云南滇西地震预报实验场基地
	云南省普洱市地震局大寨观测站
	西安基准地震台
	陕西省高陵县防震减灾科普馆
	兰州市地震博物馆
	甘肃省金昌市防震减灾科普教育基地
	酒泉市防震减灾科普教育基地
	青海地震科普展厅
	海西州防震减灾科普教育基地
	新疆防震减灾科普教育基地
	巴楚抗震纪念馆

附录 12　全国科技馆名单

附表 12-1　全国科技馆

Appendix table 12-1: S&T museums by region

省份与数量/家　Region and number	科技馆名称　Name of S&T museums
北京市（28）	中国科技馆
	北京科学中心
	中国测绘科技馆
	中关村国家自主创新示范区展示交易中心
	国家电网公司电力科技馆
	东城区青少年科技馆
	西城区青少年科技馆
	北京市海淀科技中心
	北京市朝阳区公共安全馆
	北京市丰台区科技馆
	北京市门头沟区科技馆
	北京市石景山区科学技术馆
	北京房山区科技活动中心
	通州区科技馆
	北京市昌平区地震科普馆
	北京市延庆区科学技术馆
	北京市密云区科技馆
	宋庆龄儿童科技馆
	北京市青少年科技馆
	北京急救科技馆
	中国儿童中心老牛儿童探索馆
	北京市公安局网络安全科普馆
	中国石油大学科普馆
	北京排水集团科普馆

附表 12-1　续表　　　　Continued

省份与数量/家　Region and number	科技馆名称　Name of S&T museums
北京市（28）	金融街街道智慧生活科学馆
	北京二商王致和食品有限公司科技馆
	北京银黄绿色农业生态园有限公司科普馆
	索尼探梦科技馆
天津市（4）	天津科学技术馆
	天津节水科技馆
	武清区科技馆
	北辰区科技馆
河北省（17）	河北省科学技术馆
	唐山市科技馆
	邯郸市科技馆
	遵化市科技馆
	邢台市科技馆
	塞罕坝科技馆
	河北省地理信息科技馆
	新乐市科技馆
	河北医科大学人体科技馆
	保定市科学宫
	张家口市科技馆
	河北省正定县科技馆
	霸州市科技馆
	馆陶县科技馆
	清河县科技馆
	阜城县科技馆
	唐山市丰南区科技馆
山西省（4）	山西省科技馆
	临汾市科技馆
	清徐县科技馆
	平定县科技馆
内蒙古自治区（20）	内蒙古自治区科学技术馆
	呼和浩特市科技馆
	包头市科学技术馆
	通辽市科技馆
	乌拉特中旗科技馆
	鄂尔多斯市科学技术馆
	呼伦贝尔市科技馆

附表 12-1 续表 Continued

省份与数量/家 Region and number	科技馆名称 Name of S&T museums
内蒙古自治区（20）	巴彦淖尔市青少年科技馆
	准格尔旗科普活动馆
	杭锦旗科技馆
	乌海市科技馆
	和林格尔县科技馆
	阿拉善盟科技馆
	伊金霍洛旗科技馆
	化德县科技馆
	乌兰察布市科技馆
	锡林浩特市青少年活动中心
	鄂托克前旗科技馆
	阿鲁科尔沁旗科技馆
	奈曼旗科技馆
辽宁省（19）	辽宁省科学技术馆
	沈阳科学宫
	大连市科技馆
	鞍山科技馆
	抚顺市科技馆
	本溪市科学馆
	丹东市科学技术馆
	锦州市科学技术馆
	营口市科学技术馆
	阜新市科技馆
	辽阳市科学技术馆
	铁岭市科学馆
	辽宁核电科普场馆
	朝阳市科学技术馆
	葫芦岛市科学技术馆
	鞍山市岫岩满族自治县科技馆
	台安县科技馆
	锦州市义县科技馆
	东北大学科技馆
吉林省（14）	吉林省科技馆
	四平市科技馆
	通化市科技文化中心
	延边州科技馆

附表 12-1　续表　　　　Continued

省份与数量/家　Region and number	科技馆名称　Name of S&T museums
吉林省（14）	桦甸市科学技术馆
	公主岭市科技馆
	梅河口市科技馆
	吉安市科技馆
	伊通满族自治县科技馆
	图们市科学技术馆
	榆树市科技馆
	长春市新区科技馆
	乾安县科学技术馆
	靖宇县科技馆
黑龙江省（9）	黑龙江省科学技术馆
	哈尔滨科学宫
	黑龙江省气象科技馆
	伊春市科技馆
	齐齐哈尔市科普中心
	大庆市科学技术馆
	伊春市科技馆
	绥化市科技文化宫
	北安市科技馆
上海市（31）	上海科技馆
	上海自然博物馆
	上海隧道科技馆
	上海市崇明区科技馆
	上海市松江区科技馆
	上海民防科普教育馆
	上海陶瓷科技艺术馆
	上海市青浦区科技成果展厅
	上海自来水科技馆
	上海市静安区公安消防科普馆
	上海科学节能展示馆
	上海市禁毒科普教育馆
	上海长江河口科技馆
	上海市禁毒科普教育金山分馆
	上海市宝山区地震科普馆
	上海青少年动漫馆
	上海风电科普馆

附表 12-1 续表 Continued

省份与数量/家 Region and number	科技馆名称 Name of S&T museums
上海市（31）	沪杏科技图书馆
	上海崇明东滩鸟类国家自然保护区科技馆
	上海市松江区公安消防科普馆
	上海集成电路科技馆
	上海农业科普馆金山馆
	东华大学科技馆
	上海第二工业大学科技馆
	上海半导体照明工程技术研究中心科技馆
	上海磁浮交通有限公司科技馆
	鑫广再生资源（上海）有限公司科技馆
	上海新金桥环保公司电子废弃物回收利用科技馆
	中国石化上海石油化工股份有限公司科技馆
	上海四腮鲈实业有限公司科技馆
	光明乳业有限公司华东中心工厂体验馆
江苏省（23）	江苏省科学技术馆
	南京科技馆
	苏州极地科普馆
	无锡科技馆
	扬州科技馆
	南通科技馆
	淮安市数字科技馆
	盐城市科技馆
	苏州工业园区信息化展示体验中心
	宜兴科技馆
	金湖县科技馆
	泰州市科技馆
	海安科技馆
	如皋市科技馆
	新沂市科技馆
	东海科技馆
	盐城市大丰区未来科技馆
	南京市高淳生态气候科学馆
	太仓科技馆
	句容市科技馆
	江苏核电科普场馆
	镇江市急救科技体验馆

附表 12-1 续表 Continued

省份与数量/家 Region and number	科技馆名称 Name of S&T museums
江苏省（23）	南通理工学院 3D 打印科技馆
浙江省（26）	浙江省科技馆
	杭州低碳科技馆
	宁波市科技馆
	温州市科技馆
	嘉兴市科技馆
	湖州市科学技术馆
	绍兴市科技馆
	金华市科技馆
	余姚市科学馆
	衢州市科普活动中心
	宁波市海曙区青少年科技馆
	杭州市余杭区科技馆
	诸暨市科技馆
	常山县科技馆
	乐清市科技馆
	温岭市科技馆
	开化县科普活动中心
	淳安县青少年科技馆
	兰溪市科技馆
	龙游县科普活动中心
	广度乡科技馆
	秦山核电科普场馆
	义乌市科技馆
	三门核电科普场馆
	长兴县科技馆
	海盐县科技馆
安徽省（19）	安徽省科技馆
	合肥市科技馆
	合肥市现代科技馆
	芜湖市科技馆
	蚌埠市科学技术馆
	淮南市科学技术馆
	马鞍山市科技馆
	安庆市科技馆
	滁州市科技馆

附表 12-1　续表　　　　　Continued

省份与数量/家　Region and number	科技馆名称　Name of S&T museums
安徽省（19）	亳州市科技馆
	怀宁县科技馆
	桐城市科技馆
	长丰县科技馆
	淮北市科学技术馆
	金寨县科技馆
	铜陵市科学技术馆
	来安县科学技术馆
	马鞍山气象科技馆
	池州市科技馆
福建省（29）	福建省科技馆
	福清核电科普场馆
	厦门市科技馆
	福州市科技馆
	莆田市科技馆
	三明市科技馆
	泉州市科技馆
	漳浦县科技馆
	安溪县科技馆
	漳州能源科普场馆
	洛江区科技馆
	晋江市科技馆
	屏南县科技馆
	闽侯县科技馆
	惠安县科技馆
	连江县科技馆
	海峡闽中科技馆
	苏颂科技馆
	大田县科技馆
	厦门市同安区科学技术馆
	邵武市科技馆
	武夷山科技馆
	霞浦县科技馆
	福清市科技馆
	漳州市科技馆
	诏安县科技馆

附表 12-1　续表　　　　　Continued

省份与数量/家　Region and number	科技馆名称　Name of S&T museums
福建省（29）	奇幻世界之旅艺术科技体验馆
	诚毅科技探索中心
	厦门市三圈电池有限公司科技馆
江西省（5）	江西省科技馆
	赣州市科技馆
	吉安市科技馆
	上饶市科技馆
	吴有训科教馆
山东省（29）	山东省科学技术宣传馆
	青岛市科技馆
	济南市科技馆
	淄博市科技馆
	威海市科学技术馆
	山东航天电子技术研究所科普馆
	日照市岚山区科技馆
	滨州市科技馆
	滨州经济开发区科技馆
	聊城市科技馆
	临沂市科技馆
	青岛蓝树谷科技馆
	青岛市妇女儿童活动中心科技馆
	无棣县科技馆
	高密市科技馆
	泰安市科技馆
	莱州市科技馆
	临沂市罗庄区科技馆
	沂水县科技馆
	东营市科技馆
	东营市垦利区科学技术馆
	曹县科技馆
	鄄城县科技馆
	临沭县科技馆
	沂南县科技馆
	潍坊市科技馆
	烟台市气象科技馆
	烟台高新区科技馆

附表 12-1　续表　　　　Continued

省份与数量/家　Region and number	科技馆名称　Name of S&T museums
山东省（29）	菏泽科普馆
河南省（16）	河南省科技馆
	郑州科学技术馆
	洛阳市科学技术馆
	焦作市科技馆
	濮阳市科技馆
	许昌市科学技术馆
	南阳市科技馆
	济源市科学技术馆
	滑县科技馆
	方城县科技馆
	永城市科学技术馆
	汝阳县科技馆
	平顶山市科技馆
	禹州市科技馆
	濮阳气象科技馆
	宝丰县科技馆
湖北省（49）	湖北省科技馆
	武汉市科技馆
	黄石市科技馆
	十堰市科技馆
	宜昌市科技馆
	襄阳市科技馆
	罗田县科技馆
	咸宁市科技馆
	黄冈市科技馆
	荆门市科技馆
	荆州市科技馆
	恩施州科技馆
	建始县科学技术馆
	来凤县科技馆
	京山县科技馆
	公安县科技馆
	天门市科技馆
	武穴市科技馆
	宣恩县科技馆

附表 12-1　续表　　　　　Continued

省份与数量/家　Region and number	科技馆名称　Name of S&T museums
湖北省（49）	红安县科技馆
	浠水县科技馆
	黄梅县科技馆
	湖北省气象科技馆
	中南财经政法大学科技馆
	武汉市黄陂区科技馆
	江夏区科技馆
	大冶市科技馆
	阳新县科技馆
	中国科学院武汉病毒科技馆
	武汉大学科技馆
	松滋市科技馆
	潜江市科技馆
	仙桃市科技馆
	丹江口市科技馆
	竹山县科技馆
	南漳县科技馆
	广水市科技馆
	五峰土家族自治县科技馆
	武汉市东西湖区科技馆
	宜昌市夷陵区科技馆
	赤壁市科技馆
	崇阳县科技馆
	应城市科技馆
	当阳市科技馆
	宜都市科技馆
	秭归县科技馆
	鹤峰县科技馆
	钟祥市科学技术馆
	保康县科技馆
湖南省（13）	湖南省科技馆
	株洲市科技馆
	湘潭市科技馆
	衡阳市科技馆
	邵阳市科技馆
	岳阳市科技馆

附表 12-1 续表 Continued

省份与数量/家 Region and number	科技馆名称 Name of S&T museums
湖南省（13）	常德市科技馆 长沙市芙蓉区科技馆 临湘市科技馆 全球制冷科技体验馆 光伏新能源科学技术普及场馆 废弃物资源化科学技术普及场馆 湖南桃花江核电有限公司核电科技馆
广东省（37）	广东科学中心 广东科学馆 深圳市科学馆 汕头市科技馆 佛山科学馆 韶关市科技馆 湛江市科技馆 肇庆市科技中心 江门市科学馆 惠州科技馆 梅州市科技馆 汕尾市科技馆 河源市科技馆 中山市科学馆 东莞科学馆 揭阳市科技馆 广东省地震科普教育馆 珠海少儿科技馆 韶关市曲江区科技馆 广州市南沙科技馆 深圳市宝安区科技馆 广宁县科技馆 台山市科学技术馆 阳山县科技馆 广州开发区萝岗科技馆 佛山地震科普展馆 恩平市科学馆 阳西县科技馆 福田区科技馆

附表 12-1 续表 Continued

省份与数量/家 Region and number	科技馆名称 Name of S&T museums
广东省（37）	东源县科技馆 汕头市金平区科普馆 信宜市科技馆 蕉岭县科技馆 新丰县科技馆 开平市司徒赞科学馆 肇庆市端州区科学馆 阳江市科技馆
广西壮族自治区（7）	广西壮族自治区科学技术馆 南宁市科技馆 柳州市科技馆 贵港市科技馆 钦州学院科技馆 广西大学科普馆 防城港市科技馆
海南省（19）	海口市科技馆 海南省生命科技馆 海南移动互联科技馆 海南省海口航空科技馆 海南省创意科技馆 海南省生物多样性科技馆 海南省光伏科技馆 海南热带兰花科技馆 海南省珍珠科技馆 海南省南海船舰科技馆 海南省自然科技馆 海南省遥感信息科技馆 海南省玫瑰科技馆 海南省核电科技馆 海南省新能源科技馆 海南省现代农业科技馆 海南省模拟热带雨林科技馆 海南省南药科技馆 海南省航天科技馆
重庆市（10）	重庆科技馆 重庆市江津区科技馆

附表 12-1　续表　　　　Continued

省份与数量/家　Region and number	科技馆名称　Name of S&T museums
重庆市（10）	重庆市永川区生命与健康科技馆
	重庆市科技探索体验中心
	重庆市园林科普互动体验中心
	重庆三峡中药科技馆
	重庆市万盛经济技术开发区科技馆
	重庆邮电大学物联网互动体验馆
	重庆理工大学物理演示与探索科普馆
	巴县中学科技馆
四川省（17）	四川科技馆
	攀枝花市科技馆
	德阳市科技馆
	绵阳科技馆
	乐山市青少年科技馆
	南充市科技馆
	宜宾市科技馆
	达州市科技馆
	雅安市科技馆
	中国科学院成都生物研究所两栖爬行动物科普馆
	四川大学科技馆
	核动力院科普场馆
	芦山县科技馆
	宁南县科技馆
	泸县科技馆
	通江县科技馆
	崇州市防震减灾科技馆
贵州省（11）	贵州科技馆
	贵州桥梁科技馆
	遵义市科技馆
	安顺市大数据产业中心智能科技馆
	毕节市科学技术馆
	贵州百里杜鹃科技馆
	凯里市智慧城市大数据展示中心
	贵州医科大学生命科学馆
	平塘县天文体验馆
	中国航发贵州黎阳航空动力有限公司科技馆
	玉屏现代农业科技馆

附表 12-1　续表　　　　　Continued

省份与数量/家　Region and number	科技馆名称　Name of S&T museums
云南省（12）	云南省科学技术馆 曲靖市科技馆 普洱市科学技术馆 楚雄州科学技术馆 禄丰县科学技术馆 石林彝族自治县民族科技馆 绥江县科技馆 新平彝族傣族自治县科学技术馆 瑞丽市民族科技馆 澜沧拉祜族自治县科技馆 安宁市科技馆 宁蒗县科技馆
陕西省（14）	陕西科学技术馆 国防科技展览馆 中国科学院国家授时中心时间科学馆 西安市科学技术交流馆 山阳县科技馆 宝鸡市科技馆 延安市科技馆 榆林市科技馆 汉中市科技馆 定边县科技馆 府谷县科技馆 南郑县科技馆 陕西航空科技馆 安康学院科技馆
甘肃省（11）	甘肃科技馆 金昌市科技馆 张掖市科技馆 甘南州科学宫 金川县科技馆 正宁县科技馆 陇西县科技馆 高台县科技馆 漳县科技馆 凉州区科技馆

附表 12-1 续表 Continued

省份与数量/家 Region and number	科技馆名称 Name of S&T museums
甘肃省（11）	甘肃省农业科学院科技成果馆
青海省（3）	青海省科学技术馆 德令哈天文科普馆 果洛藏族自治州科技馆
宁夏回族自治区（6）	宁夏科技馆 石嘴山市科技馆 吴忠市青少年科技馆 固原市科技馆 中卫市科技馆 盐池县科技馆
新疆维吾尔自治区（16）	新疆科技馆 乌鲁木齐市科学技术馆 克拉玛依科学技术馆 昌吉州科技馆 喀什市科技馆 伊宁市科技馆 新疆石河子科技馆 库尔勒市科学技术馆 克拉玛依市白碱滩区科技馆 疏附县科技馆 和布克赛尔县科技馆 叶城县科技馆 高昌区科技馆 阿克苏科技馆 和田区科技馆 精河县科技馆

附录 13　中国公民科学素质基准

《中国公民科学素质基准》（以下简称《基准》）是指中国公民应具备的基本科学技术知识和能力的标准。公民具备基本科学素质一般指了解必要的科学技术知识，掌握基本的科学方法，树立科学思想，崇尚科学精神，并具有一定的应用它们处理实际问题、参与公共事务的能力。制定《基准》是健全监测评估公民科学素质体系的重要内容，将为公民提高自身科学素质提供衡量尺度和指导。《基准》共有 26 条基准、132 个基准点，基本涵盖公民需要具有的科学精神、掌握或了解的知识、具备的能力，每条基准下列出了相应的基准点，对基准进行了解释和说明。

《基准》适用范围为 18 周岁以上，具有行为能力的中华人民共和国公民。

测评时从 132 个基准点中随机选取 50 个基准点进行考察，50 个基准点需覆盖全部 26 条基准。根据每条基准点设计题目，形成调查题库。测评时，从 500 道题库中随机选取 50 道题目（必须覆盖 26 条基准）进行测试，形式为判断题或选择题，每题 2 分。正确率达到 60%视为具备基本科学素质。

附表 13-1　《中国公民科学素质基准》结构表

序号	基准内容	基准点序号	基准点
1	知道世界是可被认知的，能以科学的态度认识世界。	1~5	5 个
2	知道用系统的方法分析问题、解决问题。	6~9	4 个
3	具有基本的科学精神，了解科学技术研究的基本过程。	10~12	3 个
4	具有创新意识，理解和支持科技创新。	13~18	6 个

续表

序号	基准内容	基准点序号	基准点
5	了解科学、技术与社会的关系，认识到技术产生的影响具有两面性。	19~23	5个
6	树立生态文明理念，与自然和谐相处。	24~27	4个
7	树立可持续发展理念，有效利用资源。	28~31	4个
8	崇尚科学，具有辨别信息真伪的基本能力。	32~34	3个
9	掌握获取知识或信息的科学方法。	35~38	4个
10	掌握基本的数学运算和逻辑思维能力。	39~44	6个
11	掌握基本的物理知识。	45~52	8个
12	掌握基本的化学知识。	53~58	6个
13	掌握基本的天文知识。	59~61	3个
14	掌握基本的地球科学和地理知识。	62~67	6个
15	了解生命现象、生物多样性与进化的基本知识。	68~74	7个
16	了解人体生理知识。	75~78	4个
17	知道常见疾病和安全用药的常识。	79~88	10个
18	掌握饮食、营养的基本知识，养成良好生活习惯。	89~95	7个
19	掌握安全出行基本知识，能正确使用交通工具。	96~98	3个
20	掌握安全用电、用气等常识，能正确使用家用电器和电子产品。	99~101	3个
21	了解农业生产的基本知识和方法。	102~106	5个
22	具备基本劳动技能，能正确使用相关工具与设备。	107~111	5个
23	具有安全生产意识，遵守生产规章制度和操作规程。	112~117	6个
24	掌握常见事故的救援知识和急救方法。	118~122	5个
25	掌握自然灾害的防御和应急避险的基本方法。	123~125	3个
26	了解环境污染的危害及其应对措施，合理利用土地资源和水资源。	126~132	7个

基准点（132 个）

1. 知道世界是可被认知的，能以科学的态度认识世界。

（1）树立科学世界观，知道世界是物质的，是能够被认知的，但人类对世界的认知是有限的。

（2）尊重客观规律能够让我们与世界和谐相处。

（3）科学技术是在不断发展的，科学知识本身需要不断深化和拓展。

（4）知道哲学社会科学同自然科学一样，是人们认识世界和改造世界的重要工具。

（5）了解中华优秀传统文化对认识自然和社会、发展科学和技术具有重要作用。

2. 知道用系统的方法分析问题、解决问题。

（6）知道世界是普遍联系的，事物是运动变化发展的、对立统一的；能用普遍联系的、发展的观点认识问题和解决问题。

（7）知道系统内的各部分是相互联系、相互作用的，复杂的结构可能是由很多简单的结构构成的；认识到整体具备各部分之和所不具备的功能。

（8）知道可能有多种方法分析和解决问题，知道解决一个问题可能会引发其他的问题。

（9）知道阴阳五行、天人合一、格物致知等中国传统哲学思想观念，是中国古代朴素的唯物论和整体系统的方法论，并具有现实意义。

3. 具有基本的科学精神，了解科学技术研究的基本过程。

（10）具备求真、质疑、实证的科学精神，知道科学技术研究应具备好奇心、善于观察、诚实的基本要素。

（11）了解科学技术研究的基本过程和方法。

（12）对拟成为实验对象的人，要充分告知本人或其利益相关者实验可能存在的风险。

4. 具有创新意识，理解和支持科技创新。

（13）知道创新对个人和社会发展的重要性，具有求新意识，崇尚用新知识、新方法解决问题。

（14）知道技术创新是提升个人和单位核心竞争力的保证。

（15）尊重知识产权，具有专利、商标、著作权保护意识；知道知识产权保护制度对促进技术创新的重要作用。

（16）了解技术标准和品牌在市场竞争中的重要作用，知道技术创新对标准和品牌的引领和支撑作用，具有品牌保护意识。

（17）关注与自己的生活和工作相关的新知识、新技术。

（18）关注科学技术发展。知道“基因工程”“干细胞”“纳米材料”“热核聚变”“大数据”“云计算”“互联网+”等高新技术。

5. 了解科学、技术与社会的关系，认识到技术产生的影响具有两面性。

（19）知道解决技术问题经常需要新的科学知识，新技术的应用常常会促进科学的进步和社会的发展。

（20）了解中国古代四大发明、农医天算，以及近代科技成就及其对世界的贡献。

（21）知道技术产生的影响具有两面性，而且常常超过了设计的初衷，既能造福人类，也可能产生负面作用。

（22）知道技术的价值对于不同的人群或者在不同的时间，都可能是不同的。

（23）对于与科学技术相关的决策能进行客观公正的分析，并理性表达意见。

6. 树立生态文明理念，与自然和谐相处。

（24）知道人是自然界的一部分，热爱自然，尊重自然，顺应自然，保护自然。

（25）知道我们生活在一个相互依存的地球上，不仅全球的生态环境相互依存，经济社会等其他因素也是相互关联的。

（26）知道气候变化、海平面上升、土地荒漠化、大气臭氧层损耗等全球性环境问题及其危害。

（27）知道生态系统一旦被破坏很难恢复，恢复被破坏或退化的生态系统成本高、难度大、周期长。

7. 树立可持续发展理念，有效利用资源。

（28）知道发展既要满足当代人的需求，又不损害后代人满足其需求的能力。

（29）知道地球的人口承载力是有限的；了解可再生资源和不可再生资源，知道矿产资源、化石能源等是不可再生的，具有资源短缺的危机意识和节约物质资源、能源意识。

（30）知道开发和利用水能、风能、太阳能、海洋能和核能等清洁能源是解决能源短缺的重要途径；知道核电站事故、核废料的放射性等危害是可控的。

（31）了解材料的再生利用可以节省资源，做到生活垃圾分类堆放，以及可再生资源的回收利用，减少排放；节约使用各种材料，少用一次性用品；了解建筑节能的基本措施和方法。

8. 崇尚科学，具有辨别信息真伪的基本能力。

（32）知道实践是检验真理的唯一标准，实验是检验科学真伪的重要手段。

（33）知道解释自然现象要依靠科学理论，尊重客观规律，实事求是，对尚不能用科学理论解释的自然现象不迷信、不盲从。

（34）知道信息可能受发布者的背景和意图影响，具有初步辨识信息真伪的能力，不轻信未经核实的信息。

9. 掌握获取知识或信息的科学方法。

（35）关注与生活和工作相关知识和信息，具有通过图书、报刊和网络等途径检索、收集所需知识和信息的能力。

（36）知道原始信息与二手信息的区别，知道通过调查、访谈和查阅原始文献等方式可以获取原始信息。

（37）具有初步加工整理所获的信息，将新信息整合到已有的知识中的能力。

（38）具有利用多种学习途径终身学习的意识。

10. 掌握基本的数学运算和逻辑思维能力。

（39）掌握加、减、乘、除四则运算，能借助数量的计算或估算来处理日常生活和工作中的问题。

（40）掌握米、千克、秒等基本国际计量单位及其与常用计量单位的换算。

（41）掌握概率的基本知识，并能用概率知识解决实际问题。

（42）能根据统计数据和图表进行相关分析，做出判断。

（43）具有一定的逻辑思维的能力，掌握基本的逻辑推理方法。

（44）知道自然界存在着必然现象和偶然现象，解决问题讲究规律性，避免盲目性。

11. 掌握基本的物理知识。

（45）知道分子、原子是构成物质的微粒，所有物质都是由原子组成，原子可以结合成分子。

（46）区分物质主要的物理性质，如密度、熔点、沸点、导电性等，并能用它们解释自然界和生活中的简单现象；知道常见物质固、液、气三态变化的条件。

（47）了解生活中常见的力，如重力、弹力、摩擦力、电磁力等；知道大气压的变化及其对生活的影响。

（48）知道力是自然界万物运动的原因；能描述牛顿力学定律，能用它解释生活中常见的运动现象。

（49）知道太阳光由 7 种不同的单色光组成，认识太阳光是地球生命活动所需能量的最主要来源；知道无线电波、微波、红外线、可见光、紫外线、X 射线都是电磁波。

（50）掌握光的反射和折射的基本知识，了解成像原理。

（51）掌握电压、电流、功率的基本知识，知道电路的基本组成和连接方法。

（52）知道能量守恒定律，能量既不会凭空产生，也不会凭空消灭，只会从一种形式转化为另一种形式，或者从一个物体转移到其他物体，而总量保持不变。

12. 掌握基本的化学知识。

（53）知道水的组成和主要性质，举例说出水对生命体的影响。

（54）知道空气的主要成分；知道氧气、二氧化碳等气体的主要性质，并能列举其用途。

（55）知道自然界存在的基本元素及分类。

（56）知道质量守恒定律，化学反应只改变物质的原有形态或结构，质量总和保持不变。

（57）能识别金属和非金属，知道常见金属的主要化学性质和用途；知道金属腐蚀的条件和防止金属腐蚀常用的方法。

（58）能说出一些重要的酸、碱和盐的性质，能说明酸、碱和盐在日常生活中的用途，并能用它们解释自然界和生活中的有关简单现象。

13. 掌握基本的天文知识。

（59）知道地球是太阳系中的一颗行星，太阳是银河系内的一颗恒星，宇宙是由大量星系构成的；了解“宇宙大爆炸”理论。

（60）知道地球自西向东自转一周为一日，形成昼夜交替；地球绕太阳公转一周为一年，形成四季更迭；月球绕地球公转一周为一月，伴有月圆月缺。

（61）能够识别北斗七星，了解日食月食、彗星流星等天文现象。

14. 掌握基本的地球科学和地理知识。

（62）知道固体地球由地壳、地幔和地核组成，地球的运动和地球内部的各向异性产生各种力，造成自然灾害。

（63）知道地球表层是地球大气圈、岩石圈、水圈、生物圈相互交接的层面，它构成与人类密切相关的地球环境。

（64）知道地球总面积中陆地面积和海洋面积的百分比，能说出七大洲、四大洋。

（65）知道我国主要地貌特点、人口分布、民族构成、行政区划及主要邻国，能说出主要山脉和水系。

（66）知道天气是指短时段内的冷热、干湿、晴雨等大气状态，气候是指多年气温、降水等大气的一般状态；看懂天气预报及气象灾害预警信号。

（67）知道地球上的水在太阳能和重力作用下，以蒸发、水汽输送、降水和径流等方式不断运动，形成水循环；知道在水循环过程中，水的时空分布不均造成洪涝、干旱等灾害。

15. 了解生命现象、生物多样性与进化的基本知识。

（68）知道细胞是生命体的基本单位。

（69）知道生物可分为动物、植物与微生物，识别常见的动物和植物。

（70）知道地球上的物种是由早期物种进化而来，人是由古猿进化而来的。

（71）知道光合作用的重要意义，知道地球上的氧气主要来源于植物的光合作用。

（72）了解遗传物质的作用，知道 DNA、基因和染色体。

（73）了解各种生物通过食物链相互联系，抵制捕杀、销售和食用珍稀野生动物的行为。

（74）知道生物多样性是生物长期进化的结果，保护生物多样性有利于维护生态系统平衡。

16. 了解人体生理知识。

（75）了解人体的生理结构和生理现象，知道心、肝、肺、胃、肾等主要器官的位置和生理功能。

（76）知道人体体温、心率、血压等指标的正常值范围，知道自己的血型。

（77）了解人体的发育过程和各发育阶段的生理特点。

（78）知道每个人的身体状况随性别、体重、活动，以及生活习惯而不同。

17. 知道常见疾病和安全用药的常识。

（79）具有对疾病以预防为主、及时就医的意识。

（80）能正确使用体温计、体重计、血压计等家用医疗器具，了解自己的健康状况。

（81）知道蚊虫叮咬对人体的危害及预防、治疗措施；知道病毒、细菌、真菌和寄生虫可能感染人体，导致疾病；知道污水和粪便处理、动植物检疫等公共卫生防疫和检测措施对控制疾病的重要性。

（82）知道常见传染病（如传染性肝炎、肺结核病、艾滋病、流行性感冒等）、慢性病（如高血压、糖尿病等）、突发性疾病（如脑梗死、心肌梗死等）的特点及相关预防、急救措施。

（83）了解常见职业病的基本知识，能采取基本的预防措施。

（84）知道心理健康的重要性，了解心理疾病、精神疾病基本特征，知道预防、调适的基本方法。

（85）知道遵医嘱或按药品说明书服药，了解安全用药、合理用药及药物不良反应常识。

（86）知道处方药和非处方药的区别，知道对自身有过敏性的药物。

（87）了解中医药是中国传统医疗手段，与西医相比各有优势。

（88）知道常见毒品的种类和危害，远离毒品。

18. 掌握饮食、营养的基本知识，养成良好生活习惯。

（89）选择有益于健康的食物，做到合理营养、均衡膳食。

（90）掌握饮用水、食品卫生与安全知识，有一定的鉴别日常食品卫生质量的能力。

（91）知道食物中毒的特点和预防食物中毒的方法。

（92）知道吸烟、过量饮酒对健康的危害。

（93）知道适当运动有益于身体健康。

（94）知道保护眼睛、爱护牙齿等的重要性，养成爱牙护眼的好习惯。

（95）知道作息不规律等对健康的危害，养成良好的作息习惯。

19. 掌握安全出行基本知识，能正确使用交通工具。

（96）了解基本交通规则和常见交通标志的含义，以及交通事故的救援方法。

（97）能正确使用自行车等日常家用交通工具，定期对交通工具进行维修和保养。

（98）了解乘坐各类公共交通工具（汽车、轨道交通、火车、飞机、轮船等）的安全规则。

20. 掌握安全用电、用气等常识，能正确使用家用电器和电子产品。

（99）了解安全用电常识，初步掌握触电的防范和急救的基本技能。

（100）安全使用燃气器具，初步掌握一氧化碳中毒的急救方法。

（101）能正确使用家用电器和电子产品，如电磁炉、微波炉、热水器、洗衣机、电风扇、空调、冰箱、收音机、电视机、计算机、手机、照相机等。

21. 了解农业生产的基本知识和方法。

（102）能分辨和选择食用常见农产品。

（103）知道农作物生长的基本条件、规律与相关知识。

（104）知道土壤是地球陆地表面能生长植物的疏松表层，是人类从事农业生产活动的基础。

（105）农业生产者应掌握正确使用农药、合理使用化肥的基本知识与方法。

（106）了解农药残留的相关知识，知道去除水果、蔬菜残留农药的方法。

22. 具备基本劳动技能，能正确使用相关工具与设备。

（107）在本职工作中遵循行业中关于生产或服务的技术标准或规范。

（108）能正确操作或使用本职工作有关的工具或设备。

（109）注意生产工具的使用年限，知道保养可以使生产工具保持良好的工作状态和延长使用年限，能根据用户手册规定的程序，对生产工具进行诸如清洗、加油、调节等保养。

（110）能使用常用工具来诊断生产中出现的简单故障，并能及时维修。

（111）能尝试通过工作方法和流程的优化与改进来缩短工作周期，提高劳动效率。

23. 具有安全生产意识，遵守生产规章制度和操作规程。

（112）生产者在生产经营活动中，应树立安全生产意识，自觉履行岗位职责。

（113）在劳动中严格遵守安全生产规定和操作手册。

（114）了解工作环境与场所潜在的危险因素，以及预防和处理事故的应急措施，自觉佩戴和使用劳动防护用品。

（115）知道有毒物质、放射性物质、易燃或爆炸品、激光等安全标志。

（116）知道生产中爆炸、工伤等意外事故的预防措施，一旦事故发生，能自我保护，并及时报警。

（117）了解生产活动对生态环境的影响，知道清洁生产标准和相关措施，具有监督污染环境、安全生产、运输等的社会责任。

24. 掌握常见事故的救援知识和急救方法。

（118）了解燃烧的条件，知道灭火的原理，掌握常见消防工具的使用和在火灾中逃生自救的一般方法。

（119）了解溺水、异物堵塞气管等紧急事件的基本急救方法。

（120）选择环保建筑材料和装饰材料，减少和避免苯、甲醛、放射性物质等对人体的危害。

（121）了解有害气体泄漏的应对措施和急救方法。

（122）了解犬、猫、蛇等动物咬伤的基本急救方法。

25. 掌握自然灾害的防御和应急避险的基本方法。

（123）了解我国主要自然灾害的分布情况，知道本地区常见自然灾害。

（124）了解地震、滑坡、泥石流、洪涝、台风、雷电、沙尘暴、海啸等主要自然灾害的特征及应急避险方法。

（125）能够应对主要自然灾害引发的次生灾害。

26. 了解环境污染的危害及其应对措施，合理利用土地资源和水资源。

（126）知道大气和海洋等水体容纳废物和环境自净的能力有限，知道人类污染物排放速度不能超过环境的自净速度。

（127）知道大气污染的类型、污染源与污染物的种类，以及控制大气污染的主要技术手段；能看懂空气质量报告；知道清洁生产和绿色产品的含义。

（128）自觉地保护所在地的饮用水源地；知道污水必须经过适当处理达标后才能排入水体；不往水体中丢弃、倾倒废弃物。

（129）知道工业、农业生产和生活的污染物进入土壤，会造成土壤污染，不乱倒垃圾。

（130）保护耕地，节约利用土地资源，懂得合理利用草场、林场资源，防止过度放牧，知道应该合理开发荒山、荒坡等未利用土地。

（131）知道过量开采地下水会造成地面沉降、地下水位降低、沿海地区海水倒灌；选用节水生产技术和生活器具，知道合理利用雨水、中水，关注公共场合用水的查漏塞流。

（132）具有保护海洋的意识，知道合理开发利用海洋资源的重要意义。

附录14　2018年全国科普讲解大赛优秀讲解人员名单

为认真贯彻落实习近平新时代中国特色社会主义思想和党的十九大精神，深入实施创新驱动发展战略，弘扬科学精神，普及科学知识，以“科技创新强国富民”为主题，按照《科技部中央宣传部中国科协关于举办2018年全国科技活动周的通知》要求，全国科技活动周组委会组织了“2018 年全国科普讲解大赛”。通过大赛在全社会广泛普及科学知识，弘扬科学精神，传播科学思想，倡导科学方法，动员全社会主动支持、积极投身建设世界科技强国的伟大实践，让科技发展成果更多更广泛地惠及全体人民，不断满足人民日益增长的美好生活需要，助力全面建成小康社会和社会主义现代化强国建设，助力实现中华民族伟大复兴的中国梦。

各地方、各有关部门，解放军和武警部队，澳门特别行政区的56个代表队的186名选手参加决赛，75名选手获评2018年全国优秀科普讲解人员。

1. 曾理（武警部队）、董毅（上海，并列第一）
3. 崔松（卫生健康委）
4. 蒋书文（河北）
5. 王昌旭（重庆）
6. 徐江美（上海）
7. 白洁（公安部）
8. 吴年继（澳门）
9. 刘晓东（中国气象局）
10. 李淼（黑龙江）

11. 邢路达（中国科学院）
12. 马鹤（辽宁）
13. 樊华（卫生健康委）
14. 周恩琪（解放军）
15. 陈聪聪（广州）
16. 陈沫霖（解放军）
17. 张澍舟（中国气象局）
18. 吴晗（重庆）
19. 石莎（国家民委）
20. 韩博敏（甘肃）
21. 周晨（福建）
22. 汪诗雨（湖北）
23. 向杰（四川）
24. 冯姗（湖北）
25. 王天奇（中国气象局）
26. 谭永平（陕西）
27. 刘丹萍（黑龙江）
28. 李竞然（解放军）
29. 李欣玮（湖南）
30. 周燕川（天津）
31. 谢秋泓（广州）
32. 孙京键（武警部队）
33. 陆帅洋（甘肃）
34. 王腾（中国科学院）
35. 梅相光（广东）
36. 黄玮（卫生健康委）

37. 杨延砚（卫生健康委）

38. 江慧敏（云南）

39. 佘咏曦（重庆）

40. 魏一苇（解放军）

41. 王晓峰（成都）

42. 曹霞（云南）

43. 刘健（上海）

44. 王聪（公安部）

45. 苑潇卜（河北）

46. 李鑫雨（哈尔滨）

47. 曲久成林（国家民委）

48. 李鹏飞（黑龙江）

49. 陈远书（云南）

50. 曹雨（哈尔滨）

51. 阮菁（宁波）

52. 尹笑笑（南京）

53. 钟政轩（浙江）

54. 张熙（江苏）

55. 赵静（上海）

56. 王睿（中国科学院）

57. 郭玮宏（上海）

58. 刘雯雯（重庆）

59. 叶荫华（上海）

60. 白家荣（中国科学院）

61. 吴庚霖（重庆）

62. 冯云璐（广州）

63. 李娜（天津）

64. 章悦（湖北）

65. 王晓虹（江西）

66. 王帅（厦门）

67. 蔚兰健（厦门）

68. 柳逸飞（湖南）

69. 牛宏涛（卫生健康委）

70. 崔友艳（江苏）

71. 童琛（宁波）

72. 吴莉莉（福建）

73. 路元元（陕西）

74. 孙焕（国家民委）

75. 张笑（江西）

附录 15　2018 年全国优秀科普微视频作品名单

为全面贯彻习近平新时代中国特色社会主义思想和党的十九大精神，深入实施创新驱动发展战略，大力普及科学知识、弘扬科学精神，提高全民科学文化素养，加强社会主义精神文明建设，践行社会主义核心价值观，讲科学文明，树道德新风，落实《“十三五”国家科普和创新文化建设规划》确定的重点任务，科技部、中科院联合举办了 2018 年全国科普微视频大赛活动。活动得到了各地、各部门的积极响应，共收到中央、国务院部门、地方（省、自治区、直辖市及计划单列市、副省级城市）推荐和社会机构、个人自荐的 466 部作品。

科技部、中科院等对推荐和自荐的微视频作品进行了形式审查，组织专家进行了独立评审，评出 100 部优秀科普微视频作品。

一、地方、部门推荐作品（70 部）

1.《地衣：非凡的平凡》，王立松等制作，中国科学院推荐；

2.《两只克隆猴在中国诞生》，中国科学院神经科学研究所等制作，中国科学院推荐；

3.《暗物质存在吗？》，中国科普博览制作，中国科学院推荐；

4.《“岩气”爱你没商量》，中国地质科学院地质力学研究所制作，自然资源部推荐；

5.《青稞隐秘而神奇》，曹莹莹等制作，国家粮食和物资储备局推荐；

6.《揭秘稳态强磁场》，中国科学院计算机网络信息中心等制作，中国科学院推荐；

7.《绿色保卫战》，无锡海关制作，海关总署推荐；

8.《萌萌分不清小熊猫浣熊貉》，上海科萌文化传播有限公司制作，上海市推荐；

9.《走近智慧气象》，任珂等制作，中国气象局推荐；

10.《网络安全为人民　网络安全靠人民》，建设银行云南省分行制作，中国人民银行推荐；

11.《中医不是慢郎中》，中国中医科学院新闻宣传中心制作，国家中医药管理局推荐；

12.《寒潮的那些事》，刘波等制作，中国气象局推荐；

13.《公卫食验室——咖啡致癌，剂量是关键吗？含丙烯酰胺高风险食物揭秘!》，上海交通大学医学院公共卫生学院王慧、陆唯怡制作，国家自然科学基金委员会推荐；

14.《机器人不会做的事》，杭州阿优文化创意有限公司等制作，浙江省推荐；

15.《眼睛的烦恼》，李宏制作，黑龙江省推荐；

16.《神奇的稀土》，中国科学院包头稀土研发中心制作，内蒙古自治区推荐；

17.《孕期小贴士》，王莉莉等制作，成都市推荐；

18.《社长嘚啵嘚第四季——病从口入，这些食物吃不得》，河北点点传媒有限公司制作，河北省推荐；

19.《地球的灵魂》，科普时报社制作，科技日报社推荐；

20.《嫦娥四号手绘视频》，南京航空航天大学 OMG 文化创意工作室制作，工业和信息化部推荐；

21.《4 分钟看懂毒品》，北京禁毒办制作，公安部推荐；

22.《禁毒有嘻哈》，范胜等制作，公安部推荐；

23.《林中萧瑟》，南京林业大学制作，国家林草局推荐；

24.《隧道里的那些急救设备》，山西省公安厅交通警察总队高速五支队制作，公安部推荐；

25.《转基因与日常之谜》，果壳制作，农业农村部推荐；

26.《分布式光纤传感》，中国科学院上海光学精密机械研究所制作，中国科学院推荐；

27.《歼-10 为何具备超强机动性？鸭式布局是关键》，国防科工局新闻宣传中心制作，国防科工局推荐；

28.《美猴王夏洛蒂》，赵海涛等制作，陕西省推荐；

29.《那些年疯传的地震谣言》，安徽省地震局制作，中国地震局推荐；

30.净网 2018《最近比较烦》，呼和浩特市公安局玉泉区公安分局网安大队制作，内蒙古自治区推荐；

31.《电子血压计你真的会用吗？》，河北省医疗器械与药品包装材料检验研究院制作，市场监管总局推荐；

32.《地质灾害科普宣传片——灾害前兆及科学避险》，中国地质调查局武汉地质调查中心制作，自然资源部推荐；

33.《四季养生》，中国中医药出版社制作，国家中医药管理局推荐；

34.《中药水浒及时雨宋江——甘草》，中国健康传媒集团制作，国家药品监督管理局推荐；

35.《神秘的肾脏》，复旦大学附属中山医院肾内科制作，上海市推荐；

36.《单兵野外取水生火窍门》，陆军军事交通学院制作，天津市推荐；

37.《走进脱毒小土豆》，黑龙江省农业科学院土壤肥料与环境资源研究所制作，黑龙江省推荐；

38.《宝宝打疫苗需要注意什么？》，国家药品监督管理局制作，国家药品监督管理局推荐；

39.《中医治疗心血管疾病科普短视频》，中国中医科学院广安门医院制作，国家中医药管理局推荐；

40.《药品不良反应，怕怕的？》，国家药品监督管理局新闻宣传中心制作，国家药品监督管理局推荐；

41.《金鱼会被撑死吗？》，杨伟制作，贵州省推荐；

42.《头发竖起来》，黑龙江省科学技术协会制作，黑龙江省推荐；

43.《海上精灵——中华白海豚》，北部湾大学制作，广西壮族自治区推荐；

44.《春种大麦秋种菜》，黑龙江省农业科学院制作，哈尔滨市推荐；

45.《基因小课堂——这些都不是转基因食品》，中央农业广播电视学校制作，农业农村部推荐；

46.《嘉嘉旅行记——河南省地质灾害防灾知识科普宣传片》，河南省国土资源宣教中心等制作，自然资源部推荐；

47.《中国历代疆域变化》，青微工作室制作，共青团中央推荐；

48.《又见梅子黄时雨》，王兵等制作，中国气象局推荐；

49.《食品保健食品防骗指南》，市场监管总局特殊食品安全监督管理司制作，市场监管总局推荐；

50.《无人机挂载激光雷达在林业中的应用》，广西商飞航空科技有限公司南宁分公司等制作，广西壮族自治区推荐；

51.《吃葡萄不吐葡萄皮》，浙江省农业科学院制作，浙江省推荐；

52.《十年川行》，浙江省地震局等制作，中国地震局推荐；

53.《进口水果辣么多，出国回来我却不能带一个？检疫汪来解惑！》，上海海关制作，海关总署推荐；

54.《约会星空》，何伟豪制作，科技日报社推荐；

55.《科学家如何“捣乱”天气》，孙楠等制作，中国气象局推荐；

56.《转基因被大型活动排除在外？奥运会第一个不服！》，光明网制作，农业农村部推荐；

57.《我是科学家》，张宇识制作，国家民委推荐；

58.《故宫光影——御花园》，故宫博物院制作，文化和旅游部推荐；

59.《为什么要打疫苗？》，武汉泰可电气股份有限公司制作，武汉市推荐；

60.《2018 年献血法 20 周年公益广告》，中国卫生科教音像出版社制作，国家卫生健康委推荐；

61.《刷不了的公交卡》，广东明星创意动画有限公司制作，广州市推荐；

62.《“一带一路”之地质瑰宝》，张凯逊等制作，自然资源部推荐；

63.《康复辅具之出行篇》，国家康复辅具研究中心等制作，民政部推荐；

64.《重阳节把这些水果知识带回家看爸妈吧》，宋雯制作，农业农村部推荐；

65.《神秘“局部”的自白》，江苏省气象学会制作，中国气象局推荐；

66.《神奇的天气——龙舟水》，肖婷制作，广州市推荐；

67.《致敬首个“中国医师节”，那些你不知道的，在这里说给你听》，健康报社制作，国家卫生健康委推荐；

68.《给自己的一封信》，秦皇岛市疾病预防控制中心制作，河北省推荐；

69.《中医之脾藏》，杨威等制作，国家中医药管理局推荐；

70.《番茄知多少？》，天津工业大学制作，天津市推荐。

二、社会征集自荐作品（30 部）

1.《走近港珠澳大桥》，潘希鸣等制作；

2.《揭秘共振（Looking Inside Resonance）》，冯一然等制作；

3.《“微笑”卫星解密空间天气》，中国科学院国家空间科学中心等制作；

4.《3 分钟揭秘“嫦娥四号”月球背面之旅》，腾讯科普信息化项目组制作；

5.《地铁自主运行拟人版》，中车青岛四方车辆研究所有限公司制作；

6.《嫦娥四号探月——中继星》，中科数创（北京）数字传媒有限公司制作；

7.《飞行的起源》，何伟豪等制作；

8.《大地相册》，高振坤等制作；

9.《无硅油 VS 有硅油，洗发水究竟怎么选》，张乐等制作；

10.《解“毒”豆角》，齐莉等制作；

11.《真空是空的么?》，中国科学院上海光学精密机械研究所制作；

12.《补光诱花结硕果》，吴双等制作；

13.《喀斯特的馈赠》，湖南趣科普科技文化传播有限公司制作；

14.《走进地下水，认识地下水科普产品系列之地下水与人》，北京市水文地质工程地质大队（北京市地质环境监测总站）制作；

15.《基因编辑是什么?》，北京市农林科学院农业信息与经济研究所制作；

16.《凝视深空，十年一镜》，黎文等制作；

17.《走近“私人订制”的精准用药》，中国药学会等制作；

18.《见证四十年：科学的春天》，韩叶等制作；

19.《甲亢》，曲音音等制作；

20.《空间反应堆时代来了》，龚频等制作；

21.《核电站 ABC》，王拓等制作；

22.《汽车中的光学》，柯林佟制作；

23.《石山精灵回家之路——种源筛选》，梧州市园林动植物研究所制作；

24.《地面塌陷危害及其成因》，程国明等制作；

25.《隔震技术知多少》，罗彬等制作；

26.《核磁共振有辐射吗?》，江苏省辐射防护协会制作；

27.《蓝色海洋药物宝库》，中国科学院上海药物研究所等制作；

28.《疯狂病原城之幼儿园传染病大作战》，庄建林制作；

29.《少“刷”题目，多做实验——建设创新型国家，从孩子科学教育抓起!》，北京优学坊教育科技有限公司制作；

30.《5G 科普手绘宣传片》，云南绘说传媒有限公司制作。

附录 16　2018 年全国科学实验展演汇演获奖名单

2018 年全国科学实验展演汇演活动以“科技创新富民”为主题，旨在全面贯彻落实党的十九大精神，以习近平新时代中国特色社会主义思想为指导，在全社会广泛普及科学知识，弘扬科学精神，传播科学思想，倡导科学方法。活动由中国科学院科学传播局、科技部政策法规与监督司主办，中国科学院物理研究所、中国科学院大学承办，中国科普博览、中国科普网协办。

一等奖

中国科学院苏州纳米技术与纳米仿生研究所：分辨真假美猴王

建平中学：漫画迷的化学反应

天津科学技术馆：奇妙的涡环

上海科技馆：旋转改变世界

黑龙江大庆市科学技术馆：旋转的火龙卷

西北农林科技大学：神奇的光

西藏自然科学博物馆：会变色的水

陕西师范大学：光在非均匀介质中的传播特性及其应用

天津科学技术馆：眼见一定为实吗？

黑龙江大庆油田有限责任公司大庆石油科技馆：钢铁战士——抽油机

北京颐和园管理处：藏在木头中的灵魂

二等奖

宁夏科学技术馆：磁力非凡

广东科学中心：奇幻食旅

黑龙江省科学技术馆：如此包装——电磁感应现象

北京索明科普乐园有限公司：物理实验——身边的科学

四川大学华西医院展览馆科普基地：豌豆荚的秘密

柳州市人民医院：自由电子——静电的威力
江苏省科学技术馆：灯火
广西食品药品检验所：通草现形记
中国科学院武汉物理与数学研究所：让微粒随心而动
上海自然博物馆（上海科技馆分馆）：荷叶效应
河北省科学技术馆：好玩的泡泡
陕西自然博物馆：妙笔生“画”
北京汽车博物馆：换胎风波
上海中国航海博物馆：“净”是套路
北京海关：小小入侵物　国门大安全
黑龙江公安警官职业学院：拒绝酒驾、平安出行
黑龙江公安警官职业学院：抓捕神器——网枪
上海市曹杨中学：找出嫌疑人——热力环流实验
北京师范大学：化学人“七彩人生”

三等奖

中国农业大学：试管婴儿是在试管中产生的吗？
大庆铁人王进喜纪念馆：魔焰
应急管理部：消防情报局——关于灭火的那些事
西安市第八十五中学：用自制仪器观察原子光谱
巴彦淖尔市青少年科技馆：四两拨千斤
上海辰山植物园：紫薯粥为啥变色了？
中国科学院金属研究所：材料界的“变形金刚”——形状记忆合金
大连民族大学：神器的光电传感器
广东科学中心：他俩的奇趣一天
万华镜科学馆：光之花火
广州市农业科学研究院：吃酸菜中毒，是真的吗？
陕西科学技术馆：一对好姐弟——作用力与反作用力
天津大学：光刻中国“芯”
雅安科技馆：震不倒的房子
石河子大学化学化工学院：低温脱硝一体化助力燃煤电厂实现拨“霾”见日
防灾科技学院-土木工程学院：房屋在地震时的共振现象

闵行区科学技术委员会、闵行区科学技术协会：茶水多变色

河北省微生物研究所：神奇的“黄豆”

国家广播电视总局：神奇的电磁场

北京二商王致和食品有限公司：京味回眸（生物发酵实验）

广东省气象公共服务中心：南方天气特产——回南天

北方民族大学：谈“枸”色变

宁夏科学技术馆：流光溢彩

中南民族大学：梦幻花界

山西科技新闻出版传媒集团：闹红“火”

安徽省地震局：柔弱胜刚强

天津师范大学物理与材料科学学院：神奇的手套——非牛顿流体的应用

中国航空发动机集团有限公司沈阳发动机研究所：大涵道比航空发动机结构及工作原理科普知识传播与演示

中国兵器工业集团有限公司第二〇四研究所：自修复型材料的断裂修复实验

广州市中西医结合医院：中药大黄的升华鉴别实验